园林撷华

中华园林文化解读

曹林娣 著

中国古代园林文学文献研究丛书

主编 李浩

陕西师范大学出版总社

图书代号 ZZ23N2175

图书在版编目（CIP）数据

园林撷华：中华园林文化解读 / 曹林娣著. —
西安：陕西师范大学出版总社有限公司，2024.10
（中国古代园林文学文献研究丛书 / 李浩主编）
ISBN 978-7-5695-3499-3

Ⅰ.①园… Ⅱ.①曹… Ⅲ.①古典园林—园林艺术—
文学研究—中国 Ⅳ.①TU986.62

中国国家版本馆CIP数据核字（2023）第012027号

园林撷华：中华园林文化解读
YUANLIN XIEHUA: ZHONGHUA YUANLIN WENHUA JIEDU

曹林娣 著

出版统筹 刘东风 郭永新
执行编辑 刘 定 郑若萍
责任编辑 郑 萍 郑若萍
责任校对 高 歌 刘 定
封面设计 周伟伟
出版发行 陕西师范大学出版总社
（西安市长安南路199号 邮编 710062）
网 址 http://www.snupg.com
印 刷 中煤地西安地图制印有限公司
开 本 720 mm × 1020 mm 1/16
印 张 28.5
插 页 2
字 数 423千
版 次 2024年10月第1版
印 次 2024年10月第1次印刷
书 号 ISBN 978-7-5695-3499-3
定 价 138.00元

电话：（029）85307864 85303629 传真：（029）85303879

总　序

李　浩

经过全体同人六年多的不懈努力，“中国古代园林文学文献研究”丛书第一辑九部著作终于付梓，奉献给学界同道和广大读者。作为这个项目的组织策划者，我同作者朋友和出版社伙伴一样高兴，在与大家分享这份厚重果实的同时，也想借此机会说说本丛书获准国家出版基金立项与出版的缘由。

一

本丛书是由我主持的国家社科基金重大项目“中国古代园林文学文献整理与研究”（18ZD240）的阶段性成果。在项目开题论证时，大家就对推出研究成果有一些初步设想，建议项目组成员将已经完成的成果或正在进行的项目，汇集成为系列丛书。承蒙陕西师范大学出版总社刘东风社长和大众文化出版中心郭永新主任的错爱，项目组决定委托陕西师范大学出版总社来出版丛书和最终成果。丛书第一辑的策划还荣获了国家出版基金项目的资助，为重大项目锦上添花，也激励着大家把书稿写好，把出版工作做好。

本辑共九部书稿，计三百余万字。其中有中国古典园林文化的通论性研究。如曹林娣先生的《园林撷华——中华园林文化解读》，从中华园林文化的宏观历史视野，探讨中国园林特有的审美趣味、风度、精神追求和标识，整体阐释园林文化，探索中华园林"有法无式"的创新精神，是曹老师毕生研究园林文化的学术结晶。王毅先生的《溪山无尽——风景美学与中国古典建筑、园林、山水画、工艺美术》，以中国古典园林与风景文化为研究对象，从建筑、园林、绘画、工艺美术等多重角度，呈现中国古典园林的多重审美内涵。王毅先生研究园林文化起步早，成果多，他强调实地考察，又能够结合多学科透视，移步换形，常有妙思异想，启人良多。

本丛书中也有园林文学文献的考察、断代园林个案以及专题研究，研究视角多元。如曹淑娟先生的《流变中的书写——山阴祁氏家族与寓山园林论述》，是她对明代文人研究系列成果之一，以晚明文士祁彪佳及其寓山园林为具体案例，探究文人主体生命与园林兴废间交涵互摄的紧密关系。在已有成果的基础上，又有许多新创获。韦雨涓的《中国古典园林文献研究》属于园林文献的梳理性研究，立足于原始文献，对主体性园林文献和附属性园林文献进行梳理研究，一书在手，便对园林文献的整体情况了然于胸。张薇的《扬州郑氏园林与文学》研究 17 至 18 世纪扬州郑氏家族园林与文学创作，探讨人、园、文之间的关系。罗燕萍的《宋词园林文献考述及研究》和董雁的《明清戏曲与园林文化》，则分别从词、戏曲等不同文体出发，研究园林对文学形式和内容的影响。岳立松的《清代园林集景的文化书写》，是清代园林集景文化的专题研究，解析清代园林集景的文学渊源、品题、书写范式，呈现清代园林集景的审美和文化内涵。房本文的《经济视角下的唐代文人园林生活研究》，从园林经济的独特视角探讨唐代园林经济与文人生活之间的关系，通过个案来研究唐代文人的园林生活和心态。

作为一套完整的丛书和重大课题的阶段性成果，全书统一要求，统一体例，这应该是一个基本的共识。但本丛书不满足于此，没有限制作者的学术创造和专业擅长，而是特别强调保护各位学者的研究个性，所以收入丛书的各册长短略有差异，论述方式也因论题的不同，随类赋形，各呈异彩。

本丛书与本课题还有一个特点，就是将学术研究课题的完成与人才培养结合起来。我们给每位子课题首席专家配备一位青年学者，作为学术助理与首席专家对接，在课题推进和专家撰稿过程中，要求青年学者做好服务工作。还有部分稿件是我曾经指导过的博硕士论文的修改稿，收入本丛书的房本文所著《经济视角下的唐代文人园林生活研究》、张薇所著《扬州郑氏园林与文学》就属这一类。还有未收入本丛书的十多位年轻朋友的成果，基本是随我读书时学位论文的修改稿，我在《唐园说》一书自序中已经交代过了，这里就不再赘述。

本丛书既立足于文学本体，又注重学科交叉；既有宏观概述，又有个案或专题的深耕。作者老中青三代各呈异彩，两岸学人共同探骊采珠。应该说，该成果代表了园林文学文化的最新奉献，也从古典园林的角度为打造园林学科创新发展、构建中国自主知识体系，进行了有益的尝试。

二

中国古典园林是中华优秀传统文化的重要组成部分，是外在的精美佳构与内在丰富文化内涵的完美统一，也是最能体现中国特色、中国风格、中国气派的艺术形式之一。早期的园林研究，主要是造园者的专擅，如李诫《营造法式》、计成《园冶》、陈从周《说园》等，后来逐渐扩展到古代建筑史和建筑理论学者、农林科学家等。20世纪后半叶，从事古代文史研究的学者也陆续加盟到这一领域，如中国社会科学院前有吴世昌先生，后有王毅研究员，苏州教育学院有金学智教授，苏州大学有曹林娣教授，台湾大学有曹淑娟教授，台北大学有侯迺慧教授等。

本丛书的作者以及这个课题的参与者，主要是以文史研究为专业背景的一批学者。其中的曹林娣先生原来研究中国古典文献，但很早就转向园林文化，在狭义的园林圈中享有很高的学术声誉。赵厚均教授虽然较年轻，但与园林文献界的老辈一直有很好的合作。还有为园林学教学撰写教材而声名鹊起的储兆文。我们认为，表面上看，这是学者因学术研究的需要而不断拓展新领域，不断转战新的学术阵地所引发的，但本质上还是学术自身的特点，或者说学术所研究的对象自身的特点所决定的。

法国埃德加·莫兰在《复杂性理论与教育问题》一书中有这样的论述："科学的学科在以前的发展一直是愈益分割和隔离知识的领域，以致打碎了人类的重大探询，总是指向他们的自然实体：宇宙、自然、生命和处于最高界限的人类。新的科学如生态学、地球科学和宇宙学都是多学科的和跨学科的：它们的对象不是一个部门或一个区段，而是一个复杂的系统，形成一个有组织的整体。它们重建了从相互作用、反馈作用、相互—反馈作用出发构成的总体，这些总体构成了自我组织的复杂实体。同时，它们复苏了自然的实体：宇宙（宇宙学）、地球（地球科学）、自然（生态学）、人类（经由研究原人进化的漫长过程的新史前学加以说明）。"[①] 从科学发展史来看，跨学科、交叉学科是未来学术增长的一个重要方向，本丛书和本课题的研究，不过是"预流"时代，先着一鞭，试验性地践行了这一学术规律。

三

人类在物理空间中的创造与时间之间存有一个悖论：一方面，人类极尽巧思，创造出无数的宫殿、广场、庙宇、园林等；另一方面，再精美坚固的创造物，也经受不起时间长河的冲刷、腐蚀、风化而坍塌、坏毁，最后被掩埋，所谓尘归尘，土归土，来源于自然，又回归于自然。苏轼就曾在《墨妙亭记》中言："凡有物必归于尽，而恃形以为固者，尤不可长。"

人类的精神创造，虽然也会有变化，但比起物化的创造，还是能够更长

① 埃德加·莫兰：《复杂性理论与教育问题》，陈一壮译，北京大学出版社，2004年，第114—115页。

时段地存留。李白《江上吟》言："屈平词赋悬日月，楚王台榭空山丘。"作为精神类创造的"屈平词赋"可以直接转化为文化记忆，但作为物理存在的"楚王台榭"以及历史上的吴王苏台、乌衣巷的王谢庭堂，都要经过物理空间中的坏毁，然后凭借着"屈平词赋"和其他诗文类的书写刻录，才能进入记忆的序列，间接地保存下来。

中国古人正是意识到了物不恒久，故有意识地以文存园，以文传园，建园、居园、游园皆作文以纪事抒怀，所以留下了众多的园林文学作品，而这些作品具有超越时空的特质，作为一种文化记忆延续了园林物理空间意义上的生命。

前人游览园林景观后可能会留下书法、文学、绘画作品，也就是文化记忆，后人在凭吊名胜时，同时会阅读前代的文化记忆类作品，会留下另一些感怀类作品，一如孟浩然《与诸子登岘山》所说的"羊公碑尚在，读罢泪沾襟"。这样就形成了一个追忆的系列、一个文化的链条，我们又称之为伟大的传统。[①] 对中国古典园林而言，也存在这样的现象，后人游赏前代园林或者凭吊园林遗迹，会形诸吟咏，流传后世，于是形成文化链条。

我曾引用扬·阿斯曼"文化记忆"的理论解释此现象，在扬·阿斯曼看来，"文化记忆的角色，它们起到了承载过去的作用。此外，这些建筑物构成了文字和图画的载体，我们可以称此为石头般坚固的记忆，它们不仅向人展示了过去，而且为人预示了永恒的未来。从以上例子中可以归纳出两点结论：其一，文化记忆与过去和未来均有关联；其二，死亡即人们有关生命有限的知识在其中发挥了关键的作用。借助文化记忆，古代的人建构了超过上千年的时间视域。不同于其他生命，只有人意识到今生会终结，而只有借助建构起来的时间视域，人才有可能抵消这一有限性"[②]。

研究记忆类的文化遗存，恰好是我们文史研究者所擅长的。从这个意

---

① 宇文所安：《追忆：中国古典文学中的往事再现》，郑学勤译，生活·读书·新知三联书店，2004年。

② 扬·阿斯曼：《"文化记忆"理论的形成和建构》，金寿福译，载《光明日报》2016年3月26日第11版。

义上说，文史研究者加盟到园林史领域，不仅给园林古建领域带来了新思维、新材料、新工具和新方法，而且极大地拓展了研究的边界，原来几个学科都弃之如敝屣、被视为边缘地带的园林文学，将被开辟为一个广大的交叉学科。

明人杨慎的名句“青山依旧在，几度夕阳红”(《廿一史弹词》)，靠着通俗讲史小说《三国演义》的引用为人所知，又靠着现代影视的改编，几乎家喻户晓。有人说这两句应该倒置着说：几度夕阳红？青山依旧在。但杨慎真要这样写的话，就落入了刘禹锡已有的窠臼：“人世几回伤往事，山形依旧枕寒流。”(《西塞山怀古》)

还是黄庭坚能做翻案文章，他在《王厚颂二首》(其二)中说：“夕阳尽处望清闲，想见千岩细菊斑。人得交游是风月，天开图画即江山。”由江山如画，到江山即画，到江山如园，再江山即园，是园林艺术史上的另外一个重大话题，即山水的作品化过程。在这一过程中，自然中的山水、诗文中的山水、园林中的山水、绘画中的山水，究竟是如何互相启发、互相影响，又是如何开拓出各自的别样时空和独特境界的？这里面仍有很多值得深入思考的话题。我们希望在本丛书的第二辑、第三辑能够更多地拓宽视野，研讨园林文化领域更深入专精的问题。作为介绍这一辑园林文学文献丛书的一篇短文，已经有些跑题了，就此打住吧。

2023 年 12 月 28 日草成

序

按《佛罗伦萨宪章》，园林是各民族心中构想的“天堂”、时代象征和艺术品。法国著名的文艺理论家和史学家伊波利特·阿道尔夫·丹纳（Hippolyte Adolphe Taine）在《艺术哲学》中称，艺术是“自然界的结构留在民族精神上的印记”，每个民族的“精神印记”是不一样的。

渊源于古埃及、西亚和古希腊“热带沙漠”的西方园林，陶醉在草坪、几何美和神体美之中，捧神圣的“水”体为中心；基于植物资源的“内不足”，石构建筑成为最高代表；“政教合一”政治生态，又使教堂成为最美丽的建筑……这反映出西方园林对秩序、规则、理性的热爱，更“悦目”。

中国园林滋育于礼制法规齐备、温文尔雅的农耕文明土壤之中[①]，是知识精英和中华匠师合作的艺术品，熔文学、哲学、戏剧、绘画、书法、建筑、雕刻等艺术于一炉。中国园林寄寓着文人士大夫对美好生活的企求、对生命存在的关注以及对人生真谛的领悟等，是“替精神创造”的“第二自然”[②]；基于中华民族“外适内和”的人本精神，中国园林追求生理和心理的双重享受，既享受“虽由人作，宛自天开”的自然美，又浸润在诗画意境之

① 中国是多民族国家，但中国的园林主要分布在长城以内的农耕文化区，所以，中国园林文化主要指汉文化。

② 黑格尔：《美学》（第三卷）上册，朱光潜译，商务印书馆，1979年，第103页。

中诗意栖居，既“悦目”又“赏心”。

所以，中国园林能以鲜明的民族特色自立于世界艺术之林，体现了渊博的文化素养和艺术情操，是中华民族文化的重要“载体”，诸如汉字精神、礼乐文化、阴阳五行认识论、“天人合一”道德意识和宇宙观等。

早在1747年西方传教士在《传教士书简》中就惊呼中国园林：再没有比这些山野之中、巉岩之上、只有蛇行斗折的荒芜小径可通的亭阁更像神仙宫阙的了！

科学家钱学森先生著文《园林艺术是我国创立的独特艺术部门》，称：

> 园林毕竟首先是一门艺术……园林是中国的传统，一种独有的艺术。园林不是建筑的附属物，园林艺术也不是建筑艺术的内容。现在有一种说法，把园林作为建筑的附属品，这是来自国外的。国外没有中国的园林艺术，仅仅是建筑物上附加一些花、草、喷泉就称为“园林”了。外国的Landscape（景观设计）、Gardening［园艺（栽培）］、Horticulture（园艺学）三个词，都不是“园林”的相对字眼，我们不能把外国的东西与中国的“园林”混在一起……中国的园林是他们三方面综合，而且是经过扬弃，达到更高一级的艺术产物。[①]

楼宇烈先生在2020年1月8日获第六届会林文化奖时说：跟世界交流，要有自己文化的主体，在文化领域里，如果没有文化主体意识，我们就看不到自己文化的长处和短处，也看不到世界文化的长处和短处，也不知道怎么取长补短。没有文化的主体意识就没有自信和自尊，要自信和自尊就要深入了解中国文化。

本书分五编：

第一编，论述以苏州园林为代表的中国园林经典锻铸历程：园林是历史的物化，也是物化的历史，跋涉在中国园林的历史长河中，在自己喜欢的河滩上停下来饶有趣味地欣赏，或采几朵浪花，静静地体味恬淡风雅、

---

① 钱学森：《园林艺术是我国创立的独特艺术部门》，载《城市规划》1984年第1期。

浪漫飘逸的中华园林的风度和朴实无华的情操，触摸一下中华民族的精神搏动。

第二编，中国园林是东方智慧的结晶：基于中华民族“天人合一”的哲学观，中国园林营构充分体现了东方生存智慧。

第三编，中国园林作为综合艺术载体，与中国诗画、汉字文化精神等如胶似漆，尤其与中国古代文学盘根错节。通过品读经典园林，体味中国园林文化的醇香厚味。

第四编，当代对中国园林文脉承上启下，推陈出新，依然是我们面临的重大课题。通过典型案例的分析，展示传统的中华民族居住文化如何在当代活出精彩。

第五编，作为中国文化“四绝”之一的中国园林，对世界产生过巨大的影响，分析了中国园林与西方特别是与同源异质的日本文化之间的异同及其文化原因。

本书是著者多年徜徉在博大精深的中国园林文化百花苑中采摘到的若干花朵而已，所以，名之为《园林撷华》，不足和错误之处请识者批评指正。

曹林娣

2020年2月

目 录

第一章　中国园林经典锻铸历程

中国有三千年构园史，有自己的发展轨道，这在世界园林史上独树一帜。其中，作为中华文化经典的苏州园林的发展历程具有典范意义。中国园林文化史各时代节点上，战国时代楚辞的美学思想、东晋名僧支遁的禅学思想及其与儒道的关系、陶渊明的桃花源、中唐白居易的园林美学思想以及明代中期苏州文人园的美学追求等，大体构成了中国园林各时代历史文化的剪影。

一、风华千年的苏州园林

“江南园林甲天下”，苏州园林在江南园林中独领风骚，目前已有9座园林列入世界文化遗产名录，“苏州园林甲江南”无疑是实至名归的！

苏州园林有着得天独厚的地理人文优势。春秋时吴越宫台便惊艳亮相，为诸侯宫殿翘楚。尽管随着“夫差霸业销沉尽”，“姑苏台下草，麋鹿暗生麑”，但汉代又出现了“富于天子”的吴王刘濞，他在苏州经营的长洲之苑竟又超过了汉景帝的上林苑。当三国孙吴的“吴宫花草埋幽径”后，滥觞于汉代的私家园林在南朝的精神气候下，完成了以“有若自然”的士人园林的华丽转身：玉壶买春，茅屋赏雨；座中佳士，左右修竹；白云初起，幽鸟相逐；眠琴绿荫，上有飞瀑；落花无言，人淡如菊！南朝“清谈名士”即“佳士”的“典雅”风范，成为苏州私家园林主人心慕神追的榜样。

自此，历唐五代两宋，苏州园林艺术体系逐渐完备；至元明清量质齐高，臻至巅峰，明代苏州园林多达271座；近代苏州园林虽屡遭兵燹之灾，传统园林式微且风格亦有嬗变，但经清同光“中兴”，清末时苏州城内外犹有园林171座，直到民国，发展势头不减；20世纪50年代，苏州城内尚存园林和半废园林有172座之多；今天，苏州古代园林和新版园林依然有108座。可以说，以“典雅”为主的苏州园林风华千年，一脉至今！

（一）春秋园林雏形期

发轫于春秋时期的吴越苑囿，都选择天然胜地，注重利用自然的美妙山水，注重人工景点与自然之间的和谐。宫苑建筑装饰华美，木雕技艺精湛；欣赏花木成为重要主题之一，后世园林的基本要素——建筑、山水、植物——已经基本具备，成为苏州园林的美丽铺垫。六朝后王侯贵族私园则独领风骚数千年！

史载春秋吴国囿台别馆多达30多座，如夏驾湖、消夏湾、长洲、姑苏台、馆娃宫……，且经历了从实用到娱乐的过程，呈现如下基本特点：

第一，选择在太湖边高视点的山上修筑高台，将军事监测功能与娱乐功能结合，远近都能观赏优美的湖光山色。

第二，重视利用水景。有人工开凿的水池，池中有青龙舟可泛舟而游，夫差在水边建造台阁，还作泛舟嬉水之游，开后世舟游式园林之法门。明江盈科《锦帆集序》记载说，因吴王带宫女们锦帆以游而得名的锦帆泾，就是“吴王当日所载楼船箫鼓，与其美人西施行乐歌舞之地也”，当年是水路，两岸栽植花柳，今填为平地，仍名“锦帆路”（图1-1）。

阖闾在西山所造水精宫，尤极水府之珍怪。宫内可赏玩池中莲花、水葵，海灵馆亦可欣赏各类游鱼，说明动植物已成欣赏的主角之一。

第三，建筑装饰华美，技艺特别是木雕技艺精湛。据目前出土的资料，南方潮湿的地区较早从巢居发展到干阑建筑。浙江余姚河姆渡遗址中，有距今六千九百多年的干阑构件的遗存，在这个遗址的第四文化层中，有圆桩、方桩、板桩及梁、柱、地板等木构件和梁头榫、柱头榫、柱脚榫等各种榫卯。

图 1-1　锦帆路

第四，乐舞欣赏，营造文化氛围。馆娃宫里有训练有素、技艺精湛、姿容芬芳的女子歌舞乐队，可观赏“荆艳楚舞，吴愉越吟”。宫中筑响屧廊，先凿空廊下岩石，放下一排大小不一的缸甏，然后在地面铺盖一层有弹性的楩梓木板，舞女们穿着木屐在廊上跳舞，“响屧廊中金玉步，采兰山上绮罗身”。欣赏伎乐，聆听舞步踏在响屧廊上的节奏等，摒弃了商纣王仅仅寻求肉欲刺激的粗俗的玩乐方式，重视精神的享受和文化的陶冶，显示了文明的进步。

吴宫苑建筑以木架构为主，雕镂图案精美，“铜沟玉槛，宫之楹欀皆珠玉饰之”。姑苏台所用木材“受邻越之贡”，都“巧工施校，制以规绳。雕治圆转，刻削磨砻。分以丹青，错画文章。婴以白璧，镂以黄金。状类龙蛇，文彩生光”[①]，“神材异木，饰巧穷奇，黄金之楹，白璧之楣。龙蛇刻画，灿灿生辉”，这些虽有小说家夸饰之嫌，但亦在一定程度上反映出历史的真实，说明那时建筑技艺已经十分高超。

---

① 赵晔：《吴越春秋·勾践阴谋外传》，见赵烨撰，周生春辑校汇考：《吴越春秋辑校汇考》，中华书局，2019年，第138页。

可以说，吴王园林在一定程度上摆脱了生息的物欲需求，重视精神上的享受和文化上的陶冶，初现从实用向精神审美演化之迹。

越王勾践一把火烧掉了姑苏台，只剩下旧苑荒台供后人凭吊，苏州的“王气”似乎也随着姑苏台一起化为了历史，苏州渐渐远离了政治中心。从此，这块“龙脉”难驻却富贵风雅之地，成为寺观园林和私家园林的王道乐土。

（二）秦汉园林类型渐丰期

战国至秦汉间，政治风云变幻，公元前248年，楚国春申君黄歇受封于吴，并以苏州（吴墟）为自己的政治、经济中心。“实楚王”的黄歇，在吴地兴修水利的同时，大兴土木，将吴子城“因加巧饰”为桃夏宫，时宫室极盛，太史公司马迁说：“吾适楚，观春申君故城，宫室盛矣哉！”

秦汉于吴越之地置会稽郡，吴子城为郡治，内建太子舍。汉初为刘濞封地，“吴有诸侯之位，而实富于天子；有隐匿之名，而居过于中国。……修治上林，杂以离宫，积聚玩好，圈守禽兽，不如长洲之苑”。苏州长洲之苑在离宫、玩好及圈养禽兽方面，都超过了汉景帝时代的上林苑。总体而言，秦汉园林呈现以下特点：

首先，汉代王侯私园工程浩大，甚至超过帝王宫苑，园林设计具有基础规划。主体景致以人工池塘、馆阁楼台为主，路径环曲，也不同于中原规整板滞的灵台、灵沼，引水注池等山池之景的创作，取代了纯粹的自然山泽水泉，开创了我国人工堆山理水的技术。园林完成了由自然生态到人工模拟的转变，从原始的生活文化形态走向自然模仿的文化形态。

其次，汉代木结构建筑奠定了中国至今梁架结构的基石。屋顶式样诸如硬山、悬山、歇山、四角攒尖、卷棚等已经出现，屋顶上有各种装饰；用斗拱组成框架，柱形、柱础、门窗、拱券、栏杆、台基等变化很多；砖瓦也得到发展，有一定规格，形式多样，有筒板瓦、长砖、方砖、扇形砖、楔形砖、空心砖。

再次，两汉的园林类型逐渐丰富，既有超过皇家宫苑的吴王刘濞的长洲苑，反映了汉初诸侯王割据时代奇特的政治现象，又出现了衙署园林，私人性质的文人私家宅第园林有了萌芽发展。

（三）六朝苏州园林奠基期

六朝是一个“为艺术而艺术”的时代，苏州园林在时代精神的浸染下产生了士人园林和寺观园林两类新型的园林形式。

苏州园林经历了从以吴越皇家、公侯园林为文化主流到以私家园林为文化主流的转变。私家园林以回归自然、陶冶情操为主要功能，构园升华到艺术创作的境界，数量之多足以与皇家园林抗衡，而且，其优雅的文化格调逐渐影响了皇家园林，有引领园林文化潮流的作用。

“三吴奥壤，旧称饶沃，虽凶荒之余，犹为殷盛”[①]，随着汉末自给自足的庄园经济的发展，既有文化又有经济地位的士族崛起，晋永嘉以后，衣冠避难，多萃江左，文艺儒术，彬彬为盛。士人抛开了所谓的圣贤理想，消解了为国捐躯的冲动，摆脱了礼法教条的桎梏，开始重视人自身的生命质量，既然是“生年不满百”，当然应该“对酒当歌”“秉烛夜游”，这就是李泽厚所称的“人的觉醒”。

自汉开始，朝廷大臣宅邸内往往辟有园林，如《（同治）苏州府志》和《吴门表隐》中有吴大夫笮融笮家园的相关记载。孙吴时，吴皇室及周瑜、陆逊、陆绩、顾雍等所在的、开拓东吴基业的世家大族，在苏州都建有宅邸。

士人啸傲行吟于山际泽畔，体会自然真谛，讲究艺术的人生和人生的艺术，诗、书、画、乐、饮食、服饰、居室和园林，融入士人的生活领域，士人普遍追求“五亩之宅，带长阜，倚茂林”[②]的高品位精神生活。于是，士人的山水园林，作为士人表达自己体玄识远、高寄襟怀的精神产品，如雨后春笋，纷纷破土绽芽。如果说笮家园开贵族私园之先河，则东晋顾辟疆的辟疆园和刘宋时名士戴颙宅园则为具有一定规模“有若自然”的士人园诞

① 姚思廉撰：《陈书·裴忌传》，中华书局，1972年，第318页。

② 余嘉锡：《世说新语笺疏》，周祖谟、余淑宜整理，中华书局，1983年，第167页。

生的标志。士人在园林中，既可享受山水之乐，又能免跋涉之劳，并在营造“第二自然”中得到艺术的无上乐趣。

东汉时期，佛学西来，中国本土宗教道教在先秦宗教信仰基础上综合了不同地方的信仰和养生方术，在东汉末年形成。东晋和南朝时期，道教开始向上层统治阶级和士大夫阶层楔入，同时吸收了佛教和儒家的某些成分，逐渐从粗陋鄙俗的巫觋方术，演进成具有哲理、神谱、仪式、方法等内容丰富的宗教体系，迈入正规官方道教的殿堂，于是道观园林也随之兴起。

“吴赤乌中已立寺于吴矣。其后，梁武帝事佛，吴中名山胜境，多立精舍……民莫不喜蠲财以施僧，华屋邃庑，斋馔丰洁，四方莫能及也。寺院凡百三十九……”[①] 贵族宅邸在六朝舍宅为寺的风潮中变成寺庙。如号为“吴中第一古刹”的报恩寺（俗称“北寺”），据传是赤乌年间（238—251）孙权为报答母亲吴太夫人的恩情舍宅而建，时称“通玄寺”，寺中有花木果园。至唐代韦应物往游，见到的寺景是：“果园新雨后，香台照日初。绿阴生昼寂，孤花表春余。”东吴丞相阚泽府第在西山横山岛，后舍为盘龙寺；顾野王舍宅为光福寺，应该亦带有花园。

诚如梁思成先生所论，六朝时虽“土木之功，难与两汉比拟。然值丧乱易朝之际，民生虽艰苦，而乱臣权贵，先而僭侈，继而篡夺，府第宫室，不时营建，穷极巧丽。且以政潮汹涌，干戈无定，佛教因之兴盛，以应精神需求。中国艺术与建筑遂又得宗教上之一大动力，佛教艺术乃其自然之产品，终唐宋之世，为中国艺术之主流……”[②]

（四）隋唐五代苏州园林诗化的滥觞

隋唐五代时期，苏州远离了政治中心。隋炀帝开凿京杭大运河，纵贯南北，苏州成为东南重要的水路交通码头、商品集散地，“处处楼前飘管吹，家家门外泊舟航”。

---

① 朱长文：《吴郡图经续记》，《丛书集成初编》本，商务印书馆，1935年，第19—20页。
② 梁思成：《中国建筑史》，百花文艺出版社，1998年，第69页。

中唐苏州，风物雄丽，为东南之冠，“人稠过扬府，坊闹半长安”。白居易在《苏州刺史谢上表》中说：“况当今国用，多出江南，江南诸州，苏最为大，兵数不少，税额至多。”逐渐完善的科举选士制度大大改变了官僚系统的成分，文人主动追求以诗入园、因画成景，升华了中国园林艺术。

唐人将晋人在艺术实践中的“以形写形，以色貌色”的形似发展为“畅神”指导下的神似，将仿写自然美发展到对自然美的提炼、典型化。

盛唐吴门画家张璪提出的“外师造化，中得心源”，遂成为中国园林艺术所遵循的圭臬。

苏州士大夫出于生理和精神的需要，都纷纷参与园林营构，追求诗画意境。园林花木配植讲究诗文意境，太湖石的艺术鉴赏有了质的飞跃，使私家园林所具有的清雅格调得以提高、升华。

以白居易思想为代表的“中隐”思想，为私家园林注入儒、道、释的精神，形成文人园林的思想主轴。白居易、刘禹锡、韦应物相继为苏州“诗太守”，苏州的衙署园林也因此而笼罩了一层浓浓的诗意。白居易在苏州修筑山塘，把虎丘改造为“仙岛”。白居易还发现了天平山白云泉，写了《白云泉》诗，自此，白云泉（图1–2）扬名千古。

图 1–2　白云泉

唐末吴越王及其子孙在苏杭也建有多处园林。毁于易代战乱的六朝寺观园林，经吴越王修复扩建出现了繁荣之势。

随着佛教的中国化，唐代儒、道、释进一步融合，宗教的世俗化，促进寺观园林的兴盛。寺观园林具有公共园林的性质，同时，地方文人官员继承六朝兰亭、新亭等公共园林建设，也在各地创建了公共游豫场所。

(五)宋元苏州园林艺术体系完备期

文人园林经过六朝唐五代的园林审美积淀，到宋元时期，从数量到质量，已经独领风骚，形成巨大的文化冲击波，波及皇家和寺观园林及公共游豫活动场所，文人园林艺术体系业已完备，中国园林文化进入成熟期。

“两宋期内的物质文明和精神文明所达到的高度，在中国整个封建社会历史时期之内，可以说是空前绝后的。”[①] 北宋诗人范成大在《吴郡志》中写道：“谚曰：‘天上天堂，地下苏杭。’又曰：‘苏湖熟，天下足。’湖固不逮苏，杭为会府，谚犹先苏后杭……”接着，他又援引白居易诗句进行论证，指出：“在唐时，苏之繁雄，固为浙右第一矣。”

宋代确立了“王者虽以武功克敌，终须以文德致治”[②] 的“佑文”政策，造成了倾心学术、精心文章、崇尚文化的社会时尚。范仲淹在苏州建立江苏省内第一座府学，与孔庙建在一起，苏州全民文化素养普遍有所提高，整体的审美水平也提升了。有宋一代，士大夫待遇优渥，生活考究，尚风雅、黜粗俗，全才型的文人在艺术领域追求平淡天然的美，欣赏红牙檀板、浅斟低唱和小院香径。在世俗生活中寻求诗化的超越情韵，使个人审美的情趣和要求获得了较为自由的发展。写意式山水园林是他们寄寓坚定的理性人格意识及优雅自在的生命情韵的最合适载体。

苏州，三江雪浪，烟波如画，一篷风月，随处流连，又为太湖石、黄石产地。北宋徽宗在东京兴建御苑艮岳，曾设应奉局于虎丘，专事搜求民间奇花异石。宋高宗南渡，苏州为平江府治所在，高宗一度驻跸于此，营平江府治，北部凿池构亭，使官衙也都附以园林。

今人丁应执统计宋代苏州园林共计 118 所，主要分布在古城内、石湖、

① 邓广铭：《谈谈有关宋史研究的几个问题》，载《社会科学战线》1986年第2期。
② 李攸：《宋朝事实》卷三，清乾隆武英殿木活字印武英殿聚珍版书本。

尧峰山、洞庭东山和洞庭西山一带。

脱屣红尘，移家碧山，娑罗树边，依梅傍竹，文人以诗画入园。园林主题的深化和园林景点的诗化即景境的营造，标志着苏州文人园的成熟。

列入世界文化遗产名录的北宋沧浪亭（图 1-3）是苏州现存最古老的园林。

图 1-3　沧浪亭开门见山的大门

元代长期打压南人，但“元平江南，政令疏阔，赋税宽简，其民止输地税，他无征发”，还一反传统的重农抑商政策，“以功诱天下”，大大提高了商人地位。元成宗于 1294 年下令弛商禁，允许泛海经商，海运、漕运的沟通，刺激了商业的发展，特别是通番贸易（外贸）的增长，给苏州地区带来了大宗财富，非农业人口激增。元人王显《稗史集传》说：“姑苏为东南都会，富庶甲天下。其列肆大贾，皆靡衣甘食。”《马可波罗游记》也说：“苏州城漂亮得惊人！”

苏州全民崇文，文化氛围浓厚，不仅士人园林遍布城乡，“自朱勔创以花石媚进……至今吴中富豪竞以湖石筑峙奇峰阴洞，至诸贵占据名岛以凿，凿而嵌空妙绝，珍花异木，错映阑圃，虽闾阎下户，亦饰小小盆岛为玩，以此务为饕贪，积金以充众欲”[1]。城市酒楼等公共场所也普遍追求园林化，说明全民文化素养的提高。

诗书画三绝的全才型文人都热衷于园林雅玩，诗画渗融的写意式山水园林，成为寄寓理性人格意识及优雅自在生命情韵的载体，正如宋周密在《齐东野语·贾氏园池》中描述的，“有藏歌贮舞流连光景者，有旷志怡神蜉蝣尘外者，有澄想遐观运量宇宙而游特其寄焉者”，雅藏、雅赏、雅玩成为时代的精神指向。

宋元平江园林的鲜明特色是主题的深刻和景点的诗化，即“景境”的营造，在艺术领域光大完善了唐人“意境”说和“韵味”说，江南特别是苏州园名题咏，普遍富有深意——突破了简单的环境状写和方位、功能的标定，代之以诗的意趣，园林主题思想进一步深化，这标志着中国园林美学理论体系的完备。

宋元士人园林建筑一般体量较大，密度低，个体多于群体。或踞山远眺，临池俯影；或向花木，倚奇石，掩映于林木烟云之中，在园中处于配景地位。

园林筑山往往主山连绵、客山拱伏，多呈丘壑冈阜、峰峦涧谷之势，有的混假山于真山之中，浑然一体。

作为大自然精灵的石头，自中唐以来就受到文人的膜拜，崇石、赏石之风，至两宋达到鼎盛，无园不石。池岸叠石凹凸自然，石矶错落。

植物多群植成林，形成蓊郁森然之气。林间留出隙地，虚实相衬，于幽奥中见旷朗，松竹梅等植物成为典型的人文植物。

园林选址因山就水，利用原始地貌，建筑更注意收纳、摄取园外之景，即“借景”，力求园林本身与外部自然环境契合，园林仿佛天授地设，不待人力而巧。

园林体量小巧而精雅的，则追求“芥子纳须弥”“壶中日月长”。自此，咫尺天地再造乾坤也成为江南园林的审美特色，形成周维权先生所言的中

---

① 黄省曾：《吴风录》，中华书局，1991年，第2页。

国园林“简远、疏朗、雅致、天然”的风格特点。

北宋喻皓的《木经》是中国第一部木结构建筑手册。宋徽宗崇宁二年（1103），李诫在《木经》的基础上编修成《营造法式》，并由皇帝下诏颁行。该书对建筑进行了理论上的总结，是中国古代最杰出的建筑经典之一。它以模数衡量建筑，使建筑有比例地形成了一个整体，组合灵活，拆换方便，标志着建筑理论体系的确立。

《营造法式》失传后，南宋时在苏州重印，苏州工匠直接继承了中国古代最醇美的建筑技艺。宋元时期，形成了以造园为职业的匠师——花园子、山匠。苏州还形成了匠帮组织——香山帮。

叠山技艺从唐代“列而观之”为主发展为宋元湖州俞氏园的“一山连亘二十亩，位置四十余亭”“假山之奇甲于天下！”

以上，都标志着宋元园林进入成熟期，为明清时期的园林风格奠定了基础。

（六）明中叶到清前期的鼎盛期

宋元盛极一时的苏州园林，因元末兵燹之灾，都已经“水涸桥仍构，畦荒路渐连”“废园门锁鸟声中”“惟余数株柳，衰飒尚多情”了！明初朱元璋又因元末“士诚之据吴也，颇收招知名士，东南士避兵于吴者依焉”，而“怒其为张士诚守”，政尚严酷，动辄对士人实行“廷杖”，剥夺士大夫的尊严，肆意诛戮，且于洪武二十六年（1393）定制，严令“官员营造房屋，不许歇山转角、重檐重栱及绘藻井，惟楼居重檐不禁……品官房舍，门窗、户牖，不得用丹漆。功臣宅舍之后，留空地十丈，左右皆五丈，不许那（挪）移军民居止，更不许于宅前后左右多占地，构亭馆、开池塘以资游眺”[①]。

在风刀霜剑严相逼的政治生态下，明初的苏州园林一度萧条，士人仅在乡村、湖畔的宅园近旁，建一轩、一亭、一榭、一斋，在“斗室”“蜕窝”卧

① 张廷玉等撰：《明史·舆服志》，中华书局，1974年，第1671页。

游。或植松竹菊适意，或艺稼穑、事渔猎为本，或以“瓜田”为号，借古寓意，聊寄情怀。这些并非真正意义上的园林。

明中叶到清前期的江南，是中国经济文化的中心，空前繁荣的经济文化，使江南园林量质齐高，成就空前绝后。这时期也成为江南园林史长河中文人园最辉煌、专业构园家技艺最高、江南构园理论最灿烂的时期。

江南园林的典型——苏州园林从立意、构图到景点的营构都与诗画紧密结合，熔文学、哲学、美学、建筑、雕刻、山水、花木、绘画、书法等艺术于一炉，充分彰显了中国园林特有的“景境”，成为“虽由人作，宛自天开”的立体的画、凝固的诗，其特点如下：

第一，壶天自春。苏州园林“小小许胜多多许”，成为咫尺之内再造乾坤的典范；具有童寯先生所说的“疏密得宜”“曲折尽致”“眼前有景”的三境界。

第二，因地制宜，师法自然，自出机杼，创造各种新意境，佳山妙水，层出不穷，使游者如观黄公望《富春山居图》。有法无式，不自相袭，个性鲜明，童寯先生谓：“盖园林排当，不拘泥于法式，而富有生机与弹性，非必衡以绳墨也！”

第三，精致雅朴。粉墙黛瓦，色彩淡雅，不尚金碧辉煌，“无雕镂之饰，质朴而已；鲜轮奂之美，清寂而已”，家具陈设色彩素净，不重“媚俗眼”的珠光宝气的家具。

第四，文气氤氲，不同流俗。园林及景区立意，皆以诗文为根据；山水植物建筑的位置、假山的堆叠，都追求符合画理。即使是树木栽植，亦重姿态，不讲品种，能入画就妙。

成化、弘治、正德年间，随着禁海令的松弛，苏州凭借大运河的便利，商业逐渐繁荣，唐寅《姑苏杂咏》有“小巷十家三酒店，豪门五日一尝新。市河到处堪摇橹，街巷通宵不绝人”的歌咏，苏州号为“天下第一都会”，这掀起了明代苏州第一个构园高潮。

成化开始，吴文人就热衷于构园、画园。从吴门画派开山祖师沈周的

图 1–4 沈周《东庄图册 · 知乐亭》

业师杜琼、刘珏及杜琼之师陶宗仪、祝允明外祖徐有贞和韩雍等拥有的园林看，该时期苏州园林的艺术风格，与他们的画风十分相似：园名题咏和园内景点皆富深意；园小巧而自然雅朴；带有浓厚的庄园经济色彩。（图 1–4）

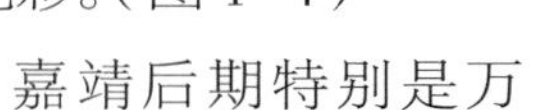

嘉靖后期特别是万历以后，虽然是政治最黑暗的时期，但也是文禁松弛、资本主义萌芽、经济繁荣、士人最富有文化创意的时期。在提倡真性情、颂扬浪漫和人文双重思潮的影响下，好货、好色、好珪璋彝尊、好花竹泉石都成为无可非议的人性之自然，这掀起了第二次更大的构园高潮。彼时的苏州，士人为追求风雅生活，不遗余力，竞修园林及歌台馆所，兼及收藏，如痴似癖。

宴饮还添丝竹之乐，由元代南戏发展而来的昆曲，独霸梨园。园池亭榭，宾朋声伎之盛，甲于天下。明代吴中巨富许自昌（字玄佑）是刻书家、藏书家、戏曲家，善作曲，家中有乐班，所交多名士，常集宾友诗酒觞咏于园林梅花墅。园中有广池曲廊、亭台阁道，美石占十分之一，花竹占十分之二，水面占十分之七，在园内锦瑟弹鸣，又撰乐府新声，招待来客，乃至通宵达旦。

明清鼎革，但文化创意的“繁盛的生命力可以跨越改朝换代的戕害与创伤，一直延续到乾嘉时期”[①]，清咸丰前苏州园林承晚明园林余韵，继续发展。官僚富豪、文人士大夫，或葺旧园，或筑新构，争妍竞巧，“料理园花胜稻粱，山农衣食为花忙。白兰如玉珠兰翠，好与吴娃压鬓芳”，再次掀起

① 郑培凯：《晚明文化与昆曲盛世》，载《光明日报》2014年1月20日第16版。

园林兴建之风。

据魏嘉瓒《苏州古典园林史》统计，苏州城区园林有 190 多处，清朝新建 140 余处，乾隆年间苏州实际存在的园林数量大大超过扬州，呈持续发展态势。康乾六下江南，在苏州游赏的就有拙政园、虎丘、瑞光塔寺、狮子林、圣恩寺、沧浪亭、灵岩山寺、寒山别业、法螺寺、天平山高义园等。

有境界者自成高格，清初苏州园林主人多文人雅士，有浓浓的书卷气，蕴含丰富雅致的文化，其园林体现的是主观的意兴和文学趣味概括创造出来的山水美，是名副其实的"文人园"。

明末清初苏州文人纷纷著书立说，大多采用活泼自由的笔记小品。清言录有明末松江陈继儒《小窗幽记》[1]《岩栖幽事》，忆语体有沈复的《浮生六记》，园记文集有王世贞的《娄东园林志》，花木栽培有王世懋的《学圃杂疏》等，全面涉及园林艺术诸要素，诸如选址布划、房舍屋宇、花木的栽培配置、室内的瓶花陈设、收藏雅赏以及园居体验、人生感悟，无所不及。其中，就造园问题所作综合及系统的著作有明计成的《园冶》、文震亨的《长物志》，两书标志着明清时期中国构园理论及美学思想高度成熟。

（七）近代苏州园林传统式微和异化

1840 年 6 月，英帝国主义用坚船利炮轰开了闭关锁国的清帝国门户，中国统治者被迫签订一系列丧权辱国的不平等条约，中国的自然经济开始解体，通商口岸被迫开放，拉开了近代中国的帷幕。覆巢之下，岂有完卵？战火频仍、民不聊生的年代，精美绝伦的苏州园林和祖国一同饱受战火蹂躏，十不存一。

随着西欧等帝国的殖民建筑强行入驻中华大地，中国数千年的传统园林受到巨大冲击。苏州园林传统式微，风格发生了嬗变，引以为傲的中国园林从此一蹶难振。

---

① 陈继儒《小窗幽记》，一名《醉古堂剑扫》，一说为陆绍珩于1624年前后所撰。

从园林艺术本身来讲，到了道光年间，已经没有了文化创意，且清廷自1905年废止科举制度，又无精妙制度顶替，社会崇文风尚日衰，精英阶层失去了学而优则仕的优势，丧失了构园的资本和热情，大多淡出了园林界，簪缨世家衰败而军阀、资本家、富商等新贵踵起，园主成分雅俗不齐。

“自清末季，外侮凌夷，民气沮丧，国人鄙视国粹，万事以洋式为尚，其影响遂立即反映于建筑。凡公私营造，莫不趋向洋式。”[①]“自水泥推广，而铺地叠山，石多假造。自玻璃普遍，而菱花柳叶，不入装折。”[②]

花园洋房、公园在口岸城市租界次第出现。随着水泥建筑的逐渐推广，传统建筑所需的工种也逐渐淡出了市场。

由于园主成分变化、审美情趣各不相同，晚清园林兴造活动大部分流于对名园的模仿和技术的追求，当然也有佳构。及至民国，传统影响大降而西方影响日盛，古典园林时闻颓败，罕见新修。顾颉刚先生在民国十年（1921）曾忧心忡忡地说：

> 今日造园者，主人倾心于西式之平广整齐，宾客亦无承昔人之学者，势固有不能不废者矣！[③]

客观上，随着上海开埠，以运河为交通骨干的内陆市场转化为以海洋为主动脉的超内陆市场，大运河日渐萧条，苏州逐渐失去了传统优势，经济发展停滞，经济重心随之转移，大多数的工人、商人移居上海。

肇始于清末的现代公园——植园出现后，至民国，公园也先后出现，如苏州公园建于民国十四年（1925）。其前半为法国规则式布局，喷泉绿地；后半则荷沼曲桥，假山孤亭，有古典韵味。“自公园风行，而宅隙空庭，但植草地”[④]，这些标志着中国传统园林的嬗变。

但具有优秀造园传统的苏州，传统园林影响强大，对时髦的洋式建筑有所抵制，如光绪二十三年（1897）三月二十七日《申报》报道：“苏垣近

---

① 梁思成：《中国建筑史》，第353页。
② 童寯：《江南园林志序》，见《江南园林志》，中国工业出版社，1963年，第3页。
③ 顾颉刚：《顾颉刚学术文化随笔》，中国青年出版社，1998年，第505页。
④ 童寯：《江南园林志序》，见《江南园林志》，中国工业出版社，1963年，第3页。

年以来，每有牟利之徒，将门面房屋仿效洋式，丹青照耀，金碧辉煌，墙壁用花砖……现经上宪查得此等装饰有干例禁，遂饬三县各按地段派差押拆。”

同治年间清廷镇压了太平军、捻军，苏州是中国历史上“唯一巨大的前现代化城市”[①]，又因临近上海，商贾巨僚等纷纷涌聚苏州定居，苏州出现畸形的中兴之园。有重修的如留园、颐园（环秀山庄），修葺中有改建和扩建，“原来面貌所存无几，有的甚至全然改观”。还新建了大量宅园，如怡园、耦园、拥翠山庄、听枫园、曲园、半园、畅园、鹤园、补园（与谁同坐轩，图 1–5）等大小园林 100 多处，仅苏州同里一镇就有退思园等大小宅园 30 余处，清末时城内外有园林 171 处。

图 1–5　与谁同坐轩

清末民初，传统建筑的营造正经历着前所未有的挑战，新材料的渐渐引入，人们对西洋事物的憧憬，包括对洋楼等建筑形式的接纳，整个传统

① 迈克尔·马默：《人间天堂——苏州的崛起》，见林达·约翰逊主编：《帝国晚期的江南城市》，成一农译，上海人民出版社，2005年，第59页。

建筑营造滑坡。另一方面，苏州工专成立，这是一所被称为“创建了我国高等现代建筑教育的先河”的院校。这一切使得掌握着传统营造工艺的匠人面临着尴尬的境地。

姚承祖将吴地苏派建筑营造技艺的用料、做法、工序、样式等一一归纳编写讲义，成为《营造法原》的前身。此书立足于水乡苏州的传统建筑，分析其建筑形制的特色，提供了南方建筑各种详尽的形制数字，同时对园林艺术的各类构建方法进行了提纲挈领的论述，是“唯一记述江南地区代表性传统建筑做法的专著”。朱启钤评论此书“上承北宋、下逮明清”，“足传南方民间建筑之真象”；著名建筑学家刘敦桢先生誉之为“南方中国建筑之唯一宝典”，具有科学和艺术的双重价值。

苏州古典园林的历史到此画上了句号，但苏州园林植根于古老而博大的中华文化土壤之中，承载着千年历史的酸甜苦辣，记录着中华文人的心路历程，积淀着中华民族最深沉的精神追求，蕴含着“天人合一”的生态科学和诗意栖居的生存智慧，不仅是当今可持续发展的宝贵理论资源和可资借鉴的实物范式，而且也为人类提供了“生活最高典型”。

二、楚辞的园林美学思想

奇谲瑰丽的楚文化的精华是汉刘向辑录的《楚辞》，宋黄伯思《翼骚序》云：“屈宋诸骚，皆书楚语，作楚声，纪楚地，名楚物，故可谓之‘楚辞’。”[①]“楚辞”是战国后期产生在中国南部楚国地方的一种具有浓郁的地方色彩的新诗体。“信巫鬼，重淫祀”[②]的楚俗，使楚地艺术充满了怪诞而又瑰奇的浪漫色彩。

被称为“东方诗魂”的屈原，是楚辞的代表。《汉书·艺文志》著录屈

① 转引自陈振孙：《直斋书录解题》卷一五，上海古籍出版社，1987年，第436页。

② 班固：《汉书·地理志下》，中华书局，1962年，第1666页。

原赋二十五篇，其书久佚。王逸《楚辞章句》目录中，除去《远游》《卜居》《渔父》《大招》，屈原的作品共计二十三篇。郑振铎《楚辞图序》赞曰："屈原以他的奔放的感情，像夏云似的舒卷自如、奇峰突起的丰富的想象力，以及像灿烂的春光似的辞华，恣意地编织了这些古代人民的想象的花朵，使之成为一个百花齐放大园囿。"屈原把文学创作当作生命寄托以实现人生价值，奠定了他在文学史上的崇高地位。

屈原弟子宋玉和唐勒、景差"皆好辞而以赋见称"。《汉书·艺文志》著录宋玉赋十六篇，颇多亡佚。其所作《风赋》《登徒子好色赋》《九辩》《招魂》等汪洋恣肆，寓意极深，脍炙人口；《高唐赋》《神女赋》对楚国园林环境的描写甚富；《九辩》为其在楚辞中的代表作。

以屈原为代表的楚辞美学思想，基本属于儒家系统，如宋玉《登徒子好色赋》赞美修短合宜之美："东家之子，增之一分则太长，减之一分则太短。著粉则太白，施朱则太赤。"身材，若增加一分则太高，减掉一分则太短；论其肤色，若涂上脂粉则嫌太白，施加朱红又嫌太赤。一切恰到好处。这与儒家中和美学思想吻合。但楚辞又吸收了道家思想，如《楚辞·渔父》展示了一幅淳朴率真的水乡风情画：

> 渔父莞尔而笑，鼓枻而去，歌曰："沧浪之水清兮，可以濯吾缨。沧浪之水浊兮，可以濯吾足。"遂去，不复与言。[①]

朴衣蹇裳，无礼仪之烦琐；终日打鱼，去俗务之劳心。掘泥扬波，与世人同浊；酒后酣睡，与世人偕醉。静观落日，体自然之妙；鼓枻放歌，声震于凌霄。沧水若清，可濯我缨；沧水若浊，聊濯我足。笑天下之熙熙，皆为利来；讥世人之攘攘，皆为名往。其反映出的人生哲理又与道家思想十分接近，沧浪、江海都成为隐逸的象征符号。

因此，楚辞兼有儒、道两家的思想内涵，又具有鲜明的美学新特色，如楚辞中香草美人的意象之美、人居环境之美与建筑装饰之美等，构成了其不同于儒、道的浪漫多彩的园林美学思想。

---

① 洪兴祖撰：《楚辞补注》，中华书局，1983年，第180—181页。

（一）善鸟香草　灵修美人

楚辞引类譬喻充满着瑰丽奇特之美，山川焕绮，动植皆文："龙凤以藻绘呈瑞，虎豹以炳蔚凝姿。云霞雕色，有逾画工之妙；草木贲华，无待锦匠之奇。夫岂外饰？盖自然耳。至于林籁结响，调如竽瑟；泉石激韵，和若球锽：故形立则章成矣，声发则文生矣。"[①]这构筑了一个花团锦簇的意境世界——"视之则锦绘，听之则丝簧，味之则甘腴，佩之则芬芳"[②]，令人获得视觉、听觉、味觉、嗅觉和心觉全美的美感享受。这些意象特别是香草美人经过历史积淀，成为负载中国人审美情感的符号。

汉王逸《离骚序》云："《离骚》之文，依《诗》取兴，引类譬喻。故善鸟香草，以配忠贞；恶禽臭物，以比谗佞；灵修美人，以媲于君。"楚辞以香草比美德，以臭草比恶德，以恶禽臭物象征奸佞。其中植物大致可以分为香草（木）、恶草（木）两大类别。香草香木共有 34 种，其中香草有江离、白芷、泽兰、惠、茹、留夷（芍药）、揭车、杜衡、菊、杜若、胡、绳、荪、苹、襄荷、石兰、枲、三秀、藁本、芭、射干及捻支等 22 种，香木有木兰、椒、桂、薜荔、食茱萸、橘、柚、桂、桢、甘棠、竹及柏等 12 种。

300 多句的长诗《离骚》提及花草花木者多达 40 处，有木兰、宿莽、江离、蕙芷、留夷、揭车、杜衡、方芷、薜荔、菌桂等。

以香草香木比喻美德的，如《离骚》："不吾知其亦已兮，苟余情其信芳。""芳与泽其杂糅兮，唯昭质其犹未亏。""芳菲菲而难亏兮，芬至今犹未沫。"诗人反复申诉自己质性香润，历尽坎坷磨难，芳香之德久而弥盛。

以芳草香花比喻德行美好的贤人："昔三后之纯粹兮，固众芳之所在。"王逸注："众芳，谕群贤。"屈原此下虚笔设喻："杂申椒与菌桂兮，岂维纫夫蕙茝？"王逸《章句》说明取义："蕙茝皆香草，以谕贤者。言禹、汤、文

---

① 刘勰：《文心雕龙·原道》，见《增订文心雕龙校注》，黄叔琳注，中华书局，2006年，第1页。

② 刘勰：《文心雕龙·总术》，见《增订文心雕龙校注》，第527页。

王，虽有圣德，犹杂用众贤，以致于治，非独索蕙茝，任一人也。”

用香草为饰，象征人品的脱俗、人格的高尚峻洁，并汲汲于修养。

《离骚》《九歌》中人和神的服饰和佩饰都以自然物为材料。

《离骚》抒怀主人公最初的服饰是“扈江离与辟芷兮，纫秋兰以为佩”，把江离和芷草披在身上，把秋兰佩戴在腰间。“制芰荷以为衣兮，集芙蓉以为裳；不吾知其亦已兮，苟余情其信芳。”用菱叶制成上衣，用荷花编织下裳。江离、菱叶为绿色，兰草绿叶紫茎，芷草白，荷花红，这是屈原用来自喻品德的。朱熹《集注》谓“此与下章即所谓修吾初服也”，以荷喻自己本初职志用心，表明不改正道直行之志。《山鬼》“被薜荔兮带女罗”“被石兰兮带杜衡”，她的衣服和腰带都是香草制成的。《惜诵》“梼木兰以矫蕙兮，凿申椒以为粮。播江离与滋菊兮，愿春日以为糗芳”，《离骚》“朝饮木兰之坠露兮，夕餐秋菊之落英”“汩余若将不及兮，恐年岁之不吾与，朝搴阰之木兰兮，夕揽洲之宿莽”，以兰、蕙、江离、滋菊及木兰之坠露、秋菊之落英等为粮，以示屈原自己高标独立、不与小人同流合污的善美人格。蒋骥说“木兰去皮不死，宿莽拔心不死”，故诗人“朝搴”“夕揽”以示自己的坚贞不渝。

再如《离骚》：“揽木根以结茝兮，贯薜荔之落蕊；矫菌桂以纫蕙兮……”“步余马于兰皋兮，驰椒丘且焉止息。”“揽茹蕙以掩涕兮，沾余襟之浪浪。”“时暧暧其将罢兮，结幽兰而延伫。”兰、椒、茝蕙皆为名贵香草（木），故诗人行于兰皋，止于椒丘，茹蕙掩涕，幽兰结佩，甚至在因蕙纕被替之后还要继续采摘芷草。这象征诗人在任何情况下都要以美好的理想和情操来陶冶自己的心志，表现了诗人高洁的人格。

楚辞中采摘香草是文人“重之以修能”的一种外化和象征，采花草相赠则是文人之间以人格为基点的勖勉、相思之情的流露。如《离骚》：“溘吾游此春宫兮，折琼枝以继佩。及荣华之未落兮，相下女之可贻。”《湘君》：“采芳洲兮杜若，将以遗兮下女。”《湘夫人》：“搴汀洲兮杜若，将以遗兮远者。”《大司命》：“折疏麻兮瑶华，将以遗兮离居。”

用栽种香草香木比喻培养具有美德的人才。《离骚》“余既滋兰之九畹兮，又树蕙之百亩；畦留夷与揭车兮，杂杜衡与芳芷。冀枝叶之峻茂兮，愿俟时乎吾将刈”，所及的兰、蕙、留夷、揭车、杜衡、芳芷，王逸注皆谓“香草”，比喻各怀才具的诸色人才，是“众贤志士”。

屈原痛心“虽萎绝其亦何伤兮，哀众芳之芜秽”，屈原绝望“兰芷变而芳草兮，荃蕙化而为茅；何昔日之芳草兮，今直为此萧艾也！”宋洪兴祖补注云：“萧艾贱草，比喻不肖。”“既干进而务入兮，又何芳之能祇，固时俗之流从兮，又孰能无变化！”这是香草质变的根源，向来坚持“初服”不改素质的屈原，对此怎能不痛心疾首呢？

楚辞中的美人意象或是比喻君王，或为自喻。如“惟草木之零落兮，恐美人之迟暮”，美人意象喻君王；“众女嫉余之蛾眉兮，谣诼谓余以善淫”，“余”显然是自喻。屈原的美政理想，只有靠君臣遇合、知人善任才能实现，故他以婚约比喻君臣遇合，香草美人乃政治关系的借喻。

《离骚》中出现三次“求女”，这些被求美女当然为君王之借喻。

第一次求“宓妃”：“吾令丰隆乘云兮，求宓妃之所在……”“不吾知其亦已兮，苟余情其信芳”，但宓妃虽然外貌美丽，却用情不专——“夕归次于穷石兮，朝濯发乎洧盘”，既为帝之妻，又与后羿染，“保厥美以骄傲兮，日康娱以淫游”“虽信美而无礼兮，来违弃而改求！”

第二次求“有娀之佚女”简秋：“吾令鸩为媒兮，鸩告余以不好。雄鸠之鸣逝兮，余犹恶其佻巧。心犹豫而狐疑兮，欲自适而不可。凤皇既受诒兮，恐高辛之先我。欲远集而无所止兮，聊浮游以逍遥。”我让鸩鸟去做媒啊，鸩鸟欺骗我说她不好。雄鸠边飞边叫能说会道啊，我又嫌它巧而不实太轻佻。我心犹豫拿不准主意，想亲自登门又不合礼仪。凤凰既然送去了聘礼啊，又怕帝喾捷足先登把她娶。想远走高飞可又无处去啊，只好暂且四处闲逛自乐自娱。

第三次求“有虞氏二姚”：“及少康之未家兮，留有虞之二姚。理弱而媒拙兮，恐导言之不固。世溷浊而嫉贤兮，好蔽美而称恶。闺中既以邃远兮，哲王又不寤。怀朕情而不发兮，余焉能忍与此终古？”趁着少康还没有娶妻成家，有虞氏还留着两位待嫁娇女。送信人无能，媒人也太笨，恐怕不能把话传达清楚。这世道太混浊，嫉恨贤能啊，总喜欢隐人长处揭人短处。闺房是那样深远啊，明智的君王又不醒悟。我满怀真情不得倾诉啊，我怎么能永远忍受下去？

三次求女而不得，正是屈原不被君主赏识重用的现实折射，“路漫漫其修远兮”，他上下求索的过程艰辛而痛苦。

诗人将内在之情外化为审美对象香草美人，正如朱彝尊《天愚山人诗集序》所说的：“顾有幽忧隐痛，不能自明，漫托之风云月露、美人花草，以遣其无聊。”“盖神居胸臆之中，苟无外物以资之，则喜怒哀乐之情，无由见焉”[①]，需“要用感性材料去表现心灵性的东西”[②]。

吴衡照《莲子居词话》云：“言情之词，必借景色映托，乃具深宛流美之致。”这样方可使胸中块垒唾出殆尽。反之，“凡物之美者，盈天地间皆是也，然必待人之神明才慧而见”，离开了审美主体情感的照耀，景物之美如被置于漆黑之夜，无法显示出来。

楚辞中的香草美人意象，带有浓郁的原始巫风文化色彩。爱德华·泰勒在《原始文化》中提到早期人类用熏香供奉神灵时，说：“这些供品以蒸汽的形式升到了灵物那里，这种思想是十分合理的。”

《楚辞》中气味芬芳馥郁的香草香木，也都有取悦神灵的用意。巫觋在祭祀神灵中运用大量的香草刻意修饰自己的服饰、器具、陈设，如《九歌·东皇太一》：

> 瑶席兮玉瑱，盍将把兮琼芳。蕙肴蒸兮兰藉，奠桂酒兮椒浆。扬枹兮拊鼓，疏缓节兮安歌，陈竽瑟兮浩倡。灵偃蹇兮姣服，芳菲菲兮满堂。五音纷兮繁会，君欣欣兮乐康。[③]

迎祀皇天上帝，待坐的瑶席用玉镇压着，神座前摆着美丽芳香的楚地灵茅。祭肉用蕙草包裹放在兰草垫上。还有桂酒椒浆，巫女蹁跹起舞，满堂散发

---

① 刘永济：《词论》，上海古籍出版社，1981年，第71页。

② 黑格尔：《美学》（第一卷），朱光潜译，商务印书馆，1979年，第361页。

③ 屈原：《九歌·东皇太一》，见屈原著，金开诚、董洪利、高路明校注：《屈原集校注》，中华书局，1996年，第190—194页。

出芳香。送神时是："成礼兮会鼓，传芭兮代舞，姱女倡兮容与。春兰兮秋菊，长无绝兮终古。"

（二）荪壁紫坛　芳椒成堂

《楚辞》中用大量香草香木来装点住所，自然本色，纯朴而浪漫。如将陆地的花草香木纷纷植入水下幻境，构成了光怪陆离的浪漫境界。

湘夫人的住所：

> 筑室兮水中，葺之兮荷盖。荪壁兮紫坛，播芳椒兮成堂。桂栋兮兰橑，辛夷楣兮药房。罔薜荔兮为帷，擗蕙櫋兮既张。白玉兮为镇，疏石兰兮为芳。芷葺兮荷屋，缭之兮杜衡。合百草兮实庭，建芳馨兮庑门。[①]

把房屋建在水中央，还要把荷叶啊盖在屋顶上。荪草装点墙壁啊紫贝铺砌庭坛，四壁撒满香椒啊用来装饰厅堂。桂木作栋梁啊木兰为桁椽，辛夷装门楣啊白芷饰卧房。编织薜荔啊做成帷幕，析开蕙草做的幔帐也已支张。用白玉啊做成镇席，各处陈设石兰啊一片芳香。在荷屋上覆盖芷草，用杜衡缠绕四方。汇集各种花草啊布满庭院，建造芬芳馥郁的门廊。加盖芷草，四周用杜衡环绕，荪草饰墙，紫贝砌院，桂树作梁，木兰作掾，辛夷为门，薜荔为帐，白玉镇席，花椒满堂，荷叶绿色，芷草白色，花椒深红，五彩缤纷。

少司命所住庭院"秋兰兮麋芜，罗生兮堂下。绿叶兮素华，芳菲菲兮袭予"。秋天来了，堂下的兰草开着淡紫色的小花，中间夹生着一种很香很香的麋芜草，也正盛开着小小的白花。凉风拂面，它们散发出的香气也一阵阵地向我袭来。令人赏心悦目。

> 《九歌 · 湘君》："鸟次兮屋上，水周兮堂下。"[②]

---

① 屈原：《九歌 · 湘夫人》，见《屈原集校注》，第222页。

② 屈原：《九歌 · 湘君》，见《屈原集校注》，第214页。

《九歌·湘夫人》："筑室兮水中，葺之兮荷盖。"[①]

《九歌·东君》："暾将出兮东方！照吾槛兮扶桑。"[②]

《九歌·河伯》："鱼鳞屋兮龙堂，紫贝阙兮朱宫。"[③]

房舍周围，《楚辞·招魂》描述有"川谷径复，流潺湲些。光风转蕙，氾崇兰些"，川谷的流水曲折萦回于庭舍，能听到潺潺的流水声。阳光中微风摇动蕙草，丛丛香兰播散芳馨。《大招》："孔雀盈园，畜鸾皇只！鹍鸿群晨，杂鹙鸧只。鸿鹄代游，曼鹔鹴只。"孔雀满园，还蓄养着鸾鸟凤凰。清晨，鹍鸟鸿雁在群聚啼叫，还夹杂着水鹙鸧鹏的鸣声。天鹅在池中轮番嬉游，鹔鹴也在不断戏水。

楚国深宫内宅更是花香鸟语，微风吹拂，《风赋》描写："邸华叶而振气，徘徊于桂椒之间，翱翔于激水之上，将击芙蓉之精，猎蕙草，离秦衡，概新夷，被荑杨，回穴冲陵，萧条众芳，然后徜徉中庭，北上玉堂，跻于罗帷，经于洞房，乃得为大王之风也。"花木传散着郁郁的清香，它徘徊在桂树椒树之间，回旋在湍流急水之上。它拨动荷花，掠过蕙草，吹开秦衡，拂平新夷，分开初生的垂杨。它回旋冲腾，使各种花草凋落，然后又悠闲自在地在庭院中漫游，进入宫中正殿，飘进丝织的帐幔，经过深邃的内室。

拙政园的旱船香洲（图1–6）深得个中深韵，清王庚在文徵明旧书"香洲"额下跋云："昔唐徐元固诗云'香飘杜若洲'，盖香草所以况君子也。乃为之铭曰：'撷彼芳草，生洲之汀；采而为佩，爰入骚经；偕芝与兰，移植中庭；取以名室，惟德之馨。'"

① 屈原：《九歌·湘夫人》，见《屈原集校注》，第222页。
② 屈原：《九歌·东君》，见《屈原集校注》，第256页。
③ 屈原：《九歌·河伯》，见《屈原集校注》，第270页。

图 1-6　拙政园之香洲

（三）翡帷翠帐　饰高堂些

楚宫建筑与自然山水密切结合。楚国的城邑和建筑大多建在岗地或丘陵的一侧，有依山的特点，具有“高勿近旱而水用足，下勿近水而沟防省”的实用性、“因天材，就地利”的生态性。《寿州志 · 古迹》描述寿郢“依紫金山以为固”，“引流入城，交络城中”，体现了依山傍水的特点。层台累榭，被公认为荆楚建筑的特色，《园冶》：“榭者，借也。借景而成者。”

《大招》：“夏屋广大，沙堂秀只。南房小坛，观绝霤只。”炎热的夏天，堂屋高大雄伟，秀美华丽，周围辅以一些附属建筑，有观景、对景的小品建筑，有造型优美、绵延回绕的周阁长廊。《招魂》：“冬有突厦，夏室寒些。”冬居暖室，夏卧寒宫。“经堂入奥，朱尘筵些。砥室翠翘，挂曲琼些。”通过大堂进入内屋，上有红砖承尘，下有竹席铺陈。光滑的石室装饰翠羽，墙头挂着玉钩屈曲晶莹。

“蒻阿拂壁，罗帱张些。纂组绮缟，结琦璜些。室中之观，多珍怪些。”细软的丝绸悬垂壁间，罗纱帐子张设在中庭。四种不同的丝带色彩缤纷，系结着块块美玉多么纯净。宫室中那些陈设景观，丰富的珍宝奇形怪状。

仿照原先的居室布置，舒适恬静，十分安宁。

“离榭修幕”“翡帷翠帐”“红壁沙版，玄玉梁些”，描写的是厅堂、榭台华丽的陈设，如殿堂中悬挂着翡翠色的帷帐，红漆髹墙壁，丹砂涂护版，还有黑玉一般的大屋梁。这里说的修幕、翠帐都非床帐，而是指室内顶上的遮盖和四周的围屏装饰。其他如罗帷、余帷、翠翘、罗帱等，都是指软遮盖、软隔断艺术装饰。

楚国多高台重檐，尚超拔之美，大量采用四周设有隔扇的宫室、楼阁，敞开明亮的轩榭以及空亭、廊等。《楚辞·招魂》：“高堂邃宇，槛层轩些。层台累榭，临高山些。”有史可查的春秋战国时期楚国高台有强台、匏居台、五仞台、层台、钓台、小曲台、五乐台、九重台、荆台、章华台、乾溪台、渐台、阳云台、兰台宫等，多达二十座。楚都宫殿多有高台，装饰华丽，《渚宫旧事》载：“初，(成)王登台临后宫，宫人皆仰视。”楚灵王章华台因过于侈丽，列国诸侯恐沾恶名，不敢来参加落成典礼。

建筑色彩绚丽、热烈。《国语·楚语上》记伍举说，灵王所筑章华台有“彤镂”之美。韦昭注云：“彤，谓丹楹。”可见，著名的章华台就是以红色为主。楚地崇火，崇凤，拜日，尚赤，好巫。楚之祖先祝融为火神兼雷神，凤凰为火之所生，楚地的图腾是凤，建筑的装饰亦喜欢以凤为主题。楚地民风信巫鬼，重祭祀，建筑用色丰富，色彩艳丽。《楚辞·招魂》有“网户朱缀，刻方连些”“仰观刻桷，画龙蛇些”“翡帷翠帐，饰高堂些”“红壁沙版，玄玉梁些”等描写，讲的便是室内装饰。首先是朱红色的大门，上面镂着精致的方形网格，进门以后是红红绿绿的帷帐装饰着厅堂，最后见四壁涂着赤红的颜色，顶上是漆黑如玉的房梁。短短的一段，其色彩何其丰富。尤其是红色，是楚人一贯之所爱，红色是火的颜色，此外还有黑色和黄色，红、黑、黄三色是在楚地出土的漆器的主要颜色。

楚地崇尚飞动之美。楚人以凤为灵物，建筑屋顶立凤为饰，也有龙蛇，“仰观刻桷，画龙蛇些”，抬头看那雕刻的方椽，画的是龙与蛇的形象，多含动势，蕴含着一种生命的活力。

青铜神兽由纠结的龙蛇、游动的云霓及其他无以名之的图形符号组合而成一怪兽，充满神秘色彩。风神飞廉的化身是青铜鹿角立鹤，一只鸟的长颈为身高的两倍，鸟嘴形如象鼻上翘，鸟头的两侧长出了秀而尖锐的弧形大鹿角（有的鸟身上也长出了一对鹿角）。

战国早期的青铜磬怪兽由兽首、鹤颈、龙身、鸟翼、鳖足组合而成。到处可见的S形弯曲形态，表现此兽充满弹性的躯体；各部的微妙起伏，传达出生命的动感和力度。

曲线有动态感，楚国建筑多曲线。《楚辞 · 大招》“曲屋步壛”，即指曲折的屋室和步廊。王逸注：“曲屋，周阁也。”“坐堂伏槛，临曲池些”，俯伏在厅堂的栏杆上，可以凝神观望脚下那纡曲的水池。

楚人好壁画装饰，早期的贵族府第中即已流行。刘向《新序》：“叶公子高好龙，门、亭、轩、牖，皆画龙形。”《九歌 · 河伯》云“鱼鳞屋兮龙堂”，王逸说：“言河伯所居以鱼鳞盖屋，堂画蛟龙之文。”王逸所记载的楚地庙堂壁画、楚《人物夔凤帛画》以及出土的编钟等，都富有飘逸、艳丽、深邃等美学特点。

《天问》创作缘起于楚国庙宇的壁画。王逸《天问序》中说：“《天问》者，屈原之所作也。何不言问天？天尊不可问，故曰天问也。屈原放逐，忧心愁悴，彷徨山泽，经历陵陆，嗟号昊旻，仰天叹息；见楚有先王之庙及公卿祠堂，图画天地山川神灵、琦玮僪佹及古贤圣怪物行事。周流罢倦，休息其下，仰见图画，因书其壁。何而问之，以泄愤懑，舒泻愁思。”

屈原在“先王之庙及公卿祠堂”所见的壁画，题材有“天地山川神灵，琦玮僪佹及古贤圣怪物行事”，诗人对天地万物、阴阳四时、神话故事、历史传说、人生道德等各种提出一百七十二个疑问，如“天命反侧，何罚何佑？……皇天集命，惟何戒之？受礼天下，又使至代之”，对商朝的兴亡史发出了自己的感慨，认为天命反复无常，朝代的兴亡不在天命而在人事。蒋骥说：“其意念所结，每于国运兴废、贤才去留、谗臣女戎之构祸，感激徘徊，太息而不能自已。”[1]

---

① 蒋骥：《山带阁注楚辞 · 楚辞余论》卷上《天问》，清雍正五年蒋氏山带阁刻本。

楚先王庙（此庙系楚昭王十二年即公元前 504 年徙都时所建，距屈原出生约一百六十四年）中的壁画，据今人孙作云对壁画中的主要题材、内容场景和人物图像的探究，不同的人、神像出现了至少 70 躯，怪物等至少 15 种，不同的宏壮自然景物至少 18 景，大型群像场景至少 15 幅，犹如大型的历史连环组画，可视为我国连环画之祖。

三、名僧支遁与名郡姑苏

“天下之名郡言姑苏，古来之名僧言支遁，以名郡之地，有名僧之踪，复表伽蓝，绰为胜概。”北宋咸平年间御史大夫钱俨在所撰的《咸平观音禅院碑铭》中如是说。钱氏所言不虚。

柳宗元《邕州柳中丞作马退山茅亭记》有言曰：“夫美不自美，因人而彰。兰亭也，不遭右军，则清湍修竹，芜没于空山矣。”中唐杰出的古文家柳宗元的这段名言，道出了挖掘风景中人文内涵重要性的不二之理：会稽山阴之兰亭固然美丽，但要是没有晋穆帝永和九年（353）暮春三月三日，王羲之、谢安、许询、支遁和尚等四十一人在此举行的文酒之会，将曲水流觞这一渊源于水边祓禊的原始宗教活动雅化为文士雅集的风流，倘若没有书圣王羲之的《兰亭集序》，将“此地有崇山峻岭，茂林修竹，又有清流激湍，映带左右，引以为流觞曲水”的美景和文人大规模集会、饮酒赋诗的盛况记录下来，兰亭的美景早就芜没了。

同样，宋葛立方《韵语阳秋》也说：“滁之山水，得欧文而愈光。”遭范仲淹庆历新政失败而受牵连的欧阳修，三十九岁被贬知滁州。庆历六年（1046），山僧智仙建亭于酿泉旁，以为游息之所，欧阳修登亭饮酒，“饮少辄醉”，因名醉翁亭，自号“醉翁”，撰写了脍炙人口的《醉翁亭记》。自此，那“蔚然而深秀”的琅琊山、“潺潺”的酿泉和醉翁亭一样成为千古名胜。诚如白居易所谓：“夫有非常之境，然后有非常之人栖焉。”

名僧支遁与名郡姑苏确实有着深刻的渊源，其遗迹至今犹存，但深蕴其中的人文内涵却鲜为人知，有必要“为之发宣昭著”。

（一）高僧兼名士的支遁

孙吴时代（约3世纪），号为“智囊”的支谦，精通六国语言，博涉中外典籍，后师从支亮学佛典，为支谶的再传弟子，号“三支”之一，从事译经工作。东汉末，避乱南下吴中，吴主孙权拜为博士，《高僧传》云，孙权使其与韦昭共辅东宫，汤用彤先生《汉魏两晋南北朝佛教史》谓共辅之说“言或非实，然名僧名士之相结合，当滥觞于斯日”。支谦晚年隐居苏州穹窿山修炼五戒，号穹窿山居士，卒于山中。支遁则是支谦之后又一“支郎”。

支遁（314—366），号道林，世称支公、林公。出生在佛教徒的家庭里，是晋代著名玄化般若学者。

《高逸沙门传》曰：“支遁字道林，河内林虑人，或曰陈留（今开封市南）人[①]，本姓关氏。少而任心独往，风期高亮，家世奉法。”梁《高僧传·晋剡沃洲山支遁传》说他“幼有神理，聪明秀彻”。他“家世事佛，早悟非常之理。隐居余杭山，深思《道行》之品，委曲《慧印》之经”。支道林二十五岁始释形入道，精《般若道行品经》及《慧印三昧经》，尝在洛阳白马寺与刘系之等谈论庄子《逍遥篇》，退而注《逍遥篇》。曾留京师（建业）三载，住东安寺，讲《道行般若》，僧俗敬重，朝野悦服。三年后，因游京邑久，心在故山，乃拂衣王都，还就岩穴。在吴（苏州）立支山寺，又于石城山立栖光寺，宴坐山门，游心禅苑，放情山水，寄情诗文。晚居山阴，讲《维摩诘经》。

支遁一生勤奋著作，擅长草书隶书，善写五言，文采风流，大多描写山色幽趣、丛林宁静，寓以佛家脱俗之思与色空之理，如《五月长斋诗》《咏怀诗》等，清丽高远。著有《即色游玄论》《庄子·逍遥游注》《圣不辩知论》《支道林集》等，“凡遁所著文翰，集有十卷，盛行于世”，据称“乃著

① 据释东初《中印佛教交通史》载，支公公元335年于建康翻译《方等法华经》等，“既冠支姓，恐亦为月氏国人也”。见释东初：《中印佛教交通史》，东初出版社，1985年，第47页。

《切悟章》，临亡成之，落笔而卒”[①]，时在太和元年（366），世寿五十三岁。惜其著作后多佚失，仅留残篇若干。

支遁生活的东晋，大批名士、望族南渡江左，成为东晋王朝重要的社会基础。“可怜东晋最风流”，南下士人从铁马秋风的北地乍到杏花春雨的江南，“便有终焉之志”[②]。支遁是当时士林中最活跃的僧人，是名僧和名士相结合的代表人物。《世说新语》中记载他的事迹多达五十四条。

东晋时期，由老庄无为学说与佛学糅合而成的玄学，成为当时的社会思潮。玄学在社会心理失衡时，给人以新的心理支撑，“非汤、武而薄周、孔”的道家名士，心存“济俗”的佛教高僧，更能体现士的精神[③]，他们主张毁弃礼法，追求自然。于是，手执麈尾、蝇拂、团扇、如意的士大夫们和名僧“谈玄论佛”“以玄解佛”成了一种时髦：以玄解佛，进一步将佛学提升至哲理高度；以佛补玄，则扩充了玄学家的精神空间，为名士清谈，增添了玄妙“雅趣”。玄学的兴起与流行，正是文人接受佛教的契机，在这个时期，既能以玄解佛，又能以佛补玄，名士兼高僧的支遁自然成为时代的“宠儿”。

支遁深究玄学，尤善《庄子·逍遥游》。《世说新语·文学》记载：“《庄子·逍遥篇》，旧是难处，诸名贤所可钻味，而不能拔理于郭、向之外。支道林在白马寺中，将冯太常共语，因及《逍遥》。支卓然标新理于二家之表，立异义于众贤之外，皆是诸名贤寻味之所不得。后遂用支理。”如向子期、郭子玄解释“逍遥”之义说：“夫大鹏之上九万，尺鷃之起榆枋，小大虽差，各任其性。苟当其分，逍遥一也。然物之芸芸，同资有待，得其所待，然后逍遥耳。唯圣人物冥而循大变，为能无待而常通，岂独自通而已。又从有待者不失其所待；不失，则同于大通矣。”当时的名士们对《庄子·逍遥游》的解释，始终超不出郭象和向秀之外。支氏《逍遥论》曰：“夫逍遥者，明至人之心也。庄生建言大道，而寄指鹏、鷃。鹏以营生之路旷，故失

① 僧慧皎撰：《高僧传·晋剡沃洲山支遁》，汤用彤校注，中华书局，1992年，第164页。
② 房玄龄等撰：《晋书·王羲之传》，中华书局，1974年，第2098页。
③ 余英时：《士与中国文化》，上海人民出版社，1987年，第7页。

适于体外；鹏以在近而笑远，有矜伐于心内。至人乘天正而高兴，游无穷于放浪。物物而不物于物，则遥然不我得。玄感不为，不疾而速，则逍然靡不适。此所以为逍遥也。若夫有欲，当其所足；足于所足，快然有似天真，犹饥者一饱，渴者一盈，岂忘烝尝于糗粮，绝觞爵于醪醴哉？苟非至足，岂所以逍遥乎？”此向、郭之注所未尽。

支遁的解释融会了般若之学，超越了郭、向玄学的藩篱，展现了一个不同于传统解释宇宙、人生的新天地，令名士们眼界大开。玄学家孙绰将支遁和向秀并论，他的《道贤论》称“支遁、向秀雅尚庄、老，二子异时，风好玄同矣”。

支遁融合玄学之长和般若色空同异之义，创立新宗，即色宗，宗旨是《多心经》经文所言的“色不异空，空不异色，色即是空，空即是色”。支遁认为：“夫色之性也，不自有色，色不自有，虽色而空。故曰：‘色即为空，色复异空’。”[①]“色”乃指一切具体事物现象之“色”，支公以为“色不自色”，与色相对立的“无”亦非自无，所以，认识上虽然有色，客观上并不一定存在着那样的色，所以叫“即色有空”。支遁主张通过感应万有而达到“心”的虚寂，这种心的虚寂，也是他在《大小品对比要钞序》中所追求的“至人”的理想人格。支公虽为“宅心世外”的高僧，但其感应万物而达到心的虚寂的般若思想，也未能超出玄学的大枢。支遁“以清谈著名于时，风流胜贵，莫不崇敬。以为造微之功，足参诸正始”[②]，名士郗超激赏道：“林（支遁林）法师神（佛）理所通，玄拔独悟，实数百年来，绍明大法（佛），令真理不绝，一人而已。”[③]《世说新语 · 文学》载“自有一往隽气”的王羲之从轻视支公到折服的过程：

> 王逸少作会稽，初至，支道林在焉。孙兴公谓王曰：“支道林拔新领异，胸怀所及乃自佳，卿欲见不？”王本自有一往隽气，殊自轻之。后孙与支共载往王许，王都领域，不与交言。须臾支

① 张富春：《支遁集校注》，巴蜀书社，2014年，第596页。
② 房玄龄等撰：《晋书 · 郗超传》，第1805页。
③ 僧慧皎撰：《高僧传 · 晋剡沃洲山支遁》，第161页。

退，后正值王当行，车已在门。支语王曰："君未可去，贫道与君小语。"因论《庄子·逍遥游》。支作数千言，才藻新奇，花烂映发。王遂披襟解带，留连不能已。[1]

中土著名的名士多乐与之往还，社会名流如谢安、王洽、刘惔、王羲之、殷浩、郗超、孙绰、桓彦表、王敬仁、和充、王坦之、袁伯彦等俱与他结成方外之交，"出则渔弋山水，入则言咏属文"，甚至几天不见，便有一日三秋之忧。风流而有高名的谢安曾写信给支遁言："思君日甚，一日犹如千载，风流快事几乎被此磨灭殆尽，终日戚戚。希君一来晤会，以消忧戚。"竹林七贤的代表人物之一的嵇康，志高文伟，不偶世，人品胸次都高，"吐论知凝神，立俗迕流议"[2]，谢安却以为"嵇公勤著脚，裁可得去耳"[3]，即嵇康用尽全力，也不及支遁的一半。"东晋名士崇奉林公，可谓空前"[4]，甚至为了争抢支遁身边的座位，不顾脸面。《世说新语·雅量》记载：

支道林还东，时贤并送于征虏亭。蔡子叔前至，坐近林公。谢万石后来，坐小远。蔡暂起，谢移就其处。蔡还，见谢在焉，因合褥举谢掷地，自复坐。谢冠帻倾脱，乃徐起振衣就席，神意甚平，不觉瞋沮。坐定，谓蔡曰："卿奇人，殆坏我面。"蔡答曰："我本不为卿面作计。"其后，二人俱不介意。[5]

支遁辞别京师建康，执政的海西公在征虏亭设饯别宴会。在宴会上，蔡子叔先到，坐在支遁旁边的座位上，但在他起身与别人行礼寒暄时，位子被谢万石所占，蔡竟将谢的坐垫用力一掀，将谢摔到地上，夺回了紧挨支遁的座位，还差点碰伤了谢的脸。难怪唐代诗僧皎然说："山阴诗友喧四座，佳句纵横不废禅。"[6]孙绰在《喻道论》中又说："支道林者，识清体顺，

---

① 余嘉锡：《世说新语笺疏》，第264页。

② 颜延之：《五君咏·嵇中散》，见逯立钦辑校：《先秦汉魏晋南北朝诗》，中华书局，1983年，第1235页。

③ 余嘉锡：《世说新语笺疏》，第633页。

④ 汤用彤：《汉魏两晋南北朝佛教史》，上海人民出版社，2015年，第126页。

⑤ 余嘉锡：《世说新语笺疏》，第439—440页。

⑥ 皎然：《支公诗》，见彭定求等编：《全唐诗》卷八二〇，中华书局，1985年，第9251页。

而不对于物。玄道冲济，与神情同任。此远流之所以归宗，悠悠者所以未悟也。”

支遁的言行，名士们竞相仿效，支遁向竺道潜买山隐居可谓典型一例。《世说新语·排调》记载：“支道林因人就深公买印山。深公答曰：‘未闻巢、由买山而隐。’”《高僧传·晋剡东仰山竺法潜》记载更详细：“支遁遣使求买岇山之侧沃洲小岭，欲为幽栖之处。潜答云：‘欲来辄给，岂闻巢、由买山而隐！’”这就是唐刘长卿所谓的“沃洲能共隐，不用道林钱”[①]。巢父和许由都是传说中的尧时隐士。巢父山居，不营世利，年老以树为巢，而寝其上，故号巢父。《史记·伯夷叔齐列传》载“尧让天下于许由，许由不受，耻之逃避。”唐张守节《正义》引皇甫谧《高士传》，言后来尧又召为九州岛长，许由恶闻其声，洗耳于颍水之滨，以清洁其身。所以，“支遁初求道，深公笑买山”[②]，支遁也“惭恧而已”，放弃了买山打算。尽管支遁没有买山，但“买山而隐”却成为当时名士雅尚，“沃洲山”也成为诗禅双修人物的隐居意象。支公俨然成为引领名士新潮流的精神领袖。

（二）支遁庵与花山八关斋

唐代诗僧灵一诗曰：“支公信高逸，久向山林住。”

支遁在苏州时结庐何处？传为唐陆广微所撰的苏州最早地志《吴地记》载：“支硎山，在吴县西十五里。晋支遁，字道林，尝隐于此山……山中有寺，号曰报恩，梁武帝置。”支遁曾居苏州吴县支硎山，山石薄平如硎，故支遁以支硎为号，而山又因支遁为名，建寺庙亦称支遁庵。

宋范成大《吴郡志》载：“支遁庵在南峰，古号支硎山，晋高僧支遁尝居此。剜山为龛，甚宽敞。”明代高启《南峰寺》诗：“悬灯照静室，一礼支

① 刘长卿：《初到碧涧招明契上人》，见彭定求等编：《全唐诗》卷一四七，第1482页。

② 孟浩然：《宿立公房》，见孟浩然撰，李显白校注：《孟浩然诗集校注》，中华书局，2018年，第271页。

公影。”

《支硎山小志》载：“报恩山一名支硎山，在吴县西南二十五里，昔有报恩寺，故以名云。所谓南峰、东峰，皆其山之别峰也，今有楞伽、天峰、中峰院建其旁……”又载：“支硎为姑苏诸山之一，古色苍苍，中外皆知，自晋迄今未有山志之辑……”唐时曾改名为支硎山寺、报恩寺和南峰院等。北宋以后，又改为天峰院、北峰寺、中峰禅寺等。唐宋年间，还在山麓下兴建了楞伽寺（后改名观音寺）等。

《府志》云：“府西二十五里有支硎山，以山之东趾有观音寺，故又名观音山。”《吴县志》：“观音寺在支硎山东麓。山亦名报恩，以旧有报恩寺也。晋支遁于此因石室林泉以居……乾隆南巡，六次临幸，赐联额。”

徐崧、张大纯《百城烟水》云：“支硎山，俗称观音山，三春香市最盛。”黄省曾《吴风录》云：“二三月，郡中士女浑聚至支硎观音殿，供香不绝。”

至今尚能称为正宗后嗣支遁庵者，则是唯一幸存的中峰寺，坐落在苏州市西郊支英（支英古名支硎）村的小华山（俗称小花山、北上方山）上。

古寺石门夹道，危壁耸立，清净虚寂，净石堪敷坐，清泉可濯巾，环境幽雅。支硎山上有待月岭、碧琳泉，还留有支公洞、支公井、马迹石、放鹤亭、白马涧、八偶泉池和石室等古迹多处。近处曾建有石塔，塔上镶刻着“晋永和年”字样，相传为支公道林藏蜕之地，可惜现已淹没。

一说苏州花山亦为支遁开山，花山是天池山的东半爿，《吴地记》作“华山”，称“其山蓊郁幽邃，晋太康二年，生千叶石莲花，因名”。那里长松夹道，鸟道蜿蜒，“于群山独秀，望之如屏，长林荒楚，蓊郁幽邃”①。山顶北有池。今天池山中有寂鉴寺。据《天池寂鉴寺图》，传说支公禅师结庐焚修于此，垂二十余年。德行闻于朝，晋帝嘉其志，拨内帑十万缗，为之开辟道场以行教化，遂有兹寺，至今尚存三座元代石屋。清康熙、乾隆都曾来此游览。

---

① 朱长文：《吴郡图经续记》，《丛书集成初编》本，第29页。

据文献记载，约于公元343年，支遁曾在花山附近的土山墓下举行了“八关斋”。“八关斋”为佛教规仪，即“八关斋戒”，简称“八戒”。这是佛教为在家教徒（居士等）制定的八项戒约：不杀生、不偷盗、不淫欲、不妄语、不饮酒、不眠坐高广华丽之床、不装饰打扮及听歌观舞、不食非时之食（即过午后不食）。前七项为戒，后一项为斋，故亦称“八关斋戒”“八斋戒”。斋戒期间，信徒的生活应如出家的僧人。花山八关斋，支遁《八关斋诗三首序》曰：“间与何骠骑（按：何充此时领扬州刺史，镇京口）期，当为合八关斋，以十月二十二日，集同意者在吴县土山墓下，三日清晨为斋始。道士（即僧人）、白衣（即信众）凡二十四人，清和肃穆，莫不静畅。至四日朝，众贤各去。”[①]

八关斋会，实际上是一种高僧与名士自由争鸣的讨论会，它预示着佛教中国化发展新阶段的到来。

支遁存有登临抒怀描摹山水的《咏怀诗五首》，诗中有“逸想流岩阿，朦胧望幽人”“芳泉代甘醴，山果兼时珍”“近非域中客，远非世外臣”等句，渴望返璞归真、恬静淡泊的生存状态，又期待“倾首俟灵符”，有机遇降临。出处兼有的思想，表现了名士与名僧兼备的独特风采。可惜，今已难觅花山附近的土山即八关斋会所在地的踪影了。

佛教虽然在汉代已经传入中国，但是，将其作为一种哲学理论来研究，则是东晋以后的事，因此，“由汉至前魏，名士罕有推重佛教者。尊敬僧人，更未之闻”[②]。

支道林对老庄玄学自标新义的阐释，赢得了名士们的共识，雅尚所及，崇佛之风，亦由此滥觞，支道林是佛教中国化过程中的重要人物。

（三）支公养马复养鹤

明代高启《再游南峰》诗：“支公骏马嗟何处，石上莓苔没旧踪。”说的

① 见逯钦立辑校：《先秦汉魏晋南北朝诗》，第1079页。

② 汤用彤：《汉魏西晋南北朝佛教史》，上海人民出版社，2015年，第126页。

是支硎山上留有马迹石、白马涧等古迹。

刘义庆《世说新语·言语》载："支道林常养数匹马。或言：道人蓄马不韵。支曰：'贫道重其神骏！'"余嘉锡笺疏："《建康实录》八引《许玄度集》曰：'遁字道林，常隐剡东山，不游人事，好养鹰马，而不乘放，人或讥之，遁曰：'贫道爱其神骏。'"

据传，支遁爱马，特别爱白马，号"白马道人"。《吴地记》甚至将支公仙化，说他得道后，"乘白马升云而去"。传说支公的坐骑是一匹白马，很有灵性。一天，白马沿着山涧一路吃草，不知不觉来到一个大湖边上，情不自禁跃入湖中，痛痛快快洗了一个澡，把水搅了个混混沌沌。第二年，这个大湖中开满了白花花的菱花，结出的果实又白又大又鲜美。后来，人们把白马放牧的地方叫作白马涧，即今苏州白马涧生态园，白马洗澡的地方称为白荡，白荡里长的菱叫白菱。宋范成大《吴郡志》云："道林喜养骏马，今有白马涧，云饮马处也。庵旁石上有马足四，云是道林飞步马迹也。"刘禹锡"石文留马迹，峰势耸牛头"，正咏此也。

白马涧是支公放马处，苏州城里也有支公爱马饮水处。他有匹叫频伽的马，曾在苏州城卧龙街桥边饮水，马溲处忽生千叶莲花，人们大为惊异，就把此桥称为饮马桥，巷称莲花巷，今桥仍名饮马桥（图 1-7）。

"支公好鹤，住剡东岇山。有人遗其双鹤，少时翅长欲飞。支意惜之，乃铩其翮。鹤轩翥不复能飞，乃反顾翅，垂头，视之，如有懊丧意。林曰：'既有凌霄之姿，何肯为人作耳目近玩？'养令翮成，置使飞去。"[①]苏州支硎山上也曾有支公放鹤亭。

支公养马重其神骏，养鹤放飞纵其遨游，纯为道家风采。在名僧支遁身上，我们已经很少看到印度佛教纯粹的思辨色彩，而是有着明显的中国儒、道思想文化烙印。唐皎然《支公诗》曰："支公养马复养鹤，率性无机多脱略。天生支公与凡异，凡情不到支公地。"历代名流到此游览，都免不了赋诗撰文，以寄缅怀之情。清代任颐作《支遁爱马图》，今收藏于上海博

① 余嘉锡：《世说新语笺疏》，第161页。

图 1-7　饮马桥

物馆，图以东晋名僧支遁爱马为题材，图右侧画一丛芭蕉，支遁扶杖伫立其下，观赏骏马。图左侧的马则扬蹄，作昂首回礼状，生动自然。

（四）荷杖来寻支遁踪

支道林“追踪马鸣，蹑影龙树”，受到当时士林的敬重，支公德行也为时人所敬重。梁《高僧传》说他在石城山立栖光寺之后，就“宴坐山门，游心禅苑，木餐涧饮，浪志无生”。他在剡山沃洲小岭立寺行道时，从其受学者有一百多人。支道林去世，时贤甚为痛惜。东晋杰出画家、雕塑家戴逵从其墓前经过，叹息说：“德音未远，而拱木已积，冀神理绵绵，不与气运俱尽耳。”[1] 王珣《法师墓下诗序》曰：“余以宁康二年，命驾之剡石城山，即法师之丘也。高坟郁为荒楚，丘陇化为宿莽，遗迹未灭，而其人已远。感想平昔，触物凄怀。”

初唐诗人魏徵到江东，就“荷杖来寻支遁踪”。明代苏州书画家吴宽赋诗云：“四峰如戟倚江天，支遁风流尚宛然。马迹千年留石上，鹤飞何日返

---

① 余嘉锡：《世说新语笺疏》，第757页。

亭前。林泉有意寻幽赏，轩冕无因了俗缘。寺主相逢聊借问，几时方丈许参禅。”

诚然如唐代孟浩然《与诸子登岘山》诗所咏，“人事有代谢，往来成古今。江山留胜迹，我辈复登临”。今人登临苏州穹窿山是否会去寻觅穹窿山居士的踪迹？白马涧、支硎山、花山等地的“支遁迹”今又何在？是任其湮灭无闻，还是张皇其事，确实值得我们后来者深思。

四、陶渊明诗文与中国园林营构

中国古代没有专职的园林设计师，园林规划设计由文人、画家兼任。中国构园理论家、艺术家、画家计成在《园冶·兴造论》中说：“世之兴造，专主鸠匠，独不闻三分匠、七分主人之谚乎！非主人也，能主之人也……第筑园之主，犹须什九，而用匠什一。”计成强调的“能主之人”主要指参与设计的文人，他认为园林的雅俗取决于营构设计者，他们的作用要达到十分之九。当然，工匠中的“把作师傅”善于领会设计意图，并有所发明，也十分重要。

随着滥觞于中晚唐的主题园的萌生，陶渊明便走进了文人园林。中唐的白居易爱渊明高玄的“文思”，“慕君遗荣利，老死在丘园”[①]。宋代文人真正“解读”了陶渊明：欧阳修激赏《归去来》，苏轼体味出陶诗的“质而实绮，癯而实腴”。虽然宋人在“解读”陶渊明时，已经开始部分失去陶渊明的“本我”，明清文人承之，他们“想望其高风”，欣赏其文风，虽然欣赏中的陶渊明离其“本我”越来越远，但却有着许多共同点，诸如对美好生活的企求、对人生真谛的领悟、对生命存在的关注等。然而，这一切恰恰凝聚着中华民族千百年来的审美实践，反映了中华民族的审美心理和审美基本特征，深刻地契合了中国农业文化的深层底蕴、美学基本特征以及文人士

① 白居易：《访陶公旧宅》，见朱金城笺校：《白居易集笺校》，上海古籍出版社，1988年，第362页。

大夫的内心情结，“为后世士大夫筑了一个‘巢’，一个精神家园”[1]。

设计园林的文人往往把这个积淀在心理深层的精神堡垒“物化”，融入同属于诗画艺术载体的可居、可游、可观的山水园林中，稳稳地、惬意地逍遥在陶渊明营构的醇美的诗文境界中。

陶渊明诗文在主题创构、景境营造、布局设计及装饰符号选择诸方面，都为中国文人园的艺术创作洞开了无数法门。

（一）主题创构

造园如作诗文，写诗作文的首要之点，是“陶钧文思”，即构思，“意在笔先”。这本是传统画论之用语，《山水论》云：“凡画山水，意在笔先。”“意”就是给园林注入的“灵魂”，正如方士庶所说的“因心造境，以手运心”之“虚境”；然后，再经营“山川草木，造化自然”之“实境”，也就是刘勰所称的“窥意象而运斤”。这样，“诗以山川为境，山川亦以诗为境”，诗心巧手造就了园林之“魂”，即主题意境。

陶渊明生活在“大伪斯兴”的东晋和刘宋交替的时代，却能情真意真，随心率性。为“生生所资”，且“彭泽去家百里，公田之利，足以为酒，故便求之”，及少日，因不愿为五斗米向乡里小人折腰，便辞官归隐了，“归去来兮，请息交以绝游，世与我而相遗，复驾言兮焉求！”从而获得了“古今隐逸诗人之宗”的雅号。

以陶渊明诗文意境为主题园的不胜枚举，略举数例如下：

1.《五柳先生传》与五柳园

魏晋士人被悲凉之雾笼罩，基于惜老和悲哀情调，有许多怪癖，如爱好与墓葬有关的松、菊、柳等。柳树，古时用来制作棺车的帷盖，因称丧车为“柳车”。法国人认为，“外形多愁善感的垂柳往往与死亡有关”；俄罗斯人说，“栽下柳树等于准备镢把，自掘坟墓”；佛家则称柳为“尼俱律陀木”。然而，

---

① 袁行霈：《当代学者自选文库：袁行霈卷》，安徽教育出版社，1999年，第449页。

陶渊明偏偏写《五柳先生传》以自况，那位“宅边有五柳树，因以为号”的五柳先生，“闲静少言，不慕荣利。好读书，不求甚解，每有会意，便欣然忘食。性嗜酒，家贫不能常得。亲旧知其如此，或置酒而招之。造饮辄尽，期在必醉，既醉而退，曾不吝情去留。环堵萧然，不蔽风日，短褐穿结，箪瓢屡空，晏如也！常著文章自娱，颇示己志。忘怀得失，以此自终”[①]。

这位“少无适俗韵”“不汲汲于富贵，不戚戚于贫贱”的隐逸高人，连自己籍贯姓字都不详，只因神往于门前五株柳，就自名五柳先生，却成了中国文士包括帝王们心追神慕的理想人物。

南宋时杭州护城河东边的德胜宫，有一个皇家小御园，名为“五柳园”，杭州至今还留下五柳园桥和五柳巷之名。

北宋时山阴丞胡稷言在今拙政园之地，蔬圃凿池为五柳堂，其子胡峄在太仓又建五柳园，内有如村轩，元代其子复筑宜休堂。

清代姑苏饮马桥畔是清状元石蕴玉的五柳园，池畔植有五柳……诸如此类，皆将五柳先生的精神注入了园林。

2.《桃花源记》与桃源园

陶渊明的《桃花源记》描写了一个美好的世外仙界。不过，生活在这里的是“先世避秦时乱，率妻子邑人来此绝境”的难民，不是长生不老的神仙，他们“不知有汉，无论魏晋”，靠自己的劳动，过着和平、宁静、幸福的生活，保留着天性的真淳，没有尔虞我诈，没有剥削、压迫。所记凿凿，但文尾的“不复得路”却透露了这个桃花源实际上不过子虚乌有。这是陶渊明理想的农耕社会，也是他对人生所做的哲理思考，这样，桃花源成了农耕社会人们理想的“仙境”。

早在宋代绍定年间，性好闲雅的儒学提举陆大猷见贾似道当国，国事日非，遂致仕归，在吴江芦墟来秀里筑园名桃花源，中有翠岩亭、嘉树堂、佚老堂、问芦处、翡翠巢、钓鱼所、半亩居、乐潜丈室诸胜。明代虽然“此地悠悠迹已陈”了，但依然有“桃花流水洞中春”的风貌。元代常熟虞山北

① 陶渊明：《陶渊明集·五柳先生传》，逯钦立校注，中华书局，1979年，第175页。

郭有桃源小隐，面山有致爽堂，堂前森植桃花美石。

此后，以桃源立意者屡见不鲜，如桃花庵、桃花仙馆、桃浪馆、小桃坞、桃源山庄等园名。

一辈子怀才不遇的唐伯虎，晚年筑室苏州市桃花坞，“与客日般饮其中”，写了《桃花庵歌》，自称“桃花坞里桃花庵，桃花庵里桃花仙”“但愿老死花酒间，不愿鞠躬车马前”，躲进陶渊明的乌托邦桃花源中独自去消受苦闷了！

今天，在复兴中华居住文化的旗帜下，“桃花源”依然成为人们最理想的精神家园，以“桃花源”精神创建的中式住宅别墅区在全国遍地开花。

3.《归去来兮》与归来园

《归去来兮辞》是陶渊明告别官场的宣言书，这首辞体抒情诗，文采飞扬，节奏跌宕，如李格非所言：“沛然如肺腑中流出，殊不见有斧凿痕。”“归来”主题自宋以来成为私家园林重要母题。

宋代“苏门四学士”之一的晁补之，仰慕陶渊明的品性，被贬归家后，筑归来园，园中的楼台亭阁尽量用陶渊明诗文中的语言，其园景为园主精神之写照。

上海的日涉园是明代上海著名四家花园之一，在明末就遭毁坏了。而建于清乾隆年代的、有两百多年历史的书隐楼却被保存下来了，成为今日上海市区唯一一座别致精巧的大型住宅兼藏书建筑。苏州、海盐也有涉园，均取“园日涉以成趣”之意。

“三径小隐”取自《归去来兮辞》“三径就荒，松菊犹存”。“三径”取东汉赵岐《三辅决录 · 逃名》中记载的“蒋诩归乡里，荆棘塞门，舍中有三径，不出，唯求仲、羊仲从之游。”后以“三径”指归隐者的家园，北宋诗人宋祁《送李芝还旧隐》有“旧隐却招三径菊”即承此意。

扬州的何园主题园名为寄啸山庄，取陶渊明“倚南窗以寄傲”“登东皋以舒啸”的意境，营造了隐归山林江湖的情愫。园林分东西两个景区，复以二层串楼和复道廊连成一片。东院有长约60米的湖石贴壁假山，上有盘山磴道，下有空谷相通，整个花园被假山环抱，以示“山庄”之意。山南为船厅和牡丹厅，船厅四周为廊，以鹅卵石与瓦片镶嵌成水波纹的地坪，仿佛船厅在水中行。厅南廊柱悬“月作主人梅作客；花为四壁船为家”楹联。西院假山、水池绕园一周，亭台楼阁依山傍水。池中方形水心亭，典雅古朴，为夏日纳凉赏曲佳处。北有石梁通，南与曲桥连。池北有蝴蝶厅七楹，木槅扇上刻有历代名人字画，廊柱罩格上刻八仙祝寿图案。此大厅为园主宴客场所。池西岸古木交映，花丛中置桂花厅。池中湖石假山，主峰凌空，山腰百年白皮松，枝干虬曲。整座假山多险壁悬崖，奇峰幽谷，游人宛入“海上神山”，置身蓬莱仙境。假山南沿，贴墙复道廊上下，置两排平行十二个什锦花窗，使花园与住宅互为观赏，愈显出景区之深远。由复道廊曲折南行，即到赏月楼，楼外湖石山旁，植以桂花、石榴等花木。山南栈道，可通串楼，山水楼阁融为一体。楼东小门与住宅楼相通。

常熟的东皋草堂、杭州的皋园均取陶渊明《归去来兮辞》中“登东皋以舒啸”句意。原辞写陶渊明弃官归田后自我陶醉的一种方式，他不企求富贵，不向往仙境，只希望过独来独往、耕耘、啸傲和赋诗的生活，揭示了平凡生活中蕴含的美，并把这种美与人生解脱问题相联系，因而富有哲理意味。江西布政司瞿汝说，于参议任上归里，在常熟小筑东皋草堂，枕山带水，颇有极目远眺之致，后其子瞿式耜罢官后又加以扩建，由此优游其中。吴梅村曾写过两首以东皋草堂为题的七言歌行以咏其事。

扬州容膝园，取陶渊明《归去来兮辞》中“审容膝以自安”之意，看看自己的小房间也觉得很舒适，是扬州历史上最小的园林，整个园纵深约三十步，宽仅十余步，山石、花木、房廊俱备。

南浔的觉园取陶渊明《归去来兮辞》中“觉今是而昨非”之意……

陶渊明的诗文特别是《归去来兮辞》同样成为日本园林的构园主题，仅举两例：

日本水前寺成趣园，取自“园日涉以成趣”，是17世纪30年代由熊本藩主细川忠利历经三代建造的庭园。据说，模仿东海道五十三驿的庭园内，以阿苏山潜流水涌出的水池为中心，建有仿造富士山的假山、1912年从京都御所移建的茅草屋“古今传授间”等。据说，从“古今传授间”观赏成趣园，风景最为出色。成趣园东部的流镝马场，每年 4 月和 10 月举办武田流骑射流镝马祭典。

位于日本京都市下京区的涉成园，是真宗大谷派本山寺院的别庄，因其四周种植枸橘，故又称枳壳邸。1641 年，德川家康捐出此地。1653 年，受第十三代门首（管长）宣如上人之托，石川丈山设计建造此园，取陶渊明《归去来兮辞》中的“园日涉以成趣”定名曰涉成园。造园家源融（《源氏物语》中主角光华公子光源氏的人物范本）派人将奥州（现宫城县）盐釜之景移到此地，用三十个海石布置成著名景观，连池中之水也是由大阪的难波运来的。

入园后右拐，即为高石垣，和红楼梦大观园入门处耸立一石一样，不让人一眼望尽，取曲径通幽之意，两者颇有异曲同工之妙。高石垣旁，高至檐楣之古梅，与低矮之茶树相次，花朝月夕，想必花色错落，香风习习。园中以印月池为中心，池里巧妙地种植了各色莲花、菖蒲，池中有大小诸岛及一座九重塔，据传其中一岛即源融皇子葬身处。周围环绕漱枕居（茶室）、阆风亭（大书院）、侵雪桥、缩远亭、紫藤岸、回棹廊、傍花阁、园林堂（佛堂）、芦菴、龟石井户、代笠席、滴翠轩、临池亭（位居殿舍最北，于印月外，另辟一池，清瀑涓涓，满植荷花）、五松坞、丹枫溪。

4.《归园田居》与归田园

《归园田居》五首是陶渊明告别官场重归田园后所作，描写他“久在樊笼里，复得返自然”的新鲜感受和由衷喜悦。他将玄言诗所表达的玄理，改为日常生活中的哲理，使日常生活诗化、哲理化。

如《归园田居》其一：“少无适俗韵，性本爱丘山……开荒南野际，守拙归园田。方宅十余亩，草屋八九间。榆柳荫后檐，桃李罗堂前……久在樊笼里，复得返自然。”南野、草屋、榆柳、桃李、远村、近烟、鸡鸣、狗吠，眼之所见，耳之所闻，无不惬意，这一切经过陶渊明点化也都诗意盎然了。守拙归园田，拙政园立意深得个中之意。

诗人“时复墟里人，披草共来往。相见无杂言，但道桑麻长”(《归园田居》其二)，淳朴真诚，绝无官场的尔虞我诈。他“种豆南山下”，“晨兴理荒秽，带月荷锄归”(《归园田居》其三)。

诗人笔下的田园生活为一种美的至境，是那样清新、自然、脱俗，恰与浊流纵横的官场相对立。

明代王心一用陶渊明的诗命名私园为“归田园居”，追求陶诗高韵，曾自作《和归田园居》五首，和陶渊明诗。

园林“门临委巷，不容旋马，编竹为扉，质任自然”（王心一《归田园居记》）。王氏善画山水，能诗文，曾于崇祯十六年（1643）作《归田园居》卷轴，笔墨隽秀，自题云：“风波吾道隐，垂钓一舟安。”归田园居中，大型建筑有兰雪堂、秫香楼、芙蓉榭、泛红轩、迎秀阁、山余馆、饲兰馆、啸月台、听书台；园中有亭，曰放眼、流翠、奉橘、可竹、漱石、延绿、梅亭、资清，另有一丘一壑、小山之幽等；廊有墙东一径、竹香廊；池有涵青池、清泠渊、紫薇沼、漾藻池、小剡溪、杏花涧等，另有串月矶、桃花渡、螺背渡、聚花桥、试望桥、卧虹桥、连云渚、卧虹渚等。

园中有紫逻山，上有紫改、明霞、赤笋、含华、半莲等五峰山，峰石有缀云峰、联璧峰、玉拱峰、片云峰等，此外还有石塔岭、拜石坡、夹耳岗、悬井岩等。著名的植物景点有红梅坐、紫藤坞、杨梅隩、竹邮等，还有山洞小桃源。

今为拙政园东部，松冈、山岛、竹坞、曲水（图 1–8）之趣犹存。

图 1–8　归田园居曲水

5.《饮酒》（其五）与人境庐

陶渊明那首《饮酒》其五，更如元好问所论，“一语天然万古新，豪华落尽见真淳！”

> 结庐在人境，而无车马喧。问君何能尔，心远地自偏。采菊东篱下，悠然见南山。山气日夕佳，飞鸟相与还。此中有真意，欲辨已忘言。

位于广东省梅州市东区小溪唇的人境庐，是由清末爱国诗人黄遵宪亲自设计建造的书斋园林，取意于陶渊明“结庐在人境，而无车马喧”，“心远”就不必“地偏”，自撰门联曰“结庐在人境；步屧随春风”，分别取意陶渊明和杜甫的诗。占地仅 500 平方米，曲径回栏，花木掩映，景致清雅。庐舍由厅堂、七字廊、五步楼、无壁楼、十步阁、卧虹榭、藏书阁、息亭、鱼池、假山、花圃等组成。藏书阁内有黄遵宪的各种著作和读过的书，共八千多册。

庭院内外，黄遵宪自撰了不少联语，表达了主人的磊落襟怀和高雅情操，如会客厅对联：“万象函归方丈室；四围环列自家山。”另有一联：“有三分水、四分竹，添七分明月；从五步楼、十步阁，望百步长江。”（《人境庐词曲赋联》）都十分形象地描绘了人境庐的环境。

苏州曾有取意“悠然见南山”的见南山园。

（二）景境营造

中国古典园林景点立意，也十分青睐陶渊明的诗文，其例更是举不胜举：

耦园的无俗韵轩，取《归园田居》其一“少无适俗情，性本爱丘山”诗意。李清照夫妇“屏居乡里十年”，清照自号“易安居士”（审容膝而易安），就在归来堂中烹茶赌书，“甘心老是乡矣！”[①]

圆明园武陵春色（武陵源），是一处摹写陶渊明《桃花源记》艺术意境的园中园。该园建于康熙五十九年（1720）前，初名桃花坞。乾隆帝为皇子

---

① 李清照：《金石录后叙》，见王仲闻校注：《李清照集校注》，人民文学出版社，2019年，第197页。

时，曾在此地居住读书。盛时，此地山桃万株，东南部叠石成洞，可乘舟沿溪而上，穿越桃花洞，进入“世外桃源”。乾隆《武陵春色》诗序：“循溪流而北，复谷环抱。山桃万株，参错林麓间。落英缤纷，浮出水面，或朝曦夕阳，光炫绮树，酣雪烘霞，莫可名状。”诗曰：“复岫回环一水通，春深片片贴波红。钞锣溪不离繁囿，只在轻烟淡霭中。”

苏州天平山庄的桃花涧，即张岱《陶庵梦忆》所载范长白园中的“山之左为桃源，峭壁回湍，桃花片片流出”之处。旧时涧边桃树成林，桃花片片，随水漂流，亦是以桃花源为创作蓝本的。

避暑山庄的真意轩、网师园的“真意”门宕，都取意陶渊明《饮酒》其五诗“此中有真意，欲辨已忘言”。

陶渊明躬耕读书生活，也颇令人神往，他诗中说“晨兴理荒秽，带月荷锄归”“众鸟欣有托，吾亦爱吾庐。既耕亦已种，时还读我书”。因此，中国古典园林中多吾爱庐、耕读斋、耕学斋、还我读书处、还读书斋等景境。

《饮酒》其五中那句“采菊东篱下，悠然见南山”的千古名言，写作者偶一举首，心与山悠然相会，自身仿佛与南山融为一体了。日夕佳的山气，相与还的飞鸟，其中蕴藏着王士祯指出的人生真谛：“篱有菊则采之，采过则已，吾心无菊。忽悠然而见南山，日夕而见山气之佳，以悦鸟性，与之往还。山、花、人、鸟，偶然相对，一片化机，天真自具。既无名象，不落言诠，其谁辨之。”这些成为古典园林中处处能见到的见山楼、夕佳楼、夕佳亭等景境的依据，如拙政园、狮子林的见山楼，颐和园的夕佳楼等。

此外，名载欣堂、归来堂、归来亭的，更是举不胜举。如明代顾大典在吴江县城西北谐赏园中，有载欣堂。

北海古柯庭，以陶渊明《归去来兮辞》中的“引壶觞以自酌，眄庭柯以怡颜”立意，庭内有北京城区的古槐之最的唐槐，屹立在院西南角的假山上，绿冠达 15 米，树干周长达 5.3 米，其为唐代种植，至今已一千三百多年了。上部的原树冠早已枯死，而南侧的一个大枝又形成了新的巨冠。清乾隆有两首《御制古槐诗》，诗中云“庭宇老槐下，因之名古柯。若寻嘉树传，当赋角弓歌”，说明了景点立意的缘由。

狮子林花篮厅的“悦话”“怡颜”门宕额分别取陶渊明“悦亲戚之情话”和“眄庭柯以怡颜”句意。留园的舒啸亭，则取陶渊明“登东皋以舒啸”句意。

（三）布局设计

武陵渔人偶得桃花源的路径，往往成为营造桃源意境的园林入口最经典的蓝本。

《桃花源记》采用了纪实方式和引人入胜的结构处理：武陵人因“渔”遂“缘溪行”，专心于“渔”遂“忘路之远近”，遂意外地“逢桃花林”，见到了“芳草鲜美，落英缤纷”的幽雅之景。渔夫见此美景，遂激发了“欲穷其林”的愿望，当“林尽水源”之时，似乎是“山重水复疑无路”，却又“便得一山，山有小口，仿佛若有光”，“光”再次导引渔人舍船“从口入，初极狭，才通人，复行数十步，豁然开朗”，经过几个转折，悬念迭起，逐层递进，一切似乎都超出寻常蹊径，建构起一个别具出尘之姿的人间仙境。

苏州留园西部山林下，一弯山溪潺潺，沿山林南部曲折流向射圃西侧，两岸桃柳成荫，中无杂树，芳草鲜美，落英缤纷，至射圃南园界长廊尽头，壁上出现“缘溪行”砖额（图 1–9）。

中国园林以幽曲为上，以直挺平阔为禁。幽曲的桃源路径，符合园林山、水、花木、建筑等景物组合中的韵律变化特征，并成为中国园林障景创作的基本原理，符合中国艺术讲究“隐秀”含蓄的风格特点。《桃花源记》中有生动的故事情节，又明确记时写人，时间、地点，人物形象、对话，写景真切如画，写人神态毕现，又写及“好游山泽”[1]的历史人物刘子骥，愈增加可信度。尽管如此，渔人最后“遂迷不复得路”，暗示着它的“非人间”。“黄绮之商山，伊人亦云逝。往迹浸复湮，来径遂芜废”，奇幻莫测。

---

① 房玄龄等撰：《晋书 · 刘驎之传》，第2448页。

图 1-9　缘溪行

明代的归田园居，在园内联璧峰之下挖洞，名小桃源，内置有石床、石乳。园主声称自己生性不耐烦，家居不免人事应酬如苦秦法，“步游入洞，如渔郎入桃花源，见桑麻鸡犬，别成世界，故以‘小桃源’名之”。

今存的苏州拙政园的入口就传神地再现了武陵渔人发现桃花源的过程：旧园门设在住宅界墙间窄巷的一端。进入旧园门后，走进夹道，只见两旁界墙高耸，夹道曲折迤逦，不见尽头。良久，始见一腰门，步入腰门，纵横拱立在游人眼前的，却是一座峻奇刚挺的黄石假山，挡住了视线，走近假山，见山有小口，幽邃可通人（图 1-10）。进入石洞后，曲折摸索前行，须臾，即见洞口有光，循光而行，即出石洞，始见小池石桥。主厅远香堂回抱于山池之间，走近远香堂，明窗四面，眼前豁然开朗，茂林碧池、亭榭台阁，环列于前，恰似武陵渔人初见桃花源的情景，意味无穷。

桃花源从山洞进入，又呈水绕山围的格局，实际上也是一种曲径通幽、山环水抱的居住环境模式，亦是一种“壶天”模式。

“山环水抱必有气”，是园林相地选址的主要内容。山有蜿蜒起伏之曲，

图 1-10　山有小口，幽邃可通人

水有流连忘返之曲，路有柳暗花明之曲，桥有拱券之曲，廊有回肠之曲。“屈曲有情”，曲有深刻的内涵，象征着有情、簇拥、积蓄和勃勃生机。

大山脉能“迎气生气”，山环能“聚气藏气”。山之骨肉皮毛，即石土草木，“皆血脉之贯通也”。水曲为佳，选址于河曲位，且以水流三面环绕缠护为吉，即古时奥内之宅，谓之“金城环抱”“水之罗绕兮”。同时，水的流速与人的血脉流速相近对人有益。

山环水抱之处直接受到山水灵秀之气的润泽，无论从磁场学、美学还是心理学的角度来看，都是非常理想的选择。

园林设计最看重移步换景，避免审美疲劳，武陵渔人“缘溪行”，偶见障景山，又见山洞，步步见异，最后发现了桃花源，又为“别有天”和“柳暗花明又一村”的园林设计，洞开了无穷法门。

（四）装饰符号的选择

陶渊明及其诗文，是园林砖雕、木刻、堆塑等装饰符号的永恒主题之一，而其中比较常见的又数陶渊明爱菊、倚松及抚琴等雅举。

苏州天平山庄陶渊明爱菊堆塑（图 1–11），陶渊明肩扛一锄头，身旁一孩子手捧着一篮菊花，有以菊为子的寓意。留园也有陶渊明爱菊木雕。

图 1–11　陶渊明爱菊堆塑

菊花，是中国传统名花。菊花不仅有飘逸清雅、华润多姿的外观，幽幽袭人的清香，而且具有“擢颖凌寒飙”“秋霜不改条”的内质，其风姿神采，成为温文尔雅的中华民族精神的象征。菊花也被视为国粹，自古受人爱重。

“采菊东篱下，悠然见南山”，辞官归田后的陶渊明，采菊东篱，在闲适与宁静中抬起头便可见到南山，人与自然的和谐交融，达到了王国维所说的“不知何者为我，何者为物”的无我之境。陶渊明被戴上“隐逸之宗”的桂冠，菊花也被称为“花之隐逸者”。

南朝宋檀道鸾《续晋阳秋》载：“陶潜尝九月九日无酒，宅边东篱下，菊丛中，摘菊盈把，坐其侧。未几，望见白衣人至，乃王弘送酒也。即便就酌，醉而后归。”陶渊明的这种生命史，已经如一幅中国名画一样不朽，人们也把其当作一幅图画去惊赞，因为它就是一种艺术的杰作。[①] 菊花的品

① 朱光潜：《谈美书简二种》，上海文艺出版社，1999年，第192页。

性，已经和陶渊明的人格交融为一，正如《红楼梦》中才女林黛玉诗所说的："一从陶令评章后，千古高风说到今。"因此，菊花有"陶菊"之雅称，陶菊象征着陶渊明不为五斗米折腰的傲岸骨气。东篱，成为菊花圃的代称。"昔陶渊明种菊于东流县治，后因而县亦名菊。"[①]陶渊明与陶菊成为印在人们心灵的美的意象。[②]

狮子林松菊犹存木雕画面上茂松一棵，盆菊数盆，两小童犹勤奋忙碌着，一翁倚松怡然，取意陶渊明《归去来辞》"三径就荒，松菊犹存"。

"松菊犹存"亦叫"松菊延年"，意谓松菊独立凌冰霜，独吐幽芳，高情守幽贞，寓意人生虽坎坷，仍自保其高尚之品格与不屈不挠之精神，也泛指健康长寿。

陶渊明弹无弦琴是其另一著名逸事。最早为他作传的是沈约《宋书·隐逸传》，书中记载："潜不解音声，而畜素琴一张，无弦。每有酒适，辄抚弄以寄其意。"萧统《陶渊明传》承此说："渊明不解音律，而蓄无弦琴一张。每酒适，辄抚弄以寄其意。"《晋书·隐逸传》更生动："性不解音，而畜素琴一张，弦徽不具。每朋酒之会，则抚而和之，曰：'但识琴中趣，何劳弦上声！'"

"渊明自云'和以七弦'，岂得不知音。当是有琴而弦弊坏，不复更张，但抚弄以寄意，如此为得其真"[③]，苏轼此论，诚为确论。事实上，陶渊明不仅解音律，而且"乐琴书以消忧"（《归去来兮辞》），"欣以素牍，和以七弦"（《自祭文》）。后人只是一种"创造性"的误读。[④]台北关渡宫陶渊明砖雕就是以弹琴的形象出现。园林中还有陶渊明诗赋碑廊、裙板诗歌雕刻、诗赋法帖和大理石挂屏等。

中国古典文学和中国古典园林同属于诗画艺术载体，18世纪英国著名园林家钱伯斯早就惊呼，中国的造园家"是画家和哲学家"！著名园林学者

---

① 陈淏子辑：《花镜·花草类考·菊花》，中华书局，1956年，第156页。

② 详参曹林娣：《静读园林·萸菊年年彭泽酒》，北京大学出版社，2005年，第188页。

③ 苏轼：《苏轼文集》卷六五《渊明无弦琴》，孔凡礼点校，中华书局，1986年，第2044页。

④ 参见莫砺锋：《陶渊明的无弦琴》，载《文汇报》2012年2月4日第7版。

陈从周先生总结过文学与园林的关系：“中国园林与中国文学盘根错节，难分难离。我认为研究中国园林，似应先从中国诗文入手，则必求其本，先究其源，然后有许多问题可迎刃而解。如果就园论园，则所解不深。”陶渊明诗文与中国古典园林的难分难解，是极好的例证。

值得强调的是，随着近代学科分工越来越细，今天的中国，文人和画家已经淡出了园林这个舞台，现代建筑和规划也弱化了传递思想情感的功能，加上西方“景观”理论几乎取代了古典园林“景境”艺术营造理念，中国古典园林的“知音”越来越少。当代设计者热衷于追求视觉刺激，那是一种停留在形式美构图而缺少意境的“景观”，缺少回味，失却文化的永恒魅力。

陶渊明诗文是当今营造新园林“景境”的重要文学依据和创作范式。

五、白居易的园林美学思想

白居易既是有唐一代继李白杜甫以后的第三位大诗人，又是一位居必营园、有丰富构园美学思想的园林大师，日本见村松勇在《中国庭园》一书中赞誉白居易是真正开辟中国庭园的祖师，日本园林界尊其为日本园林文化的“导师”。

白居易尝《咏怀》言：“高人乐丘园，中人慕官职。”他自言“从幼迨老，若白屋，若朱门，凡所止，虽一日二日，辄覆篑土为台，聚拳石为山，环斗水为池，其喜山水，病癖如此”[①]！自幼喜好山水成癖，毫不讳言自己对园林的钟情：“适情处处皆安乐，大抵园林胜市朝”[②]“歌酒优游聊卒岁，园林

---

① 白居易：《草堂记》，见朱金城笺校：《白居易集笺校》，第2736页。
② 白居易：《谕亲友》，见朱金城笺校：《白居易集笺校》，第2223页。

潇洒可终身”[①]“天供闲日月，人借好园林”[②]“已收身向园林下，犹寄名于禄仕间”[③]“自哂此迂叟，少迂老更迂。家计不一问，园林聊自娱”[④]。称自己和刘梦得（刘禹锡）一样“同为懒慢园林客，共对萧条雨雪天”[⑤]……

据《文献通考》记载，唐代供职京师者已达两千多人，还有数倍于此的家眷、小吏、杂役、用人等，国家为官员提供免费官舍的色彩逐渐消退，转而以有偿形式供官员租赁，虽然官署中设置官舍这一惯例并未完全断绝，但官舍未必在官署之内。

据白居易《养竹记》载：“贞元十九年（803）春，居易以拔萃选及第，授校书郎，始于长安求假居处，得常乐里故关相国私第之东亭而处之。”那时校书郎为九品官员，“茅屋四五间，一马二仆夫，俸钱万六千，月给亦有余”[⑥]。

元和六年（811），白居易四十岁时，因母丧归葬渭上，退居陕西下邽县义津乡金氏村，亦名紫兰村（今信义乡太上庄），旧居四个年头，其间，生活十分清苦。白居易《村居卧病》言：“空腹一盏粥，饥食有余味”“葺庐备阴雨，补褐防寒岁”。

元和十年（815），白居易任太子左赞善大夫，官阶正五品上，在长安昭国坊租宅而居，《朝归书寄元八》诗云：“归来昭国里，人卧马歇鞍。……柿树绿阴合，王家庭院宽。瓶中鄠县酒，墙上终南山。”

元和十二年（817）白居易四十六岁，在任江州司马时造庐山草堂，写下《草堂记》这一园林史上的不朽篇章。

元和十四年（819），四十七岁的白居易升任重庆忠州刺史，在重庆忠州

---

① 白居易：《从同州刺史改授太子少傅分司》，见朱金城笺校：《白居易集笺校》，第2237页。
② 白居易：《寻春题诸家园林》，见朱金城笺校：《白居易集笺校》，第2245页。
③ 白居易：《洛下闲居寄山南令狐相公》，见朱金城笺校：《白居易集笺校》，第2286页。
④ 白居易：《闲居偶吟招郑庶子皇甫郎中》，见朱金城笺校：《白居易集笺校》，第2481页。
⑤ 白居易：《雪夜小饮赠梦得》，见朱金城笺校：《白居易集笺校》，第2512页。
⑥ 白居易：《常乐里闲居偶题十六韵兼寄刘十五公舆、王十一起、吕二炅、吕四颖、崔十八、玄亮、元九稹、刘三十二敦质、张十五，仲方时为校书郎》，见朱金城笺校：《白居易集笺校》，第265页。

城东坡地，栽花种树，写有《东坡种花》《步东坡》《别东坡花树》等诗。

唐代推行均田制，官员按品阶分得永业田、职分田和宅地。宅地即官员在任时政府为其提供的住宅基地，还可自建住宅。

太和三年（829），白居易五十八岁，告病归洛阳。《旧唐书·白居易传》载："初，居易罢杭州，归洛阳。于履道里得故散骑常侍杨凭宅，竹木池馆，有林泉之致。"自苏州刺史任归，由田姓家买得履道坊故散骑常侍杨凭宅园，钱不足，以两马偿之。自此"月俸百千官二品，朝廷雇我作闲人"[①]，以太子宾客分司东都洛阳。在这里，白居易亲自营修履道坊园池，"数日自穿凿"，并终老于此。

白居易《闲居贫活计》主张"量力置园林"，在《草堂记》中明确指出，园林的"广袤丰杀，一称心力"，所建的园林面积宽度和长度、体积大小，都务必合于心意，适应财力。

白居易在渭上的旧居，新筑了亭台，也植树栽竹，美化了环境，虽很难以"园林"称，但含有园林元素。真正称得上园林的是江西的庐山草堂和洛阳的履道坊园池。白居易在这几处的园林化实践和所作的相关诗文中，都表现了他的园林美学思想。

白居易"中隐"思想，对郡斋园林以巨大影响。他大量的园林美学思想，留存于他写的三百余篇园林诗文之中，还有数百首赏园、品园及园居的"闲适"诗中。这些诗文涉及建筑、山、水、植物四大园林物质构成，也涉及选址思想、审美思想及室内陈设等精神性建构系列，在中国园林发展史上占有显著地位。

（一）幽僻嚣尘外，清凉水木间

"遂就无尘坊，仍求有水宅"[②]。白居易选择将母亲归葬于下邽县的渭上，自己迁居渭上旧居金氏村，而未回下邽县的下邑里白氏老家，可能尚有其

① 白居易：《从同州刺史改授太子少傅分司》，见朱金城笺校：《白居易集笺校》，第2237页。
② 白居易：《洛下卜居》，见朱金城笺校：《白居易集笺校》，第449页。

他种种原因，但“故园渭水上，十载事樵牧”[①]，应为主要原因。渭上金氏村（紫兰村）南临渭水，东望华山，具有天然形胜，且水甜地肥；而下邽县的下邑里，下有盐碱，水质咸恶，并不宜居。白居易钟情渭水，诗中每每称美之：“旧居清渭曲，开门当蔡渡”[②]（家住在清清的渭河弯曲处，出门正对着蔡渡），“况兹清渭曲，居处安且闲”。[③]《沉泛赋》说得更清楚：“门去渭兮百步，常一日而三往。”《渭南县图经》云：“渭水至临潼县交口渡，东入渭南境，又东折至县城北，曰上涨渡；又东南流，曰下涨渡；又东北折而流曰蔡渡，以汉孝子蔡顺得名，其地有蔡顺碑。与乐天故居紫兰村，正隔渭河一水耳。”

“地与尘相远，人将境共幽。”[④]“幽僻嚣尘外，清凉水木间。”白居易《幽居早秋闲吟》：“袅袅过水桥，微微入林路。幽境深谁知，老身闲独步。”

《旧唐书 · 白居易传》载：

> 在湓城，立隐舍于庐山遗爱寺，尝与人书言之曰：“予去年秋始游庐山，到东西二林间香炉峰下，见云木泉石，胜绝第一。爱不能舍，因立草堂。前有乔松十数株，修竹千余竿，青罗为墙援，白石为桥道，流水周于舍下，飞泉落于檐间，红榴白莲，罗生池砌。”[⑤]

白居易在“匡庐奇秀，甲天下山”的匡庐筑草堂，基址选在香炉峰与遗爱寺之间的峡谷地，使其隐于“峰寺之间”，“面峰腋寺”，为山增景而不争景。

他的履道坊园池是城市山林，是洛阳城优胜之地。“东都风土水木之胜在东南偏，东南之胜在履道里，里之胜在西北隅，西闬北垣第一第，即白氏叟乐天退老之地。”[⑥] 白居易《池上闲吟》道：“非庄非宅非兰若，竹树池亭十亩余。非道非僧非俗吏，褐裘乌帽闭门居。”这不是一般的庄院、住宅和

---

① 白居易：《孟夏思渭村旧居寄舍弟》，见朱金城笺校：《白居易集笺校》，第560页。
② 白居易：《重到渭上旧居》，见朱金城笺校：《白居易集笺校》，第492页。
③ 白居易：《效陶潜体诗十六首》，见朱金城笺校：《白居易集笺校》，第303页。
④ 白居易：《履道新居二十韵》，见朱金城笺校：《白居易集笺校》，第1585页。
⑤ 刘昫等撰：《旧唐书 · 白居易传》，中华书局，1975年，第4345页。
⑥ 刘昫等撰：《旧唐书 · 白居易传》，第4354页。

佛寺，而是有“竹树池亭十亩余”的园林，是一个逍遥自在的艺术空间，自己也“非道非僧非俗吏”，穿着褐色裘衣，戴着乌纱帽，闭门闲居。

“疏凿出人意，结构得地宜。”[①]“疏凿出人意”，山水建筑出乎人工，布局安排要合“地宜”，即符合自然肌理，因地制宜地将建筑、山水、植物等园林元素进行合理布局。

在园林山水建筑的布局设计上，白居易一向主张“因下疏为沼，随高筑作台”“因下张沼沚，依高筑阶基”，实际上就是计成《园冶》说的“园林巧于因借”的“因”：“‘因’者：随基势之高下，体形之端正，碍木删桠，泉流石注，互相借资；宜亭斯亭，宜榭斯树，不妨偏径，顿置婉转，斯谓‘精而合宜’者也。”[②]

“灵襟一搜索，胜概无遁遗”[③]，远近不仅要有山水胜景，更要有秀色可揽，这就是明代计成《园冶》所总结的借景之妙：“‘借’者：园虽别内外，得景则无拘远近，晴峦耸秀，绀宇凌空；极目所至，俗则屏之，嘉则收之，不分町畽，尽为烟景，斯所谓‘巧而得体’也。”[④]

“凭高望平远，亦足舒怀抱”[⑤]，白居易在渭上旧居新建乘凉亭台，“轩楹高爽，窗户虚邻；纳千顷之汪洋，收四时之烂熳”。“东窗对华山，三峰碧参差，南檐当渭水，卧见云帆飞”[⑥]，东望华山、南对渭水，能够在窗前平挹江濑，卧见渭河上云帆飞动，“唯有山门外，三峰色如故”，这与裴侍中晋公以集贤林亭“嵩峰见数片，伊水分一支”[⑦]相类。也能借天光云影等虚景觉节气的变化，如《闲园独赏》“午后郊园静，晴来景物新。雨添山气色，风借

① 白居易：《裴侍中晋公以集贤林亭即事诗二十六韵见赠，猥梦征和，才拙词繁，辄广为五百言以伸酬献》，见朱金城笺校：《白居易集笺校》，第2033页。

② 计成原著，陈植注释：《园冶注释》，中国建筑工业出版社，1988年，第2版，第47页。

③ 白居易：《裴侍中晋公以集贤林亭即事诗二十六韵见赠，猥梦征和，才拙词繁，辄广为五百言以伸酬献》，见朱金城笺校：《白居易集笺校》，第2033页。

④ 计成原著，陈植注释：《园冶注释》，第2版，第47—48页。

⑤ 白居易：《望江楼上作》，见朱金城笺校：《白居易集笺校》，第395页。

⑥ 白居易：《新构亭台示诸弟侄》，见朱金城笺校：《白居易集笺校》，第330—331页。

⑦ 白居易：《裴侍中晋公以集贤林亭即事诗二十六韵见赠，猥梦征和，才拙词繁，辄广为五百言以伸酬献》，见朱金城笺校：《白居易集笺校》，第2033页。

水精神”,《春池闲汎》“树集莺朋友，云行雁弟兄”。而庐山草堂“春有锦绣谷花，夏有石门涧云，秋有虎溪月，冬有炉峰雪。阴晴显晦，昏旦含吐，千变万状，不可殚纪”。

草堂前原有一片树林，“种树当前轩，树高柯叶繁。惜哉远山色，隐此蒙笼间。一朝持斧斤，手自截其端。万叶落头上，千峰来面前。忽似决云雾，豁达睹青天。又如所念人，久别一款颜。始有清风至，稍见飞鸟还。开怀东南望，目远心辽然。人各有偏好，物莫能两全。岂不爱柔条，不如见青山”①。轩前树林，树高叶密，挡住了青山，于是手持斧斤截其端，伐去堂前树，“岂不爱柔条，不如见青山”！“结构池西廊，疏理池东树。此意人不知，欲为待月处”“持刀剁密竹，竹少风来多。此意人不会，欲令池有波”②。为了待月，在池西修廊，修剪池东可能遮住月光的树；为了借风力使水池产生涟漪，所以用刀砍去密竹，留下空隙。

在洛阳履道园池，亦筑台观龙门和嵩山太室、少室峰之景。

（二）规模俭且卑，山木半留皮

白居易在《自题小园》中言：“不斗门馆华，不斗园林大。”在《小宅》中又说：“庾信园殊小，陶潜屋不丰。何劳问宽窄，宽窄在心中。”

早先，白居易渭上南园有“茅茨十余间”，所筑“平台高数尺，台上结茅茨。东西疏二牖，南北开两扉。芦帘前后卷，竹簟当中施。清冷白石枕，疏凉黄葛衣”③。茅茨、芦帘、竹簟、白石枕、黄葛衣，采用的都是自然物和自然色，俨然一村居茅舍。在庐山香炉峰下新置的草堂，“架岩结茅宇，斫壑开茶园”④，茅屋架在岩石上，在山谷辟地种茶。草堂仅仅建“三间两柱，

---

① 白居易：《截树》，见朱金城笺校：《白居易集笺校》，第394页。

② 白居易：《池畔二首》，见朱金城笺校：《白居易集笺校》，第459页。

③ 白居易：《新构亭台示诸弟侄》，见朱金城笺校：《白居易集笺校》，第330—331页。

④ 白居易：《香炉峰下新置草堂，即事咏怀，题于石上》，见朱金城笺校：《白居易集笺校》，第384页。

二室四牖”，“三间茅舍向山开，一带山泉绕舍回”[①]，“绕水欲成径，护堤方插篱”[②]。“木斫而已，不加丹；墙圬而已，不加白。墄阶用石，幂窗用纸，竹帘纻帏，率称是焉”，只将木材砍削平整，不涂彩绘，墙壁用泥涂抹，不刷白灰，用石头砌成台阶，用纸糊窗户，用竹帘子和麻木做帐子，这样就都称心了。“下铺白石，为出入道”，就地取材，一任自然。保持原木色彩，自然质朴，健康、环保，与山居环境完全融合，这正是现代美国建筑大师莱特提出的“有机建筑”，而白居易早在一千年前就已经践行了！

而且，那并非还有经济条件的限制，白居易在洛阳履道里建草亭时，已经是“百千随月至”的时候了。他在《自题小草亭》中说：“新结一茅茨，规模俭且卑。土阶全垒块，山木留半皮……壁宜藜杖倚，门称荻帘垂。”还是这类茅草覆顶、“山木半留皮”的建筑。《葺池上旧亭》所记也依然是“苔封旧瓦木”。

履道里园17亩（唐亩，合今13.4亩），筑屋也不多，《池上篇》序曰：“屋室三之一……初乐天既为主，喜且曰：‘虽有池台，无粟不能守也。’乃作池东粟廪。又曰：‘虽有子弟，无书不能训也。’乃作池北书库。又曰：‘虽有宾朋，无琴酒不能娱也。’乃作池西琴亭，加石樽焉。”所筑粟廪、书库、琴亭，除了储粮所需的粮仓外，都为文人所需。

白居易觉得小园可爱可亲，他在《重戏答》中说：“小水低亭自可亲，大池高馆不关身。”他反对攀比，反对自轻自贱：“林园莫妒裴家好，憎故怜新岂是人。”“集贤池馆从他盛，履道林亭勿自轻。”裴家是指宰相裴度新修集贤宅，池馆甚盛。白居易曾经写《题洛中第宅》，说它们虽然“门高占地宽”，但“试问池台主，多为将相官。终身不曾到，唯展宅图看！”园主自己实际上享受不到！诚如清代俞樾所言：“世之达官贵人，经营第宅，风亭月榭，重楠累翼，而驰驱鞅掌，曾不得一日偃仰其中者，夫岂少哉？”[③]白居易

① 白居易：《别草堂三绝句》，见朱金城笺校：《白居易集笺校》，第1132页。
② 白居易：《草堂前新开一池养鱼种荷》，见朱金城笺校：《白居易集笺校》，第386页。
③ 俞樾：《潘简缘香雪草堂记》，见王稼句编注：《苏州园林历代文钞》，上海三联书店，2008年，第186页。

在《自题小园》中也说："回看甲乙第，列在都城内。素垣夹朱门，蔼蔼遥相对。主人安在哉，富贵去不回。池乃为鱼凿，林乃为禽栽。何如小园主，拄杖闲即来。亲宾有时会，琴酒连夜开。"

白居易《庐山草堂记》记载，草堂"洞北户，来阴风，防徂暑也；敞南甍，纳阳日，虞祁寒也"。向北开一门，吹来凉风，防暑热；南面敞开以纳阳光，御寒气。这完全符合自然科学原则。

（三）石倚风前树，激作寒玉声

山水是园林主要的物质元素。叠山早在初盛唐时就出现了，如安乐公主累石为山以象华岳，义阳公主模拟九嶷山等。不过，此观点有待商榷，如白居易的《池上篇并序》虽记有"岛池桥道间之"，但并没有叠石为山的论述。

白居易履道里园池中有三岛——"中高桥，通三岛径"，并有中岛亭，岛上有小亭阁。"欲入池上冬，先葺池中阁"[①]。"岛"上有无叠石没有记载。池中筑三岛以比拟海中三神山，即蓬莱、瀛洲、方丈，这在唐代已经习见。唐玄宗让方士造蓬壶，长乐公主山庄也是"刻凤蟠螭凌桂邸，穿池凿石写蓬壶"。池岛结合，无论是文化内涵还是生态都很有意义。

唐人嗜石，白居易堪称最懂石头价值、最懂赏石的第一人。他写了许多咏石、赏石的诗文，诸如《盘石铭并序》《双石》《北窗竹石》等，尤其钟情于太湖石，除了写《太湖石记》外，他还写了两首《太湖石》诗。

白居易所以爱石，是因为石是永恒的象征。"苍然两片石，厥状怪且丑。俗用无所堪，时人嫌不取"[②]。苍然两片太湖石，在时人眼里又怪又丑，"嫌不取"，白居易却宝爱之，殊不知，怪、丑都意味着对形式标准的超越，保持着石之本真境界。"结从胚浑始，得自洞庭口。万古遗水滨，一朝入吾手！"这不就是明代文人感悟到的"石令人古"吗！白居易早就明白个中三

---

① 白居易：《葺池上旧亭》，见朱金城笺校：《白居易集笺校》，第1501页。

② 白居易：《双石》，见朱金城笺校：《白居易集笺校》，第1423页。

味了。因此，他欣喜若狂，“担舁来郡内，洗刷去泥垢。孔黑烟痕深，罅青苔色厚。老蛟蟠作足，古剑插为首。忽疑天上落，不似人间有”。不仅用船运至郡衙，而且为之洗垢涤污，特写《双石》诗以记之，还深情地“回头问双石，能伴老夫否？石虽不能言，许我为三友”，将万古之石，从自然之中剥离出来，与当今之人相伴为友，这天然之石亦已成为“人造物”的艺术品了，可以赋予石以艺术生命。

千万年湖水的激荡，自然的鬼斧神工，在太湖石身上留下了时间印记。它们千奇百怪，百孔千疮，犹如一尊尊天然雕塑：

> 有盘拗秀出，如灵丘鲜云者；有端俨挺立，如真官神人者；有缜润削成，如珪瓒者；有廉棱锐刿，如剑戟者。又有如虬如凤，若蜷若动，将翔将踊，如鬼如兽，若行若骤，将攫将斗者。风烈雨晦之夕，洞穴开皑，若欲云喷雷，嶷嶷然有可望而畏之者。烟霁景丽之旦，岩崿霔䨴，若拂岚扑黛，霭霭然有可狎而玩之者。昏晓之交，名状不可。[①]

太湖石，有的盘曲转折，美好特出，像仙山，像轻云；有的端正庄重，巍然挺立，像神仙，像高人；有的细密润泽，像人工做成的带有玉柄的酒器；有的有棱有角、尖锐有刃口，像剑像戟。太湖石的形状，有像龙的，有像凤的，有的呈蹲伏状的，有蠢蠢欲动的，有欲飞翔的，有欲跳跃的，有像鬼怪的，有像兽类的，有像在行走的，有像在奔跑的，有像攫取的，有像争斗的。当风雨晦暗的晚上，洞穴张开了大口，像在吞纳乌云，喷射雷电，卓异挺立，令人望而生畏；当雨晴景丽的早晨，岩石山崖结满露珠，像云雾轻轻擦过，黛色直冲而来，有和善可亲、堪可赏玩的。黄昏与早晨，石头呈现的形态千变万化，无法描述。

白居易《太湖石记》总结道：“三山五岳，百洞千壑，覼缕簇缩，尽在其中。”就是三山五岳、百洞千壑，弯弯曲曲，从聚集缩，尽在其中。自然界的百仞高山，一块小石就可以代表。南朝僧人惠标曾咏石云：“中原一孤

---

① 白居易：《太湖石记》，见朱金城笺校：《白居易集笺校》，第3936页。

石，地理不知年。根含彭泽浪，顶入香炉烟。崖成二鸟翼，峰作一芙莲。何时发东武，今来镇蠡川。”[①]太湖石是大自然的缩影！大和元年（827），白居易《太湖石》诗颂：“烟翠三秋色，波涛万古痕。削成青玉片，截断碧云根。风气通岩穴，苔文护洞门。三峰具体小，应是华山孙。”大和三年再咏《太湖石》：“远望老嵯峨，近观怪嵚崟。才高八九尺，势若千万寻。嵌空华阳洞，重叠匡山岑。”太湖石上留有波涛万古痕，体量虽小，也堪称华山孙，其莓苔古色写苍古。钱起有诗曰：“唯怜石苔色，不染世人踪。”

太湖石嵌空的洞穴，如怪石嶙峋的华阳山上万状千奇的洞穴，又似重叠嵯峨庐山峰峦！宋范成大在《吴郡志》中写道：“太湖石出洞庭西山，以生水中者为贵。石在水中，岁久为波涛所冲撞，皆成嵌空。石面鳞鳞作靥，名弹窝，亦水痕也。”[②]

爱石、赏石，但不占有。白居易认为，石无文无声，其数四等，以甲乙丙丁品之，聚太湖为甲，罗浮、天竺之徒次焉。可供玩赏的石头品类中，太湖石是甲等，罗浮石、天竺石之类的石头都次于太湖石。长庆二年（822）的七月，白居易被任命为杭州刺史，宝历元年（825）三月又出任了苏州刺史。刺史在安史之乱后是省级以下州郡的军事行政长官。嗜石的他完全可以获得奇石产地的名石，但是，居官清廉的白居易，在杭州，并未如此做，如《三年为刺史》之二诗：“三年为刺史，饮冰复食蘖。唯向天竺山，取得两片石。此抵有千金，无乃伤清白。”离任时带走了属于次于太湖石的两片“天竺山”，犹怕因此伤了清名！

他所得的有限之石皆一一有清楚的来历，据《池上篇并序》记载：“乐天罢杭州刺史时，得天竺石一、华亭鹤二以归。始作西平桥，开环池路。罢苏州刺史时，得太湖石、白莲、折腰菱、青板舫以归”，还有“弘农杨贞一与青石三，方长平滑，可以坐卧”[③]。

白居易的石头有作为实用的，如三块方长平滑的青石，便于他在池边

① 见逯钦立辑校：《先秦汉魏晋南北朝诗》，第2622页。

② 范成大：《吴郡志》，江苏古籍出版社，1999年，第422页。

③ 白居易：《池上篇并序》，见朱金城笺校：《白居易集笺校》，第3705页。

坐卧观赏园景，《秋山》诗："白石卧可沉，青萝行可攀。"还可当支琴石，《问支琴石》："疑因星陨空中落，叹被泥埋涧底沉。天上定应胜地上，支机未必及支琴。提携拂拭知恩否？虽不能言合有心。"大多环池配置，作为立而观之的景石。

履道里园池西近西墙岸边，还有用嵩山石叠置的池岸。池中胜处"太湖四石青岑岑"[①]。或于池边观倒影、听水声，《池上作》："澄澜方丈若万顷，倒影咫尺如千寻。"《亭西墙下，伊渠水中，置石激流，潺湲成韵，颇有幽趣，以诗记之》："嵌巉嵩石峭，皎洁伊流清。立为远峰势，激作寒玉声。"《六十六》"看山倚高石，引水穿深竹。虽有潺湲声，至今听未足。"或欣赏石与花木相伴，构成刚柔相济、阴阳结合的画面："石倚风前树，莲栽月下池"[②]"上有青青竹，竹间多白石"[③]。

石与建筑物相伴，特别是窗前置石，与主人朝夕相处，还能构成美丽的立体画轴。白居易特别喜欢在窗前置石，而且最爱竹石窗。他《北窗竹石》中写道："一片瑟瑟石，数竿青青竹。向我如有情，依然看不足。"北窗外竹石成景，开李渔"尺幅窗"的先声。

白居易亦爱水，《池上竹下作》"水能性淡为吾友"。官舍内也要有池，《官舍内新凿小池》："帘下开小池，盈盈水方积。中底铺白沙，四隅甃青石。勿言不深广，但取幽人适……岂无大江水，波浪连天白？未如床席前，方丈深盈尺。清浅可狎弄，昏烦聊漱涤。最爱晓暝时，一片秋天碧。"[④]

他在《题牛相公归仁里宅新成小滩》曰："平生见流水，见此转留连……与君三伏月，满耳作潺湲。深处碧磷磷，浅处清溅溅。碕岸束呜咽，沙汀散沦涟。翻浪雪不尽，澄波空共鲜。两岸滟滪口，一泊潇湘天……巴峡声心里，松江色眼前。"见到水中石堆、水滩，白居易总能联想到滟滪口和潇

---

① 白居易：《池上作西溪、南潭，皆池中胜处也》，见朱金城笺校：《白居易集笺校》，第2075页。

② 白居易：《莲石》，见朱金城笺校：《白居易集笺校》，第1671页。

③ 白居易：《北亭》，见朱金城笺校：《白居易集笺校》，第364页。

④ 白居易：《官舍内新凿小池》，见朱金城笺校：《白居易集笺校》，第367页。

湘天，仿佛听到巴峡声、松江色，是大江水的写意化。

水被称为“园林命脉”，白居易在《草堂前新开一池，养鱼种荷，日有幽趣》：“淙淙三峡水，浩浩万顷陂。未如新塘上，微风动涟漪。小萍加泛泛，初蒲正离离。红鲤二三寸，白莲八九枝。绕水欲成径，护堤方插篱。已被山中客，呼作白家池。”左右引注：“堂东有瀑布，水悬三尺，泻阶隅，落石渠，昏晓如练色，夜中如环佩琴筑声”。《草堂记》载：“堂西倚北崖右趾，以剖竹架空。引崖上泉，脉分线悬，自檐注砌，累累如贯珠，霏微如雨露，滴沥飘洒，随风远去。”

白居易的洛阳履道坊园池，宅园十七亩，“水五之一”，并作滩、引渠、砌堰，《小阁闲作》也称“阁下水潺潺”，《池上篇》言：“十亩之宅，五亩之园。有水一池，有竹千竿。勿谓土狭，勿谓地偏。足以容膝，足以息肩。”《池上竹下作》说：“穿篱绕舍碧逶迤，十亩闲居半是池。”大面积渺渺的水面形成平静、淡远的意境。引入园内的伊水，用白石砌成新小滩：“石浅沙平流水寒，水边斜插一渔竿。江南客见生乡思，道似严陵七里滩。”仿佛到了富春山下东汉严子陵垂钓的严子滩。《池上泛舟，遇景成咏，赠吕处士》：“岸浅桥平池面宽，飘然轻棹泛澄澜。”《池上作西溪、南潭，皆池中胜处也》：“西溪风生竹森森，南潭萍开水沉沉。从翠万竿湘岸色，空碧一泊松江心。”

（四）园林半乔木，窗前故栽竹

白居易《题王家庄临水柳亭》：“弱柳缘堤种，虚亭压水开。”《履道西门二首》：“履道西门有弊居，池塘竹树绕吾庐。”由此可见，白居易所居有“园”必有“林”，林木花卉是其园林重要的物质构成元素。他在《会昌二年春题池西小楼》中说“园林一半成乔木”，在《六十六》中又说“童稚尽成人，园林半乔木”。白居易居游的园林，植物都是主角。他的《孟夏思渭上旧居寄舍弟》写渭上旧居：“手种榆柳成，荫荫复墙屋。”《效陶潜体诗十六首》：“榆柳百余树，茅茨十数间。寒负檐下日，热濯涧底泉。”《重到渭上旧居》：“插柳作高林，种桃成老树。”

重庆忠州所称的东坡园，俨然似一座硕大的公共植物园，那是白居易由“只领俸禄，不授实权”的江州司马到忠州（今重庆忠县）任刺史时所为。酷爱园林、酷爱植物花卉的白居易，来到“巴俗不爱花，竟春无人来”的忠州地区，他毅然决定移此风俗，如《种桃杏》：“忠州且作三年计，种杏栽桃拟待花。”于是在东坡种花：“持钱买花树，城东坡上栽。但购有花者，不限桃杏梅。百果参杂种，千枝次第开。”他青衣草履，荷锄持斧，东溪种柳：“乘春持斧斫，裁截而树之。长短既不一，高下随所宜。倚岸埋大干，临流插小枝。”《种荔枝》：“十年结子知谁在，自向庭中种荔枝！”待到他步东坡“闲携斑手杖，徐曳黄麻屦”时，已经是“绿阴斜景转，芳气微风度。新叶鸟下来，萎花蝶飞去”，可以享受着欣欣向荣的美色。尽管白居易盼望着重返京城，待要真的离别忠州时，却恋恋不舍，写下《别种东坡花树两绝》《别桥上竹》等诗篇，“二年留滞在江城，草树禽鱼皆有情。何处殷勤重回首，东坡桃李种新成”，表达了他依依惜别的心情。

白居易也很欣赏水岸边的芳茵草坪，如《答尉迟少监水阁重宴》中写道“草岸斜铺翡翠茵”，《钱塘湖春行》亦写道“乱花渐欲迷人眼，浅草才能没马蹄”。

白居易继承了植物比德的传统：他歌松柏之“亭亭”，恶紫藤之“蛇曲”，羡桐花之“叶碧”，卑枣子之“凡鄙”，重白牡丹之“皓质”，赞竹、莲、桂之“贞劲秀异”。“闲园多芳草，春夏香靡靡……院门闭松竹，庭径穿兰芷。”[①] 性尤爱竹，他在《池上竹下作》中说：“水能性淡为吾友，竹解心虚即我师。”他在《养竹记》中这样称美竹子：

> 竹似贤，何哉？竹本固，固以树德，君子见其本，则思善建不拔者。竹性直，直以立身，君子见其性，则思中立不倚者。竹心空，空以体道，君子见其心，则思应用虚受者。竹节贞，贞以立志，君子见其节，则思砥砺名行，夷险一致者。夫如是，故君子人多树之为庭实焉？……于是日出有清阴，风来有清声，依依然，欣

① 白居易：《郡中西园》，见朱金城笺校：《白居易集笺校》，第1402页。

欣然，若有情于感遇也。嗟乎！竹，植物也，于人何有哉？以其有似于贤，而人爱惜之，封植之，况其真贤者乎？然则竹之于草木，犹贤之于众庶。[1]

白居易将竹子比德于贤人，欣赏竹根的稳固，似君子坚定不移的意志；由竹子的秉性直，想到君子的正直无私、不趋炎附势；由竹子心空，想到了君子虚心接受一切有用的东西；由竹节的坚定，想到了君子砥砺名节，无论穷通祸福，始终如一。因此，白居易和东晋王子猷一样，“不可一日无此君”，居必有竹。忠州任，归长安，卜居在新昌，皆窗前种竹。如《竹窗》：“未暇作厩库，且先营一堂。开窗不糊纸，种竹不依行。意取北檐下，窗与竹相当。”新昌新居亦是“篱东花掩映，窗北竹婵娟”。洛阳履道里宅园，有竹千竿，“履道西门有弊居，池塘竹树绕吾庐”“窗前故栽竹，与君为主人”。长庆二年，白居易自长安至杭州任刺史途中，还在怀念新昌里宅的竹窗，写《思竹窗》：“不忆西省松，不忆南宫菊。唯忆新昌堂，萧萧北窗竹。窗间枕簟在，来后何人宿？”

（五）识分知足，外无求焉

《旧唐书 · 白居易传》：“居易儒学之外，尤通释典，常以忘怀处顺为事，都不以迁谪介意……居易初对策高第，擢入翰林，蒙英主特达顾遇，颇欲奋厉效报，苟致身于讦谟之地，则兼济生灵，蓄意未果，望风为当路者所挤，流徙江湖。四五年间，几沦蛮瘴。自是宦情衰落，无意于出处，唯以逍遥自得、吟咏情性为事……”

早期追求的儒家“兼济天下”理想屡屡受挫，于是白居易“独善其身”，晚期以佛学“洁身自好”。中唐以后禅宗尤其是南禅遍布士林，由于南禅强调的是“直指人心，见性成佛”的顿悟教，文人不必去深山老林“悟道”，南禅直接催化出了白居易的“不如作中隐，隐在留司官”[2] 的理论。

① 白居易著，谢思炜校注：《白居易文集校注》，中华书局，2011年，第263—264页。
② 白居易：《中隐》，见朱金城笺校：《白居易集笺校》，第1493页。

“会昌中，请罢太子少傅，以刑部尚书致仕。与香山僧如满结香火社，每肩舆往来，白衣鸠杖，自称香山居士。”他在《菩提寺上方晚眺》中写其悠闲晚眺的情景：“楼阁高低树浅深，山光水色暝沉沉。嵩烟半卷青绡幕，伊浪平铺绿绮衾。飞鸟灭时宜极目，远风来时好开襟。谁知不离簪缨内，长得逍遥自在心。”

白居易仰慕崔子玉的《座右铭》，写《续座右铭》，其中说：“勿慕贵与富，勿忧贱与贫。自问道何如，贵贱安足云。闻毁勿戚戚，闻誉勿欣欣。自顾行何如，毁誉安足论。”不羡慕尊贵与富有，不忧虑微贱与贫穷。应该问自己道德和修养怎么样，身份的尊贵或贫贱是不值得说的。听到诋毁的话不必过分忧伤，听到赞誉的话不必过分高兴。应该检点自己的行为怎么样，别人对自己的诋毁或者赞誉不值得理会。

园林是他践行“中隐”理论的载体。白居易早在任校书郎时，就感到“帝都名利场，鸡鸣无安居”，满足于“窗前有竹玩，门外有酒沽。何以待君子，数竿对一壶”[①]。元和二年（807）三十六岁的白居易当盩厔尉，在官舍小亭闲望：“亭上独吟罢，眼前无事时。数峰太白雪，一卷陶潜诗。人心各自是，我是良在兹。回谢争名客，甘从君所嗤。”又如让他感到舒心而写的《适意二首》：“一朝归渭上，泛如不系舟。置心世事外，无喜亦无忧。”“直道速我尤，诡遇非吾志。胸中十年内，消尽浩然气。”

在作于812至814年间的《咏拙》诗中，白居易觉得：“我性拙且蠢，我命薄且屯……亦曾举两足，学人踏红尘。从兹知性拙，不解转如轮。亦曾奋六翮，高飞到青云。从兹知命薄，摧落不逡巡……以此自安分，虽穷每欣欣……静读古人书，闲钓清渭滨。优哉复游哉，聊以终吾身。”

《旧唐书·白居易传》中载：“太和已后，李宗闵、李德裕朋党事起，是非排陷，朝升暮黜，天子亦无如之何。杨颖士、杨虞卿与宗闵善。居易妻，颖士从父妹也。居易愈不自安，惧以党人见斥，乃求致身散地，冀于远害。凡所居官，未尝终秩，率以病免，固求分务，识者多之。”

---

① 白居易：《常乐里闲居偶题十六韵》，见朱金城笺校：《白居易集笺校》，第265—266页。

正如他诗中所写“相争两蜗角，所得一牛毛”，“蜗牛角上争何事，石火光中寄此身”[①]等，蜗角虚名，不值得争。《幽居早秋闲咏》：“但休争要路，不必入深山。”《西楼独立》：“身着白衣头似雪，时时醉立小楼中。”《池上早夏》：“舟船如野渡，篱落似江村。”《家园三绝》：“何似家禽双白鹤，闲行一步亦随身。”

叶梦得在《避暑录话》说：“白乐天与杨虞卿为姻家，而不累于虞卿；与元稹、牛僧孺相厚善，而不党于元稹、僧孺；为裴晋公所爱重，而不因晋公以进；李文饶素不乐，而不为文饶所深害。处世者如是人，亦足矣。推其所由得，惟不汲汲于进，而志在于退，是以能安于去就爱憎之际，每裕然有余也……雍容无事、顺适其意而满足其欲者十有六年。”

知足保和的心境，越到晚年表现得越突出，他在《尝黄醅新酎忆微之》诗中自谓：“世间好物黄醅酒，天下闲人白侍郎。”在《效陶潜体十六首》也说，“便得心中适，尽忘身外事。更复强一杯，陶然遗万累”。而园林是他践行“中隐”理论的载体。他以林泉风月为家资：在庐山草堂，“堂中设木榻四，素屏二，漆琴一张，儒、道、佛书各三两卷。乐天既来为主，仰观山，俯听泉，旁睨竹树云石，自辰及酉，应接不暇”。从上午七时到九时，下午五时到七时，白居易都陶醉在大自然的美色中。“俄而物诱气随，外适内和。一宿体宁，再宿心恬，三宿后，颓然嗒然，不知其然而然”(《庐山草堂记》)，因陶醉而忘乎所以了。

《池上篇》曰：“有堂有庭，有桥有船。有书有酒，有歌有弦。有叟在中，白须飘然。识分知足，外无求焉。如鸟择木，姑务巢安。如龟居坎，不知海宽。灵鹤怪石，紫菱白莲。皆吾所好，尽在吾前。时饮一杯，或吟一篇。妻孥熙熙，鸡犬闲闲。优哉游哉，吾将终老乎其间。”

“太和三年夏，乐天始得请为太子宾客，分秩于洛下，息躬于池上。凡三任所得，四人所与，洎吾不才身，今率为池中物。每至池风春，池月秋，水香莲开之旦，露清鹤唳之夕，拂杨石，举陈酒，援崔琴，弹《秋思》，颓然

① 白居易：《对酒五首》其二，见朱金城笺校：《白居易集笺校》，1841页。

自适，不知其他。酒酣琴罢，又命乐童登中岛亭，合奏《霓裳散序》，声随风飘，或凝或散，悠扬于竹烟波月之际者久之。曲未竟，而乐天陶然石上矣。”①

华亭鹤、白莲、紫菱和翠竹，是白居易钟爱之物。华亭鹤“饮啄供稻粱，包裹用茵席……远从余杭郭，同到洛阳陌。下担拂云根，开笼展霜翮。贞姿不可杂，高性宜其适……未请中庶禄，且脱双骖易。岂独为身谋，安吾鹤与石”（《洛下卜居》）。鹤的贞姿和高性，白莲和建筑构件的原木色，那么纯洁和本色，一如白居易淡泊无垢的心境。

庐山草堂有三物——素屏、隐几、藤杖，白居易从中看到了自我，分别写“三谣”以陈情。

《蟠木谣》：“尔既不材，吾亦不材，胡为乎人间徘徊？蟠木蟠木，吾与汝归草堂去来。”《素屏谣》：“物各有所宜，用各有所施。尔今木为骨兮纸为面，舍吾草堂欲何之？”《朱藤杖》：“朱藤朱藤，吾虽青云之上，黄泥之下，誓不弃尔于斯须。”三件所谓无用之物，白居易在它们的无用之中看到了自身。

白居易的园林美学思想，为私家园林创作注入儒、道、释的精神，特别是其闲适保和的“中隐”理想，成为文人园林的思想主轴之一，给宋人以巨大影响。宋人周必大指出：“本朝苏文忠公不轻许可，独敬爱乐天，屡形诗篇。盖其文章皆主辞达，而忠厚好施，刚直尽言，与人有情，于物无着，大略相似。谪居黄州，始号东坡，其原必起于乐天忠州之作也。”《容斋随笔》载：苏东坡“责居黄州，始自称东坡居士，详考其意，盖专慕白乐天而然……非东坡之名偶尔暗合也”。

中唐白居易晚年平和、闲适的心态对宋人心态影响甚大，宋人所取名号，源于白居易的诗。据龚颐正《芥隐笔记》记载，“醉翁、迂叟、东坡之名，皆出于白乐天诗”。林逋《读王黄州诗集》：“放达有唐惟白傅，纵横吾宋是黄州。”诗中的“黄州”指的是宋初的王禹偁，王禹偁自幼喜爱白诗，他的诗平易流畅，简雅古淡，宋人视他为“白体诗人”。由此可见，王禹偁

① 刘昫等撰：《旧唐书·白居易传》，第4355页。

初步表现出对于平淡美的追求，故清人吴之振说“元之独开有宋风气”。宋初李昉也是“为文章慕白居易”[1]。张来评吴德仁“夫欲为元亮，则窘陋而难安；欲为乐天，则备足而难成”，认为德仁居两人之间，“真率仅似陶，而俸养略如白，至其放达，则并有之，岂非贤者！”[2] 如是，真率似陶潜、“中隐”如白乐天及三教合一的思潮等，陶铸出宋人全新的仕隐文化。

白居易是对古代日本影响最广、最为深刻的中国诗人。白氏文集传到日本以前，流传于日本的中国诗文为六朝骈文等，这对十分向往中国文化的日本人来说，是十分苦涩难懂的。通俗易懂的白氏文学传入日本后，犹如卷起了一股“白旋风”，席卷了日本列岛。嵯峨天皇（809—823 年在位）汉文修养极高，他还模仿张志和的《渔歌子》填词，得到白氏文集后，如获至宝，藏于秘府，视为“枕秘”，时常诵读之。永和五年（838），太宰少贰藤原岳守在检查唐人货物时发现《元白诗笔》，便把它献给了仁明天皇。天皇大喜，甚至因此授岳守五位上。皇室专设白氏文集传讲官，学习白诗成为天皇必备的修身课程之一。此时，白居易仍在世（六十七岁）。9 世纪中叶，日本最大的文豪菅原道真便是“白诗的一字一句都能烂记于心，恰如囊中之物”。《源氏物语》也深受白氏文集的影响，作者紫色部，在小说 152 处情节进展点上，引用白诗 80 句，97 次。另外，《源氏物语》在主要内容和决定性情节上，也深受白氏文集影响。人们争相传诵白诗，有人甚至达到了手不释卷的地步。文人相聚时，“北窗三友”“香峰露雪”“三五夜中之新月”“草庵雨”几乎成为吟诗时不可缺少的诗题。人们崇拜白居易，视其诗文为金科玉律，甚至有人将白居易视为文殊下凡。

此外，白氏诗文对日本古代园林置景、点景直至整个园林的立意都产生过很大影响。庆德三年，白河天皇在城南建鸟羽殿，掘大池，筑假山，用白居易《中隐》诗中“君若好登临，城南有秋山。君若爱游荡，城东有春园”之句意，命名假山为秋山。

在贵族文人和大名园林中，也时时能感受到白氏诗文的影响。承和五

---

① 脱脱等撰：《宋史·李昉传》，中华书局，1977年，第9138页。

② 张耒：《题吴德仁诗卷》，见《张耒集》，李逸安等点校，中华书局，1990年，第808页。

年，右大臣藤原良相在西京第园林中筑亭，取白居易《百花亭》与《百花亭晚望夜归》的诗意，名之为百花亭。清和天皇行幸此园赏花时，曾令文人集于此亭作诗助兴。

京都龙安寺一世义天和尚有一高徒，自称“市隐铁船船若道人”，于自家园中，掘池筑山，并作假山水谱。“市隐”即白居易所说的“大隐”。

平安时期，闻名遐迩的文人庆滋保胤，尤爱白乐天《池上篇并序》。他以白居易序中所述情景，将自己的住宅改造为园林，并作《池亭记》一篇。此文对后世造园及文学影响颇大。鸭长明的名著《方丈记》就是模仿《池亭记》所写。《方丈记》所载遗迹位于京都郊外的山谷之中，自然环境十分优美。

桂离宫在造园之初，亲王参照白居易描写西湖的诗意布景立意。白居易《春题湖上》诗写道：“湖上春来似画图，乱峰围绕水平铺。松排山面千重翠，月点波心一颗珠。碧毯线头抽早稻，青罗裙带展新蒲。未能抛得杭州去，一半勾留是此湖。”桂离宫采“月点波心一颗珠”建楼名月波，掘池称心字池，采“松排山面千重翠”的“松”字，“青罗裙带展新蒲”的“蒲”字，筑以蒲为建筑材料的茶室松琴亭。

桂离宫至今依然保留着茅草覆顶、“山木半留皮”的建筑风格。

六、明代的苏州文人园

被联合国教科文组织的专家哈利姆博士激赏为“从来没有见过这样美好的、诗一般的境界”的苏州园林，至明代已经高度成熟。有明一代，著录于史籍的园林多达271处，其中，列入《世界遗产名录》的拙政园、留园和艺圃都建于明代，拙政园、留园和颐和园、承德山庄并称为中国四大名园。

明代苏州园林的主人，有勇退归来的台阁重臣、致仕卸任的京官，有

“园庐无恙客归来”的隐退者，有视荣名利禄如云过眼的“肥遁”清流，有“不使人间造孽钱”的名士，也有乡绅、富商等。他们大多属于中国的文化精英，讲究文品与人品同构，他们以隐逸出世的情趣、思想，达与穷的相反相成，构成了文人阶层完整的人格和精神支柱，他们在“游于艺”中净化着人格，在“隐于艺”中涤荡性灵，享受人生。雅藏、雅赏、雅集，读书、绘画，澡溉涤胸，既是表现古代文人生命情韵和审美意趣的生活方式，又作为一种文化模式积淀在后代文人的内心深处。

黑格尔称园林是“替精神创造一种环境，一种第二自然”[①]，明代的苏州园林是替什么样的“精神”创造的环境？这种“第二自然”具有怎样的艺术魅力？

元末以来，因统治者“以功诱天下”，弛商禁，开通海运、漕运。明代吴人谢徽《侨吴集》附录中说：“（姑苏）民俗富而淳，财赋强而盛。故达官贵人、豪隽之士与夫羁旅逸客，无不喜游而侨焉。”姑苏、昆山、华亭等林薮之美、池台之胜，远近闻名。

明初的重农轻商政策，使吴地商业经济一度受挫：“人民迁徙实三都，戍远方者相继，至营籍亦隶教坊。邑里潇然，生计鲜薄。”[②]嘉靖后官方抑商政策出现了一定松动，隆庆后海禁一度废除，海外贸易不断发展，地处海洋文化和内陆文化交汇地的苏州，“机户”崛起，成为商品集散地之一。洪武年间，其经济情况与隋唐洛阳、南宋吴兴、明代南京相类似。成化年间，吴中“愈益繁盛，闾檐辐辏，万瓦甃鳞，城隅濠股，亭馆布列，略无隙地。舆马从盖，壶觞罍盒，交驰于通衢。水巷中，光彩耀目，游山之舫，载妓之舟，鱼贯于绿波朱阁之间，丝竹讴舞与市声相杂。凡上供锦绮、文具、花果、珍馐奇异之物，岁有所增，若刻丝累漆之属，自浙宋以来，其艺久废，今皆精妙，人性益巧而物产益多”[③]，成为红尘中一二等富贵风流之地，也成为中国经济文化的缩影。

---

① 黑格尔：《美学》（第三卷）上册，朱光潜译，商务印书馆，1979年，第103页。

② 王锜：《寓圃杂记·吴中近年之盛》，张德信点校，中华书局，1984年，第42页。

③ 王锜：《寓圃杂记·吴中近年之盛》，第42页。

自元末以来，浸淫于传统儒学的文人，已经逐渐改变了传统的隐逸理念。他们依附城市，流连市井，辗转城镇，交游唱和，笙歌玉宴，以“得从文酒之乐”为幸事。他们提出“大隐在关市，不在壑与林”[①]，追求不受利禄束缚的纯真之心、逍遥之身，甚至讥晋之陶渊明、汉之邵平，“占清高总是虚名”，于是，辞官隐退，及时行乐。

宋元时期支撑着文人士夫精神高度的高逸化理想，也多多少少沾染上功利性的现实土壤。明代文人士子逐渐改变了不屑与商贾为伍的清高态度，出入市井，与商人旦暮过从、“往来日稔”，“数年犹一日”[②]，艺术审美趣味也有了深刻的变化，文学艺术创作不再停留在“自娱”上。明正德年间，“江南富族著姓，求翰林名士墓铭或序记，润笔银动数廿两，甚至四五十两”[③]。万历初年刊刻的王世贞《弇州山人四部稿》中，墓志铭类作品总数90篇，为商人所作的有15篇，已占16.6%，至于收录其晚年作品的《弇州山人续稿》中，为商人所作的墓志铭多达44篇，比例上升到17.6%。[④]在金钱拜物教的明代中后期，德艺双馨的沈周、文徵明等人依然坚守着士人品格，追求着“雅”“正”。

明代建国之初，中央集权制度恶性发展，特别是设立锦衣卫和东、西厂，诛杀功臣，大兴文字狱，并一改历代“以礼待士”的传统，将君臣变为主奴，实行残酷的廷杖制度。又因元末“士诚之据吴也，颇收招知名士，东南士避兵于吴者依焉”[⑤]，士人被难，择地视东南若归。于是，各方名士荟萃吴中，著名画家王蒙、陈汝言、杨基、赵原等都集张氏幕下。张氏败亡后，朱元璋以各种方式屠杀、摧残吴中文人，士人朝不保夕，出处皆危。《明会要·刑法一·律令》中规定：“寰中士夫不为君用，罪至抄札。”其下有文彬

---

① 杨维桢：《铁崖古乐府》卷六《金处士歌》，见《杨维桢集》，邹志方点校，浙江古籍出版社，2017年，第3页。

② 文徵明：《朱效莲墓志铭》，见《文徵明集》，周道振辑校，上海古籍出版社，1987年，第1548页。

③ 俞弁：《山樵暇语》卷九，影印本。

④ 陈建华：《中国江浙地区十四至十七世纪社会意识与文学》，学林出版社，1992年，第335页。

⑤ 张廷玉等撰：《明史·顾德辉传》，第7326页。

按语云："贵溪儒士夏伯启叔侄断指不仕，苏州人才姚润、王谟被征不至，皆诛而籍其家。"即使被授予官职，亦罕有善终者。永乐中，预修过《永乐大典》的太仓兴福寺和尚惠暕曾说："洪武间，秀才做官吃多少辛苦，受多少惊怕，与朝廷出多少心力？到头来，小有过犯，轻则充军，重则刑戮，善终者十二三耳。其时士大夫无负国家，国家负天下士大夫多矣！"[①]

万历后，政治极端腐败，危机日重，文禁相对松弛。然而，宦官和权臣相继把持朝政，统治阶级内部斗争激烈，做官常受到株连而获罪，动辄遭到廷杖甚至获得死罪，一般官吏做官时间很少超过八年。

虽然明朝统治者大倡程朱理学，实行八股取士，有效地钳制和禁锢着人们的思想，但王学左派心学的兴起与禅宗思想的广泛渗透，与文人追求适意自在、洒然无拘的生命情韵重合。于是，处世超然、旷达，精神宁静、恬淡，成为文士们闲暇时追求高雅淡泊的一种手段、失意时心理平衡的一种自我安慰。

刘盘在《程化记》中曾说，自晋永嘉以后，"衣冠避难，多所萃止，艺文儒术，斯之为盛……盖因颜、谢、徐、庾之风焉"。人才辈出，尤为冠绝，明代苏州先后产生了四百余名进士，出现了一大批以诗书画传家的文化家族，诸如王鏊、吴宽、沈周、文徵明等的家族。当时的苏州，堆假山，凿鱼池，种花莳竹，成为文化时尚，不仅"吴中豪富竞以湖石筑峙，奇峰阴洞，凿峭嵌空为绝妙"，而且"虽闾阎下户，亦饰小山盆岛为玩"。

刘勰《文心雕龙 · 时序》所谓"时运交移，质文代变"，专制制度的压榨，时风的熏染，使更多的文人为保全生命，坚持节操，选择了隐逸遁世。明代士人大多为诗书画兼善的全才型人物，具有将内心构建的超世出尘的精神绿洲，精心外化为"适志""自得"的生活空间的能力。诗意地栖居在园林，成为他们最佳的生存选择。

---

① 陆容：《菽园杂记》，中华书局，1985年，第13页。

（一）从游于艺到隐于艺

明代苏州园林，是士人与社会相摩荡的结晶。作为社会正义与人类良知化身的明代吴中文人，延续着元代文人放达孤傲、不随时俗的性格，给个人的心灵空间注入拓张、驰骋的活力，对个体精神世界进行重塑。他们选择了一种与屈原不同的典型人格。

1. 黄扉紫阁辞三事，园庐无恙客归来

高启公开说："不肯折腰为五斗米，不肯掉舌下七十城。但好觅诗句，自吟自酬赓。"走上仕途后，"野性不受畜，逍遥恋江渚"，感到"不复少容与"的拘束与"孤宿敛残羽"[①]的孤独，这反映了吴地文人共同的生活志趣。

官至宰相的吴宽，"于权势荣利则退避如畏。然在翰林时，于所居之东，治园亭，杂莳花木，退朝执一卷，日哦其中。每良辰佳节，为具召客，分题联句为乐，若不知有官者"[②]。工书善画的刘珏，五十岁辞官回苏州湘城筑"小洞庭"，垒石为山，筑亭其上，引水为池，种树艺花，闲列图书，与沈周、徐有贞、祝颢等名士酬唱观景，他在《和石田韵》诗中说："移家独向寒塘住，舟楫何年肯济川。新句自题蕉叶上，浊醪还醉菊花边。临来古画多洪谷，关得名琴是响泉。昨日敲门看修竹，佩环无数落湘烟。"胸次洒落。

孟子曾宣称："得志与民由之，不得志独行其道。富贵不能淫，贫贱不能移，威武不能屈。此之谓大丈夫。"[③]官至内阁重臣的王鏊（1450—1524），博学有识鉴，文章尔雅，是位端人正士，唐寅称其"海内文章第一，天下宰相无双"。正德时入内阁，进户部尚书、文渊阁大学士，加少傅兼太子太傅。当时宦官刘瑾专权，在东厂、西厂外加设内厂，镇压异己，掠夺民间土

---

① 高启：《池上雁》，见《大全集》，影印文渊阁《四库全书》本，商务印书馆，1986年，第1230册，第45页下。

② 王鏊：《震泽集·资善大夫礼部尚书兼翰林院学士赠太子太保谥文定吴公神道碑》，见《震泽集》，影印文渊阁《四库全书》本，商务印书馆，1986年，第1256册，第353页下。

③ 焦循撰：《孟子正义》，沈文倬点校，中华书局，1987年，第419页。

地，遭到正直大臣群起反对，但这些大臣均遭受迫害。刚正的王鏊，曾与韩文诸大臣请诛刘瑾等“八党”，并凭他的影响，力救韩文等大臣。然而，因明武宗宠信刘瑾，“瑾横弥甚，祸流缙绅。鏊不能救，力求去”[①]，终于归苏州东山陆巷村。

王鏊在京师做官时，也不忘丘壑，曾筑园名小适，告归后在家乡太湖东山筑园，林泉之心愿始得满足，故园名真适。园中有苍玉亭、湖光阁、款站台、寒翠亭、香雪林、鸣玉涧、玉带桥、舞鹤衢、来禽圃、芙蓉岸、涤砚池、蔬畦、菊径、稻塍、太湖石、莫厘巘十六景，皆以湖光山色、风月禽鸟、稻蔬花木成景。曾诗云“家住东山归去来，十年波浪与尘埃”[②]“黄扉紫阁辞三事，白石清泉作四邻”，过着“十年林下无羁绊，吴山吴水饱探玩……清泉一脉甘且寒，肝肺尘埃得湔浣”[③]的生活。

主中吴风雅之盟三十余年的文徵明，五十四岁时，曾任翰林院待诏，他目睹了官场的凶险和黑暗，十分直白地说：“谁令抛却幽居乐，掉鞅来穿虎豹鞋。”旋即辞职。五十七岁时，获准南归苏州，写了一首《还家志喜》：“绿树成荫径有苔，园庐无恙客归来。清朝自是容疏懒，明主何尝并不才。林壑岂无投老地，烟霞常护读书台。石湖东畔横塘路，多少山花待我开。”此不啻一首陶渊明的《归去来兮辞》。回乡后建玉磬山房，以翰墨自娱，“树两桐于庭，日徘徊啸咏其中”[④]，人望之若神仙焉。他在其父文林所构的停云馆内会友、谈艺、论文，作有《停云馆言别图》，在大自然中吟啸作画，自此拒绝征召。七十一岁时，拒绝严嵩过访。八十九岁时，苏州知府温景葵来停云馆请书诗祝严嵩八十寿诞，仍辞谢不应。文徵明执着于“清品”人格的修养，又执着于艺术真谛的追求，“四方乞诗文书画者，接踵于道，而富贵人不易得片楮，尤不肯与王府及中人……周、徽诸王以宝玩为赠，不启封而还之。外国使者道吴门，望里肃拜，以不获见为恨。文笔遍天下，

---

① 张廷玉等撰：《明史·王鏊传》，第4827页。

② 王鏊：《震泽集》卷五《己巳五月东归三首》之二，影印文渊阁《四库全书》本，第188页上。

③ 王鏊：《震泽集》卷八《游穹窿山》，影印文渊阁《四库全书》本，第237页。

④ 文嘉：《先君行略》，见《文徵明集》，第1618页。

门下士赝作者颇多，徵明亦不禁”[1]。

文徵明“平生最爱云林子”[2]，因为“倪先生人品高轶，风神玄朗。故其翰札，语言奕奕有晋宋人风气”[3]，从中可以折射出文徵明的人格风采。

2. 荦荦才情与世疏，等闲零落傍江湖

明代苏州园林的主人，有许多是遭贬谪的下野官吏，他们绝大多数是敢于同恶势力斗争、犯颜直谏的志节之士。园林是他们疲倦了的心灵的归宿，也是他们守真保节的情感载体。

留园，明时为太仆寺卿徐泰时之东园。徐氏为工部营缮主事，参加修复慈宁宫，深得明万历帝的赞许，进营缮郎中，营造万历帝寿宫。他“慷慨任事，直往不疑”，对工部尚书的奏章也“指摘可否”，还“笔削之”，得罪了上司。因而，遭致“多所谣诼”，以“受贿匿商，阻挠木税”罪遭人弹劾，四年后，虽然查实“无庇商之私”，仍罢职不用。徐归吴后，“一切不问户外，益治园圃”，与好友袁宏道、江盈科等“置酒高会”。今留园中部（明时东园）尚有明时清旷遗意。

拙政园，是嘉靖时的御史王献臣所构，王献臣为人疏朗峻洁，博学能诗文。为官古直，不阿法，敢于抗中贵，时有“奇士”之称。因弹劾失职武官，被东厂所诬而被降职，贬为上杭县丞、广东驿丞、永嘉知县、高州通判。正德四年（1509），愤而弃官回归故乡苏州。

拙政园东部，原为明万历进士王心一的归田园居。王心一仕至刑部左侍郎，署尚书，因弹劾魏忠贤党客氏而历遭降斥。天启年间，又遭廷杖被削籍，志节矫矫。

艺圃，明时为文徵明曾孙文震孟的药圃，“药”即《楚辞》中的香草白芷，表示人格的高洁，书房一名香草居。文震孟为天启状元，官至副宰相。他为人刚方正直，是复社人员，因反对阉党专权，曾先后触逆了天启、崇祯的三位权臣，连遭廷杖、贬职、调外以至削职为民等处罚。

---

① 张廷玉等撰：《明史·文徵明传》，第7362页。

② 文徵明：《仿倪云林》，见《文徵明集》，第1165页。

③ 文徵明：《跋倪元镇二帖》，见《文徵明集》，第536页。

其弟文震亨，自构香草垞庭园，结构殊绝，时被誉为“尘市中少有的名胜”。他是位具有崇高气节的名士、书画艺术家，《列朝诗集》谓其“诗画咸有家风”，所画山水兼宗宋元诸家，格韵兼胜。他敢于和马士英、阮大铖集团作坚决斗争，曾三次遭迫害。清兵攻陷南京、苏州，他避居阳澄湖畔，听到剃发令下投河自杀，救起后，绝食六日，呕血而死。

继文氏后侨居艺圃的主人是莱阳姜埰。姜氏以进士起家，入为谏事。拜疏纠时事，直言不讳，惹怒了崇祯皇帝，被逮入狱，备受楚毒，复遭廷杖，杖至百，几死，后得崇祯帝赦死，谪戍宣城。明亡之后，即与其弟垓奉母南来，侨寓此园。埰崇尚气节，来吴后削发为僧，自号敬亭山人。因宣城有敬亭山，故以敬亭山房名其园，以示不忘君恩免死之地，寓故国之思。姜埰侨寓于此读书艺花三十年，以迎送守相达官为居园之苦事。

3. 荣名利禄云过眼，此生已谢功名念

吴中也多名士，有的一生未涉足官场，有的从痛苦中彻悟了人生，沉浸在园林山水和书画艺术中。

沈周出生在一个以诗、书、画传家，具有闲雅气氛的家庭。曾祖沈良琛精于鉴赏书画，与元四家之一的王蒙为挚友；祖父沈澄是能诗擅画、终身隐居乡里的名士；父亲沈恒也是书画家，山水师法杜琼，笔墨高逸，虚和潇洒，可与宋元诸家媲美。沈周生活在远离尘俗气的阳澄湖边，其师杜琼是位终身不仕、品格高逸的老名士。

沈周在相城西宅构园林有竹居，作为他读书论文、会客的地方，曾自题诗若干首，描写园林风光：“比屋千竿见高竹，当门一曲抱清川”“屋上青山屋下泉”“如此风光贫亦乐”。优越的环境把他塑造成高水平审美的继承者。从他三十八岁时所作的《幽居图》中可以看出，文人喜欢将草堂建在水边类似岛或半岛的地方，背景上依次是烟霞弥漫的层层山峰，堂周有几株姿态各异的大树：直立者、倾斜者、低垂者。桥指示着通往草堂的路，呈现出沈周“心远物皆静”的静寂世界。

钱谦益《石田诗钞序》：“烟云月露，莺花鱼鸟，揽结吞吐于豪素行墨之间，声而为诗歌，绘而为图画，经营挥洒，匠心独妙。其高情远性，和风雅韵，使天下士大夫望而就之者，一以为灵山异人，不可梯接，一以为景星卿云，咸可目睹。”

沈周在《仿倪瓒画卷》上题曰：“云林……人品高逸，笔简思清。”他与倪瓒一样，“幽栖不作红尘客”[①]，三次谢绝举荐，绝意仕途，潜心艺术。当他的知交王鏊退职归里，他赞其是“勇退归来说宰公，此机超出万人中”。他在《庐山高图》诗跋中曾写：“荣名利禄云过眼，上不作书自荐，下不与公相通。”正是他孤高绝俗的写照。

沈周的文士品格并没有在金钱世界里异化，他高致绝人，和易近物，他的书画热销，贩夫牧竖，持纸来索，不见难色，“或作赝品求题者”，他“亦乐然应之”[②]，助人得利。

痛苦的人生遭际是人格的炼狱，唐寅的遭遇可谓典型。唐寅，字伯虎，一字子畏，兼通天文、律算、乐律等。文学与文徵明、祝枝山、徐祯卿并称“吴中四才子”，绘画与沈周、文徵明、仇英并列“明四家”。王稚登谓其画“远攻李唐，足任偏师，近交沈周，可当半席”，将其和文徵明同列“妙品志”。唐寅几代以商传家，“其父广德，贾业而士行，将用子畏起家，致举业师教子畏”[③]，童髫中科，有“吴中俊秀”之称，曾自言取解首如反掌耳，二十九岁应乡试，中应天府第一名解元。孰料三十岁时，他随同江阴富人徐经上北京会试，却因徐经行贿主考官程敏政家童，取得考题，事露，连累入狱。“身贯三木，卒吏如虎；举头抢地，洟泗横集。而后昆山焚如，玉石皆毁，下流难处，众恶所归……海内遂以寅为不齿之士，握拳张胆，若赴仇敌，知与不知，毕指而唾，辱亦甚矣！”[④]

才高自负的唐寅，遭此巨变，伤心潦倒，回到苏州，专心艺术，追求一种不求仕进、隐迹山林、瀹茗闲居的生活。唐寅画《桐阴图》，桐阴下一高

---

① 倪瓒：《题安处斋》，见杨镰主编：《全元诗》，中华书局，2013年，第137页。

② 钱谦益：《石田先生事略》，见沈周：《沈周集》，汤志波点校，浙江人民美术出版社，2019年，附录第1703页。

③ 祝允明：《唐子畏墓志并铭》，见《唐伯虎全集》，中国美术学院出版社，2002年，第538页。

④ 唐寅：《与文徵明书》，见《唐伯虎全集》，第221页。

士斜卧躺于椅上，闭目养神，享受休闲时光。题诗曰："十里桐阴覆紫苔，先生闲试醉眠来。此生已谢功名念，清梦应无到古槐。"

《明史 · 唐伯虎传》记云："宁王宸濠厚币聘之，寅察其有异志，佯狂使酒，露其丑秽，宸濠不能堪，放还。筑室桃花坞，与客日般饮其中。"祝允明《唐子畏墓志并铭》："子畏罹祸后，归好佛氏……治圃舍北桃花坞，日般饮其中。"唐伯虎深信一切有为法，如梦、如幻、如泡、如影、如露、如电，诸法皆空，因自号六如居士。晚年便在桃花坞中，诗、酒、书、画、佛乘中间过去，园内有六如古阁，有梦墨亭、桃花庵、梦墨亭，当为伯虎手建。《吴县志》云："梦墨亭，唐子畏寅乞梦仙游，九鲤神梦惠之墨一担，终以文业名，因作梦墨亭。"祝枝山有《梦墨亭记》。他自己写了《桃花庵歌》：

桃花坞里桃花庵，桃花庵里桃花仙。桃花仙人种桃树，又摘桃花换酒钱。酒醒只来花前坐，酒醉还来花下眠。半醒半醉日复日，花落花开年复年。但愿老死花酒间，不愿鞠躬车马前。车尘马足贵者趣，酒盏花枝贫贱缘。若将富贵比贫者，一在平地一在天。若将花酒比车马，他得驱驰我得闲。别人笑我忒风骚，我笑他人看不穿。不见五陵豪杰墓，无花无酒锄做田。[①]

从此画笔兼诗笔，鬻书画以自存，虽然生活清苦——"风雨浃旬，厨烟不继，涤砚吮笔，萧条若僧"，甚至挣扎在贫困线——"十朝风雨若昏迷，八口妻孥并告饥。信是老天戏弄我，无人来买扇头诗"，但他理直气壮地说："不炼金丹不坐禅，不为商贾不耕田。兴来只写江山卖，不使人间作业钱。"[②]

唐寅不肯摧眉折腰事权贵，嘲笑利禄之徒"傀儡一棚真是假，髑髅满眼笑他迷"，自称"此生甘分老吴阊，宠辱都无剩有狂"[③]，脱略了缙绅阶层的行为范式。他在花酒间，"烧灯坐惜千金夜，对酒空思一点红"[④]。对着园中盛开

---

① 唐寅：《桃花庵歌》，见《唐伯虎全集》，第24—25页。

② 唐寅：《题画》，见《唐伯虎全集》，第433页。

③ 唐寅：《又漫兴十首》其二，见《唐伯虎全集》，第84页。

④ 唐寅：《和沈石田落花诗》其十六，见《唐伯虎全集》，第70页。

的鲜花，他会想到“枝上花开能几日？世上人生能几何？”[①]园中“万点落花俱是恨”[②]，甚至恸哭，并一一细拾，盛以锦囊，葬于药栏东畔。诗曰“命薄错抛倾国色，缘轻不遇买金人”[③]，这是生命的咏叹，是人生的反思。他的“逃禅仙吏”“江南第一风流才子”“南京解元”等闲章，正是他一生荣辱的记录。

（二）石韵松风，画境诗情

美学家宗白华说，中国的艺术意境是介于主于真的学术境界和主于神的宗教境界之间的一种境界，“以宇宙人生的具体为对象，赏玩它的色相、秩序、节奏、和谐，借以窥见自我的最深心灵的反映；化实景而为虚境，创形象以为象征，使人类最高的心灵具体化、肉身化，这就是‘艺术境界’。艺术境界主于美”[④]。

明代是中国画诗、书、画、印完美结合的时期，是山水画和花木竹石图等风景小品发展的高潮。文人画家将文人画的意境构思、美学意念、意态风格乃至线条色彩、技法手段等都运用到文人园的构图设计、写意造景中来，园林具有了主于美的艺术意境，这就是高度净化了的美的生态环境、美的画境和美的意境。[⑤]

1. 美的生态环境

元人“卧青山，望白云”，画出千岩“太古静”，成为明人山水画家所追求的最高精神境界与园林境界。明代文人执着于人品、文品和画品的辩证统一，认为唯有“胸臆肺腑，不着纤毫烟火”，作品方能臻于俊逸境界。因此，明人十分重视居处环境的园林化，癖好本色，追求清旷、质朴的自然野趣。

明代园林大多以水池为中心，四周点缀山石花木，有的以假山为中心，

---

① 唐寅：《花下酌酒歌》，见《唐伯虎全集》，第25页。

② 唐寅：《漫兴十首》其五，见《唐伯虎全集》，第82页。

③ 唐寅：《落花诗》其十，见《唐伯虎全集》，第370页。

④ 宗白华：《美学散步·中国艺术意境之诞生》，上海人民出版社，1981年，第59页。

⑤ 孙晓翔：《生境·画境·意境——文人写意山水园林的艺术境界及其表现手法》，见宗白华等著：《中国园林艺术概观》，江苏人民出版社，1987年，第423页。

周旁浚池和种植花木。园中以山水为主景，建筑仅为点缀，往往茅草覆顶，具有茅茨土阶的简朴风味。

居节《万松小筑图轴》，远山一抹，右侧山坡下，松树丛中有小楼一栋，一位年长者在楼上远眺等候。屋内几案上置有图籍、插花，松丛前部有石基房舍一座，有童子立于堂内侍客。图左侧画一石桥卧水，一文士正过桥前来，呈双手抱拳行礼状。作者自题诗曰："万松围合小楼深，长日清风动素琴。落尽粉花人不扫，石桥流水带山阴。"石韵松风，谈笑有鸿儒，人境相须，此乃文人的理想生活场景。

刘珏的《清白轩图》、杜琼的《南湖草堂图》、沈周从伯父沈贞的《竹炉山房图》，都以耸立高峻的悬崖峭壁和山峰为背景，草堂和有净化功用的水，就有了洗去俗尘的意味。

怡老园是王鏊儿子延喆为怡亲所筑，就吴王避暑的夏驾湖故址，皆仿山中景物。园临流筑室，雉堞环其前，有"清荫看竹""玄修芳草""撷芳笑春""抚松采霞""阆风水云"诸胜。绿杨动影，红药留香。

城市宅园以幽僻为胜。艺圃位于苏州阊门商业闹区的文衙弄，却有着"隔断城西市话哗，幽栖绝似野人家"的风貌。进文衙弄东向大门，经曲折长巷到二门，始见上嵌刻"艺圃"二字额。再由二门北行，步入住宅前厅世纶堂，再跨进堂西边廊小门，方见到豁然开朗的园景。

王心一的归田园居，"门临委巷，不容旋马。编竹为扉，质任自然……"。委巷即东首的百花小巷。"墙外连数亩，资为种秫田"，筑秫香馆楼，"楼可四望，每当夏秋之交，家田种秫，皆在望中"，很有点"柴门临水稻花香"的诗意。号称"吴中第一名园"的留园，位于苏州阊门外，当时从城内出城去留园，都是狭窄的石子小道。留园东北是花埠里，北至半边街，东邻五福弄，西迄绣花弄，这都是小巷。

拙政园之地，早在唐诗人陆龟蒙所居之时，就是"不出郛郭，旷若郊野"。北宋时胡峄居此，也是"宅舍如荒村"。明时仍有积水横亘其间，颇具山野之气。

昔日拙政园的面貌，我们可从文徵明《拙政园图》（也称《拙政园三十一景图册》）中看出，图册上，“凡山川花鸟、亭台泉石之胜，摹写无遗”，“犹可征当日之经营位置，历历眉睫间。又如身入蓬岛阆苑，琪花瑶草，使人应接不遑，几不知有尘境之隔”[①]。画上的拙政园，古淡天然，一片野趣。如《倚玉轩》图：敞轩一座，四壁皆空，轩旁美竹成林，面有昆山石，竹林傍靠土山，一翁伫立轩中栏前，目对竹、石，真是“春风触目总琳琅”。《小沧浪》图：一汪沧浪水莽莽苍苍，流向远处，浅滩、绿洲参差傍水构一虚亭，绿水绕楹，水岸坡地，树木葱郁。既有风月供垂钓，又有孺子唱濯缨，真是“满地江湖聊寄兴，百年鱼鸟已忘情”。水木明瑟，令人旷远，足可表现江湖之思、濠梁之感。当年的小飞虹，也非华丽的廊桥，纯任自然。

昔日的园门皆简朴、低矮。张岱《陶庵梦忆》卷五《范长白》记天平山庄是“园外有长堤，桃柳曲桥，蟠屈湖面。桥尽抵园。园门故作低小，进门则长廊复壁，直达山麓。其绘楼、幔阁、秘室、曲房，故故匿之，不使人见也”。

明代城郊和乡村园林尤其受到文人青睐。吴宽之父的东庄在葑门。菱濠汇其东，西溪带其西，两港旁达，皆可舟而至也。由凳桥而入，则为稻畦；折而南，为果林；又南，西为菜圃……由艇之滨而入，则为麦丘；由竹田而入，则为折桂桥。区分络贯，其广六十亩，而作堂其中曰续古之堂，庵曰拙修之庵，轩曰耕息之轩，又作亭于桃花池曰知乐之亭，“亭成而庄之事始备，总名之曰东庄，自号东庄翁”[②]。

当年东庄，园中水道纵横，皆可乘舟而至。有稻畦、果林、菜圃、麦丘、小桥、溪山等。沈周画有二十一幅《东庄图册》，所画“一水一石皆从耳目之所睹”，诸如东城、西溪、北港、振衣冈、知乐亭等，我们可以从中看出“溪山窈窕，水木清华”的自然景色（如图1-12所示）。

苏州城外的乡村园林约有四十处，遍布各地，尤以东山、灵岩山为最。

王鏊及其子弟、亲属在太湖东山的六处园林，皆傍山依林，以水为主。

---

① 吴骞：《文衡山拙政园图并题咏真迹跋》，见吴骞著，海宁市史志办公室编：《吴骞集》，虞坤林点校，浙江古籍出版社，2015年，第35页。

② 李东阳：《李东阳集·东庄记》，岳麓书社，2008年，第506页。

《西溪》

《振衣冈》

图 1–12　沈周《东庄图册》（局部）

王鏊之侄王学的从适园，湖波荡漾间即可得亭榭游观之美。东山的集贤圃，背山面湖，建于太湖之中，既得天然之美，又有人工经营，有城中园林所不可比拟处。

“五湖四舍”在木渎白阳山下，为陈淳（道夏）园居，极幽居之胜。秀野园在灵岩山麓香溪，是城里归田园居主人王心一建于乡间的别墅，后人韩璟改建为乐饥园，有溪山风月之美、池亭花木之胜，远胜于其他园林。

赵宧光夫妇的寒山别业，位于苏州郊外支硎山南。据张大纯《姑苏采风记》记载，宧光夫妇在此，凿石为涧，引泉为池。自辟丘壑，花木秀野，如洞天仙源。前为小宛堂，茗碗几榻，超然尘表。女主人陆卿子有组诗《山居即事》，描写此园的景致是：“石室藏丹灶，萝房起白云。鸟飞天影外，泉响隔林闻。澹荡波光里，烟霞敛夕曛”“麋鹿缘岩下，神仙采药逢。桃花开已遍，樵客欲迷踪”“树色千重碧，溪声万壑流。鸟啼花坞暖，枫落石门秋”。建筑则萝房、石室，所见则丹灶、白云、飞鸟、天影、波光、烟霞、夕曛，所逢则麋鹿、神仙、樵客，纯为山林风味。园林借真山林的壮美之势，园内园外、天然之景和人工之景浑然一体，确为“山居”色彩。今天平山庄遗意尚存。

祝允明外祖父徐有贞记郑景行的南园，园在阳澄湖上，“前临万顷之浸，后据百亩之丘，旁挟千章之木，中则聚奇石以为山，引清泉以为池。畦有嘉蔬，林有珍果，掖之以修竹，丽之以名华。藏修有斋，燕集有堂，登眺有台，有听鹤之亭，有观鱼之槛，有撷芳之径……”主人在园林，“景行日夕，游息其间，每课童种蓺之余，辄挟册而读。时偶佳客，以琴以棋，以觞以咏，足以怡情而遣兴。而凡圃中之百物，色者足以虞目，声者足以谐耳，味者足以适口徜徉而步，徙倚而观，盖不知其在人间世也……”[1]

2. 美的画境

明代大批文人画家参与构园，造园艺术家又都能以意创为假山，参照李成、董源、黄公望、王蒙等画家的笔法来堆山叠石，峰壑湍濑，曲折平

① 徐有贞：《武功集·南园记》，孙宝点校，浙江人民美术出版社，2019年，第357—358页。

远，经营惨淡，巧夺天工。

《园冶·园说》云："岩峦堆劈石，参差半壁大痴。"叠山及峰石，与绘画一样，山水画皴法中有大斧劈、小斧劈等皴法，堆斧劈形之石壁，往往用"元四家"之一的黄公望的皴法。黄公望，又号大痴道人，所画千丘万壑，愈出愈奇，重峦叠嶂，越深越妙。所作水墨，皴纹极少，笔意简远。有时也常用王蒙皴法。王蒙，元四家之一，隐居黄鹤山，因号黄鹤山樵。用墨得巨然法，用笔亦从郭熙卷云皴中化出，纵逸多姿。拙政园兰雪堂前的观赏石峰缀云峰，原为明代画家、叠山高手陈似云用大小不等的湖石叠成，自下而上，逐渐硕大，其巅尤壮伟，其状如云。峰顶用王蒙云头皴法，缀成峥嵘一朵。

留园建园之初，园主徐泰时邀请画家周秉忠为之叠山，叠成一座高三丈、阔可二十丈的石屏，袁宏道极为叹赏，称其"玲珑峭削，如一幅山水横披画，了无断续痕迹，真妙手也"。

周秉忠是个制瓷家、雕塑家和画家，巧思过人，他叠的苏州惠荫园假山，号称小林屋洞，与真山洞无二。

园林环境的空间构图与文人画画面安排同一，讲究深远而有层次。因此，园林布局上，就讲究成功地运用因借、障景、观景、对景、点景等手法，使人们的目光所至，均为绝好图画。

笪重光《画筌》说："虚实相生，无画处皆成妙境。"这园林中的峭壁山，"借以粉壁为纸，以石为绘也。理者相石皴纹，仿古人笔意，植黄山松柏、古梅、美竹，收之园窗，宛然镜游也"[①]。

白墙下点缀湖石花木，并于粉墙上镶嵌题匾，如此组成的一幅山石花木图，更是妙不可言。如拙政园的海棠春坞（图 1–13），以丛竹、书带草、湖石和墙上书卷形题款，组成一帧国画小品。

留园的花步小筑，一株爬山虎，苍古如蟠龙似的攀附在粉墙上，天竺、书带草伴以湖石、花额，似一帧精雅的国画。

---

① 计成原著，陈植注释：《园冶注释》，第2版，第213页。

图 1-13 海棠春坞

留园古木交柯南墙，雪白而高耸，粉墙上嵌有“古木交柯”四字。墙下原有古柏一株、冬青一棵，交柯连理，依墙筑花坛一个。一墙、一坛、二树、一匾，却是一幅极妙的写意画，匾上四字正似画上的题识。

以白粉墙当纸，前植名卉嘉木，可清楚地看到，由阴面白色粉墙衬托出来的花影，姿态优美，光彩艳丽。如拙政园十八曼陀罗花馆南面天井中，靠南白粉墙，种有十八株山茶花，花有粉红、深红、白色，花期过后仍很绚烂。配置两株白皮松，东角有假山一座，构成一幅由松、山茶、假山组成的实物立体画面。

北宋郭熙《林泉高致》云：“山有三远：自山下而仰山巅，谓之高远；自山前而窥山后，谓之深远；自近山而望远山，谓之平远。高远之势突兀，深远之境重叠，平远之意冲融而缥缥缈缈。”

拙政园中部，在远香堂前平台上看水中三岛，恰似一幅平远山水画卷。雪香云蔚岛与东岛以石板桥相连，桥下溪水缓缓流淌，依山环绕而沟通南北，往远处看，水面愈显开阔，产生高远山水之感。

园林建筑通过各种借景的艺术手段，嘉者收之，俗则屏之，使园中每个观赏点，都深远而有层次。园中各类长廊，诸如空廊、复廊、楼廊、水廊等，以及厅堂内的落地长窗或窗框、墙上的洞窗、漏窗也都成为一个个取景框，如一幅幅动画。小亭则是“常倚曲阑贪看水，不安四壁怕遮山”。

园林许多建筑小品，亦如画。窗为桃形、扇形、心形、卍形及海棠花形、梅花形等；门为月牙形、古瓶形、葫芦形等；小径铺成人字形纹、波纹形纹、回纹及鹿、鹤、莲、金鱼等纹饰；水池中，不仅有天光云影徘徊，水面上还点缀睡莲、荷花，水中穿梭着金鱼及各色鲤鱼。阶砌旁边栽几丛书带草，墙上蔓延着爬山虎或蔷薇木香，加上几竿修竹或一棵芭蕉、盘曲嶙峋的藤萝枝干等，都无不构成一幅幅好画。

高低树俯仰生姿，落叶树与常绿树相间，这种种都成为画家们的无上粉本。

3. 美的意境

明代苏州园林大多通过园景结构、园名及景点题咏，产生隽永的意境。

归隐田园成为主题，而诗化了的田园即陶渊明笔下的桃花源成为园林主人心向往之的理想意境。

潘岳仕宦不达，写《闲居赋序》：“庶浮云之志，筑室种树，逍遥自得。池沼足以渔钓，舂税足以代耕；灌园鬻蔬，供朝夕之膳；牧羊酤酪，俟伏腊之费，‘孝乎唯孝，友于兄弟’，此亦拙者之为政也。”王献臣自比西晋潘岳，“余自筮仕抵今，余四十年，同时之人，或起家至八坐，登三事，而吾仅以一郡倅，老退林下，其为政殆有拙于岳者，园所以识也”[①]。“拙政”与“巧宦”相对，这里的“拙”，指不会巴结逢迎官场，一如陶渊明的“守拙归园田”。

王心一筑归田园居，并亲绘《归田园居》卷轴，自撰《归田园居记》，取意陶渊明告别官场的宣言诗《归园田居》中的“守拙归园田”，他在《归田园居记》中明确写出构园所据：

---

① 文徵明：《王氏拙政园记》，见陈从周、蒋启霆选编：《园综》，赵厚均注释，同济大学出版社，2004年，第225页。

> 峰之下有洞，曰小桃源……余性不耐，家居不免人事应酬，如苦秦法。步游入洞，如渔郎入桃源，桑麻鸡犬，别成世界……[①]

吴地文人追踪陶渊明。隐居支硎山的陆治，曾游于祝、文二人之门，画有《彭泽高踪》，画中高士着白衣坐于松林下，手持菊花，岩旁并作菊数丛，黄金开满枝头。松用干笔，节大而鳞老，枝叶错杂。枯藤绕树，更见古趣。山石用披麻，干笔擦皴，时见细草于坡面，以分土石。高士即陶渊明，面部神情生动，有怡然自得之意态。

沈周《桃源图》题诗曰："啼饥儿女正连村，况有催租吏打门。一夜老夫眠不得，起来寻纸画桃源。"桃源理想的憧憬，正是残酷现实的反拨，现实生活中找不到出路，才躲进艺术之宫，去寻找乌托邦，寻找心造的幻影。

苏州的文人园林审美想象，呈现为超脱现实功利的心理特征。因而，人们可以通过审美，淡化人的物欲追求，纯化人的道德情操，以促进人与人之间的相互理解与尊重，从而实现各自的人格完善。

美学家朱光潜先生说过，心里印着美的意象，常受美的意象浸润，自然也可以少存些浊念，一切美的事物都有不令人俗的功效。[②]

（三）环境雅化，生活诗化

吴地文人崇尚性灵的人格精神和人文精神，带动了独立、自由、闲适、浪漫甚至唯美的生活艺术和情趣。

朱光潜先生曾说过，知道生活的人就是艺术家，他的生活就是艺术作品。文人大都是身兼诗、书、画三绝才艺的艺术家，他们将日常生活艺术化，特别是明后期的文人，更讲究怡情养性，重视生活艺术。可以说，他们的园居生活和日常游宴活动，诸如居室雅化、艺花赏花、抚琴弈棋，读书作画、收藏赏古、品茗清谈等，充满了生活情趣。诗化了的园林，往往是他们进行艺术活动的最佳环境。魏晋风流、诗情高韵，洋溢于桃花疏柳之上，

---

① 王心一：《归园田居记》，见王稼句编注：《苏州园林历代文钞》，第47页。

② 朱光潜：《谈美书简二种》，第115页。

流淌在溪流琮琤之中。“江山昔游，敛之丘园之内，而浮沉宦迹，放之无何有之乡，庄生所谓自适其适，而非适人之适”[①]。

1. 雅陈清供

“艺术的生活就是本色的生活”，明代苏州园林，陈设古雅，充溢着书卷气和人文气息。

苏州是我国明代家具的主要发源地。明代家具造型简练，外形质朴舒畅，线条雄劲流利，结构比例和谐，色彩沉着古朴，触感滑润舒适，气韵雅重。

厅堂中的明代家具，典雅富丽。首先，用材讲究。材木有紫檀木、黄花梨木、杞梓木、樟木、楠木、杨木、榆木等。其中，黄花梨木数量最多，其色泽秀润，纹理变化无穷，华贵之中，略带素雅之美。其次，格调“简洁、合度”。明代家具外形轮廓舒畅与忠实，各部线条雄劲而流利。[②]造型质朴、雅净，纹理美丽，坚固、牢实，历数百年而完美如新。此外，明代家具上往往刻有诗画，如美国明轩藏有明代家具，其中有把椅子（图1–14），上面还刻有文徵明的铭文：“门无剥啄，松影参差，禽声上下……煮苦茗啜之……弄笔窗间，随大小作数十字，展所藏法帖、笔迹、画卷纵观之。”

图1–14　明代带铭文的椅子（美国明轩藏，刘彦伶摄）

家具的配置，纯取自然形势，不为固定的法式所拘。书、诗、画三绝的

① 顾大典：《谐赏园记》，见陈从周、蒋启霆选编：《园综》，第155页。

② 杨耀：《明式家具研究》，中国建筑工业出版社，1986年，第25页。

文徵明曾孙文震亨，写《长物志》十二卷，是将文学意境、山水画的原理运用于造园艺术设计的典范之作。该书特别重视园林各厅堂斋馆的陈设，以营造优雅的艺术氛围为目的。如《长物志·几榻》曰：

> 古人制几榻，虽长短广狭不齐，置之斋室，必古雅可爱，又坐卧依凭，无不便适。燕衎之暇，以之展经史、阅书画、陈鼎彝、罗肴核、施枕簟，何施不可？①

榻积淀着古人的风雅。东汉时，南川高士徐稺，耕稼度日，类举不仕，筑室隐居。豫章太守陈蕃在郡不接待宾客，因为敬重徐稺的高洁品藻，惟特设一榻，等待徐稺，去则悬之，后因之称礼待宾客为“下榻”。

明人重视器物的位置之法。“位置之法，烦简不同，寒暑各异。高堂广榭，曲房奥室，各有所宜。即如图书、鼎彝之属，亦须安设得所，方如图画。云林清秘，高梧古石中，仅一几一榻，令人想见其风致，真令神骨俱冷，故韵士所居，入门便有一种高雅绝俗之趣。”②

明人也十分注意室庐有制。“室庐有制，贵其爽而倩、古而洁也；花木、水石、禽鱼有径，贵其秀而远，宜而趣也；书画有目，贵其奇而逸，隽而永也；几榻有度，器具有式，位置有定，贵其精而便、简而裁、巧而自然也。”③

庭园部分的陈设贵在舒适、自在和简朴，以反映士大夫文人“无事忧心，自乐逍遥”的超然心态。所谓左壁观画，右壁观史，竹几当窗，拥万卷，净心澄怀，涵养其间，南面王不与易也。如拙政园中部主厅远香堂，为四面厅形式，四周是透空的长窗，可环视观景。堂内只在中央地位配置座椅和茶几，四角设置花几作点缀，花几随季节供设鲜花和盆景，与室外山水花木融合。室内空间透空、明净、疏朗。

园林书斋小馆的陈设简洁、明净。明代书斋中的家具很单纯，仅为长桌一、榻床一、滚脚凳一、床头小几一、云林几一、书架一，余则为古砚、旧古铜小注、旧窑笔格、笔洗、毛筒等文具，还有古铜花尊、哥窑定瓶，壁

---

① 文震亨：《长物志·几塌》，陈剑点校，浙江人民美术出版社，2019年，第87页。

② 文震亨：《长物志·位置》，第135页。

③ 沈春泽：《长物志序》，见文震亨：《长物志》，第22页。

间挂古琴一、画一。轩窗边、几案上、墙壁上，所置都为古雅之韵物，即除了日用品之外的、具有极高文化品位的器具。

园林中陈设的大理石挂屏，具有自然纹理，往往配以诗文题款，在神奇般的变幻中，增添了无穷无尽的抽象美。留园的林泉耆硕之馆东西两壁挂有红木大理石挂屏四件，写有宋黄庭坚的《跋东坡水陆赞》语，大理石山水画题款分别为“江天帆影”“白云青嶂”“万笏迎曦”“峻谷莺迁”。

厅堂的清供摆件主要指盆景、瓶花、供石等。苏轼盆景清雅可爱：树桩盆景，浓缩山林风光于几案间，凝聚了大自然的风姿神采；水石盆景，缩名山大川为袖珍，“五岭莫愁千嶂外，九华今在一壶中”。“盆景，以几案可置者为佳，其次则列之庖檞物也。”[①]

室内插花赏花，也是一种生活艺术，即使是“枫叶竹枝，乱草荆棘，均堪入选；或绿竹一竿，配以枸杞数粒。几茎细草，伴以荆棘两枝，苟位置得宜，另有世外之趣”[②]。

文学家袁宏道的《瓶史》，是第一部插花赏花的专著。他在全书小引中说：“天下之人，栖止于嚣崖利薮，目眯尘沙，心疲计算，欲有之而有所不暇，故幽人韵士，得以乘间而据为一日之有。夫幽人韵士者，处于不争之地，而以一切让天下之人者也；惟夫山水花竹，欲以让人，而人未必乐受，故居之也安，而踞之也无祸。”这是一种最安全也是最无功利的嗜好。瓶花安置得宜，姿态古雅，花型俏丽，色彩浓淡相宜，则可使厅堂斋室增添无尽的幽人雅士之韵。“花快意凡十四条：明窗，净几，古鼎，宋砚，松涛，溪声，主人好事能诗，门僧解烹茶，蓟州人送酒，座客工画，花卉盛开，快心友临门，手抄艺花书……”[③]

文人爱石、友石、赏石，将其供之厅堂，以示高风亮节，置之几案之间，以示孤芳自赏。厅堂供案上摆设的石品，造型奇特，坚固稳定，是家业固

① 屠隆：《考盘余事》卷四《盆玩》，秦躍宇点校，凤凰出版社，2017年，第94页。

② 沈复：《浮生六记》卷二《闲情记趣》，苗怀明译注，中华书局，2018年，第60页。

③ 袁宏道：《瓶史·鉴戒》，见袁宏道、钱伯城笺校：《袁宏道集笺校》，上海古籍出版社，1981年，第828页。

实的象征。供石中有一种音石，扣之音色清悦，声响如磬，大都安置在书斋画室内，配置精美的红木石架。

2. 雅藏真赏

朱光潜说："艺术是情趣的活动，艺术的生活也就是情趣丰富的生活"，"所谓人生的艺术化就是人生的情趣化"[①]。情趣化首先要有情，只有理没有情难以打动人心，这理是经过情熔炼而派生的，是含情之理。

尼采《悲剧的诞生》说："只有作为一种审美现象，人生和世界才显得是有充足理由的。"又说："艺术是生命的最高使命和生命本来的形而上活动。"

文人雅士"所藏必有晋、唐、宋、元名迹，乃称博古"[②]。罗列布置在室内博古架上，得以摩玩舒卷，同时营造优雅的艺术氛围。

沈周、文徵明、钱穀及友人吴宽、王鏊都是著名的大藏书家。他们不但收藏图书，还大量收藏书法、绘画作品和文物古玩。如文徵明有停云馆藏帖，他还喜欢收藏文房清玩，如珍藏把玩古砚。据载，文徵明在所居停云馆内，藏有佳砚五十余方。他还效古法，取虎丘剑池所出古砖，琢刻为砚，并镌刻铭词曰："外剥而中坚，盖阖闾幽宫物。爰斫为砚，铭之曰：金精相宁，历二千霜；升诸棐几，宝胜香姜。"嘉靖十五年（1536），购得唐寅昔藏之墨霞寒翠砚，此砚于是成为经过吴门画派两大名家之手的珍品。今人陈端友藏有沈周所用宋代端溪抄手砚，边刻"启南用砚"四字。

文物宝玩既积累着文化，又充实、滋养着自身的精神生活和人格内涵。他们往往将收藏的法帖墨宝，镌刻在园林的廊间壁上。苏州留园有"二王"一百五十一帖，五十八石，嵌刻在爬山廊内。王羲之书法作品真迹今已不见，只有摹本传世。留园闻木樨香轩北面游廊，有王羲之《鹅群帖》七十一块及王献之的《鸭头丸帖》《地黄汤帖》等，颇为壮观，足可饱人眼福。

文人的收藏品中，也包括吴中工匠的名品。张岱《陶庵梦忆·吴中绝技》记载，"吴中绝技，陆子冈之治玉，鲍天成之治犀，周柱之治嵌镶，赵良璧之治梳，朱碧山之治金银，马勋、荷叶李之治扇，张寄修之治琴，范昆白

① 朱光潜：《谈美书简二种》，第197页。

② 文震亨：《长物志·书画》，第67页。

之治三弦子，俱可上下百年，保无敌手……其厚薄深浅、浓淡疏密，适与后世赏鉴家之心力、目力，针芥相对”，与时代的审美走向相投合。

袁宏道在《时尚》中也写到，这些能工巧匠的作品，“士大夫宝玩欣赏，与诗画并重。当时文人墨士、名公巨卿炫赫一时者，不知湮没多少，而诸匠之名，顾得不朽”。

仇英的《竹院品古图》（图 1–15），反映了当时文人品赏古玩文物的情况。翠竹林前，作一围屏，画屏一作花鸟，一作山水。右二人，坐湘妃竹椅，正全神贯注于鉴赏桌上所陈之古画册页，右前一童负挂轴来，中立者正捧古玩，左童则方启盒，陈瓷器于另一高士前。四周罗列觚、爵、簋、卣、罍等铜器。二女拱手侍之，秀丽端妍。屏后二童，一生炉烹茶，一于竹林空际石坪上，正置棋具。

图 1–15　仇英《竹院品古图》

文徵明的好友华夏，富收藏，号江东巨眼，文徵明画《真赏斋图》，画中突出斋主所藏古玩、书籍和用品，同时渲染斋外的山水树木蕉竹环境，构成一幅典型的园林小景图。院内湖石假山，梧桐古桧，桐荫下幽斋宽敞，有两人对坐而谈，气氛自在闲适。

3. 雅集文会

明代吴中文士雅集结友之风甚盛，如有高启、徐贲、宋克等“北郭十友”的北部诗社，文徵明父子与袁表等的闻德斋客会，文徵明、陈淳等的东庄十友社等。园林是文人进行“文字饮”的主要场所。王鏊晚年在怡老园园中，日与沈石田、吴文英、杨仪部结文酒诗社，文徵明、祝枝山、唐伯虎等人也经常在园中写诗论文，前后长达十四年。据王鏊在园记中所说，东山壑舟园名流一时云集，歌诗作绘，酬唱不绝。沈周《魏园雅集图》记录了成化己丑（1469）魏昌与刘珏、沈周、陈述、祝颢、周鼎、沈侗轩等会饮酬唱的动人一幕。聚会的茅草亭，位于峻拔的山脚下，宾客皆席地而坐，山石苍润。图上有主人魏昌的跋语和六位客人的题诗。其中祝颢诗云："城市多喧隘，幽人自结庐……悠悠清世里，何必上公车。"清高自赏，邈然世外。沈周还有《雪夜燕集图》等，都反映了文人雅集。

每士人相聚，迎宾待客，必以烹茶，举行茶宴、茶会、茶集，品茗清谈，吟诗联句，茶诗、茶词、茶画，佳作迭出。无锡惠山有陆羽品评的"天下第二泉"，惠山试泉是文徵明等名士雅集的重要内容，众人在此识水品之高，仰古人之趣，各陶陶然不能去。文徵明四十九岁那年的二月十九日，与蔡羽、王守、王宠等游惠山，于二泉亭下，注泉于王氏鼎，三沸而三啜之。文徵明因而画《惠山茶会图》，蔡羽作序，且与王宠、汤珍等并有诗和。《惠山茶会图》中，茶亭为雅集的主要场所，二人环坐亭下井栏边，展卷玩赏。亭旁松柏交枝，连荫蔽天。左置一桌，罗列鼎彝茶具，一童方注视火候，一童侍立。白衣拱手而立者，应为王氏，茗已煮沸，正呼友朋前来会茶。右侧山道如羊肠，密林修竹群植山岩间，二人且行且语，一童携具为先导，正闻声欲急行前来。草亭树干用赭石染，松用螺青，山脚用赭石，渍以草绿，明处以石绿醒，暗处以石青分成。人物衣着，用朱用赭黄，小草杂生，深得野趣。此画画出了古代文人以茶会友的浪漫和雅情。蔡羽序曰："适意于泉石，以陆羽为归，将以羞时之乐红粉、奔权倖、角锱珠者耳！矧诸君屋漏则养德，群居则讲艺，清志虑、开聪明，则涤之以茗。游于丘、息于池，用全吾神而高起于物，兹岂陆子所能至哉。"在饮茶中净化着心灵，涤荡着诸如喜红粉佳丽、奔走权门、计较琐事等俗世尘垢，获得高度净化的精神享受。序后还有文徵明、蔡羽、王宠、汤珍、王守等写的五言记游诗十三首。惠山茶会，反映了文人雅集时游山、品茗、试泉、吟诗、绘画之雅趣，人物坐立随意，悠闲自得。

明代文士们喜欢茶寮式的饮茶方式。茶寮是明代文人于书斋外所设的侧室，或称为专室式茶寮。教童子专主茶役，以供长日清谈，寒宵兀坐。同时，亦有在游舫上进行茶寮式的饮茶。明人十分重视茶具的清洁和水的优质与否及合适的水温。

文徵明《品茶图》(图 1–16)，占画面绝大部分的景物是小院、竹篱、茅舍，背倚山林，惟在茅舍中点缀品茶者。通过虚实相生的艺术手法，突出品茶的雅趣，自然的山林、高峰，衬托小院之清幽，以渲染文人生活环境。画上题诗歌曰：“碧山深处绝纤埃，面面轩窗对水开。谷雨乍过茶事好，鼎汤初沸有朋来。”诗后跋文曰：“嘉靖辛卯，山中茶事方盛，陆子传过访，遂汲泉煮而品之，真一段佳话也。”在青山碧野之中，远离尘俗，达到生存的最高境界。茶品、人品、画品交相浑融。

图 1–16　文徵明《品茶图》

明代唐寅《试茗图》上，近处是山崖巨石，远处是云雾弥漫的高山，飞流瀑布隐约可见，正中平地上有数椽茅舍，前有凌云苍松，后有翠竹成荫。茅舍之中一人倚案读书，案头摆着茶壶、茶盏等茶具，墙边书籍满架。边舍之中一童子正煽火烹茶。舍外右方，小溪上横卧板桥，一老者策杖来访，身后抱琴童子相随。唐寅在画上题诗曰“日长何处事？茗碗自赍持。料得南窗下，清风满鬓丝”，形象地图解了明代文士茶寮的环境和品茗拂琴的生活志趣。

为人孤高的陆治，书画兼擅，但不求闻达，晚年生活拮据，隐居山中种菊自赏。他尝作《竹泉试茗图》，画中岩壑重重，山涧竹林下，二叟席地而坐，二童子在一旁树下生火煮茶。画上有文徵明的题诗："绿阴千顷碧径前，翠掩晴空散紫烟。自是高人能领略，试煮新茗汲清泉。"

《长物志》卷一二专述燃香煮茶之道："第焚煮有法，必贞夫韵士乃能究心耳。"惟"贞夫韵士"方能得"香茗"之真谛，正如文徵明在《绿荫清话图》上所题："长安车马尘吹面，谁识空山五月凉？"仆仆风尘中的人，怎能知道山居之真趣？

弹琴也为文人雅集活动的重要内容。在古琴审美情趣上，文人推崇《老子》"淡兮其无味"的音乐风格和"大音希声"无声之乐的永恒之美。"淡"者，"使听之者游思缥缈，娱乐之心，不知何去"[①]，"所谓希者，至静之极，通乎杳渺，出有入无，而游神于羲皇之上者也"[②]，这正是园林追求的景外情和物外韵，与《庄子》"心斋""坐忘"的自由审美境界一致。

陶渊明诗中云："但识琴中趣，何劳弦上声。"故萧统《陶渊明传》写道："渊明不解音律，而蓄无弦琴一张，每酒适，辄抚弄以寄其意"，"彭泽意在无弦"，追求的是宇宙天地之大乐。沈周作《蕉阴琴思图》，画面上一高士合手拥琴凝坐，若有所思。后一太湖石，老硬厚重；芭蕉一株，舒卷自如，反叶为浅绿，正叶转青，或正或反，虽不繁复，却变化万千。平台侧以深赭染，台上则略入石绿，已生夏意。诗云："蕉下不生暑，坐生千古心。抱琴未须鼓，天地自知音。"仇英《松下眠琴图》，画一高士倚琴卧古松下，俯首读卷，左坡后半见侍童，正捧茶具前来。三松互为均衡，右高左低，左松枝桠且与边际夹叶相呼应。有十岳山人题"懒向城中路，耽栖堂上屋。玻璃荡春波，浮翠入窗虚"句。扇中玉台史瓠川宗训为古塘先生题句为："紧谁高卧青松下，世上从教白眼看。细听野弦醒两耳，清风吹落海涛寒。"两幅琴趣图，皆笔简意赅，品之味之，陶钧万物，境适情，妙得风神，深解陶渊明个中三昧，恰是对这一审美理论的形象图解。杨季静为唐寅好友，

① 徐上瀛：《琴况》，《续修四库全书》本，上海古籍出版社，2002年，第1094册，第478页下。

② 徐上瀛：《琴况》，《续修四库全书》本，第475页上。

三十六岁时曾为其画《南游图》，此图画高士穆坐山岩间，寄性自然。岩头细瀑前，一高士拂琴茗饮，神思飘逸，似已融趣于水声琴音之中。高士白袍披巾，有解衣盘礴，处身无人之野的气势。身后置书画，前列鼎彝等古物，一童拱手，一童捧物侍立于旁。前作苍松两株，松干块节分明，斑驳拮屈之美中，恢忽流动之笔意，跃然纸上。雅韵天成，通幅之高雅脱俗，书卷气扑人眉宇。

明代园林都置有古琴。留园书房揖峰轩，轩南有奇峰、松、竹，北窗外见花木树石，西窗下置有古琴一架，石峰迎窗而立。轩内挂有四季花鸟小挂屏、大理石大挂屏，中间一石中，如有一老者，题款“仁者寿”，二旁石上书联：“商彝夏鼎精神，汉柏秦松骨气。”下有书写陶渊明《归去来兮辞》全文的七块大理石，创造出深山抚琴、众山皆响的艺术氛围。

明代的苏州园林，清旷开朗，苔痕上阶绿，草色入帘青，野趣盎然，既有优美的生态环境，又有精雅的人文环境，“琴棋书画诗酒花”，乃文人的日常文化活动，体现了最高最优雅的生存智慧。

明代苏州园林都以隐逸为主题，士人向往风雅，标榜风骨，许多士人能恪守“士道”，坚持气节，耻与尘俗俯仰，有的守身如玉，为完善自己的人格而死，质本洁来还洁去。明清之交的残酷现实，考验着士人夷夏大防的心理承受力，忠臣英烈远甚于前朝各代。所谓“岂有丈夫臣异类，羞于华夏改胡装”，众多“故臣士往往避于浮屠，以贞厥志”。《清史稿 · 遗逸传》：“遗臣逸士犹不惜九死一生以图再造，及事不成，虽浮海入山，而回天之志终不少衰。迄于国亡已数十年，呼号奔走，逐坠日以终其身，至老死不变，何其壮欤！”

被迫出仕者也不少，如明末吴伟业，官左庶子，弘光朝任少詹事，以会元、榜眼、宫詹学士，成为海内贤士大夫领袖，名垂一时。作为士林领袖，明亡后他不愿仕清，但最终还是违心地去当了国子监祭酒，成了“两截人”，丧失士大夫的立身之本，内心愧疚不已，临死还不忘反省：“忍死偷生廿载余，而今罪孽怎消除？受恩欠债应填补，总比鸿毛也不如！”真是“责园花木娄江水，天荒地老悲风起。千秋哀怨托骚人，一代兴亡入诗史”[①]。

明代万历进士钱谦益，官至礼部尚书，为东林党魁、清流领袖，诗中多愤慨党争阉祸，痛心内忧外患之作，“感时独抱忧千种，叹世常流泪两痕”。士人杜浚有高名，钱谦益慕名拜访，杜“闭门不与通”，以气节高标。但钱又和南明政权的抗清力量暗中联系，忍受着灵与肉激烈搏斗的煎熬。南明时依附马士英的阮大铖，明亡后，据说怕水寒不敢投水，“异时迫于朝命而出”，“始终热衷早更初服”，于清顺治二年降清仕清，为士林诟病。

总之，明代吴地文人的“精神创造的环境”中，蕴含着中华民族优雅的生存智慧，也潜藏着文人的现实悲哀、无奈和理想，冷藏着爱国的热血，同样暴露了某些文人心缠机务而虚述人外的虚伪，或“雅到俗不可耐”，或患有精神上的软骨病。

① 陈文述：《颐道堂诗集》卷一《读吴梅村诗集，因题长句》，《续修四库全书》本，上海古籍出版社，2002年，第1504册，第512页下。

第二章　东方智慧结晶

古人基于“天人合一”的宇宙观，形成了“象天法地”的园林营构法则。从园林物质构成层面，“茅茨土阶”为中国园林建筑的文化特色，且中国园林无园不石，赏石文化反映出中华精神文化特质；从园林的精神层面，中国园林反映的道德意识、“禅悦”等都与“天人合一”观密切相关。“天人合一”观体现了中华民族的摄生智慧。拥有中西文化背景的林语堂对中华生活智慧有深刻的感悟，说得也很具体，因此，他介绍中国人生活艺术的那本《生活的艺术》，在国外引起了巨大反响。中国园林是中国人生活艺术化、艺术生活化的最高典型，体现了中国人最高的审美价值。

一、古人的宇宙观与中国园林构思

以农立国的中华先民，很早就开始了对宇宙的探索，产生过“盖天”“宣夜”“浑天”等宇宙学说，影响最大的是“盖天”说。群经之首的《易经》，用太极图描绘了宇宙模式的图样——阴阳、八卦。古代哲人还将触角伸向物质世界最原始、最基本的组成成分，并归纳、演绎出金、木、水、火、土五种基本元素，即五行。古人通过对星空的观察，产生了“三垣”“四象”“二十八宿”之说；先民根据当时的观察视野，又有了“四海”与“天下”的概念。

对中国的地形特征古人也做了自己的解释,《列子·汤问篇》:“共工氏与颛顼争为帝,怒而触不周之山,折天柱,绝地维。故天倾西北,日月星辰就焉;地不满东南,故百川水潦归焉。”

尽管《周易》阴阳八卦和五行等思想,具有若干自然哲学倾向,但由于中国古代哲人偏重于人与自然的利害关系,缺乏对自然科学的兴趣,而致力于政治学、伦理学等人学的研究。因此,他们习惯以伦理学的眼光观察宇宙,并与现实社会相比附,于是将宇宙说与政治学混为一谈。

下面我们主要阐释体现在园林物质符号上的精神现象活动,即古人在构思园林中体现出来的上述宇宙意识。

(一)自然崇拜与“空中世界”

恩格斯曾这样论述原始宗教信仰和原始崇拜这种特殊的意识形态的形成:“在原始人看来,自然力是某种异己的、神秘的、超越一切的东西。在所有文明民族所经历的一定阶段上,他们用人格化的方法来同化自然力。正是这种人格化的欲望,到处创造了许多神。”①

出于人类生存的需要,自然崇拜先于其他崇拜跃上祭坛。中国园林滥觞于原始的自然崇拜,距今七八千年,彼时,我国原始农业已经有较大的发展。黄河流域的粟作农业和长江流域的稻作农业成为中国本土儒道文化的物质基础。以农立国的中华先民,通过观察与农业生产密切相关的天象循环变化的规律,来掌握季节和气候的变化,正如恩格斯在《自然辩证法》中说:“首先是天文学——游牧民族和农业民族为了定季节,就已经绝对需要它。”因而,我国“三代以上,人人皆知天文。‘七月流火’,农夫之辞也;‘三星在户’,妇人之语也;‘月离于毕’,戍卒之作也;‘龙尾伏辰’,儿童之谣也”②。

---

① 恩格斯:《〈反杜林论〉材料》,载中共中央马克思恩格斯列宁斯大林著作编译局编译:《马克思恩格斯全集》第20卷,人民出版社,1971年,第672页。

② 顾炎武撰,黄汝成集释:《日知录集释》卷三〇,中华书局,2020年,第1497页。

先民们基于万物有灵的原始自然观，认为神秘的“天”，是统治宇宙万物的至上神，即天帝，掌握着整个神灵世界。天帝在天界居所在哪里？于是就产生了“三垣”“四象”“二十八宿”之说。

三垣即太微垣、紫微垣和天市垣。按隋唐时代的《步天歌》，紫微垣为三垣的中垣，有星十五颗，以北极为中枢，成两屏藩的形状，左右枢之间有阊阖门。北极是移动的，极星移动非常缓慢，给古人造成极星不变的错觉，所以古今极星不同。周秦时期的天帝星，指小熊座之 β 星为极星；隋唐及宋，以天枢星为极星，即小熊座之 α 星。“北极，天之中，阳气之北极也。极南为太阳，极北为太阴。日、月、五星行太阴则无光，行太阳则能照，故为昏明寒暑之限极也。”[①] 于是，便产生了北极崇拜，并将之与人间的王者相联系，认为北极的“光耀”是王者“当天心”的标志。《论语·为政》中记载，孔子在希望最高统治者成为道德的中心时说：“为政以德，譬如北辰，居其所而众星共之。”北辰就是北极星。《史记·天官书》：“天行德，天子更立年；不德，风雨破石。”索隐案：“天，谓北极，紫微宫也。言王者当天心，则北辰有光耀，是行德也。北辰光耀，则天子更立年也。”[②]《史记·天官书》中也出现了以北极为中心的空中世界：“中宫天极星，其一明者，太一常居也；旁三星三公，或曰子属。后句四星，末大星正妃，余三星后宫之属也。环之匡卫十二星，藩臣。皆曰紫宫。”在太一的“下榻处”，有“四辅星”佐政，“太子”“三公”在近身。“后句”诸星是后妃。左右两班文武组成一条坚固的防卫屏障，同时是紫微垣城垣的象征。

二十八宿是分布于黄道附近一周天的二十八个星官，中国古代选作观测日、月、五星在星空中运行及与其他天象相对的标志。[③] 二十八宿与三垣

---

① 《史记·天官书》索引引杨泉《物理论》，见司马迁：《史记》，中华书局，1959年，第1289页。

② 司马迁：《史记》，第1351—1352页。

③ 二十八星宿体系，古印度、埃及和伊朗等阿拉伯国家也有。他们的星宿组成和各宿距星和中国的只有部分相同。国际天文学界公认，中国和印度的二十八星宿体系出现较早，而且同源；并认为创立二十八星宿体系的是战国甘公和石申夫，而全部星名最早见于《吕氏春秋·有始览》。阿拉伯的二十八星宿由印度传去。《史记·天官书》和《汉书·天文志》中关于二十八星宿和四象的记载，最早见于战国初期（前5世纪），它形成的年代当更早。

结合在一起，成为隋唐以后划分天区的标准。古人又将二十八个星宿每一方的七宿星联系起来想象成四种动物形象，镇守四方，称为“四象”，即东方苍龙、西方白虎、南方朱雀、北方玄武，恰似二十八位天将拱卫着北极帝星。这样，组成了一个由三垣、四象、二十八宿为主干的组织严密、等级森严的空中世界。

以上空中世界成为中国宫苑“象天”的范本。秦汉宫苑即以天帝所住的“天宫”为蓝本。

公元前221年秦王嬴政“吞二周而亡诸侯”，建立了中国历史上第一个专制主义君主集权的统一帝国——秦王朝，成为与东地中海的罗马、南亚次大陆的孔雀王朝并立而三的世界性大国。《史记·秦始皇本纪》称，秦王“君天下，故称帝”，号为“千古一帝”的秦始皇，便将天界作为理想的宇宙模式再现于宫苑中：

> 始皇穷极奢侈，筑咸阳宫（信宫亦称咸阳宫），因北陵营殿，端门四达，以则紫宫，象帝居。渭水灌都，以象天汉，横桥南渡，以法牵牛。[①]

据《三辅黄图》载，他的“离宫别馆，弥山跨谷，辇道相属，阁道通骊山八十余里。表南山之颠以为阙，络樊川以为池”，“周驰为复道，度渭属之咸阳，以象太极阁道抵营室也”。天上的是从天极星通过阁道星渡过银河到达营室，地下的宫苑则是从咸阳宫通过复道渡过渭水到达阿房宫，此都是以地上的真山真水来模拟象征空中仙界。

汉代宫苑或王侯私园，也正如班固《西都赋》所说的“体象乎天地，经纬乎阴阳。据坤灵之正位，仿太紫之圆方”。汉武帝上林苑中的昆明池，象征“天汉”。池的规模很大，还有二石人立于池的东西两岸，即班固所谓的“左牵牛而右织女，似云汉之无涯”。东汉宫苑，也是“复庙重屋，八达九房，规天矩地，授时顺乡”[②]。汉景帝程姬之子恭王刘余，“好治宫室”，所筑宫苑“其规矩制度，上应星宿，亦所以永安也”。鲁灵光殿的外观，“状若积

① 陈植：《三辅黄图校证》卷一《咸阳故城》，中华书局，2021年，第13页。

② 张衡：《东京赋》，见萧统编，李善注：《文选》，中华书局，1977年，第56页上。

石之锵锵，又似乎帝室之威神，崇墉冈连以岭属，朱阙岩岩而双立。高门拟于阊阖，方二轨而并入”[①]。

中国历代的皇宫，作为皇权的象征，都沿着这一思路建筑，天子所居之宫与紫微垣对应，称为紫宫（后改称紫禁）。如明代北京故宫后三宫中帝之寝宫，即象征紫微垣中的北极帝星所在，称“乾清”。“坤宁”为帝后寝宫，象征地。“乾清”“坤宁”即天清、地宁之意。位于乾清、坤宁之间的交泰殿，表示天地的交感。“泰，小往大来吉亨，则是天地交而物通也，上下交而其志同也”，表示帝后和睦。在后三宫的两侧隔巷，并列着东西六宫，象征十二星辰，乾清宫廷院东西两庑的两门，东曰“日精”，西曰“月华”，象征日月。整个布局，展示了日月星辰拱卫着天帝的图式。

颐和园排云殿下排云门前，牌楼题额“星拱瑶枢”，指众星拱卫着北极星。仁寿殿对联称“星朗紫宸明辉腾北斗，日临黄道暖景测南荣”，将皇帝办公之地称为星光照耀的帝宫。[②]

《山海经 · 海内西经》所称的“天帝之下都”在哪里？先民们想到了巍峨的高山和缥缈神秘的大海，昆仑神话和蓬莱神话记录着远古先民朴素的幻想——“海内昆仑之墟，在西北，天帝之下都”，它靠着流沙河、黑河和赤水，周围有神水，山上有神树。《淮南子 · 地形训》载，昆仑山上的平圃、县圃、悬圃、疏圃、元圃、玄圃等，都是有灵的仙境，是神仙居所。圃中有丹水，饮之不死。浩渺的海洋中，有三座神山，蓬莱、方丈、瀛洲。山上既有可供人类居住的金玉琉璃之宫阙台观、供赏玩的苑囿，有晶莹的玉石、纯洁的珍禽异兽，又有食之可以令人长生不死之神芝仙草、醴泉和美味的珠树华食。

神灵们的生活空间，是神山和大海的结合。其中，山、水、石、植物、建筑，正是后世造园的几个基本物质要素。原始先民出于对山岳和天体的

---

① 王延寿：《鲁灵光殿赋》，见萧统编，李善注：《文选》，第169页上。

② 北斗星亦为帝王象征，《星经》有“北斗星谓之七政……齐七政斗为号令之主”。《晋书 · 天文志》：“太微，天子庭也，五帝之座也，十二诸侯府也，其外藩，九卿也。”故亦有将太微星垣喻帝王之居者。

崇拜、对人生命的眷恋和对生命永生的渴望，为中国园林描绘了一张美丽而魅力无穷的蓝图，成为后世神仙说的“母体”。

中国本土道教“实由神仙家演变而来，吸收了儒、道两家的思想，而杂以阴阳五行、谶纬迷信以及巫术练养等方术”[①]，探索人生命的本身。“道家之所至密至重者，莫过乎长生之方”[②]，憧憬能有长生不死的神仙世界。道教虽属于神学思想体系，构造了一个彼岸的神仙世界，“但这个彼岸的神仙世界可以就实现在此岸的现实世界之中”[③]。

中国是最早将神话中的蓬莱仙境、洞天福地、壶中世界等方外仙境建在园林的。如明代西苑万岁山，今北海琼华岛广寒殿左右小亭方壶、瀛洲，颐和园昆明湖中的南湖岛、藻鉴堂和治镜阁，清代一壶天地、小灵丘、壶园、弇州园，苏州留园中部湖心岛（额题小蓬莱），拙政园远香堂前水中的荷风四面亭、雪香云蔚亭和待霜亭等，都象征海上仙山。

苏州留园西部界门额“别有天”（图 2-1），拙政园西部界门额“别有洞天”等，则象征道教的洞天福地，那是公平、太平、幸福、安康的人间乐土。

图 2-1 别有天（留园）

① 汤一介：《佛教与中国文化》，宗教文化出版社，1999年，第137页。

② 葛洪：《抱朴子》，见王明：《抱朴子内篇校释》，中华书局，1980年，第26页。

③ 汤一介：《佛教与中国文化》，第182页。

（二）“天圆地方”的宇宙意识与建筑空间布局

天帝是天界和人世间的最高主宰，先民们采用祭祀的方式企图沟通人神关系，卜、史、巫、觋、祝一类的所谓文化官承担沟通人神关系的任务。中国园林之根“囿”中的主要建筑，是象征高山巨岳的丘、台，那是人间王者与天通话、受命于天的特殊场所，是人们在祭祀天地中衍变而来的。

秦始皇的宫苑中出现了模拟神山的人工假山，《史记正义 · 秦始皇本纪》引《括地志》云：“兰池陂即故之兰池，在咸阳县界。”又引《秦记》云：“始皇都长安，引渭水为池，筑为蓬、瀛，刻石为鲸，长二百丈。”

据《三辅黄图》记载，西汉茂陵富商袁广汉于洛阳北邙山下建私园，“构石为山，高十余丈，连延数里”。不过，以真山为模拟对象的确切记载，则始于东汉桓帝时外戚梁冀夫妇的私园：“采土筑山，十里九坂，以象二崤。”[①]这说明梁冀园中的人工假山，已经直接模仿自然界的真山景色，摆脱了对神仙海岛的幻想模拟，“深林绝涧，有若自然，奇禽驯兽，飞走其间……”[②]“有若自然”也从此成为品评园林美的标准之一。

后世的园林创作，发展为“外师造化，中得心源”“搜尽奇峰打草稿”，不再拘泥于对某个具体的自然物的模仿，“虽由人作，宛自天开”成为园林创作的最高原则，园林也成为诗画艺术的载体。山水园部分在营构布局，配置建筑、山水、植物上，竭力追求顺应自然，并力求打破形式上的和谐和整一，着力显示纯自然的天成之美，因此模山范水成为中国构园艺术的最大特点之一。

但是，园林在选址、布局上，明显受宇宙意识的支配。由于中国古代的宇宙观与政治观的同一性，封建礼制也必然受宇宙观的规范。《易经》在研究宇宙人生的现象和道理时，用抽象的阴阳八卦来说明宇宙人生变化的法则。传统文化注重的宅园“风水”，讲求人和宇宙的调和，用得较多的就是阴阳八卦和五行、四象之说，这反映了中华先民关于地质地理、生态、建筑

---

① 范晔编撰：《后汉书 · 梁冀传》，李贤等注，中华书局，1965年，第1182页。

② 范晔编撰：《后汉书 · 梁冀传》，第1182页。

等的综合观念，是“天人合一”观的具体化。私家园林选址同样讲究四象，即所谓前朱雀（水池），后玄武（山或楼房），左青龙（河），右白虎（大路）。

古人将五行、五方、五色、五声、五德，乃至八卦等互相配合而融会贯通。八卦（指文王八卦）注重住宅的方位，如大门是房子的嘴，主吸纳灵气，私家园林住宅的大门一般对着东南，处于属木的巽位，巽为风卦，水木相生，风为入，寓意财源滚滚而入，且向阳、通风。正南离卦，属午火，阳气最旺，唯帝王和神消受得起，一般人不避反伤，所以私家园林大门，鲜有朝正南开者。四合院以离（南）、巽（东南）、震（东）为吉方，东南最佳。大门为气口，除居吉方外，还须朝向山峰、山口、水流，以迎自然之气。

古代的宇宙论中的“盖天”说，即“天圆地方”说。《晋书·天文志》：“蔡邕所谓《周髀》者，即盖天之说也。其庖牺氏立周天历度，其所传则周公受于殷高，周人志之，故曰《周髀》。髀，股也，股者，表也。其言天似盖笠，地法覆槃，天地各中高外下。”“天圆地方”观念，对中国建筑格局产生了巨大影响。

皇家园林中的宫殿建筑、私家园林中的住宅建筑，以及寺庙建筑在设计上多取方形或长方形，由多进院落组成，讲求“顺天理，合天意”的礼制仪轨，强调中轴线意识及“天定”的尊卑等级秩序。沿南北轴线，两边的建筑在位置、大小、排列上相互平衡，并以围墙和围廊构成封闭式整体，展现严肃、方正、井井有条的布局，呈现出严格对称的结构美。

静明园整体布局，平面呈现的是非规整非对称状，但它的建筑东岳庙、圣缘寺、含晖堂、书画舫等呈中轴线对称。颐和园中的谐趣园，整体布局不对称，但涵远堂、知春堂、澄爽斋、湛清轩、知春亭等强调中轴线意识。宁寿宫花园的五进院落，则拥有明显的中轴线。

私家园林的住宅部分亦如此。如苏州拙政园住宅部分，位于山水园的南部，分成东西两部分，呈前宅后园的格局。住宅坐北面南，纵深四进，有平行的二路轴线，主轴线由隔河的影壁、船埠、大门、二门、轿厅、大厅和正房组成，侧路轴线安排了鸳鸯花篮厅、花厅、四面厅、楼厅、小庭园等，两路轴线之间以狭长的“避弄”隔开并连通。住宅大门偏东南，避开正南的子午线，因这是封建皇权与神权专用的。

中国的寺庙园林建筑与宫殿和住宅建筑同构，有别于古印度的宗教建筑体系。如杭州黄龙洞园林，整体布局非对称，但园中建筑如山门、前殿、三清殿等，则严格地遵守规则对称的中轴线标准。

这类建筑格局，显得均衡、整齐、对称、谐调。中国园林建筑构图反映的正是中国人“天圆地方”的宇宙意识和空间观念：中轴对称表示“天圆”，四周围墙或围廊则表示“地方”。美国学者克里斯蒂·乔基姆曾这样说：“作为中国建筑基础的有关神圣空间的观念，就是被同心、南—北轴心、东—西对称这三条原则所统制，所以这些反映了中国人对宇宙秩序的理解。”[①]

（三）象天法地与六合营造

中国的四周，都有天然屏障，大陆内部则构成了体系完整的地理单元。在交通和信息阻塞的古代，人们不可能科学地认知客观世界，遂产生了“四海”“天下”之说，这对企图“移天缩地在君怀”的“天子”园林的构思影响深远。

完成于战国的《周礼》，作为后世中国封建王朝所宗仰的统一政治学说，其“职方氏”条说：“职方氏掌天下之图，以掌天下之地，辨其邦国、都、鄙、四夷、八蛮、七闽、九貉、五戎、六狄之人民。”这是包括少数民族在内的统一政治模式。《礼记·王制》谓：“中国戎夷、五方之民皆有性也，不可推移。”于是形成了五方、天下与四海的格局。[②]这个华夷五方相配而又都统一于天子的政治模式，是从春秋开始到战国发展完成的。[③]

秦始皇时留下的《琅邪台刻石》有“皇帝之明，临察四方……皇帝之德，存定四海……六合之内，皇帝之土。西涉流沙，南尽北户，东有东海，北过大夏，人迹所至，无不臣者”的记述。

---

① 克里斯蒂·乔基姆：《中国的宗教精神》，上海人民出版社，1990年，第99页。

② 阴法鲁、许树安主编：《中国古代文化史（三）》，北京大学出版社，1989年，第30页。

③ 阴法鲁、许树安主编：《中国古代文化史（三）》，第27页。

皇帝“君临天下”、囊括四海、包举宇内之心，在盛清时期的皇家园林中表现无遗。据清张廷玉《恭注御制避暑山庄三十六景诗跋》称，我国最大的皇家宫苑避暑山庄“形势融结，蔚然深秀。古称西北山川多雄奇，东南多幽曲，兹地实兼美焉”。其地形地貌恰如中国版图的缩影：西北高、东南低，巍巍高山雄踞于西；具有蒙古牧原的试马埭守北，绿草如茵，麋鹿成群，大有“风吹草低见牛羊”的牧区风情；同时，园内的湖区安排在东南，水光潋滟，洲岛错落，花木扶疏，俨然一派江南景色，湖面上布有月色江声、如意洲、青莲岛、清舒山馆、文园狮子林等十几个大小不同、形状各异的洲岛，各岛之间以桥堤相连。园内所居之地，有独立端严之威：“北有层峦叠翠的金山作为天然屏障，东有磬棰诸山毗邻相望，南可远舒僧冠诸峰交错南去，西有广仁岭耸峙。”[①]武烈河自东北折而南流，狮子沟在北缘横贯，二者贯穿东、北，使这块山林地崛起在“丫”形河谷中。环抱的群山呈奔趋之势，有“顺君”之意，众山犹如辅弼拱揖于君王左右的臣僚。后来所建的外八庙，与山庄呈众星拱月之势，正合康熙皇帝“四方朝揖，众象所归”的政治需求，并有“北压蒙古，右引回部，左通辽沈，南制天下”的军事意义。

康熙将山庄置三十六景，象征道教中的三十六小洞天。洞天，指天下的名山胜地，道教认为，这些名山胜地，都有秘密的洞穴相连接，构成一个往来自如的仙境系统，也象征着道教的“天堂”，即三十六重天。乾隆将景点增至七十二景，象征的依然是道教的七十二福地，它们分布在名山大川之中，分别由上仙和真人统治。

圆明园也通过抽象的数字所包含的时空含义，表达囊括宇宙、包举天下的营造心理：康熙时园分二十八景，象征着天上的二十八座星宿；乾隆时将其扩充为四十景，四十是五和八的倍数，五是五行、五德之谓，代表时间概念，八是八方、八卦，代表空间观念，故四十总括了宇宙的一切。圆明园内平地挖湖堆成九岛，环列在以寓意中国版图的“九州清晏”周围，以象征《禹贡》中的“九州”，东面的福海象征东海，西北角上全园最高土山紫碧山

---

① 孟兆祯：《避暑山庄园林艺术》，紫禁城出版社，1985年，第20页。

房，代表昆仑山。圆明园中那一组欧洲文艺复兴后期风格的、洛可可风格的、欧式宫苑西洋楼，集中在长春园。沿北墙不到百米的带状地，固然体现了“夷夏之别”，但也不乏包举宇内之意。整个园林，无疑是宇宙范围的缩影。乾隆《圆明园图咏》称其“规模之宏敞，丘壑之幽深，风土草木之清佳，高楼邃室之具备，亦可观止”，王闿运《圆明园词》中说：“谁道江南风景佳，移天缩地在君怀。”圆明园成为空前绝后、无与伦比的园林艺术杰作。

颐和园中昆明湖，呈现的是“一池三岛”的神仙境界，岸西原有一组建筑群象征农桑，代表“织女”，隔岸“铜牛”则代表的是“牛郎”，神话中的牛郎织女是被天河所阻隔，则昆明湖作为银河的寓意就十分清楚了。南湖岛涵虚堂的前身是望蟾阁和月波楼，月亮称为“蟾宫”，是“月宫仙境”的象征。南湖岛的龙王庙与南面水中的凤凰墩则象征帝后，万寿山西麓的关帝庙和昆明湖东岸的文昌阁成为左文右武的配置。

中国园林构思从“象天”到“法地”，从对大自然的简单模拟到“虽由人作，宛自天开”的最高创作原则，都是将园林作为“艺术的宇宙图案”来构思的。法国艺术史家热尔曼·巴赞说：“中国人对花园比住房更为重视，花园的设计犹如天地的缩影，有着各种各样自然景色的缩样，如山峦、岩石和湖泊。”[①] 因此，我们可以说，中国古典园林和其他文化遗产一样，“是悠久历史的稀世物证，是我们与遥远的祖先联系、沟通的唯一渠道”[②]。

二、中国园林古木建筑的文化品格

中华文明初始，华夏重大建筑因袭原始建筑土木结合的技术传统，选择了土木相结合的“茅茨土阶”的构筑方式，成为与古代埃及、西亚、印度、爱琴海和美洲建筑并列的世界六大古老建筑，是世界原生型建筑文化

① 热尔曼·巴赞：《艺术史》，刘明毅译，上海人民美术出版社，1989年，第564页。

② 李昉：《保护文化遗产　守护精神家园》，载《人民日报》2006年6月9日第8版。

之一。[①]

可行、可望、可居、可游的中国园林古木建筑，是中华古建筑的典型代表，具有独特文化品格，最突出的是彻底摆脱神学独断的生活信念，具有强烈的人本精神，对外来建筑文化具有巨大的同化力与融摄力。此外，古木建筑具有风格独特的建筑空间和装饰艺术，其独特的斗拱、飞檐，是力学和美学的最佳结合。

（一）强烈的人本精神

1. 人本精神

中国古代的士大夫往往把与自然界的“外适”与身心健康的“内和”，作为人生的最根本的享受，既为既满足生理舒适，又要获得精神享受。

人居本位，中国历来皇权高于神权，最美的建筑，是人住的，非为娱神。唐李延寿《北史》卷十二载：“宫室之制，本以便生人。”

在中国五行八卦文化中，东、东南，在《易》八卦中属于震、巽两卦，五行属木，色青，是植物生长之色，是太阳升起之地和早晨的开始，是希望和未来的象征，是阳气和生命的象征。

土木在中国五行中方位很优越，建筑材料普遍采用暖和的木材和草泥。人们居住在“土”筑成的台基上，砖砌的墙壁和木柱梁架环绕的空间，阳气足，气场优。相反，阴冷的石头营造的气场，不利于活人居住，只可为阴宅。因此，拱券技术用于阴宅，追求永恒。

龙庆忠先生说：“中国建筑常择爽垲之地以建之，且恒为南向。又其建筑中之门栊窗棂玲珑透彻，台基高起，飞檐翘举，廊庑漫回，院宇深沉。冬有炕，夏有楼，涂沟通，溷秽除。其他如井灶必洁，沐浴必勤，无不表示我民族居之善于摄生也。”[②]

建筑空间强调人与宇宙同一的关系，具有明晰的环境生态意识，这正是

① 侯幼彬：《中国建筑美学》，黑龙江科学技术出版社，1997年，第1页。

② 龙庆忠：《中国建筑与中华民族》，华南理工大学出版社，1989年，第5页。

中国古建筑的大智慧。阮仪三先生说，中国住宅的基本单元是合院式的：

> 合院为宅，但中置天井，上通天，下接地。偌大中国，自汉唐以降，北方四合院，南方厅堂屋，徽州四水归堂，云南一颗印房，四合五天井、三合一照壁，福建山区的土楼，以及上海近代建造的石库门房子，无不合院成宅，东、西、南、北房四围成院，围而不隔。设厅堂、楼榭、廊庑、院落，隔而不断。内外相通，秉天接地，熙熙家园，融融天地，此成为中国住宅之精粹。[①]

天井是合院的核心，有了天井就可上受金乌甘霖之惠，下承大地母体之惠。旧时逢年过节要祭祀天神祖先，点炷香上达天穹，撒杯酒下通地府。

中国建筑“重在生活情调的感染熏陶”[②]，建筑的平面布局以庭院为单位构成线性系列，纵深空间的组合和音乐一样，是一个乐章接着一个乐章，有乐律地出现，它常用形状、大小、敞闭、阴暗和虚实等的对比，步步引入，直到景色的全部呈现，达到观景高潮后，再逐步收敛而结束，这种和谐而完美的连续性空间序列，呈现出强烈的节奏感和乐律美。这种平易的、非常接近日常生活的内部空间组合，使人感受到生活的安适和对环境的主宰，情理结合，欢歌在今日，人世即天堂。

中国的传统观念，家宅并不是简单的栖身之所，而是“阴阳之枢纽，人伦之轨模”，占据着生命的核心位置。家宅成为居住的“乃礼之器”，且“着重布置之规制”，建筑礼制主要体现尊卑贵贱的等级秩序，有一套严整的家族制度。父子有亲、夫妇有别、长幼有序是其要义，国家社会不过是家的扩大，于是君臣义如父子，朋友信似兄弟。世人都尽五常之本分，便为爱人，天下也就达到了仁。

皇家建筑还善于在各种空间组合中，利用轴线、对称、前后顺序，构建出一种带有政治意味的秩序。“太和殿广场和太和殿是故宫最大的广场和最大的建筑，烘托了皇权的宏大威严。但是，在这样巨大的空间里，皇帝

---

① 阮仪三：《“合院”：熙熙家园，融融天地——中国古建筑智慧掠影》，载《光明日报》2013年11月6日第12版。

② 李泽厚：《美的历程》，文物出版社，1981年，第63页。

会显得非常渺小。”故宫博物院研究馆员黄希明说，为解决这一问题，太和殿里面都是明柱，而中间的六根鎏金盘龙柱又再次将皇帝所在的空间凸显出来。这六根鎏金盘龙柱之间还有一平台，平台上面有宝座，皇帝坐在宝座上。通过这种自然过渡，皇帝在巨大的空间内不会显得小，帝王的威严也体现得淋漓尽致。

北京大学孙华教授说："我们看故宫，要放到一个群体、一个组合中。它是由若干个群体，若干个院落，若干个单体建筑，按照一定的等级规范、一定的空间次序串联到一起的。"

2. 简捷实用

采伐施工的便利，显然是木构架建筑的优越性所在。开山取石、制坯烧砖，费工费时。意大利佛罗伦萨用石料建造高达 107 米的主教堂穹顶与采光尖亭，穹顶为里外两层，两层之间有供人上下的周圈台梯，这些墙体、穹顶全部都由一块块石料垒筑而成，自 1420 年动工兴建，到 1470 年才最后完成，用了近五十年的时间。然而，建于同时期的中国明代的紫禁城，占地 72 万平方米，近千幢房屋，面积达 16 万平方米，自 1407 年开工到 1420 年就全部完工，只用了十三年的时间，其中备料的时间花去八年，真正现场施工还不足五年。[①]

3. 审美性

古人根据居住、读书、作画、抚琴、弈棋、品茶、宴饮、憩游等功能，建造厅、堂、轩、斋、馆、亭、台、楼、阁、榭、舫等建筑，"堂以宴，亭以憩，阁以眺，廊以吟"，这是人们生理需要和精神享受需要的双重选择，决定了其单体建筑类型的丰富多彩，每种类型中又有多种结构、形式和造型。

古代匠师将称为大木作的框架构件或承重的结构用木，涂上油漆或彩绘加以保护，南方采用雕刻，形成"南雕北画"的地域特色，其中以颐和园长廊彩画和姑苏园林雕刻和堆塑图案最为典型。中国古典园林建筑装饰，

---

① 楼庆西：《中国古建筑二十讲》，生活·读书·新知三联书店，2004年，第2—5页。

镂金错彩和水木清华皆备，民俗精华和儒雅文化兼容，皇权意识和士人风雅并呈。

皇家园林体现至高无上的“皇权”，集人欲之大成，集域内名工巧匠，搜天下金玉重器，装饰力求华丽，镶嵌金、银、玉、象牙、珐琅等珍贵材料，将宫苑装饰得富丽堂皇，但金碧辉煌中流溢着的也是书香墨气。

乾隆花园建筑梁枋彩绘，大量使用了金线苏式彩画。符望阁内装修以掐丝珐琅为主；延趣楼用嵌瓷片；粹赏楼用嵌画珐琅；三友轩内月亮门以竹编为地，紫藤雕梅，染玉作梅花、竹叶，象征岁寒三友。

皇家园林建筑中，象征万德吉祥的“卍”字、蝙蝠等装饰图案触目皆是。在中国文化中，蝙蝠具有幸福长寿、避祸压邪、儒雅、奉扬仁风等象征意义，用得最普遍的是与“福”谐音的寓意。堆塑、铺地、雕刻中常见的还有天官赐福、福从天降、福在眼前、伸手有福、脚踏福地等题材。

狮子林真趣亭内，六扇长窗上下各刻有六幅吉祥图案。上面六幅内容为：和睦延年、富贵双全、节节高升、喜上眉梢、锦上添花、鸳鸯戏水。下面六幅内容为：三羊开泰（图 2–2）、马上封侯、威震山河、太师少师、欢天喜地、万象更新。

图 2–2　三羊开泰（狮子林）

又如象征“喜上眉（梅）梢”的《鹊梅图》（网师园）和“喜鹊登梅，松竹长青”飞罩（拙政园），松皮斑驳，竹枝挺拔，梅花绽放，山石罅空圆滑，鸟雀栩栩如生。

雕刻和彩画的题材中，不乏对真善美的弘扬、明君贤臣的向往等。如《三国演义》关羽故事、刘关张桃园结义，暗喻忠义；《风尘三侠》，褒扬李靖、红拂、虬髯客三人仗义豪爽；诸葛亮舌战群儒、草船借箭，象征智慧；《红楼梦》《西厢记》戏文，象征真情；《杨家将》《苏武牧羊》《正气歌》，褒扬民族大义；举案齐眉、张敞画眉、牛郎织女、和合二仙等，宣扬美好爱情、家庭和睦等伦理道德；彩衣娱亲、刻木思亲、哭竹生笋、大舜耕田、王祥卧冰、杨香打虎等二十四孝故事，传扬中华孝道；道逢磨杵、不顾羹冷、铸砚示志等二十八位勤学早慧的古贤的故事，弘扬崇文重教思想；文王访贤、姜尚收徒、郭子仪庆寿、薛仁贵衣锦还乡等，是人们对明君贤臣的褒扬和期盼。

园林装饰题材中，有历史高人的风雅韵事，也有对真善美的弘扬、对历史文化名人的膜拜，还有对中国著名文学作品的展示等，创造出了浓浓的书卷气和文化氛围，使园林充满了氤氲的文气。

颐和园长廊彩画，除了取材于《封神演义》《三国演义》《西游记》《西厢记》《水浒传》《红楼梦》等古典名著和中国古代短篇小说选本《今古奇观》、中国古代散文选本《古文观止》外，还有文人风雅“八爱”及许多诗文名句。比如“时人不识余心乐，将谓偷闲学少年”，取自程颢《春日偶成》；“衾枕昧节候，褰开暂窥临”，取自谢灵运《登池上楼》；“牧童遥指杏花村”，取自唐杜牧《清明》；“松下问童子”，取自唐贾岛《寻隐者不遇》；“吹面不寒杨柳风”，取自南宋僧志南《绝句》；“随人直渡西江水”，取自李白《示金陵子》；等等。除此之外，还有《桃花源记》《归去来兮辞》《登鹳雀楼》等名篇以及“穷不卖书留子读，老来栽竹有人砍”等藏书铭语。

园林的建筑装饰图案，积淀着的历代文人的风雅，经过数千年历史的熔炼，已经成为崇文心理的物化符号，也体现了精雅的士大夫文化与民俗文化完美的交融互渗。

除却政治意义，我国的皇家建筑在艺术上具有独特的美学特征。中国古代建筑受实用美学的影响，正如北京大学考古文博学院教授方拥所说：“在中国，建筑的实用性是超过建筑的附加性的。”这一点，在故宫博物院的建筑上表现无遗。比如屋脊上的吻兽承担着压脊防水的作用，而彩画在装饰的同时，也有保护木骨的作用。故宫博物院黄希明说：“故宫所有的建筑构件都并非单纯为了装饰，而是都具有实用功能。”

这些感性形态的审美价值带给人的感官享受中，包含着与人的生理同构的节奏和韵律，因此其审美作用不仅能养目，还通过文化的“视觉传承”以养心。

装饰图案既恰似一本生动形象的真善美文化教材，又寓美于举目仰首之间、周规折矩之中，使人们的心灵沉浸在美的甘露之中，获得净化了的美的陶冶。通过潜移默化的感染，达到美育和教育的目的。

（二）巨大的同化力与融摄力

中国古木建筑历史悠久，具有强大的凝聚力和向心力，但其文化品格是“有容乃大”，对异质建筑文化的强大同化力和融摄力。龙庆忠总结中国古木建筑为“独创亦兼收，自尊亦宽容，始蔚为今日之伟观也”[①]。

1. 同化力

宗教建筑如佛寺、石窟、道观、伊斯兰清真寺、基督教教堂等，不管是本土宗教还是外来宗教，建筑结构和式样上都有中国化的特点，它们都模仿木结构殿堂，有的还有大屋顶。殿堂的天花板上，往往绘有彩绘和藻井图案。

伊斯兰教是从阿拉伯半岛传入中国的，伊斯兰寺院主要是供教徒聚会做礼拜的，也称礼拜寺。伊斯兰教早在元代就已传入中国，所建寺院皇帝赐名“清真”，称颂清净无污染的真主。

早期的清真寺，完全依照阿拉伯礼拜寺的形式建造，全部用石头筑造，门楼用尖券造型，布局不采用中轴对称，光塔为圆桶形上下两段，称邦克楼等。新疆接近中亚，因此，清真寺保留了更多的阿拉伯礼拜寺的形制。然而，内地的清真寺，则扬弃了阿拉伯地区伊斯兰教建筑的形式，采用了中国内地传统的建筑样式。建筑个体按规则的中轴对称布置，组成前后规整的院落；原来细高的邦克楼成了多层楼阁；圆拱形的穹隆顶见不到了，代之以几座屋顶相并连的殿堂，阿拉伯的礼拜寺变成了中国内地的清

---

① 龙庆忠：《中国建筑与中华民族》，第3页。

真寺。[1]

中国寺庙有伽蓝七堂之制，由法堂、僧房、库厨、西净、浴室等组成，佛僧共处，有浓郁的世俗气氛，如浙江的天童寺。

塔是随着佛教传入中国以后才出现的，后来几乎成为寺庙的标志性建筑。埋葬释迦牟尼佛骨即舍利的墓塔，为半圆形的覆盆式形状的坟墓，称窣堵波或称浮屠，窣堵波是佛的象征。

中国心理膜拜的对象是崇高、华丽的，即多层楼阁。因此，覆盆式的印度窣堵波形状的塔在中国并没有流行，而被改造成中国固有的楼阁和印度窣堵波相结合的产物，即中国式的佛塔："多层的楼阁在下，楼阁顶上置放'窣堵波'形式的屋顶，称为刹顶，这就是中国最初的楼阁式佛塔的形象。"[2]

塔的屋檐数大都采用奇数制，因为奇在中国即阳，阳即乾，即天，佛与天近，是天国之神。

平面一般以正四边形、正六边形、正八边形、圆形为多见。正方是地的象征，圆是天的象征，中国崇尚四方思想，契合佛教中"苦、集、灭、道"四圣谛说的教义。正六，象征六道轮回、六根清净的佛性。正八，象征八正道、八不中道、八相说教。正十二，表示十二因缘。圆形，佛教意义中有圆寂、圆通、圆满无缺、团圆、圆融等，而将观念形态的佛教义理同客观形态的佛塔建置联系起来，并统归于"求佛"的做法，是"天人合一"意识的又一反映。塔高大，同无境界。古塔（如苏州双塔，图 2–3）上那种或圆或尖或其他形状的塔刹专用以表示崇尚高大意向；塔刹上贯套的圆环，佛家称相轮，取圆寂、涅槃之意和圆融、高显、说道、瞻仰等复杂的佛性内容，有九轮、十三轮、二十一轮、三十轮等。佛塔须弥座，佛经说像须弥山中的细坛座。须弥山是佛经所想象的居于"世界"之"中心"的神山，《注维摩经一》引僧肇语云："须弥山，天帝释所住金刚山也。秦言妙高，处大海之中。"须弥象征世界之"中"，又符合中国尚"中"的观念，也吻合中国人"天人合一"传统哲学

① 楼庆西：《中国古建筑二十讲》，第145—152页。

② 楼庆西：《中国古建筑二十讲》，第126页。

图 2-3　双塔（苏州）

观念，最终被人们剔除了其中神秘的宗教色彩，广泛地应用到中国古代高品位的宫殿、庙宇及宅邸建筑中。诚如王世仁所说的，“中国的佛塔是‘人’的建筑”，“它凝聚着‘人’的情调”，“它有很浓烈的人情味”。[①]

2. 融摄力

清初西洋建筑融入中国建筑，最初出自人们的猎奇心理。如圆明园福海以东的长春园，北端“边缘地带”的狭长的空间里，有一组隐藏于林木之中的西洋楼建筑群，自西向东包括谐奇趣、养雀笼、花园门、迷宫、方外观、竹亭、海宴堂、大水法、远瀛观、线法山、线法墙、方河，都是乾隆出于对欧式喷水池的“猎美”心理而兴建的，而主要设计者为意大利教士郎世宁（1688—1766）以及水动力专家蒋友仁（1715—1774）和其他具有专业知识的教士们。由于耶稣会教士非职业建筑师，每一张蓝图都得经乾隆皇帝首肯，因此正如汪荣祖所言，乾隆为了维护中国价值，绝对会牺牲西洋品位，郎世宁们为投乾隆皇帝之所好，也对欧洲风格进行更改。

① 王世仁：《塔的人情味》，见《中国古建筑探微》，天津古籍出版社，2004年，第133页。

圆明园西洋楼建筑群为一群大杂烩式的欧洲建筑，巴洛克式、文艺复兴式、法国式、洛可可风格皆有，楼内装潢诸如玻璃窗、地板、时钟、吊灯、花坛、油画等都很西式，但并没有出现巨型裸体像，反而增加了多姿的中式飞檐、太湖石与竹亭等东方元素。西洋楼与圆明园其他景境，并不是和谐的整体，圆明园的精华依然在中式园林部分。

明代米万钟的勺园，《天府广记》中载："海淀米太仆勺园，园仅有百亩。一望尽水，长堤大桥，幽亭曲榭……"北京史地学者著文指出，今天北京大学的图书馆、留学生大楼及研究生院一带，即未名湖四周，便是当年勺园遗址。

勺园西边是明万历年间万历生母慈圣李太后的父亲武清侯李伟的清华园（不是现在清华大学的清华园）。明末清初，勺园和清华园都毁于战火。清代康熙年间，康熙在清华园的废址上修建畅春园；雍正在大修圆明园时，把勺园修建为圆明园的附园春熙园；乾隆把春熙园赏给了大学士和珅，和珅在这里修建了淑春园。和珅被处死后，淑春园分为两部分：西部改为嘉庆五子惠亲王绵愉的花园，名叫鸣鹤园，面积较大，现已无存，但鸣鹤园的西宫门现为今北京大学的西校门。东北部改为嘉庆四女庄静公主的镜春园，面积比鸣鹤园小。镜春园内有一部分古建已修复，仍为古香古色的古典园林建筑，大部分还保存原状，还有多处和珅时修建的四合院。

在今北京大学西门对面，原畅春园的北边有一大园，为清代康熙年间康熙三子果清王允礼的园子承泽园，到光绪年间改为蔚秀园，为醇亲王奕环的花园。

燕京大学是从清室醇亲王的后人和大军阀陈树藩、徐世昌等人手中买下未名湖畔的几座皇家废园修建的学校（图 2-4）。皇家废园指畅春园、圆明园、春熙园、淑春园、鸣鹤园、镜春园、春和园、朗润园、承泽园、蔚秀园等。

图 2-4　燕园建筑（今北京大学）

曾任燕京大学校长的司徒雷登 1876 年出生于杭州，他的父母均为美国在华传教士。司徒雷登后来回到美国念书，但他仍然认同中国文化，皈依中国园林文化，他聘请美国著名设计师墨菲，按中国文化理念对燕京大学的建筑进行设计，整个校园完全按照中国园林的设计来建造，亭台楼阁，小桥流水，有水有塔，有湖有轩，有舫，古色古香，也有传统的一池三岛设计。建筑的内部，采用了当时最先进的设备，如暖气、抽水马桶等，这才是最早也是名副其实的“中而新”，以中国文化为主色调的建筑。

近代在欧风美雨强劲浪潮的冲击下，中国口岸城市出现了若干西洋建筑，诚如梁思成先生所言：

> 当时，外人之执营造业者率多匠商之流，对于其自身文化鲜有认识，曾经建筑艺术训练者更乏其人。故清末洋式之输入，实先见其渣滓。然数十年间，正式之建筑师亦渐创造于上海租界，洎乎后代，略有佳作。[①]

出于中国园主之手的花园洋房，受到中华民族固有血脉影响和本土匠

① 梁思成：《中国建筑史》，第353页。

师技术适应的制约，尽管外观可以是洋式的，但细部装饰上，还是以中华传统符号为主。

有些花园别墅，以中国式为主，兼容了西洋某些建筑文化因子。如上海黄金荣的郊居别墅黄家花园，他的造园意图是："为戚友酬酢处，为及门观叙处，为己身憩息处，故薄具亭台花木山石之胜，以备来宾觞咏娱情。"赏景中心取《论语·述而》"予以四教，文行忠信"，名"四教厅"。建筑多处使用钢筋混凝土结构。黄家花园的风格，犹如花园中湖心的颐亭，屋顶为中式亭形状，屋顶以下和建筑内部却为西洋风格[①]，似亭非亭、不中不西。

中国高度成熟的木构架建筑技艺的技术惯性和文化上的凝聚力、向心力，在本质上始终保持自己固有的特色。西方建筑文化始终没有成为中国建筑文化的主流。

三、中华赏石的精神文化特质——以留园景石欣赏为例

留园自明代至清末，几代园主如明之徐时泰，清之刘蓉峰、盛康、盛宣怀都嗜石，经这些园主殚精竭虑的收罗，景石成为留园一道靓丽的风景线，也成为中华赏石文化的经典展示。各民族的文化是"自然界的结构留在民族精神上的印记"。中华景石欣赏上，也同样镌刻着民族精神的印记。

我们从中华农耕民族基于土地崇拜的生态观、观物取象的思维逻辑和托物连类的审美观诸方面，透过景石这一物质层面，来探讨中华赏石的精神文化特质。

---

① 上海市徐汇区房屋土地管理局编：《梧桐树后的老房子》，上海画报出版社，2001年，第177页。

（一）土地崇拜与土精为石

在万物有灵的原始社会，出于人类繁衍生息的迫切需要，天地崇拜是自然崇拜的核心。崇拜石头信仰源于土地崇拜，虽然，世界各民族都产生过石崇拜，也都有原始的石棚、石神、神石等巨石建筑或史前文化符号，但对于位于全球陆地面积最大、以农立国的中国来说，石崇拜贯穿古今。

农耕民族，土地最为尊贵，五行中土为中心，黄色最尊。农耕民族崇尚“天地人和”“阴阳调和”与“天人合一”的生态观，《春秋繁露·立之神》曰：“天地人，万物之本也。天生之，地养之，人成之。天生之以孝悌，地养之以衣食，人成之以礼乐。三者相为手足，不可一无也。”重视自然秩序，遵循人与自然和谐相处的规律，《荀子·王制》中有“春耕、夏耘、秋收、冬藏，四者不失时，故五谷不绝”，《周易·乾卦》：“夫大人者，与天地合其德，与日月合其明，与四时合其序，与鬼神合其凶，先天而弗违，后天而奉天时。”

石为云之根、山之骨，石积为山，为大地之骨柱，是人间神幻通天之灵物，女娲用以补天。《物理论》：“土精为石。石，气之核也。”《礼记·祭法》曰：“山林川谷丘陵，能出云，为风雨，见怪物，皆曰神。”

主宰神灵世界的、至高无上的神仙，在人间的住所就是巍峨的高山。仚（xiān），古同“仙”。《说文》：“仙，人在山上貌，从人山。”

崇尚自然秩序的农耕民族，认为未经人类加工改造过的自然物，以自然的感性形式，直接唤起人的美感。溯源于太古时代、经大自然鬼斧神工的石头是最美的，“爱此一拳石，玲珑出自然”。孔传《云林石谱序》云：“天地至精之器，结而为石。”石，聚山川之灵气、孕日月之精华，具有一种返璞归真的自然美。

宋代著名的书画家米芾，爱石成癖，认为石具有“瘦、皱、漏、透”的品格。

清代李渔《闲情偶寄·居室部》也说“言山石之美者，俱有透、漏、瘦三字”，并解释道：“此通于彼，彼通于此，若有道路可行，所谓透也；石上有眼，四面玲珑，所谓漏也；壁立当空，孤峙无倚，所谓瘦也。”而所谓皱，实即同于绘画之皴，指石之表面多皴，如同画笔皴出的纹理。典型如“绉云峰”（杭州曲院风荷，图 2-5）之皱、“玉玲珑”（豫园，图 2-6）之透漏。

图 2-5　绉云峰

图 2-6　玉玲珑

留园中的石峰，以太湖石为多。太湖石乃多孔而玲珑剔透的石灰岩，明王鏊《石记》云：“石出西洞庭山，因波涛激齿而为嵌空，浸濯而为光莹，或缜润如圭瓒，廉刿如剑戟，矗如峰峦，列如屏障。或滑如脂，或黝如漆。或如人，如兽，如禽鸟。”（民国《吴县志》卷七五）清代李斗《扬州画舫录》也载：“太湖石骨，浪击波涤，年久孔穴自生。”唐代皮日休赞曰：“乃是天诡怪，信非人功夫……厥状复若何，鬼工不可图。”[①] 鬼斧神工，巧趣天成，蕴千年之秀，得大自然山水之真谛。

苏州留园在明代徐时泰的时候，曾拥有“妍巧甲天下”的“瑞云峰”（乾隆四十四年被织造太监迁移至乾隆南巡行宫，图 2-7），由嵌空石峰和盘石底座两块湖石组成，峰、座相配，宛若天成。远望如饥狮搏食，谛

① 皮日休：《太湖诗·太湖石》，见彭定求等编：《全唐诗》卷六一〇，第7041页。

视则涡洞相套，褶皱相叠，有“此通于彼，彼通于此，若有道路可行”之妍妙，透漏兼备，秀媚而雄浑。

清末盛康拥有寒碧山庄，购得园东隙地及原位于寒碧山庄东侧围墙外的宋代花石纲的遗物“冠云峰”，以嵌空瘦皱见长。外形孤高特立，磊落清秀，高达6.5米。峰顶似雄鹰飞扑，峰底若灵龟昂首，好似天外飞来，历劫饱风霜。

图2–7　瑞云峰

苏轼于定州得一白脉黑石，名之“雪浪石”，又名其室为“雪浪斋”，后有诗句云：“承平百年烽燧冷，此物僵卧枯榆根。画师争摹雪浪势，天工不见雷斧痕。”[①]

（二）观物取象的思维逻辑与石令人古

中国哲学源头《周易》的思维逻辑是观物取象，“观”是对外界物象的直接观察、直接感受。“取”是在“观”的基础上的提炼、概括、创造。“象”是对宇宙万物的再现，这种再现，不仅限于对外界物象的外表的模拟，而且更着重于表现万物内在的特性，表现宇宙的深奥微妙的道理。

观物取象决定了中华传统思维具有明显的“取象类比”特征。在观察事物获得直接经验的基础上，运用客观世界具体的征象及其象征符号进行表述，依靠比喻、类比、象征、联想、推理等方法进行思考，反映事物普遍联系的规律性。

① 苏轼：《次韵滕大夫·雪浪石》，见《苏轼诗集》，王文浩辑注，孔凡礼点校，中华书局，1982年，第1999页。

古人观察自然界的石头，除了发现石之坚，具有获取猎物、采集食物等实用功能外，就是“石令人古”：与短暂的人生比，石乃“万古不败”。“石含太古云水气”“奇石尽含千古秀”（留园联语），石蕴含着太古的历史意蕴。

“片石太古色，虬松千岁姿”，“奇石寿太古”（留园匾额），石的文化品格便与寿命联系起来，与人的生理与精神需求有了关联。皇家园林承德山庄有个静含太古山房，表示“山仍太古留，心在羲皇上”，要学习三代以前的有道明君。

一石清供，千秋如对。看到一块石头，似乎面对遂古之初。自宋代开始，园林景石被大量纳入文人书斋这方神圣的精神领地，园林住宅厅堂也少不了供石。人们从石的亘古不变，联想到了家业的稳固与永恒。

盛康拥有“冠云峰”后，又觅两巨峰，分列在“冠云峰”两侧，西名“岫云峰”，东沿袭明“瑞云峰”旧名。据盛康之子盛宣怀孙女盛毓青自述，盛宣怀将这三块太湖石的名字，分别给家中三个孙女儿取作小名，其中瑞云幼时不幸夭折，后来下人告诉盛宣怀，这座瑞云峰是拼接而成的，盛怒之余敲断石峰，断石至今犹存。然而，小名冠云的盛毓青，则“因名字吉祥，身体一直非常健康”。

（三）托物连类的审美习惯与以石比德

基于“天人合一”的哲学思想，儒家把天下万物都看作有善恶的道德属性，都可以导向道德的思考，形成托物连类的审美习惯。早在《诗经》中就出现了以石比德的描写，如《小雅・节南山》“节彼南山，维石岩岩，赫赫师尹，民具尔瞻”，以高山峻石象征师尹的威严。石生而坚，所以清代郑燮见到一幅柱石图，就想到了陶渊明不为五斗米折腰的傲骨，他在《柱石图》诗中说：“挺然直是陶元亮，五斗何能折我腰？”

常被人们称引的清代赵尔丰的赏石名言——“石体坚贞，不以柔媚悦人，孤高介节，君子也，吾将以为师；以性沉静，不随波逐流，然扣之温润纯粹，良士也，吾乐以为友”，将石作为人的品德美和精神美的象征。中唐白居易《太湖石记》所言："待之如宾友，视之如贤哲，重之如宝玉，爱之如儿孙""石虽不能言，许我为三友"。

大明湖有块太湖石，上刻有白居易《奉和思黯相公以李苏州所寄太湖石奇状绝伦因题二十韵见示兼呈梦得》诗中的四句诗："精神欺竹树，气色压亭台。隐起磷磷状，凝成瑟瑟胚。"

宋代著名的书画家米芾在担任无为军守的时候，见到一奇石，大喜过望，特令人给石头穿上衣服，摆上香案，自己则恭恭敬敬地对石头一拜至地，口称"石兄""石丈"，被时人传为美谈。竹坡周少隐见石赞曰："唤钱作兄真可怜，唤石作兄无乃贤。望尘雅拜良可笑，米公拜石不同调！"潘岳辈膜拜孔方兄、对权贵拜路尘，才是可笑庸俗之人，米芾既贤且雅，"下拜何妨学米颠"，连文天祥都要"袍笏横斜学米颠"。他们看到了石所特具的外在的和内蕴的品格美。

据留园主刘蓉峰《石林小院说》自述，得"晚翠峰"，因"筑书馆以宠异之"，书馆即指揖峰轩。清代嘉庆年间，刘蓉峰收集了"印月""奎宿""青芝""鸡冠""一云""佛袖""猕猴""干霄""玉女""仙掌""累黍""箬帽"十二奇石，并绘制了《寒碧庄十二奇峰图》。又得"晚翠峰""段锦峰""独秀峰""竞爽峰""迎辉峰"和"拂云石""苍鳞石"等五峰二石，"其小者或如圭，或如璧，或如风荃之垂英，或如霜蕉之败叶，分列于窗前砌畔、墙根坡角，则峰不孤立，而石乃为林矣"。刘蓉峰称自己于石深有所取，"石能侈我之观，亦能惕我之心"。石头能"侈我之观"，扩大我的视野；石头亦能"惕我之心"，使我时时戒惧、小心谨慎，做到慎独。

米芾把他最珍重的一块太湖石称为"洞天一碧"，洞天乃道教中的神仙世界，意思是这灵石出自仙窟灵域，所以，留园洞天一碧（图 2-8）典出"米芾拜石"。

"透、瘦、漏、皱"重在对石峰外部特征的审美评价，并不能包括石之全部品格，就石峰的内质特征即其气势意境而言，还有"清、丑、顽、拙"之特征：清者，阴柔之美；丑，奇突多姿之态，它打破了形式美的规律，是对和谐整体的破坏，是一种完美的不和谐；顽，阳刚之美；拙，浑朴稳重之

图 2-8　洞天一碧（留园）

姿。还有“怪”，也表示了对形式标准的超越。留园之景石，还具有看似工巧却又“不可图”的特质，“虽巧者以意绘画有不能及，岂古所谓‘怪石’者耶？”①

“奎宿石”，今在留园中部的濠濮亭旁，是一块外形如英文手写字母“n”的普普通通的石头，却与天上二十八星宿中的奎宿星相似。奎宿乃白虎七星之首宿。它与文人关系尤为密切，古代每言文章、文运者，往往用“奎”字，如秘书监古代即称为奎府。利用谐音，造成语意双关，是民间惯用做法。“奎”与“魁”谐音，故“奎星”又可视作“魁星”，主昌文运，“魁星”高照，象征着连登科甲，当然为无上吉利。这块奎星石在人们的思维联想中也就具有了深远的含义。

留园的“还我读书处”书房西窗外有“累黍峰”，该峰身上生有形似黍米的累累颗粒，显然含有“书中自有千钟黍”的含义。

“青芝峰”，欣赏其“不变亦不萎，顽固常青青。拟断白木镵，取以延寿龄”。

---

① 苏轼：《苏轼文集》卷六四《怪石供》，第1986页。

"干霄峰"，留园唯一的斧劈石，高耸挺拔，刘蓉峰《干霄峰记》称其"自下二窥，有干霄之势，因以名焉"。

总之，温文尔雅的农耕文化土壤滋育出来的中国园林，是自然山水画意式园林。文人取山水之美，来美化自己的居所，尊重、敬畏大自然，园中山水花木都反映着"天人合一"的哲学思想。

> "天人合一"观……实是整个中国传统文化思想之归宿处……我深信中国文化对世界的人类未来求生存之贡献，主要亦即在此……"天人合一"论，是中国文化对人类最大的贡献。[①]

这种思维特点表现在对景石的审美追求上，就是一种以我观物时感觉之自然美、心灵表现之美和道德判断之美，这种美是写意的、缘情的神韵之美。

四、卷帘欹枕卧看山——中国私家园林与"禅悦"

禅，是梵语 dhyana（禅那）的省略，意译为"静虑""思惟修"等，本义是除却欲界烦恼的色界"四禅"，用静坐思维的方法，以期彻悟，使宁静的心灵获得纯净无我、万象混化、物我合一的涅槃之乐。通常习惯与"定"合称为"禅定"。由禅定扩大为定慧，进而引申为禅宗之禅，即达摩来华所传的"祖师禅"（亦称"涅槃妙心"），因此，禅宗之"禅"包括"定""慧"两个方面。

佛教在西汉哀帝元寿元年（前 2）时已传入中国，"其后张骞使西域，盖闻有浮屠之教。哀帝时，博士弟子秦景使伊存口授浮屠经，中土闻之，未之信也"[②]。兵祸连连的六朝，由老庄无为学说与佛学糅合而成的玄学，成为当时的主要社会思潮，玄学成了南方士大夫经久不衰的时髦，寺庙园林如

① 钱穆：《中国文化对人类未来可有的贡献》，载《中国文化》1991年第4期。

② 魏徵等撰：《隋书·经籍志》，中华书局，1973年，第1096页。

雨后春笋般在华夏大地涌现，私家园林也开始与佛结缘。

“别业”一词即来自佛典，最早出现在汉灵帝光和、中平年间（178—190）传译的佛教典籍《楞严经》：“阿难！如彼众生别业妄见”，“例彼妄见别业一人”①。相对于“共业”而言，“别业即是与大众行为共同造作，在共同造作中有轻重、有深浅，因此感召之果报也同样有轻重之别，深浅之差异”（《佛学问答》第一辑条目二十九），但那时“别业”一词还未成为别墅的代称。佛教与私家园林结缘最早见于晋石崇的《思归引·序》——“晚节更乐放逸，笃好林薮，遂肥遁于河阳别业（即金谷园）”，并深刻地影响着社会心理和审美情趣的变化。盛唐吴门画家张璪在《绘境》中提出了“外师造化，中得心源”的著名艺术创作观点，运用到艺术上，则强调了“心悟”“顿悟”等心理体验，艺术成为自娱的产物、寻求内心解脱的方式。

这种思潮最后发展到中唐，儒学与禅宗开始携手，此后发展成为风靡一时的禅宗佛教。有唐一代，将住宅外另置的园林休息处及其建筑物称为“别业”蔚为风气，“别业”几乎成为“别墅”之代称。

宋代理学号称中国后期社会最为精致、完备的理论体系，实际上它不动声色地将佛学思想兼容并蓄，那种高度强调人对天理的自觉意识的修习方式，与禅之借沉思冥想、获得精神上自发性的领悟，具有更完美的同一性。于是，原为印度佛教教义所包含的参禅观念，发展成一种特殊的宗教修行。

人们习惯以“据于仁，由于义，逃于禅”指称中国文人的人生轨迹，杜甫《饮中八仙歌》有“醉中往往爱逃禅”，本意应指“醉酒而悖其教”，是称懒于修道，谓之“逃禅”，非学佛，但宋后多将“逃禅”理解为“禅悦”，指入于禅定、沉湎于禅趣法味之中轻安豫悦的心境。这是一种艺术境界，充满静穆、飘逸、朦胧之美。禅悦的风靡，当在慧能大师建立南宗顿悟禅之后。

《维摩诘经·方便品》说，维摩诘“虽复饮食，而以禅悦为味”。维摩诘是印度著名的大乘居士，深入“不二法门”，主张在家行禅，“出淤泥而不

---

① 思坦集注：《楞严经集注》卷二，见《中华大藏经（汉文部分）·续编 汉传注疏部》，中华书局，2021年，第114页。

染”，成为中国士大夫崇尚的禅悦的典范，同时造成了入世和出世并重、儒佛合流的局面，促进了士大夫的禅僧化。

于是，从林之清幽、禅僧之超逸、公案之玄奥……，士大夫心向往之。中国古典园林是士大夫的逃禅之所，是他们体悟、享受禅悦之所。

（一）园林中的禅意符号

中国私家园林中，如《红楼梦》中妙玉修行的栊翠庵那样真正的庵堂庙宇并不多，但体悟佛理的景点和作为特殊文化符号的装饰构件则随处可见。

盛唐精禅理的王维，字摩诘，“退朝之后，焚香独坐，以禅诵为事”①，他营构了辋川别业，其中鹿柴、竹里馆、辛夷坞是他静虑参禅的地方。“空山不见人，但闻人语响。返景入深林，复照青苔上”②，恬静而幽深，冷、暖色相映，诗歌交响。“木末芙蓉花，山中发红萼。涧户寂无人，纷纷开且落”③，芙蓉花显然有着诗人孤寂的心境，而充分理解那位“独坐幽篁里，弹琴复长啸”④的高人雅士的“知音”，不就是主动来“相照”的“明月”吗！“一种脱情志于俗谛桎梏的意蕴；其心无滞碍、天机清妙的精神境界”，“超出了一般意义上的苟全性命的避世隐居，具有更为丰富和新鲜的思想文化蕴涵”⑤。在这里，若有若无、刹那生灭的境象蕴藉地表现出来，形成了禅趣。

苏州留园东部的参禅处、贮云庵、亦不二亭，是园主佛事活动的场所。参禅处在冠云楼偏东，有对联：“儒者一出一入有大节；老僧不见不闻为上乘。”仁、义、智、信等是儒家修身之本，佛家坐禅时必须住心于一境，静思自虑，冥想妙理，保持心境的清洁宁静。贮云庵为一长方形小院，是园主

---

① 刘昫等撰：《旧唐书·王维传》，第5025页。
② 王维：《鹿柴》，见王维撰，陈铁民校注：《王维集校注》，中华书局，1997年，第417页。
③ 王维：《辛夷坞》，见王维撰，陈铁民校注：《王维集校注》，第425页。
④ 王维：《竹里馆》，见王维撰，陈铁民校注：《王维集校注》，第424页。
⑤ 袁行霈主编：《中国文学史（第二卷）》，高等教育出版社，1999年，第243页。

盛氏家庵，有泉有峰，清爽宁静，留园三峰及碧池、楼台均以“云”字为名，取唐孟郊“开亭拟贮云，凿石先得泉”之诗意。南头为亦不二亭，“不二”出自《维摩诘经不二法门品》，云：“如我意者，于一切法无言无说，无示无识，离诸问答，是为入不二法门。”佛教谓有八万四千法门，不二法门在诸法门之上，能直见圣道者。《南歌子》：“玄入参同契，禅依不二门。”

苏州怡园有面壁亭，“面壁”又是佛家坐禅念经的精神修炼法。据说，禅宗第一祖师菩提达摩来到中国，寓居嵩山少林寺，面壁十年，静坐参禅，以至在墙壁上留下了清晰的影像。达摩禅法，承认人本具真性，只是受妄念尘俗的遮蔽，所以要从“凝住观壁”入手，且不重教义的辨析与讲解，倡导自证本具的真性，认为通过“二入”“四行”的具体途径，能达到圆满境界，这种注重精苦的头陀行、苦行方式，带有浓郁的印度佛教色彩。

私家园林中也有一种多面体的佛教经幢。经幢属于塔的类型，唐宋以来，遂盛建幢之风，中国所建经幢多为石质，铸铁比较罕见。一般有圆柱形、六角形和八角形，由基座、幢身和幢顶三部分组成，幢身刻着陀罗尼经文，基座和幢顶雕饰荷花花瓣、云纹以及佛、菩萨像等。上海南翔古猗园有两座唐代经幢，系云翔寺移来的古物。松鹤园荷花池中的普同塔，是古猗园最古老最珍贵文物之一，建于宋嘉定十五年（1222），原系南翔镇云翔寺九品观荷花池中的石塔，高约一丈，六面七级，腰束莲花瓣，塔柱镌如来佛像，雕刻精美，在荷花簇拥下，亭亭玉立。苏州留园、拙政园的水池中往往有精美的小石幢（图2-9），

图2-9　青石幢（拙政园）

石幢上雕刻着佛像、荷花，俗称石和尚，据说是超度落水儿童亡灵的，现在实际上成为水景的点缀。

明代计成谈到门窗时说："莲瓣，如意，贝叶，斯三式宜供佛所用。"莲瓣、如意、贝叶，都是佛学符号。

魏晋以降，莲花渗入了佛教意蕴，莲花为佛教的象征。佛教创自干旱、酷热的印度，印度人的绿荫碧水情结与生俱来，自然喜爱那绿叶如盘的出水芙蓉，婆罗门教相传创世大神大梵天就是坐在莲花上出生的。佛教迎合大众的爱莲心理，借莲华以弘扬佛法。佛教以淤泥秽土比喻现实世界中的生死烦恼，以莲花比喻清净佛性，其意有三：一曰莲花出淤泥而不染，唐孟浩然《大禹寺义公禅》诗"看取莲华净，方知不染心"；二曰菩萨证见佛性后，还须发大悲心，回入污泥的尘世中去普度众生，故菩萨虽然处于污泥之地却广行善事，其心不染，犹如莲花；三曰，"譬如卑湿淤泥，乃生莲花。菩萨亦尔，生死淤泥邪定众生中，能生佛法"[①]。只有在污浊的世间普惠群众，菩萨才能不断增进其道行、功德，才能真正地弘扬佛法。因此，《华严经探玄记》描述真如佛性曰："如世莲华，在泥不染，譬如法界真如，在世不为世法所污""如莲花有四德，一香、二净、三柔软、四可爱，譬如真如四德，谓常乐我净"。佛祖转法轮时，坐于莲花座，莲花座故成专座，座势叫莲花座势。莲座之义在于："以莲花软净，欲现神力，能坐其上令不坏故；又以庄严妙法座故；又以诸华皆小，无如此华香净大者。"[②]莲花于是成为"佛花"，为佛土神圣洁净之物，成为智慧与清净的象征。印度将莲分成青、黄、赤、白四种，"池中莲华，大如车轮，青色青光，黄色黄光，赤色赤光，白色白光，微妙香洁"[③]。明莲池大师认为，"其实莲花具无量色，具无量光也"[④]。莲花与佛教创始人、菩萨、佛教教义等紧密联系在一起。

---

① 立人编译：《宝积经》，贵州大学出版社，2012年，第214—215页。

② 龙树菩萨造，鸠摩罗什译：《大智度论》卷八，王孺童点校，宗教文化出版社，2014年，第157页。

③ 鸠摩罗什译：《阿弥陀经》，韩明安、张镇点校，黑龙江人民出版社，1994年，第239页。

④ 莲池大师：《佛说阿弥陀经疏钞》卷二，见《莲池大师文集》，张景岗点校，九州出版社，2012年，第84页。

相传摩耶夫人坐于莲花座上，生下佛祖释迦牟尼，释迦牟尼降生的时候，池中生出千叶莲花。《观音菩萨授记经》说，无量阿僧祇劫威德王修习禅定时，他的左右两侧生出了两朵莲花，花中又生出了两个小孩，一名宝意，一名宝上。后来这两个孩子接受了一位佛陀的教诲，发菩提心去救度众生。宝意成了观音菩萨，宝上成了大势至菩萨，他们都住在阿弥陀佛的极乐世界。于是佛、莲同一，中国东晋高僧慧远创白莲社，后之净土宗亦叫莲宗。

佛教有步步生莲的传说，据《佛本行集经 · 树下诞生品》载，释迦牟尼在兰毗尼园"生已，无人扶持，即行四方，面各七步，步步举足，出大莲花"。另有鹿女步步生莲的传说。《杂宝藏经 · 莲花夫人缘》记载说，在雪山边学仙的婆罗门提婆延，"常石上行小便，有精气流堕石宕。有一雌鹿，来舐小便处，即便有娠"。足月后生下一女，端正殊妙，人称"鹿女"，长大"既能行来，脚踏地处，皆莲花出"。鹿女后为乌提延王王妃，生五百子，皆成辟支佛。刘长卿《送杨山人往天台》："山岛怨庭树，门人思步莲。"步步生莲花，寓有走向清净解脱之道的神圣意义，这应该是园林中莲花铺地的神圣含义。以濂溪自号的宋代理学家周敦颐，筑室庐山莲花峰下小溪上，写了情理交融、风韵俊朗的《爱莲说》，云："水陆草木之花，可爱者甚蕃，予独爱莲之出淤泥而不染，濯清涟而不妖，中通外直，不蔓不枝，香远益清，亭亭净植，可远观而不可亵玩……莲，花之君子也。"把莲花的特质和君子的品格浑然熔铸，实际上也兼容了佛学的因缘。莲华构成了远香堂、藕香榭、曲水荷香、香远益清等园林景点意境。

如意为佛门"八宝"之一，原柄端作手指状，用以搔痒可如人意，故而得名。佛家宣讲佛经时手持如意，记经文于上，以备遗忘。它曾被作为天帝力量的象征。园林中如意门（图 2–10）、如意漏窗、如意纹饰随处可见。

贝叶，又叫"贝多罗页"，可以用来书写的树叶。古印度时，常以针在贝叶上刺书佛教经文，称梵贝、梵册贝叶。因此，贝叶也可以视为佛经的象征，用以表达情志。清代田雯《病愈早起成诗》："凭几理素琴，焚香诵梵贝。"沧浪亭、狮子林都曾经为寺庙，现在还可见到贝叶门，怡园有贝叶窗。

园林中石榴树、石榴花窗等除了象征丰饶多子外，最初也是带着佛教的色彩。石榴果常被安排在莲花座上，两侧配以比作圣树和圣花的棕榈和莲花。藏传佛教信徒认为红石榴为其七宝之一。《陀罗尼经》上说，“取石榴枝寸截一千八段，两头涂酪蜜，一咒一烧尽千八遍，一切灾难悉皆除灭。”石榴也用来供奉鬼子母神，鬼子母神为婆罗门教中的恶神，一名欢喜母，是印度的财富之神俱比罗的妻子或母亲。丰产诃是母性的象征，据说她哺育多达五百个孩子。在佛教故事里，说她杀他人儿子，以自啖食，发誓要吃光王舍城内所有孩子。人民患之，仰告世尊。世尊即取其幼子嫔伽罗，盛着钵底，她发狂般地到处寻找。佛祖对她说：“你有五百个孩子，失去一个都这么悲痛，那些失去了唯一孩子的母亲们，又会如何感受呢？”鬼子母幡然悔悟，皈依了佛门，被佛法教化后，成为专司护持儿童的护法神。石榴，为鬼子母神右掌中所持之果物，以此果可破除魔障，故称吉祥果。据《诃利帝母真言经》载，鬼子母神以左手抱一孩子于怀中，右手则持吉祥果；据说是佛祖度鬼子母向善，让她不要再吃人，但恐其一时戒不了吃人肉的瘾，于是赐予她石榴作为代替。

图 2–10　如意门（苏州陆巷真适园）

法显的《佛国记》和玄奘的《大唐西域记》中都记载了古印度两个最早的寺庙，其一是“竹林精舍”，即释迦牟尼在王舍城宣传佛教时的居处。观音菩萨在往昔之时，现身于南海普陀山的紫竹林中，听潮起潮落，悟苦空无我，修成耳根圆通，能“寻声救苦，大慈大悲”。“禅房昼永炉香静，绿上纱窗竹影闲”，竹子与佛教结缘，所谓“青青翠竹，尽为法身”。竹子节与节之间的空心，是佛教概念“空”和“心无”的形象体现。白居易《养竹记》“竹心空，空以体道，君子见其心，则忠应用虚受者”，亦表示必须不断地汲取营养，寻求现世间智慧，以充实无物之腹。只有获得无上的般若正智，才能显证世间事物的空相；而要获得如此出世间智慧，就必须先获得现世间智慧，方能摆脱尘俗琐事，找到人间净土。

六朝的阮籍、嵇康等“七贤”，唐之李白、孔巢父等“六逸”，因为都与修禅有关，故都被冠以“竹”这一高洁的形象，分别称为“竹林七贤”和“竹溪六逸”。竹林成为他们游乐的场所。陈寅恪在《寒柳堂集》指出：“（以）外来之故事名词，比附于本国人物事实……如袁宏《竹林名士传》、戴逵《竹林七贤论》、孙盛《魏氏春秋》、臧荣绪《晋书》及唐修《晋书》等所载嵇康等七人，固皆支那历史上之人物也。独七贤所游之‘竹林’，则为假托佛教名词，即‘velu’或‘veluvana’之译语，乃释迦牟尼说法处，历代所译经典皆有记载。”

清代袁枚的随园，“西出加廊，修篁一林，隐石峰七，瘦削离奇，迎人而立，曰‘竹请客’”[①]，以竹林中之七方怪石，喻阮籍、嵇康等“竹林七贤”。寺庙中都植竹，狮子林南部小阁，周围密植竹林，题名“修竹阁”，就是仿效的洛阳古寺，以重名声。留园储云庵、亦不二亭等处，以一片竹子为主要植物，氤氲着佛教气氛。清末朴学大师俞樾筑曲园，置小竹里馆（图2-11），植彭玉麟所送方竹，同样含有王维竹里馆的禅意。

唐代白居易有“闲拈蕉叶题诗咏，闷取藤枝引酒尝”[②]诗，指的是怀素蕉书之韵事。据唐陆羽《怀素传》载，唐书法家怀素（725—785），家贫，无纸可书，常于故里种芭蕉万余，以供挥洒。[③]宋代黄庭坚有“更展芭蕉看学书”诗句谈及此事。怀素以善狂草出名，唐代戴叔伦《怀素上人草书歌》说他的草书“神清骨竦意真率”。清代李渔说，蕉叶可以随书随换，日变数题，

---

① 袁起：《随园图说》，见陈从周、蒋启霆选编：《园综》，第192页。

② 白居易：《春至》，见彭定求等编：《全唐诗》卷四四一，第4923页。

③ 陈思：《书小史》卷九《僧怀素传》，见丁丙编：《武林往哲遗书》，浙江古籍出版社，2019年，第108页。

图 2-11　小竹里馆（曲园）

尚有时不烦自洗，雨师代拭者，此天授名笺，不当供怀素一人之用。因题《芭蕉》诗曰："万花题遍示无私，费尽春来笔墨资。独喜芭蕉容我俭，自舒晴叶待题诗。"他云："蕉叶题诗，韵事也；状蕉叶为联，其事更韵。"于是，突发灵感，为园林设计了一种"蕉叶联"，制作方法是：先画蕉叶一张于纸上，授木工以板为之，一样二扇，一正一反，即不雷同；后付漆工，令其满灰密布，以防碎裂；漆成后，始书联句，并画筋纹，蕉色宜绿，筋色宜黑，字则宜填石黄，始觉陆离可爱，他色皆不称也。用石黄乳金更妙，全用金字则大俗矣。此匾悬之粉壁，其色更显，可称"雪里芭蕉"。①

唐"诗佛"、大画家王维曾画《袁安卧雪图》。据《后汉书 · 袁安传》记载，袁安是东汉名臣，但出身卑贱穷苦。《汝南先贤传》中记述了这样一段故事：有一年下大雪，地上的积雪达一丈多深。洛阳令来汝阳巡察，见穷人们铲除积雪，出外讨饭，唯独袁安家门前没有路，以为他已经冻饿而死。于是命人除雪进去，见他僵卧在屋里。问他为什么不出去，他说，大雪天大家都在挨饿，不应当去求别人。洛阳令认为他很贤德，便推荐他为孝廉。王维对袁安极为敬重，奉其为楷模，并作《袁安卧雪图》，意在颂扬袁安高标独树的品格。图中雪里芭蕉，与常见景物不同。"雪里芭蕉"

① 李渔：《闲情偶寄 · 居室部》，见《李渔全集》第三册，浙江古籍出版社，2014年，第165页。

乃“得心应手，意到便成，故造理入神，迥得天意”[1]，形象地反映了《涅槃经》中“是身不坚，犹如芦苇、伊兰、水沫、芭蕉之树”“譬如芭蕉，生实则枯，一切众生身亦如是”的思想。《袁安卧雪图》中的雪里芭蕉，就是“雪山童子，不顾芭蕉之身”[2]这句话的翻版。释迦牟尼入雪山修行，甘受皮囊之苦，这是不顾芭蕉之身；袁安宁愿僵卧雪中挨冻受饿，不肯出去向别人讨点吃的，同样是“不顾芭蕉之身”。所谓“雪里芭蕉”，只不过是“精于禅理”的王维，不用语言文字而用色彩线条图解了几个佛教典故，并对袁安不同凡俗的品格、“四世五公”的善极，作了一次宗教加世俗的颂扬、说教而已。陈寅恪也发明此意曰：“考印度禅学，其观身之法，往往比人身于芭蕉等易于解剖之植物，以说明阴蕴俱空，肉体可厌之意。”[3]正以易坏不坚之芭蕉比喻人之肉身，长于雪地，乃得长住不坏，以示勤修精进之人。王维将佛理寄寓在画中，有禅家超远洒落之趣。宋僧惠洪《冷斋夜话》说：“诗者妙观逸想之所寓也，岂可限以绳墨哉？如王维作《雪中芭蕉》诗，法眼观之，知其神情寄寓于物。”王维因被视为南宗文人画之祖。

（二）参禅悟道，法乃印心

在禅宗那里，参禅就是参悟，通过参破公案、话头、玄关等，而顿悟真理。唐代玄觉《永嘉证道歌》谓“游江海，涉山川，寻师访道为参禅”，表明参禅者必须由名师指点，多方请教，不可盲参瞎修，以免误入邪途，成为“野狐禅”。以禅宗公案立意的景点最富有哲理，是私家园林中获得禅悦的理想场所。公案，原指官府的公文案牍，依法而定夺曲直可否，享有权威。禅家认为祖师的言行，有判断迷悟是非的权威性，故亦称“公案”。明代莲池《正讹集》：“公案者，公府之案牍也，所以剖断是非。而诸祖问答机缘，

① 沈括：《梦溪笔谈》卷一七《书画》，金良年点校，中华书局，2015年，第160页。
② 王维《大唐大安国寺故大德净觉禅师碑铭》有“雪山童子，不顾芭蕉之身”句。
③ 陈寅恪：《禅宗六祖传法偈之分析》，载《清华大学学报（自然科学版）》1932年第2期。

只为剖断生死，故以名之。”

苏州沧浪亭西南角，有一座二层小楼，楼上额“看山”，楼下石室名“印心石屋”，石屋前院假山摩崖“圆灵证盟”，小楼三面植竹，构成禅宗一景。

印心石屋，为一石洞，洞中设石凳、石几，是一丈见方的斗室，取意“方丈室”。此意源于三国吴支谦翻译的《维摩诘经》中的《诸法言品》（后秦鸠摩罗什译作《文殊师利问疾品》）和《不思议品》。经中说，佛派遣文殊菩萨前往大乘居士维摩诘的居处“问疾”，众菩萨、声闻、天王等为了听闻“大道”，随文殊入毗耶离城。维摩诘空乏其室，唯余一床。时舍利弗思忖：“当于何坐？”维摩诘知其意，说：“求法者无占想之求也。”维摩诘复现神通，大众来入维摩诘室，见其室极其广大，悉包容三万二千狮子座。舍利弗惊叹说：“未曾有也，如是小室乃容受此高广之座！”维摩诘于是随机宣说“不可思议解脱法门”，谓入此法门者，能“以须弥之高广入芥子中”，“以四大海水入一毛孔”，而山、海等高、广依然，坐百万大众亦无宽狭之感。一说维摩诘室大仅十笏（见唐道世《法苑珠林》卷三八）。据载，王玄策过净名（即维摩诘）宅，以笏量基，此有十笏，故号方丈之室也。实际上此与禅宗所说的芥子纳须弥是一个道理，也是私家园林信奉的美学意念。佛教以须弥山为中心，以铁围山为外廓，在同一日月照耀下的一个空间，称为一个小世界。其间，有四大部洲，洲与洲之间山海回环。积一千个小世界，称为“小千世界”；积一千个“小千世界”，称为“中千世界”；积一千个“中千世界”，称为“大千世界”。“以三积千故，名三千大千世界”（道诚《释氏要览·界趣》）。可知一个“大千世界”包括十亿个世界，“皆是一化佛所统之处”（释道世《法苑珠林》卷二），空间是无限的。《涅槃经·四相品》说佛菩萨“能以三千大千世界入于芥子，其中众生亦无迫窄及往来想，如本无异”。柳宗元言：“小劫不逾瞬，大千若在掌。”[①]

后世亦有以园名十笏者。清代光绪年间，丁宝善在山东潍坊的花园，

---

① 柳宗元著，尹占华、韩文奇校注：《柳宗元集校注·法华寺石门精室三十韵》，中华书局，2013年，第2891页。

面积仅三亩，却有春雨楼、漪岚亭等楼台亭榭、书斋客房六十七间，有曲桥回廊连接，间有鱼池假山点缀其间，小巧玲珑，题名“十笏园”，实有自喻为维摩诘室之深意。

又如沧浪亭的印心石屋（图 2-12），印心，取佛家著作《景德传灯录》“衣以表信，法乃印心”之意。释迦牟尼佛在灵山会上说法，大梵天王献上金色波罗花，佛即“拈花示众”，大众不解其意，唯摩诃迦叶“破颜微笑”，佛曰：“我有正法，深藏在眼里，以心传心。你们应摆脱世俗认识的一切假象，显示诸法常住不变的真相。通过修习佛法而获得成佛的途径，了悟本源自性是绝对的最高境界，不要拘泥于语言文字，可不在佛教之内，也可超出佛教之上。我以此法传授给摩诃迦叶。”佛认为只有迦叶领悟其意，遂付法迦叶。后来，人们以“心心相印”“以心传心”来喻指佛与教徒不借语言，心意相通。佛家谓印证于心而顿悟。北宋苏轼《书〈楞伽经〉后》：“吾观震旦所有经教，惟《楞伽》四卷可以印心。”明代宋濂《新刻〈楞伽经〉序》：“卿言《楞伽》为达摩氏印心之经，朕取而阅之，信然。”事实上，“拈花传说”与得意忘言、直契道本的庄、玄精神殊途同归。

图 2-12　印心石屋（沧浪亭）

印心石屋外的院子有假山，假山石壁上有林则徐草书“圆灵证盟”四字。圆灵，指天上之月，取自谢庄《月赋》：“柔祇雪凝，圆灵水镜。”证盟，佛教徒对佛理之印证，“是以释子传法，名曰证盟，法必心悟，非有可传，不得真证，难坚信受”[①]。佛教徒喜欢用月作为禅理的某种意象，唐诗僧寒山子《岩前独静坐》诗曰：“岩前独静坐，圆月当天耀。万象影现中，一轮本无照。廓然神自清，含虚洞玄妙。因指见其月，月是心枢要。”“指月”是禅宗著名的公案。“指”，比喻佛教中的一切语言文字，“月”，喻佛法的真实义谛。“见月休观指”，经教中的万言千语，要人悟道见性，而非执着名相，纠缠字句。不过，悟道也要借助“指”的方便，这就是禅宗“不即文字，不离文字”的旨趣。

石室之上，建有看山楼，同样是取“日里看山”“看山是山”的禅宗公案，出于宋代吉州（江西）青山惟政禅师的《上堂法语》。他说：“老僧三十年前，未参禅时，见山是山、见水是水；乃至后来，亲见知识，有个入处，见山不是山、见水不是水；而今得个休歇处，见山只是山、见水只是水。”后来人们以为，青山惟政禅师说的是悟道的三种境界。“看山是山，看水是水”，指刚刚步入禅门，似懂非懂；“看山不是山，看水不是水”，是凭着自己摸索出的一点经验雾里看花，似懂非懂，左看右看越看越糊涂。“看山还是山，看水还是水”，指达到彻悟境界，只有极少数的人能修炼到这种水平。僧问：“如何是祖师西来意？”禅师回答：“日里看山。”[②]日里看山，清清楚楚。佛法大意，明明白白。僧问：“如何是佛法大意？”云门禅师答：“春来草自青。”[③]春来草自青，触目皆菩提。北宋苏轼《三月二十九日》“树暗草深人静处，卷帘欹枕卧看山”，元代虞集诗“有客归谋酒，无言卧看山”，实际上都在讲悟禅。唐代柳宗元曾描述过心神与自然冥合的乐趣：“枕席而卧，则清泠之状与目谋，瀯瀯之声与耳谋，悠然而虚者与神谋，渊

---

① 包世臣撰，祝嘉译释：《艺舟双楫译释 · 自跋草书答十二问》，上海书画出版社，2021年，第82页。

② 普济：《五灯会元》卷一五，苏渊雷点校，中华书局，1984年，第929页。

③ 道原著，顾宏义译注：《景德传灯录译注》卷一九，上海书店出版社，2009年，第1432页。

然而静者与心谋。”“看山楼”三字题额，揭示的正是这种禅宗意境，周围的竹子，强化着这一宗教氛围。

苏州狮子林，最早建于元至和二年（1342），元代名僧天如禅师维则的弟子在苏州“相率出资，买地结屋，以居其师”，其师中峰和尚（普应国师）原住天目山狮子岩，园名突出佛教徒之衣钵师承关系。园中湖石叠置的拟态假山，其立意即象征佛经中的狮子座。

《大智度论》：“佛为人中狮子，佛所坐处若床，皆名狮子座。”佛被称为“人中师（佛经上的‘狮’字多写作‘师’字）子”。“狮子吼”见于释迦牟尼佛初诞生时：“太子（指佛出家前为悉达多太子）生时，一手指天，一手指地，作狮子吼，云：‘天上地下，唯我独尊。’”（求那跋陀罗译《过去现在因果经》）

佛菩萨演说决定之理，降伏一切外道异说，故称狮子吼。此外，高僧说法，有时也被誉为狮子吼。“林”，即丛林。《大论》言众僧共住，“如大树丛聚，是名为林”。狮子林现在已经禅、儒参融，但园内还有“禅窝峰”、“狮子峰”（图2-13）、翻经台、卧云室等以禅宗公案或禅宗故事立意的景点。

揖峰指柏轩，据“庭前柏树子”公案立意。“揖峰”取宋代朱熹《游百丈山记》中“前揖庐山”之意，将山石人化，表示对山石的热爱尊崇之情。宋代普济记载，一僧问赵州从谂禅师：“如何是祖师西来意？”师曰：“庭前柏树子。”曰：“和尚莫将境示人？”师曰：“我不将境示人。”曰：“如

图2-13　狮子峰（苏州狮子林）

何是祖师西来意？”师曰：“庭前柏树子。”[1] 宋代无门慧开禅师评道，如果能分明透彻地领悟禅师答话的妙旨，即将前无释迦牟尼佛，后无弥勒佛！文中颂道：“言无展事，语不投机；承言者丧，滞句者迷。”此意是说：言语不能展示具体的事相，文字也不能阐述其机锋的要旨；执着于言语的人则会丧失悟禅的慧命，停滞于文字的人会迷惘。从常识看，柏树子是眼前的“境”，但从“真谛”说，柏树子却是心，佛教主张“三界唯心”，不承认有无心之境，有心就有“佛性”，因此“境即是心”，禅宗偈颂云：“出没云闲满太虚，元来真相一尘无。重重请问西来意，唯指庭前柏一株。”[2]。明代高启《指柏轩》“人来问不应，笑指庭前柏”的诗句说的就是此公案。额名与轩南园中佛教意境的假山氛围相吻合。

问梅阁，取意马祖道一大师问大梅法常之公案故事。《五灯会元》卷三载，马祖道一禅师的弟子法常，初参马祖道一时，听到马祖说“即心即佛”，当即大悟，于是便到大梅山去做主持，后称大梅法常禅师。马祖听说大梅法常住山后，想了解他领悟的程度，便派一名弟子去问大梅法常。僧问师：“于马祖处得何意旨？”师云：“即心是佛。”僧说：“马师近日道‘非心非佛’。”师云：“任他非心非佛，我只管即心即佛。”法常从明心见性、我即是佛的禅悟中，由自心自性这一核心出发，已经获得了自我的精神觉醒，领悟到人生的宇宙的永恒真理，已经把握住了自己的生命本性，自足、宁静，能打破偶像与观念的束缚，不受外在世界人事、物境的牵累。因此当那弟子回寺院告诉马祖道一时，马祖道一禅师赞许地对众弟子说：“大众，梅子熟了！”即谓大梅法常对“非心非佛”和“即心即佛”不二之理已经了悟。

立雪堂，取意禅宗二祖故事。《景德传灯录》载：禅宗二祖慧可，初次参见菩提达摩（中国佛教禅宗创始人），夜间适逢雨雪交加。不过，他求师心切，不为所动，恭候不懈。至天明，积雪已没及膝盖。菩提达摩见其求道诚笃，终于收他为弟子，授予《楞伽经》。又传慧可自断手臂，终于感动

① 普济：《五灯会元》卷四，第202页。
② 普济：《五灯会元》卷一四，第878页。

了达摩，于是上前问他：“你究竟想求什么？”答：“弟子心未安，请大师为我安心。”曰：“请把你的心带来，我就能为你安心。”慧可陷入沉思，良久曰：“我虽尽力寻思，但这心实在是难以捉摸。”达摩见其已开悟，便点醒说：“我已为你安心了！”唐代方干《赠江南僧》诗中“继后传衣钵，还须立雪中”，说的就是这个禅宗典故。

留园的闻木樨香轩（图 2–14）、网师园的小山丛桂轩以及无隐山房等名称都取自宋代黄庭坚闻桂香而悟禅的公案。《五灯会元》和《罗湖野录》等都记载，黄庭坚到晦堂处求教入门捷径，晦堂问：“只如仲尼道：‘二三子以我为隐乎？吾无隐乎尔者。’太史居常，如何理论？”黄庭坚想要回答，晦堂说：“不是！不是！”黄庭坚迷闷不已。一日随晦堂山行，正值桂花盛开，晦堂问：“闻木樨香乎？”山谷：“闻。”晦堂曰：“吾无隐乎尔。”山谷乃服佛氏之效。晦堂以启发弟子脱却知见与人为观念的束缚，体会自然的本真、生命的根本之道，就如同木樨花香自然飘溢一样，无处不在，自然而永恒。“木樨香”也成为三教教门中常用的典故。

图 2–14　闻木樨香（留园）

（三）三教会通，得大自在

由于中国文人具有三教兼容的思想特征，因此，人们还可从园林中许多景点获得禅悦。如网师园的月到风来亭，亭高踞池中半岛，池水清澈，涟漪荡漾，每当“月到天心处，风来水面时。一般清意味，料得少人知”[①]（月到风来亭亭名即典出邵雍此诗句）。邵雍在欣赏天光行云、月色清风之时，境与心得，理与心会，清空无执，淡寂幽远，清美恬悦。此时，宇宙本体与人的心性自然融贯，实景之中流动着清虚的意味，如水中月、镜中花，空灵洒脱，此时悟到的这种玄妙的心灵境界，微妙得难以与他人说。他在这种超凡脱俗体验中，调动潜能，开发智慧，获得了禅悦。

“活泼泼”是禅宗的熟语，佛徒用来指称悟禅境界。《景德传灯录 · 四无住禅师》：“真心者，念生亦不顺生，念天也不依寂……活泼泼平常自在。”与自心相契合，“直指人心，明心见性”，“目击道存，触事而真”，“如击石火，似闪电光”，“不用安排，不假造作，自然活泼泼地，常露现前”[②]，这就是留园“活泼泼地”的深意。

留园自在处（图 2–15），“自在”，即自由自在。最早见于唐《坛经 · 顿渐品》慧能语——“见性之人，立亦得，不立亦得，去来自由，无滞无碍，应用随作，应语随答，普见化身，不离自性。即得自在神通，游戏三昧”，即见性纵横无碍的境界。佛教宣扬大涅槃有“常、乐、我、净”四德，亦即永恒、恬静、自在、清净的境界。凡夫妄见生死轮回中有“常、乐、我、净”，属于“有为四倒”，二乘人误认涅槃中没有“常、乐、我、净”，属于“无为四倒”，而佛菩萨破除八种倒见，名为“得大自在”（参慧远《大乘义章》卷五），彻底摆脱各种束缚而能充分主宰之“我”，空寂无碍、心离烦恼，谓之“自在”。《妙法毕经序》云：“尽诸有结，心得自在。”注：“不为三界生死所缚，心游空寂，名为自在。”观世音，梵语按玄奘新译应为“观自在”。《心经》云：“观自在菩萨，行深般若波罗蜜多时，照见五蕴皆空，度一

---

① 邵雍：《邵雍集》卷一二《清夜吟》，中华书局，2010年，第365页。

② 大慧宗杲：《大慧普觉禅师语录》卷一九，潘桂明释译，东方出版社，2018年，第178页。

切苦厄。”观世音具有大智慧，能完全“自在”地观察事理无碍之境界，有大慈悲，菩萨应机赴感，寻声救苦，从心所欲，了无障碍，故“自在”后亦指闲适而无拘束。宋代陆游有“高高下下天成景，密密疏疏自在花”诗句，借花的恣心自在之态，表达出自我的自在心态。清代袁枚《随园诗话》引清符曾诗：“心死便为大自在，魂归仍返小玲珑。”此阁上层宜远眺，下层可近看，自成美景。前面有石砌蔷薇花台，当春花“红残绿暗”之时，蔷薇花事正繁，成丛蔓生的蔷薇，清馥可人。蔷薇花成簇而生，密密疏疏，狂蔓依墙，延及四邻，自由自在，悦目赏心，闲适任情。

图 2-15　自在处（留园）

留园的五峰仙馆东侧的静中观，取唐代刘禹锡“众音徒起灭，心在静中观”诗意，反映的也是禅理构成的审美理想。禅理中吸收了道家哲学，又极大地强调了主观心灵的能动性。“心在静中观”，即穿透表象，静观内蕴，超出人世烦恼，从而达到一种绝对自由的人生境界。静中观为东向揖峰轩小院落的一半亭，用房屋、廊、墙、门洞等建筑，将长仅仅 29 米、宽 15 米的空间划分为六个大小不等的空间，缀以湖石，植以花木，洞门空窗相望，使人觉得四面空透，景外有景，延伸无尽，丝毫无逼仄局促的感觉，激发

“芥子纳须弥”的佛理联想。

“夜雨芭蕉，似杂鲛人之泣泪；晓风杨柳，若翻蛮女之纤腰。移竹当窗，分梨为院；溶溶月色，瑟瑟风声；静扰一榻琴书，动涵半轮秋水。清气觉来几席，凡尘顿远襟怀……”[①]禅悦就在这芭蕉杨柳间、月色风声中。

五、“天人合一”观与中国园林的道德意识

孟子认为，“圣人之于天道也，命也，有性焉，君子不谓命也”[②]，天道与天性相通。“天之所生谓之人，天之所赋谓之性，秉懿之良谓之善”[③]。汉代董仲舒在《人副天数》卷一三中说，人的头圆，“象天容也；发，象星辰也；耳目戾戾，象日月也；鼻口呼吸，象风气也”。《淮南子·精神训》有著名的“圆颅方趾”说：“故头之圆也象天，足之方也象地。”董仲舒认为，人的知识德性来源于天，天所具有的道德品质，在人内心本来就有，只要“内视反听”，通过“修身省己，明善心以反道”即可，且因人性有三品，即圣人之性、中人之性和斗筲之性，故提出“三纲五常”作为维护帝国专制秩序的永恒道德规范。宋代张载《西铭》强调了人与天地自然的关系：“乾称父，坤称母，予兹藐焉，乃混然中处。故天地之塞，吾其体，天地之帅，吾其性。民吾同胞，物吾与也。”天地犹如父母，天地与人都由气所构成，天地的本性与我的本性也是统一的，人民都是兄弟，万物都是我的朋友。

中华民族的文化主体儒、道、禅，就是建立在“天人合一”观基础之上的。儒家以人合天，道家以天合人，讲求精神超越，兼容儒、道的禅宗也是以“内在超越”为特征的。[④]基于“天人合一”观的中华传统道德观，使修

---

① 计成原著，陈植注释：《园冶注释》，第2版，第51页。

② 孟子著，杨伯峻译注：《孟子译注·尽心下》，中华书局，1962年，第333页。

③ 王应麟撰，贺兴思注解：《三字经注解备要》，上海古籍出版社，1988年，第2页。

④ 汤一介：《佛教与中国文化》，第197页。

身、齐家、治国、平天下，成为中国古代政治理念的思维模式。《礼记·大学》曰：“古之欲明明德于天下者，先治其国；欲治其国，先齐其家；欲齐其家者，先修其身；欲修其身者，先正其心；欲正其心者，先诚其意；欲诚其意者，先致其知……自天子以至于庶人，一皆以修身为本。”作为中国文化载体的中国古典园林，通过倾注中华传统道德理念的人化风景设计，将这类道德观念艺术地物化在园林中。皇家园林“以游利政”，私家园林强调在“游于艺”的过程中净化心灵，但都得“先志于道，据于德，依于仁”，本节专就古典园林的道德观念问题作一些具体的探讨。

（一）有德者王

古代统治者都倡导“君权神授”说：夏代就有“有夏服（受）天命”（《尚书·周书·召诰》）；殷代出现的“德”是“礼”的辅助；周提出了“以德配天命”的理论，谓殷纣“失德”，故“天命”转移到周，自称“天子”“有德者王”，此为后代统治者竞相标榜。频繁的改朝换代，也使“天命”频繁转移。

标榜“有德”，成为皇家园林的精神内核。皇帝也注重自身素质的提高，对道德纯正的追求。皇家园林中，有很多倾注理想人品的人化风景点，其中不乏表达修身养性、励德自勉的道德原则的景点。圆明园有“澡身浴德”之果，在“平漪镜净，黛蓄膏停，竹屿芦汀，极望弥弥，浴凫飞鹭，游泳翔集”之时，乾隆《御制诗序》称体会到了晋人所说的“非惟使人情开涤，亦觉日月清朗”；在“密室周遮，尘氛不到，其外槐阴花蔓，延青缀紫，风水沦涟，蒹葭苍瑟，澹泊相遭”的环境中，追求“淡泊宁静”（圆明园），宁静以致远。

皇帝时常想到的是创业的艰难，故引历史典故以自戒。承德山庄和颐和园都有“无暑清凉”景点，典出《旧五代史·郭崇韬传》：“三年夏，雨，河大水，坏天津桥。是时酷暑尤甚，庄宗常择高楼避暑，皆不称旨。宦官曰：‘今大内楼观，不及旧时长安卿相之家，旧日大明、兴庆两宫，楼观百数，皆雕楹画栱，干云蔽日，今官家纳凉无可御者。’庄宗曰：‘余富有天下，岂不能办一楼？’即令宫苑使经营之，犹虑崇韬有所谏止，使谓崇韬曰：‘今年恶热，朕顷在河上，五六月中，与贼对垒，行宫卑湿，介马战贼，恒若清凉。今晏然深宫，不耐暑毒，何也？’崇韬奏：‘陛下顷在河上，汴寇未平，废寝忘食，心在战阵，祁寒溽暑，不介圣怀，今寇即平，中原无事，纵耳目之玩，不忧战阵，虽层台百尺，广殿九筵，未能忘热于今日也。愿陛下思艰难创业之际，则今日之暑，坐变清凉。’庄宗默然。”康熙亦曾咏《无暑清凉》：“谷神不守还崇政，暂养回心山水庄。”

晚年的乾隆在《御制避暑山庄后序》中戒己，也告诫后人曰：“若夫崇山峻岭、水态林姿、鹤鹿之游、鸢鱼之乐，加之岩斋溪阁、芳草古木，物有天然之趣，人忘尘世之怀。较之汉唐离宫别苑，有过之无不及也。若耽此而忘一切，则予之所为膻芗山庄者，是陷阱，而予为得罪祖宗之人矣。”

康熙在《芝径云堤》诗中说：“边垣利刃岂可恃，荒淫无道有青史。知警知戒勉在兹，方能示众抚遐迩。虽无峻宇有云楼，登临不解几重愁。连岩绝涧四时景，怜我晚年宵旰忧。若使抚养留精力，同心治理再精求。气和重农紫宸志，烽火不烟亿万秋。”

康熙《避暑山庄记》：“至于玩芝兰则爱德行，睹松竹则思贞操，临清流则贵廉洁，览蔓草则贱贪秽，此亦古人因物而比兴，不可不知。人君之奉，取之于民，不爱者，即惑也。故书之于记，朝夕不改，敬诚之在兹也。”文中表示要学习古代的有道明君。

对古修的仰慕，也是皇家园林标榜德的一个方面，园中不少景点是以中国历史上文化名人的逸闻雅事立意的。严子陵崇尚节义，相尚以道，以“士故有志”，拒绝了故人光武帝出仕的要求，耕钓于富春江畔，保持了士之志，表现了高尚的节操，他的“不事王侯，高尚其事”的行为，被宋儒家名臣范仲淹在《严先生祠堂记》中赞誉为“盖先生之心，出乎日月之上”，可以使“贪夫廉，懦夫立，是大有功于名教也”，因而范仲淹歌颂道：“云山苍苍，江水泱泱，先生之风，山高水长！”“山高水长”成为圆明园四十景之一。

陶渊明构想的桃花源，同样吸引着帝王，成为圆明园中“武陵春色”的艺术蓝本。“武陵春色”地处幽僻深邃的山坳，那里循溪流植山桃万株，落英缤纷，难道不是桃花源的再现？宋代理学名儒对此也十分倾慕。如理学家周敦颐隐居濂溪，植荷花，并写出了脍炙人口的《爱莲说》一文，成为圆明园“濂溪乐处”“映水兰香”、避暑山庄“香远益清”等景点的构景依据。颐和园的邵窝殿，是以宋代哲学家邵雍隐居之所命名的。邵雍居处有两处，一在河南辉县苏门山百源上，一在河南洛阳县天津桥南，均名“安乐窝”。《宋史·邵雍传》载：“雍岁时耕稼，仅给衣食，名其居曰安乐窝。”乾隆诗“山如蕴藉水不周，两字题楣慕古修。仁者安仁智者乐，卫源仿佛昔曾游”，明确说明是因为仰慕邵雍的“仁智”而题。

另外，园林景致也表示对文学家品格的倾慕。如圆明园四十景之一的“茹古涵今”，是根据杜甫“不薄今人爱古人”之言立意的。乾隆题诗曰：“广厦全无薄暑凭，洒然心境玉壶冰。时温旧学宁无说，欲去陈言尚未能。鸟语花香生静悟，松风水月得佳朋。今人不薄古人爱，我爱古人杜少陵。”有的景点甚至效仿文学家的个人癖好而建成。颐和园有一条用叠石构成的石涧，苔径缭曲，护以石栏，寻幽无尽，化用唐代李贺寻诗的故事，称“寻诗径”。《唐诗纪事》载：“李贺每旦出，骑弱马，从小奚奴，背锦囊，遇所得赋诗，书投囊中。”

园景也有表达对沉潜痴迷于艺术的大家的敬羡的。如被人视为“米颠”的宋代书画艺术家米芾爱石成癖，据《宋史·米芾传》载：“无为州治有巨石，状奇丑，芾见大喜曰：‘此足以当吾拜。’具衣冠拜之，呼之为兄。”颐和园的石丈亭即源自此典。米万钟为之倾家荡产的那块石“败家石”，硬是被乾隆搬进颐和园，名之曰“青芝岫”，将其比作令人长生的灵芝。

帝王表示勤于国事，往往建殿名“勤政”，如颐和园的仁寿殿，乾隆时即名勤政殿，殿中有乾隆手书《座右铭》：

> 凛于丰亨，遹求厥宁。思艰图易，居安虑倾。堂下万里，无恃尔克明。民方殿屎，无恃尔善听。无矜大名，无侈颂声。止欲于未萌，防危于无形。日慎一日，先民是程。昔之人有言曰：‘尧业

业，舜兢兢。’临渊履冰，式鉴兹铭。[1]

颐和园西宫门旁建筑名德兴殿，芳辉殿内匾额“怀远以德”，表示要以德兴国，对边疆要以德安抚。仁寿殿匾额“德风惠露”，示德政如风之传播，皇恩如雨露之均沾。又匾额“澍泽旁敷”，指皇帝恩泽广施四方。颐和园扇面殿名“扬仁风”，承德山庄的“延仁风”“延薰”，都取“奉扬仁风，慰彼黎庶”之意。颐和园石丈亭匾额“咏仁蹈德”，即讲仁义行道德。

帝王们即使是享乐也要与“德”联系。颐和园中，慈禧太后欣赏音乐、歌舞的地方，由大戏台、颐乐殿和后照殿等组成，名德和园，意思是以诗歌和音乐陶冶性情。《左传》有“君子听之以平气其心，心平德和，故诗为万乘之宝也”。圆明园的“坦坦荡荡”，取《易经》“履道坦坦”和《尚书》“王道荡荡”之意，展示了表达帝王观鱼时的愉悦坦荡的心态。

儒家一向将礼看成天道的规范，是天经地义。德是建立在遵礼的基础之上的。颐和园谐趣园涵远堂匾额“履德之基”，即申述其义。皇家园林中，无论帝王如何表示追求自然、释放个性，但象征帝王尊严和权威的中轴线对称格局总是少不了的。这个问题涉及的东西很多，不在此节赘述了。

除此之外，皇家园林中，还有表示帝王的管理国家之才德的景点。颐和园的仁寿殿内有一副楹联：“念切者丰年为瑞贤臣为宝；心游乎道德之渊仁义之林。”意思说：念念不忘的，是以丰年为祥瑞，以贤臣为国宝；心中思念的，应当是道德和仁义。另有一联曰：“义制事礼制心检身若不及；德懋官功懋赏立政惟其人。”用大义处理政事，用礼法管制自己的思想，经常检查自己的不足之处；有德者勉之以赏，立政重要的是选择人才。下联出自《尚书 · 仲虺之诰》：“德懋懋官，功懋懋赏。”长廊清遥亭匾额“斧藻群言”，表示要归纳采用群臣之言，要选贤任能，君臣和谐，如周代召康公当年跟成王游于卷阿之上，召公因成王之歌即兴作《卷阿》之诗以戒成王的那样。这也是东宫“卷阿胜境”的寓意。

---

① 于敏中编纂：《日下旧闻考》卷八四《国朝苑囿》，北京古籍出版社，1981年，第1393页。

颐和园的排云殿后檐额“天乐人和”，取《庄子 · 天道》：“与人和者，谓之人乐；与天和者，谓之天乐。”希望风调雨顺，国泰民安，天上人间皆和畅。圆明园“万方安和”“九州清宴”、颐和园“四海承平”、承德山庄“天宇咸畅”等均属此类。帝王们希望能使江山稳固，长享富贵。

中国作为农业大帝国，一向把农业放在首位，以农为本，所以，“气和重农紫宸志”。皇家园林构园置景，也注意体现这一“紫宸志”。康熙在《避暑山庄记》中说：“一游一豫，罔非稼穑之休戚；或旰或宵，不忘经史之安危。劝耕南亩，望丰稔筐筥之盈；茂止西成，乐时若雨旸之庆。此居避暑山庄之概也。”己亥（1719）夏，康熙南巡，曾书赠当时的江苏巡抚吴存礼对联一副和诗一章，“轸念穷黎，勉尽厥职”，吴存礼为“宣扬皇上德意，为三吴士林光宠……遂饬工庀材建御书碑亭”（吴存礼《重修沧浪亭记》）在苏州沧浪亭，有对联曰“膏雨足时农户喜；县花明处长官清”，表现了康熙重农爱民、俯察庶类的思想并且得到地方吏治的鼓励、表扬。康熙十六年（1677），他写下《喜雨》诗一首，云：“暮雨霏微过凤城，飘飘洒洒重还轻。暗添芳草池塘色，远慰深宫稼穑情。”康熙十分重视倡导地方官吏清廉的风气，亲任赏罚，整肃纲纪。曾诗曰：“曾记临吴十二年，文风人杰并堪传。予怀常念穷黎困，勉尔勤箴官吏贤。”颐和园如意庄，主体建筑乐农轩，崇尚农事；豳风桥，就是欣赏田园风光之桥，原桥西有仿江南乡村风景的一组风景点，如延赏斋、蚕神庙、织染局、水村居等。圆明园设有“北远山村”“多稼如云”，都是以农村为题材的造景，乾隆《御制诗序》描写“多稼如云”曰：“坡有桃，沼有莲，月地花天，虹梁云栋，巍若仙居矣。隔垣一方，鳞塍参差，野风习习，袯襫蓑笠往来，又田家风味也。盖古有弄田，用知稼穑之候云。”承德山庄的东南部，地肥土厚，康熙时也曾开辟为农田、瓜圃，桑麻千顷，果实累累。

（二）遵礼和尚志

如果说皇家园林主要是标榜皇帝的德义，那么私家园林则主要体现

"遵礼"和"尚志"，特别突出的是体现古代文人士大夫实现人生理想的方式，这种"精神"，充分地体现了古代士大夫的内心世界，特别是人格精神，而"人格是文化理想的承担者"①。士人园林从本质上说，是体现古代文人士大夫的一种人格追求，是古代文人完善人格精神的场所。诚如费夏所认为的，观念越高，含的美便越多。观念的最高形式是人格。②

文化的魅力，正导源于文人士大夫的人格精神。儒家以礼来规范人们回归"天道"，符合天道。儒家文化的三纲六纪，是抽象理想的最高之境，已经成为传统文人的一种心理习惯和思维定式。园林体现了儒家尊礼的文化心理。网师园有"天地君亲师"的龛位。天是中国传统文化中的最高概念。实际上，在中国一向是皇天合一的，"敬主方是真敬天"，皇帝尊号中都有"奉天承运""继天立极"的字样，所谓"天子抚育万民"。怡园中的湛露堂，典出《诗经·小雅·湛露》，意指诸侯歌颂周天子的恩德就像雨露一般沐浴着众人。

古代那些万民景仰的儒家名臣，都是维护纲纪的表率。儒家尚古尊先的社会文化观为士大夫所认同。苏州沧浪亭里，特辟五百名贤祠。小园东月洞门上刻砖额"周规"及"折矩"(《礼记·玉藻》)，意谓五百名贤皆能恪守儒家的礼仪法度。对面半亭名仰止亭(取自《诗经·小雅·车辖》)，意思是仰慕这些道德高尚、行为光明正大的五百名贤。祠中墙壁上还刻有"景行维贤"四字，再次明确了后人仰慕的是贤德之人。祠中大匾"作之师"三字，五百余名贤乃上天所立之人师。

狮子林中，有碑额曰"正气凛然"，高度颂扬了文天祥的"正气"。文天祥，官至南宋右相，封信国公，受命赴蒙古兵营谈判，被扣留，后俟机在镇江逃归。从海路到温州居留一月，后去福建坚持抗战。祥兴二年(1279)，战败被俘，英勇就义。碑上刻有文天祥身陷囹圄时寄梅咏怀的《梅花诗》："静虚群动息，身雅一心清。春色凭谁记，梅花插座瓶。"文天祥的《正气歌》歌颂了"天地有正气"，但他还是以三纲为宇宙和社会的根本："地维赖

---

① 马尔库塞：《审美之维》，李小兵译，生活·读书·新知三联书店，1989年，第34页。

② 转引自徐复观：《中国艺术精神》，广西师范大学出版社，2007年，第49页。

以立，天柱赖以尊。三纲实系命，道义为之根。”

艺圃第三任主人姜埰因直谏崇祯遭廷杖，几死，但他对崇祯的不死之恩念念不忘。枣甘甜而心赤，他种枣明志，以表白自己对明王朝的赤胆忠心。其子在枣旁筑轩，额以“思嗜”二字，含有“永怀嗜枣志”之意。

儒家学说强调参与精神，士大夫也企图通过做官来体现自己的社会价值。环秀山庄的主体厅堂匾额“有谷堂”，即指政治清明时出仕受禄。古代以“谷”计俸禄的高下，称“谷禄”。《论语·宪问》曰：“邦有道，谷；邦无道，谷，耻也。”政治清明时领俸禄，政治黑暗时如果还在接受朝廷俸禄，就是耻辱。这反映了古代知识分子“达则兼善天下，穷则独善其身”的常规心理。网师园大厅额“清能早达”，“清能”指为官者应该具备的品德才能，典出《后汉书·贾琮传》，谓要做像贾琮一样清廉、才能卓越的官员。“早达”的“达”，即孟子所说的“达则兼济天下”的“达”，即仕途顺利、显达，与表示仕途蹭蹬、失意的“穷”对举。即使已经失意下野了，园主也不会忘记自己昔日的辉煌，如艺圃的世纶堂（取世掌丝纶之意，园主曾祖文徵明曾任待诏，文震孟亦官至副宰相）、谏草楼（姜埰曾任谏官），曲园的春在堂（俞樾因“花落春仍在”诗句，获主考曾国藩的激赏），都说明了主人往日的社会地位或荣誉。

网师园看松读画轩西侧小书房对联云：“天心资岳牧；世业重韦平。”皇帝依靠的是像四岳十二州牧那样有贤德的封疆大吏；先人的事业、功绩推重的是汉代韦贤、韦玄成父子和平当、平晏父子那样的股肱之臣，他们都是父子相继为宰相。对联形象地说明了封建时代知识分子齐家、治国的最高理想。

儒家追求天道、天理，实质上是在探求人的生命之道、生存之道。儒家将达到天道阴阳两极之“和”作为最完美的人格，网师园中的“蹈和馆”额，就是这种审美理想的说明。儒家提倡“履中”“蹈和”，即躬行中庸之道、谦和之道。中国以农立国，对天地自然界有深厚感情，故对家庭亦感情深厚。西方如古希腊，以商立国，重功利，轻离别，家庭情感较淡。

中国是以血缘关系为纽带的宗法社会，早在甲骨文中，就有“孝”字，故有人称中国哲学为伦理哲学，称中国文化为伦理文化。儒学不是某种抽象的哲学理论、学说、思想，其要点之一是把思想直接诉之于情感，把某些基本理由、理论建立在日常生活中与家庭成员的情感心理的根基上——从“三年之丧”到孟子和王船山所说的“人禽之别”，首先强调的都是家庭中子女对于父母感情的自觉培育——并以此作为人性的根本、秩序的来源和社会的基础。总之，儒学把家庭价值置于人性情感的层次并将其作为教育的根本内容。苏州园林表现了浓厚的儒家伦理色彩，如表达怡亲、娱老的怡老园等。狮子林大厅外廊两侧砖额“敦宗”“睦族”，要求家族内部都应该和睦相处，为人要忠厚、诚实。小方厅北东侧走廊墙砖刻“宜家受福”。“宜家”，即“宜其室家”之意，见《诗经·桃夭》：“之子于归，宜其家室。”朱熹传曰：“宜者，和顺之意；室者，夫妇所居；家，谓一门之内。”也是指家庭和睦，共享大福。怡园，主人顾氏称“兄弟怡怡”，他还曾用“看到子孙”四字颜其堂。网师园女厅前院门宕上的“竹松承茂”额（图 2-16）出于《诗经·小雅·斯干》：“如竹苞（茂盛）矣，如松茂矣！兄及弟矣，式相好矣，无相犹（欺）矣。”竹子丛生，松叶隆冬而不凋，根基稳固而又枝叶繁茂。此诗本为成室颂祷之语，赞美宫室如同松竹一般根固叶盛。这里还含有家族兴旺发达、兄弟相亲相爱之意。

孔门四科中最先一科为“德行”，拙政园门宕额“基德有常”，即立德有准则、常规，《左传·襄公二十四年》：“德，国家之基也。”此额的用意是追求“清芬奕叶”，世代德行高洁。耦园轿厅砖额“厚德载福”，指有大德者，能多受福。《易·坤》：“地势坤，君子以厚德载物。”《国语·晋语·六》：“吾闻之，唯厚德者，能受多福，无德而服者众，必自伤也。”厚德者，具有宽厚待人、团结群众、以和为贵的兼容精神。孟子推崇“以德服人”。沧浪亭面水轩有对联曰：“仁心为质；大德曰生。”《孟子·离娄上》：“今有仁心仁闻，而民不被其泽，不可法于后世者，不行先王之道也。”又《易·系辞下》：“天地之大德曰生。”天地化育为功，故万物得以生也。注曰：“施生而不为，故能常生，故曰大德也。”

儒家是将山水作为道德精神的比拟、象征来加以欣赏的，这和儒家诗

图 2-16 “竹松承茂”额

论所讲的比兴密切相关。孔子所说的“仁者乐山，智者乐水”，成为园林欣赏的重要美学命题。古人追求山林仁德，主张将情志融入山水之间，将山水作为道德精神的比拟象征，如拙政园梧竹幽居对联：“爽借清风明借月；动观流水静观山。”怡园的岁寒草庐、天平山庄的岁寒居，都得“岁寒而后知松柏之后凋也”个中之意。拙政园“得真亭”额，以长青之松柏，谓得天地真气；对联“松柏有本性；金石见盟心”，意谓松柏具有坚贞的本性，金石之盟体现了牢固的誓约。士大夫文人追求人格完善，他们怀冰握玉，“直如朱丝绳，清如玉壶冰”（鲍照《代白头吟》）、“一片冰心在玉壶”（王昌龄《芙蓉楼送辛渐》其一），拙政园“玉壶冰”就是表示心灵的高尚、纯洁、晶莹的典型。

老庄等道家尊崇的天道，是纯粹的自然之道。他们认为天道无为，人性应与天道同化，万物皆应顺应自然，人应该纵情率性，保持自然之态；认为对人性的任何约束都是对天道的损害。他们主张法天贵真、道合自然，倡导天人为一、返璞归真。道家主张人与自然的统一，人是通过在自然中所获得的精神的慰藉与解脱去体悟自然山水美的。道家把自然的美与主体的“自喻适志”、逍遥无为联系起来。如果说天道也有象征意义的话，那是把自然作为“道”的“无为而无不为”的表现来看的。因而，人对自然的审美感受，是由自然所唤起的一种超越了人世间烦恼痛苦的自由感，是体验自然与人契合无间的一种精神状态，人由此进入“天和”、常乐的至境。他们向往身心自由，欣赏山中白云，五峰仙馆北浣云沼东边墙对联“白云怡意；清泉洗心”，白云愉悦心志，清泉荡涤杂念，是浸染禅悦的哲理对联，出句由南朝梁陶弘景《诏问山中何所有，赋诗以答》一诗化出：“山中何所有？岭上多白云。只可自怡悦，不堪持寄君。”此诗写山居生活的可爱，终日观赏云起云合，云散云飞，非心性奇高之人味不出其中深趣。白云，一方面是隐逸的象征，一方面又是禅家常用的喻象，表征着不染不着、无拘无缚的自由心态。对句自《易·系辞上》“圣人以此洗心”句化出，云圣人可用《易》道来启导人心，此曰可以赖清澈的泉水涤荡心中的杂念，使心志纯洁专一。留园中部曲桥东方亭额“濠濮”，取《庄子·秋水》篇庄子濮水钓鱼以及庄子和惠子濠梁问答之意。垂钓观鱼唤起了一种超越了人间世事烦恼痛苦的自由感，表现出超然高远的情志。《世说新语》载：“梁简文帝入华林园，顾谓左右曰：‘会心处不必在远，翳然林水，便自有濠濮间想也，觉鸟兽禽鱼，自来亲人。’”如亭中匾上题“林幽泉胜，禽鱼目亲，如在濠上，如临濮滨。昔人谓‘会心处便自有濠濮间想’，是也”。其间融进了玄理，耐人玩味。留园冠云台匾额为“安知我不知鱼之乐”，出《庄子·秋水》篇中庄、惠问答之意，指游者徜徉于仙苑之中，内心摆脱俗累，感到心灵获得了极大的自由和无比的愉悦。看花、问竹、听松，随性适情，追求的是白居易所说的“外适内和，体宁心恬”，俯仰于茂木美荫之间，这是生活态度，也是养生艺术。

慧能创始的禅宗，自称“教外别传”，强调“我佛一体”、直心见性之学说，认为人人皆有佛性，“青青翠竹，尽是法身；郁郁黄花，无非般若（智能）”。其理论核心是讲“解脱”，而解脱的最高境界就是达到佛的境界，这个“佛”，已经不是释迦牟尼，因为“心外无佛”，这个“佛”在自己的精神世界里。修持方法实际上是“修心”，把宗教修正功夫变成对待生活的态度，它不但不否认人世间的一切，而且把人世间的一切在不妨害其宗教基本教义的前提下，完全肯定下来了。禅宗这一高度思辨化的佛教派别，宋代以后独步释门，成为中国佛教的代表。禅宗实际上包含伦理化、人情化、世俗化的三重改造。它缩短了此岸与彼岸之距离，宗教色彩大大淡化，也是“天人合一”精神的特殊体现。

具有早期禅宗寺庙特色的狮子林的问梅阁、指柏轩，沧浪亭的印心石屋，网师园的小山丛桂轩，留园的闻木樨香轩等，都取自禅宗公案故事，禅师启发人打破偶像与观念的束缚，不受外在世界人事、物境的牵累，而从眼前之景中获得“悟”的契机，“自识本心”，发现“自家宝藏”，让人“蓦然心会”，领悟到人生和宇宙的永恒真理。苏州园林中也有礼佛建筑，如天平山庄的咒钵庵，留园的贮云庵、参禅处等，旧时都为学佛之所。建筑的主人都为在家修行的“居士”，他们“玄入参同契，禅依不二门”（留园有亭额“亦不二”）。

（三）三教合一

中国文人实际上都是三教合一的，以儒治世，以道养身，以佛修心。实际上早期的道家本来也是一种“治国经世”的政治哲学，后来才偏重于修身养生之术这种要求把“治国”和“养生”结合起来，并特重“养生”的“黄老思想”和儒家传统的积极“入世”精神一样深深地植根于中华民族文化之中，成为中华民族的一种特有的心理特性①。下面我们以园林中的人化植物为例，阐述其文化意蕴。

竹为三教共赏之物，积淀着深厚的文化意蕴。竹，秀逸有神韵，纤细柔美，长青不败，象征青春永驻；春天（春山）竹子潇洒挺拔、清丽俊逸，

---

① 汤一介：《佛教与中国文化》，第175页。

翩翩有君子风度；竹子空心，象征品格谦虚，虚心能自持；竹的特质弯而不折，折而不断，象征柔中有刚的做人原则；凌云有意，强项风雪，偃而犹起，竹节必露，竹梢拔高，比喻高风亮节；品德高尚不俗，生而有节，为气节的象征。唐张九龄咏竹，称“高节人相重，虚心世所知”[①]。淡泊、清高、正直，都是中国文人的人格追求。元代杨载《题墨竹》：“风味既淡泊，颜色不妩媚。孤生崖谷间，有此凌云气。”

竹既有美的意象，又与士大夫文人的审美趣味、伦理道德意识契合。因此，自魏晋以来，竹就成为风流名士的理想的人格化身，敬竹、崇竹、引竹自况，蔚然成风。王徽之嗜竹，尝曰：“不可一日无此君”。北宋苏轼《於潜僧绿筠轩》诗云：“可使食无肉，不可使居无竹。无肉令人瘦，无竹令人俗。”明代张凤题《竹林高士图轴》：“一竿二竿修竹，五月六月清风。何必徜徉世外，只须啸咏林中。”竹，成为隐者名士的代名词、名士风雅的标志，所谓“修竹三竿诗人家”。竹，可使日出有清阴，月照有清影，风来有清声，雨来有清韵，露凝有清光，雪停有清气，令人神骨俱清，逸致横生。因此，居必有竹，以陶情励志，爽清气息。

扬州个园，以颂竹为主题。“个”为竹叶之状，文人画中，竹叶的技法有“个”字、“分”字、“女”字等说，竹叶中常出现“个”字，故可以用“个”代替“竹”。个园单取一根竹，也有独立不倚、孤芳自赏之意。园内大片竹林，又以竹造“春山”。

苏州沧浪亭以竹子为特色，现在有各类竹子二十多种：有矮竿阔叶的箬竹、碧叶披垂的苦竹、疏节长竿的慈孝竹、竹节环生的毛环竹、竿染黑斑的湘妃竹、竿叶青翠的水竹、大叶直竿的青竿竹、宽叶浓荫的哺鸡竹、竿皮黄色嵌绿条的碧玉嵌黄金竹、像孔雀尾巴一样的凤尾竹等。微风乍起，万竿摇空，如细雨沙沙轻落，日光掠过竹枝，疏影斜洒，如烟似雾。

竹林中的小道上，有石条可以小坐，竹深留人，很有抒情色彩。

曲尺形的小屋翠玲珑，前后皆竹，绿意萦绕，取园主苏舜钦“日光穿竹

---

① 张九龄撰，熊飞校注：《张九龄集校注》卷一《和黄门卢侍郎咏竹》，中华书局，2008年，第85页。

翠玲珑”诗句意。风吹竹丛，如长笛轻吹；水流淙淙，似琴弦奏鸣，一片天籁，诚如君子对其所形容的：“风篁类长笛，流水当鸣琴。”翠玲珑北面竹丛前，是五百名贤祠。祠主大多是吴郡乡贤名宦，包括政治、军事、经济、文化、科学、艺术、医学、水利、历算诸方面人才，匾曰“作之师”，取自《尚书·泰誓》篇，意思是上天佑助下界万民，立人师教化他们。署头石刻“景行维贤”，意思是行为光明正大，德行高尚，乃为后人仰慕的贤德之人，有借竹子来称颂名贤之深意。

怡园四时潇洒亭以竹为友，静坐竹畔，聆听那风摇绿竹的戛玉之声，延来洒然清风，感到身心俱适（怡园玉延亭）。竹还有象征子孙兴旺者，如网师园的“竹松承茂”门额，竹与祝谐音，“爆”与“报”谐音，人们用竹子做成爆竹，在喜庆的节日燃放，驱邪恶，祈祷平安，即“竹报平安”。

竹子还是佛教教义的象征。法显的《佛国记》和玄奘的《大唐西域记》中，都记载了古印度最早的寺庙竹林精舍的准确位置，即在中印度的迦兰陀村。据说是释迦牟尼在王舍城宣传佛教时，迦兰陀长者归佛以后，将他的竹园献出，摩揭陀的国王频毗婆罗在园地上建立精舍，请释迦牟尼居住，释迦牟尼在此宣传佛教的时间比较长。竹林精舍与舍卫城的祇园并称为佛教的两大精舍。因为竹子节与节之间的空心，是佛教概念“空”和“心无”的形象体现。竹子就这样与佛教教义结缘。寺庙中一般都植竹，狮子林南部小阁，周围密植竹林，题名“修竹阁”，就是仿效洛阳古寺，以重名声。

辋川的竹里馆，正是王维禅思的地方，他的《竹里馆》诗“独坐幽篁里，弹琴复长啸。深林人不知，明月来相照”，蕴含很深的禅意，在一个远离俗尘的萧瑟静寂、冷洁，但又身心自由的小天地里，观照般若实相，心净土净，体会维摩诘菩萨的“身在家，心出家”的真谛。

明末，竹与净土关系密切。观音菩萨在往昔之时，现身于南海普陀山的紫竹林中，听潮起潮落，悟苦空无我，修成耳根圆通，能“寻声救苦，大慈大悲”。

竹子与道教也有缘分。上清派道教领袖陶弘景，本是佛道双修的人物。他仿照佛经的格式编纂道经，他承袭佛教的科仪、咒术、梵呗等宗教形式，系统地改造道教，如仿《佛说四十二章经》造出旨在规范道教戒律的《真诰》。他曾经在句容茅山佛道双修，“善辟谷导引之法，年逾八十而有壮容。深慕张良之为人，云‘古贤莫比’。曾梦佛授其菩提记，名为胜力菩萨。乃诣鄮县阿育王塔自誓，受五大戒”[①]。陶弘景据五行之术来解释为何在园中内北宇植竹可使子嗣兴盛。他说：“我案《九合内志文》曰：‘竹者为北机上精，受气于玄轩之宿也。’所以圆虚内鲜，重阴含素，亦皆植根敷实，结繁众多矣。公（简文帝为相王时）试可种竹于内，北宇之外，使美者游其下焉。尔乃天感机神，大致继嗣，孕既保全，诞亦寿考……”[②]

东晋的王谢两世族大家，都是天师道世家。他们南下后，不容于三吴土著贵族，只能在会稽周围开山辟田，尽显正始以来名士风范。世间盛称王子猷（徽之）爱竹的故事，实际《世说新语·任诞》载王子猷“尝暂寄人空宅住，便令种竹。或问：‘暂住何烦尔？’王啸咏良久，直指竹曰：‘何可一日无此君！’”宋之问的《绿竹引》诗也称：“含情傲睨慰心目，何可一日无此君。”

与竹子一样，荷花也是三教共赏之物，只是内涵有所侧重。《群芳谱·荷花》：“花生池泽中最秀。凡物先华而后实，独此华实齐生，百节疏通，万窍玲珑，亭亭物表，出淤泥而不染，花中之君子也。”“轻轻资质淡娟娟”的荷莲，那出淤泥而不染的资质，“赢得芳名万载传”。荷花自来与佛教结缘。佛经中讲，佛祖释迦牟尼降生的时候，呈现的祥瑞征兆中就有池中生出千叶莲花之说。《华严经探玄记》以莲花为喻，对真如佛性做了如下形象描述：“如世莲花，在泥不染，譬如法界真如，在世不为世法所污”，“如莲花有四德，一香、二净、三柔软、四可爱，譬如真如四德，谓常乐我净”。

宋代周敦颐筑室庐山莲花峰下小溪上，取濂溪自号，写了情理交融、风韵俊朗的《爱莲说》，他又写《题莲》诗：“佛爱我亦爱，清香蝶不偷。一般清意味，不上美人头。”宣称佛爱莲我亦爱莲，莲花清香，但是蝴蝶是偷不

---

① 姚思廉：《梁书·陶弘景传》，中华书局，1973年，第743页。

② 陶弘景：《真诰》，赵益点校，中华书局，2011年，第136页。

走的，美女们也不会把莲花戴在头发上。这首诗不仅把莲花的特质和君子的品格浑然熔铸，也将莲花的高情韵致与佛学的因缘联系起来。荷花被推为六月花神，人间将农历六月二十四日作为荷花的生日。

哲学家牟宗三指出：

> 中国文化之开端，哲学观念之呈现，着眼点在生命……儒家讲性理，是道德的；道家讲玄理，是使人自在的；佛教讲空理，是使人解脱的。……性理、玄理、空理这一方面的学问，是属于道德宗教方面的，是属于生命的学问，故中国文化一开始就重视生命。[①]

钱穆总结说："中国人重德，西方人重才，亦中西文化一大歧趋。"[②]中国古典园林寓美于善的审美特征，正体现了中国文化这一主体精神。

六、苏州园林与摄生智慧

英国哲学家罗素在《中国问题》中说："中国人摸索出的生活方式已沿袭数千年，若能被全世界采纳，地球上肯定会比现在有更多的欢乐祥和……若不借鉴一向被我们轻视的东方智慧，我们的文明就没有指望了。"西方学者海德格尔强调发掘人的生存智慧，调整人与自然的关系，纠正人在天地间被错置了的位置，主张在完善天人关系的同时，也完善人类自身。他认为重整破碎的自然和重建衰败的人文精神二者完全是一致的，并把希望寄托在文艺上，认定这种最高的境界是人在自然大地上"诗意地栖居"。如果说海德格尔"诗意地栖居"还只是理想，而被列入世界文化遗产的苏州园林，便是"诗意地栖居"的文明实体，是人类环境创作的典范。

苏州古典园林，多"日涉成趣"的宅园，当然每一处园林都有自己独特的个性。苏州的宋元明清园林，实际都经过修葺，中华民族理想的景境已

① 牟宗三：《中西哲学之会通十四讲》，上海古籍出版社，1997年，第11、22—23页。

② 钱穆：《中国文学论丛》，生活·读书·新知三联书店，2002年，第138页。

具一定的模式，诸如蓬莱、昆仑和壶天等仙道境域的幻想模式、风水佳穴模式和须弥山佛国理想模式等。苏州园林既注意了对风水佳穴的选择、仙境灵域和闭合式壶天模式的模仿，还特别重视净化、诗化的艺术养生，创造出“美好的、诗一般的”梦幻境界，体现了中华农耕民族最高最优雅的生存智慧，也即罗素所说的“东方智慧”。

当今，人类恃人力对大自然进行掠夺性开发，自然界已经通过严厉的惩罚，又一次给予了人类空前深刻的生存智慧的启示。我们再次将目光投向苏州园林的景境模式，揭示其蕴含的生存智慧，应该是颇有现实意义的。

（一）风水佳穴与生态科学

苏州园林主要为宅园，传统文化十分注重宅园风水，苏州园林在选址和布局上，自然要寻找“风水佳穴”。

中国风水是地景崇拜的体现，讲求人和宇宙的调和，用得较多的就是阴阳八卦和五行、四象之说，反映了中华古人对地质地理、生态、环境、建筑等的综合观念，这是一种“天人合一”的地理观，被西方科学家称为“东方文化生态”。

风水说源于中华先民早期对环境的自然反映。古人对环境的吉凶意识，是在漫长的历史进程中生态经验的积累。中国原始人选择的适合自己居住的满意生态环境，是中国人理想环境的基本原型。“以相民宅”的目的，是“以阜人民，以蕃鸟兽，以毓草木，以任土事”(《周礼 · 地官司徒》)。

《阳宅十书》是探讨风水的专著，其中有“阳宅外形吉凶图说”和“阳宅内形吉凶图说”，《鲁班经匠家经》卷三附有房屋布局吉凶七十二例等。“它（风水术）积累和发展了先民相地实践的丰富经验，承继了巫术占卜的迷信传统，糅合了阴阳、五行、四象、八卦的哲理学说，附会了龙脉、明堂、生气、穴位等形法术语，通过审察山川形势、地理脉络、时空经纬，以择定吉利的聚落和建筑的基址、布局，成为中国古代涉及人居环境的一个极为独特的、扑朔迷离的知识门类和神秘领域。”[①]

“藏风聚气”“山环水抱”和“龙真穴的”被称为“风水三要素”。如园林选址，按风水术以四灵之地为理想的环境，它的构成模式完全套用五行四灵方位图式，只是将四灵具体化为山（玄武）、河（青龙）、路（白虎）、池（朱雀）等环境要素。所谓左青龙、右白虎、前朱雀、后玄武，用的是相对方位，并非东西南北的绝对方位。

风水歌诀曰：“阳宅须教择地形，背山面水称人心。山有来龙昂秀发，水须围抱作环形，明堂宽大斯为福，水口收藏积万金，关煞二方无障碍，光明正大旺门庭。”[②]中国风水将最吉祥的地点称为穴，这一古老惯例是古人试图寻找或建造一个理想的洞穴居住而传承下来，并演化至今的。

郭璞的《葬经》以“玄武垂头（穴在山脉止落之处）、朱雀翔舞（穴前明堂，水流屈曲）、青龙蜿蜒（左侧护山回环）、白虎驯俯（右侧护山抱怀）”作为最佳的风水模式，要求穴的四周山环水绕，重峦叠嶂，山清水秀，郁郁葱葱，明堂开朗，水口含合，水道绵延曲折，以形成良好的心理空间和景色画面，即他企图利用天然地形来为意愿中的环境构图，追求一个完整、安全、均衡的世界。这是一种高度理想化和抽象化的择穴模式，反映了中华先人的摄生智慧。

苏州园林选址，也以四神兽模式为最佳，如《阳宅十书》所言：“凡住宅左有流水谓之青龙，右有长道谓之白虎，前有污池谓之朱雀，后有丘陵谓之玄武，谓最贵地。”如苏州耦园，东（左）为流水，南（前）有河道，北（后）有藏书楼，楼后又为水，西（右）有大路，自然为大吉之地。

国外生态学研究者赞美风水术是“通过对最佳空间和时间的选择，使人与大地和谐相处，并可获得最大效益、取得安宁与繁荣的艺术”，是“驾驭龙的真正的科学”，并誉其为“宇宙生物学思维模式”和“宇宙生

① 侯幼彬：《中国建筑美学》，第192页。

② 转引自一丁、雨露、洪涌编写：《中国古代风水与建筑选址》，河北科学技术出版社，1996年，第235页。

态学”[1]。

八卦是平面上八个方位之象，为四方位细分的派生物。因为住宅大门是房子的嘴，主吸纳灵气，所以园林住宅大门的朝向最为重要。一般坐北朝南，以八卦中的离（南）、巽（东南）、震（东）为三吉方，其中以东南为最佳，在风水中称青龙门。门边置屏墙，避免气冲，屏墙呈不封闭状，以保持气畅。私家园林住宅的大门一般偏于东南，处于属“木”的巽位，巽为风卦，水木相生，“风”为入，寓意财源滚滚而入，而且向阳、通风。据说，民间认为东南风可以感受到平和恬淡、安详和纯朴的自然情调，所以风水最好。正南离卦，属午火，阳气最旺，唯帝王和神消受得起，一般人不避反伤，所以私家园林大门鲜有朝正南开者。苏州拙政园、网师园正大门都在住宅东南。

《黄帝宅经》“宅以形势为身体，以泉水为血脉，以土地为皮肉，以草木为毛发，以舍屋为衣服，以门户为冠带。若得如斯俨雅，乃为上吉”，实际上是对住宅周围环境的理想要求：背山面水，空气流通，挡住呼啸的北风，青山绿水，鸟语花香，冬暖夏凉，符合人们生活的生态需要。

风水学认为，“凡宅居滋润光泽阳气者吉，干燥无润泽者凶”，住宅固然要求干燥，但周围如果没有溪水环绕，就断绝了生机。

风水中符合医学科学的也很多。如住宅建筑前屋低后屋高的吉，符合人们对于光照的需要，阳光紫外线可以杀菌。大门前不可种大树、独树和空心树、瘦结如瘤之树、藤萝纠缠之树等，以免阻挡阳光，阻挠阳气、生机进入屋内，屋内阴气不易驱出。苏州春在楼，建筑在一条中轴线上，有门楼、前楼、中楼、楼脊，中楼高于前楼，前楼又高于门楼，呈“步步高、级级高”走向，既符合人的趋吉心理，又符合医学科学。

风水术对小环境的树种选择也甚为讲究，如主张宅周植树，“东种桃柳（益马），西种栀榆，南种梅枣（益牛），北种柰杏”，又“中门有槐，富贵三世，宅后有榆，百鬼不近”，“宅东有杏凶，宅北有李、宅西有桃皆为淫邪”，

---

① 转引自俞孔坚：《景观：文化、生态与感知》，科学出版社，1998年，第96页。

“门庭前喜种双枣，四畔有竹木青翠则进财”。还有“青松郁郁竹漪漪，色光容容好住基”之说，提倡种松竹。上述貌似迷信荒诞的吉凶说，却颇符合科学，它既科学地根据不同树种的生长习性，规定栽种方向，有利于环境的改善，又满足了改善宅旁小气候观赏的要求。“榆柳阴后檐，桃李罗堂前”，俗语称：“树木弯弯，清闲享福。桃株向门，荫庇后昆。高树般齐，早步云梯。竹木回环，家足衣绿。门前有槐，荣贵丰财。”苏州园林对植物树种的选择就很讲究，如网师园门庭前植槐（图 2–17），以符“槐门”之称，大厅的前后种上金桂玉兰，以合金玉满堂。

图 2–17　网师园门庭双槐

苏州沧浪亭，草树郁然，崇阜广水，不类乎城市。杂花修竹之间有小路，三面环水，旁无居民，左右都有林木相亏蔽，“前竹后水，水之阳又竹无穷极。澄川翠干，光影会合于轩户之间，尤与风月为相宜”。

钱大昕《网师园记》曰，网师园“负郭临流，树木丛蔚，颇有半村半郭之趣……居虽近廛，而有云水相忘之乐”。

噪音也是妨碍人体健康的大敌。因此，风水以为“不宜居大城门口及狱门、百川口去处”，因为那里人员杂沓，车马声、吆喝声、呻吟声，使人烦躁，甚至会引起失眠等症状。苏州园林的主人，大都以隐逸为旨趣，他们营造的是“居尘而出尘”的“城市山林”，相土选址以“地僻为胜”，“远往来之通衢”，所以，苏州园林都建在小巷深处，杂厕于民居之间。

如网师园大门位于一条极窄的羊肠小巷阔家头巷深处，足见园主筑园之初心，即借以避大官之舆从也！

艺圃位于文衙弄，不远处就是曹雪芹《红楼梦》中说的“红尘中一二等风流繁华之地”的阊门，但却有“隔断城西市话哗，幽栖绝似野人家”的意境。要找到艺圃，非得有寻幽探芳的决心不可。

耦园僻处苏州城曲小新桥巷，罕有车迹。

号称“吴中第一名园”的留园，位于苏州阊门外，当时从城内出城去留园，走的都是狭窄的石子小道。留园东北是花埠里，北至半边街，东邻五福弄，西迄绣花弄，都是小巷。南面的留园路，原先也是小道。

拙政园之地，早在唐诗人陆龟蒙所居之时，就是“不出郛郭，旷若郊墅”。北宋胡峄居此，也是“宅舍如荒村”。明时仍有积水横亘其间，颇具山野之气。明代依然有“流水断桥春草色，槿篱茆屋午鸡声”（文徵明《拙政园若墅堂》诗）的野趣。

拙政园东部，明代末年是王心一的归田园居，当年也是“门临委巷，不容旋马”，“委巷”即东首的百花小巷。

清代听枫园，位于苏州金太史巷旁的庆元坊。鹤园，位于韩家巷。曲园，位于马医科巷。如今大门面对着人民路的怡园，原来大门也开在小巷。可以说，避开尘嚣、隔尘、隔凡，赢来一份清幽，是苏州园林选址的共性。

苏州在长期的造园实践中，逐渐拂去了构园活动中浓重的迷信色彩，而强调了构园中符合环境生态、环境心理的科学性和实际性。如明代计成在他的造园经典《园冶 · 立基》中明确地说：“选向非拘宅相。”认为园林的建筑布置、向背应该根据造园的立意因地制宜，不可完全为风水堪舆所迷惑。苏州大量的私家园林大门的朝向，是依街巷方向而定的，如苏州的沧浪亭、听枫园，大门都朝向北面。不过，在园内的整体结构上，基本上符合前朱雀（池）、后玄武（山或楼）、左青龙（河）、右白虎（大路）的相对方位。即使现在设计的新园林，也基本遵循此原则，大致以正厅、正房为主，正厅的朝向根据主人的生肖八字来定。

面水背山的环境，自然是十分理想的生态环境。费尔巴哈讲到过“一种精神的水疗法”，认为“水不但是生殖和营养的一种物理手段……而且是心理和视觉的一种非常有效的药品。凉水使视觉清明，一看到明净的水，心里有多么痛快，使精神有多么清新！”[①]

水生植物也具有净化水体、改善水质等功能。如荷花、芦苇等不仅具有良好的耐污性，而且能吸收和富集水体中硫化物等有害物质，净化水质，如夏日的留园荷花别样红（图 2–18）。绿地还可防止硝酸盐污染地下水。[②]

图 2–18　夏日荷花别样红（留园）

植物茂密的青山，引来飞禽走兽，带来鸟语花香。春山淡冶如笑，宜游；夏山青翠欲滴，宜观；秋山明净如妆，宜登；冬山惨淡如睡，宜居。此符合传统养生学中“和于阴阳，调于四时”(《素问 · 上古天真论》)之说。

（二）仙境神域与科学养生

海中神山和壶天仙境，自秦汉至今，始终是园林模仿的永恒主题。水

---

① 费尔巴哈：《十八世纪末—十九世纪初德国哲学》，商务印书馆，1975年，第542页。

② 李宪法：《城市地区绿地的生态经济效益》，见冯采芹编：《绿化环境效应研究（国内篇）》，中国环境科学出版社，1992年，第170页。

是人类生命之源，水对人类恩威并施，随之产生了对水的感恩、敬畏和原始崇拜，并刺激了人类的神秘主义幻想，居住在沿海水滨的先民，还偶尔见到海上“时有云气，如宫室、台观、城堞，人物、车马、冠盖，历历可见”[①]的海市蜃楼幻景，遂产生了具有海岸地理型特色的蓬莱神话体系：大海中有三座神山，蓬莱、方丈、瀛洲，高下周旋三万里，顶平旷可九千里，洪波万丈的黑色圆海成为天然的护山屏障，山上既有可供人类居住的金玉琉璃之宫阙台观、赏玩的苑囿，也有晶莹的玉石、纯洁的珍禽异兽，又有食之可以令人长生不死之神芝仙草、醴泉和美味的珠树华食。物质生活富裕华贵，精神生活充实纯洁，这种生活是一种永恒的享受。

这种山水结合的仙境灵域，对地处水乡的苏州私家园林无疑具有极大的诱惑力。于是，园主在有限的空间，凿池筑山，以象蓬莱仙境。留园水池中小岛径名“小蓬莱”，园主颇为自得地说：“园西小筑成山，层垒而上，仿佛蓬莱烟景，宛然在目。”

苏州园林都是山水园，往往一池居中，山水建筑皆面水而筑。“常倚曲阑贪看水，不安四壁怕遮山”，大量的阳气进入室内，并使室内浊气外流，达到人宅相扶、感通天地之境，使人悟宇宙之盈虚，体四时之变化。

中国神话中也称海中三神山为“三壶”。南朝梁萧绮《拾遗记》载：“海上有三山，其形如壶，方丈曰方壶，蓬莱曰蓬壶，瀛洲曰瀛壶。”可见蓬莱仙境也都属于“壶中天地”。壶即“葫芦”，本来就具有剖判形创世神话的意象，故被认为是女性的象征，或干脆被视为能孕育生命的子宫。葫芦剖判神话和母性象征，都含有新生、母爱等含义，遂演化为宝瓶，成为观音盛圣水的器皿，也成为八仙之一的李铁拐普救众生的宝葫芦。道教中的壶，不仅盛满仙药，而且还是方外世界的意象。《后汉书》载：“费长房者，汝南人也，曾为市椽，市中有老翁卖药，悬一壶于肆头，及市罢，辄跳入壶中。市人莫之见，惟长房于楼上睹之，异焉。因往再拜奉酒脯……乃与俱入壶中。唯见玉堂严丽，旨酒甘肴，盈衍其中，共饮毕而出。翁约不听与人言

① 沈括：《梦溪笔谈》卷二一《异事》，第208页。

之，后乃就楼上候长房曰：'我神仙之人，以过见责，今事毕当去……'"“壶天”这种仙境模式，实际上是封闭式的小天地，里面应有尽有。

陶渊明的桃花源就属于这种类型。陶渊明诗文浪漫主义的想象方式，受庄子“得意忘言”“言为意筌”和佛教“象外之趣”的文艺思想的影响，注重运用寄言出意的象征方法，含蓄地表达超现实的思想与感情。他用“人境”来象征“仙境”，寄奇幻于实境的《桃花源记》就成为园林造景的蓝本。

苏州有壶园，壶者，壶中之天地也。醋库巷的緺园，緺即茧，蚕及某些昆虫在成蛹期前吐丝所做的壳称茧，这是昆虫为自己所筑的安全处所。茧者，小也，但具亭台馆榭之美、郊墅林泉之趣，居之裕如，高高的围墙四面围合，又有安全性和私密性。实际上，这正是中国宅园式园林的基本特点，其本身就是一种壶天模式。

在苏州园林的仙境灵域和壶中天地中，或建筑皆面水而筑，或围山面水，或为空廊的四面围合，都体现了人与自然的和谐。

“危楼跨水，高阁依云”，“围墙隐约于萝间，架屋蜿蜒于木末”，山楼凭远、窗户虚邻、栽梅绕屋、结茅竹里的技巧，“使建筑群与自然山水的美沟通汇合起来，形成一种更为自由也更为开阔的有机整体的美。连远方的山水也似乎被收进在这人为的布局中，山光、云树、帆影、江波都可以收入建筑之中，更不用说其中真实的小桥、流水、'稻香村'了”[1]。

园林中丰富的建筑类型，都体现了向大自然敞开的特点。如厅，有大厅、四面厅、鸳鸯厅、荷花厅、花篮厅、花厅等，它们都与周围环境相融合。四面厅往往四面有廊，四周设有落地长窗，山水景致扑进厅内，窗框都成了一个个取景框；鸳鸯厅形式的厅堂夏天观荷，冬天赏山茶。建筑则或踞高眺远，撷远山浮翠，揽园内秀色；或飞阁流丹，水周于堂下；或前后翠竹摇曳，老树傍屋，浸润在自然美色之中。

造型轻灵活泼的亭，更是随形高低，因地制宜。扇亭设于山弯，小亭高踞山顶，架于水上，或据湖心，各抱地势，钩心斗角。

---

① 李泽厚：《美的历程》，第66页。

廊宜曲宜长，随形而弯，依势而曲。有沿墙走廊、爬山游廊、空廊、卧水廊（图 2-19）、回廊、楼廊、复廊等，各呈特色。或蟠山腰，或穷水际，通花渡壑，蜿蜒无尽。

图 2-19　卧水廊（拙政园西部）

漏窗、洞窗在园林中的功能是漏光、透气、聚景、框画。漏的是阳光、月光、灯光，诡谲变幻，晨昏不一，昼夜分明，四时异调，那普照大地、四处弥漫的光线，经由漏窗进入庭园，就成了受控之光、人为之光、艺术之光、可观之光。明光本无价，入窗景无限。漏窗、洞窗聚景，人们可以通过遮挡物的透空之处，隐隐约约地看见探窗的红杏、临风的荷蕖，嗅知桂花的浓烈、梅花的幽香，闻听翠竹的飒竦、黄鹂的鸣啼。漏窗、洞窗使景致相互渗透，使不同的景区气息交流，浑然一体。框窗框中空如，配上佳景，会形成天然图画。如网师园“竹外一枝轩”的南面廊墙上有一长方形窗框，南望，窗框中是一幅层次分明、山高水阔的立体山水画，北看，窗框里镶一帧师法板桥的《翠竹图》。

人类基于生理的、心理的结构和机能，需要新鲜而洁净的空气、良好而适宜的气候、安静而美好的环境，而园林中的绿色植物恰恰能为人类提供这样的理想生存空间。植物具有美感熏陶的作用，清人张潮《幽梦影》有“梅令人高，兰令人幽，菊令人野，莲令人淡，春海棠令人艳，牡丹令人豪，蕉与竹令人韵，秋海棠令人媚，松令人逸，桐令人清，柳令人感”之说。绿色植物体本身具有调节改善小环境的气候，保持水土，滞留、吸附、过滤灰尘以净化空气，杀菌，吸收噪音等作用，对人类有医疗保健功能。

盛夏，植物有明显的降温作用。炎夏炽热的太阳光的辐射，一部分可以被树冠阻挡反射回天空，一部分则被稠密的树冠层所吸收，用于它自身的蒸腾散热，只有一部分辐射热可以射到地面。植物庞大的根系像抽水机一样，不断从土壤中吸收水分，然后通过枝叶蒸腾到空气中去。一般一株中等大小的榆树，一天至少可蒸腾 100 升水。① 如果一株树木每天能蒸腾 88 加仑（1 加仑等于 4.5460 升）水，即可产生 1 亿焦耳的热量消耗，它抵得上五台一般室内空调机每天运转二十小时。② 绿色植物的蒸腾过程，需要蒸发大量水分，使树的绿色部分发凉，植物对太阳辐射有反射及蒸发冷却作用，其中以蒸发冷却为主。科学家们检测发现，一片杉幼林，每天由于蒸腾作用能消耗太阳能的 66%，树冠的覆盖减弱了光照，也降低了周围空气的温度。

植物不但能通过光合作用和基础代谢，呼出氧气，而且能吸收二氧化碳、二氧化硫、氯气等对人体有害的气体。

大气中散布广泛、危害较大的污染物二氧化硫。据实验和测定结果估算，十五年生的侧柏树，每公顷每月可吸收二氧化硫 45.5 公斤，若加上叶表面附着粉尘上的硫和被转移的硫，每平方米的侧柏林每天可净化二氧化硫约 20 毫克，叶面吸收量约占全株 70%。树木还可以降低风速，使空气中携带的大颗粒粉尘下降。

植物本身是一种多孔材料，具有一定的消音作用。投射到树木叶层的

---

① 钱林民：《对攀援植物降温湿效应的观测》，见冯采芹编：《绿化环境效应研究（国内篇）》，第39页。

② 陆鼎煌：《北京市区绿化与居民夏季舒适度》，见冯采芹编：《绿化环境效应研究（国内篇）》，第172页。

噪声，一部分被树叶向各个方向不规则地反射而减弱，一部分因声波造成树叶微振而使声音消耗（即被吸收），因而使环境变得安静。常绿阔叶树具有良好的减噪效果，浓密的人工林带可降低噪声 10—20 分贝。

植物芳香就能杀灭多种病菌。现代科学研究表明，各种花香由数十种挥发性化合物组成，含有芳香族物质，如酯类、醇类、醛类、酮类、萜烯类等物质，可刺激人们的呼吸中枢，促进人吸进氧气，排出二氧化碳，充足的大脑供氧应能使人保持较长时间旺盛的精力。民谚有“花中自有健身药”“七情之病也，香花解”之说。赏花乃雅人逸事，在心旷神怡之时，人便拥有了宽松的心灵空间。赏花对慢性疾病如神经官能症、高血压、心脏病患者，有改善心血管系统、降低血压、调节大脑皮质等功能。花草繁茂的地方，空气中的阴离子特别多，可调节人的神经系统，促进血液循环，增强免疫力和机体的活力。在花蹊中漫步一小时，能呼吸 1000 升花味空气，对醒脑健脑大有裨益。

“空气离子，尤其是负离子对人体的健康有良好作用。它促进人体的生物氧化和新陈代谢，使琥珀酸加速转变为延胡索酸，缩短神经肌肉传导时间；改善呼吸、循环系统功能，负离子使气管壁松弛，加强管壁纤毛的活动。正离子使血管收缩，负离子使血管扩张。负离子可使血液凝血酶、纤维蛋白元、中性多核白细胞、血小板、蛋白总质量、血清钙、无机磷、红细胞带电量增加，调节内分泌。正离子是 5 羟色胺释放剂，负离子对抗其作用加速氧化游离的 5 羟色胺。此外，负离子还有增强免疫、稳定情绪、促进生长发育等作用。有人将具有良好的作用空气离子比喻为‘空气维生素’或‘空气长寿素’。”①

（三）净化、诗化的环境与艺术养生

苏州园林创设的净化、诗化的环境，是一种艺术养生模式，它建立在中

① 朱钧珍、何绿萍、冯采芹等：《城市公园绿地与防震》，见冯采芹编：《绿化环境效应研究（国内篇）》，第181页。部分文字有改动。——编者注

国哲学重人生、重道德的伦理型文化的基础上。园林追求“外适内和”，生存空间和精神空间环境并重，使人返璞归真，陶然忘机，体现了中华先人对生命的关注，对生活质量的关注。

净化，首先指对心灵的净化，即少私寡欲。修德寡欲是园林养生的重要内容。心性纯正和平，看破生死，薄名利，淡宠辱，精神不消耗。道教的《太上老君养生诀》列“薄名利”为“善摄生，除六害”之首。孙思邈《备急千金要方》也说：“名利败身，圣人所以去之。”南朝梁陶弘景《养性延命录》：“众人大言我小语，众人多烦而我少记，众人悖暴而我不怒，不以人事累意，不修仕禄之业，淡然无为，神气自满，以为不死之药，天下莫我知也。”

苏州园林中，蕴含的崇义绌利、超越功利精神，与上述养生之道同一。苏州园林主人，推崇淡泊、平和，不求奢华，容膝自安，琴书自乐，恬和养神。一丘一壑之中，寄寓了广阔的心灵世界。晚清朴学大师俞樾的书斋花园曲园，简朴素雅，俞樾在自撰的《曲园记》中作过如下阐述：“曲园者，一曲而已，强被园名，聊以自娱者也……用卫公子荆法，以一‘苟’字为之……世之所谓园者，高高下下，广袤数十亩，以吾园方之，勺水耳，卷石耳。惟余本窭人，半生赁庑。兹园虽小，成之维艰。传曰‘小人务其小者’，取足自娱，大小固弗论也。”公子荆是春秋卫国大夫，吴公子季札曾称之为君子。孔子也对他的节俭赞美有加，《论语·子路》篇载：“子谓卫公子荆：‘善居室，始有，曰苟合矣。少有，曰苟完矣。富有，曰苟美矣。’”俞樾半生赁庑，在此前已经四移其居，最后因得友人资助，方得以购地建屋，“但取粗可居，焉敢穷土木”，厅堂用材都不粗大，甚至小园中的叠石和花木，也均为友人资助。“卷石与勺水，聊复供流连”，也已足矣。他将其厅颜“乐知堂”，也即此意。

苏州的两个“半园”，也都有知足不求全之意，如清吴云为南半园题联说：“园虽得半，身有余闲，便觉天空海阔；事不求全，心常知足，自然气静神怡。”宋程俱的蜗庐、清尤侗的亦园、民国吴待秋的残粒园，都标榜寡欲薄利、容膝自安之意。

其次是静养功夫，园林中鸟啼花落，皆与神通。动观流水静观山，人们在园林中，享受的是清幽和宁静，所以要“静观自得”(拙政园)、“深入清净里，妙断往来趣”，要“静中观”。中国园林养生偏重于“静”，这与中国古代养生保健精神合拍。中国古代养生以道家和中医的理论为基础，讲究五行论，重视饮食疗法和营养学、按摩法等，主张动中有静、静中有动，适可而止。《吕氏春秋·尽数》:“流水不腐，户枢不蠹，动也；形气亦然。形不动则精不流，精不流则气郁。”汉代名医生华佗曰：“人体欲得劳动，但不当使极耳。”[①] 老子从哲学角度，论养生治身的基本原则是“静”，庄子认为唯一正确的养生之道是“从静养神”，因而提出了“心斋”“坐忘”等静功功法。

魏晋玄学家“浑万象以冥观，兀同体于自然”，宋代理学家追求“胸次悠然，直与天地万物上下同流”[②] 的曾点气象。苏州沧浪亭的见心书屋，取“数点梅花天地心”之意；网师园的月到风来亭，取邵雍“月到天心处，风来水面时”诗意，留园“活泼泼地”，是玄学、理学、禅宗美学观的具体体现。宋代词人张炎《祝英台近·为自得斋赋》曰：“水空流，心不竞，门掩柳阴早……听雨看云，依旧静中好。但教春气融融，一般意思，小窗外，不除芳草。”此词境达到了冯友兰在《学术精华录》中所说的道家的最高的“得道”境界、“证真如”的境界，即所谓“同天”的境界。

苏州园林，色彩淡雅，避免了强刺激的大红色和金黄色，园林中植物长绿者多于落叶者，绿色平静安定，不向任何方向移动，没有相当于诸如欢乐、悲哀或热情的感染力，有利于创造恬静幽雅的生活环境。

诗化，生活艺术化，艺术生活化，使心灵获得艺术的滋养。

苏州园林的建筑和陈设，精致古雅。有“江南第一厅堂”之称的留园楠木厅，正中设四扇红木银杏屏门，南刻晋王羲之的《兰亭集序》全文，北面刻唐孙过庭的《书谱》一百八十字。纱槅东南角红木落地圆心字画插屏的正面，写有唐刘禹锡《陋室铭》全文。

至于建筑物上悬挂、镌刻的匾额楹联和砖刻、摩崖、书条石等，则成

① 范晔编撰：《后汉书·华佗传》，第2739页。

② 朱熹：《四书章句集注·论语集注·先进》，中华书局，1983年，第131页。

为园中不可或缺的典雅装饰品，使园林充满了氤氲的文气。退思园九曲回廊则用李白的诗句“清风明月不须一钱买”直接镶嵌在九个漏窗中（图2–20），将园景诗化。

图 2–20　清风明月不须一钱买

古典名著雕刻图案，也为园林增添了文学色彩，如拙政园秫香馆裙板上的《西厢记》雕刻，同里耕乐堂的《红楼梦》雕刻等。文化名人风雅韵事雕刻，亦增加逸趣。还如留园“活泼泼地”室内堂板、裙板上刻有林和靖《放鹤图》、苏轼《种竹图》、周敦颐《爱莲图》、倪云林《洗桐图》等，文韵十足。

狮子林有古琴、棋盘、函装线书、画卷四个漏窗，称为“四雅”“四艺”，它们是千年来传统文化生活的组成部分，是历代文人雅士必备之物，象征着生活安逸及丰富的知识和修养。

苏州是诗文书画渊薮之区、人文荟萃之乡，苏州园林的字画陈设，包括匾额、楹联、挂屏、字画、书条石等装饰构成因子和家具、陈设等，集自然美、工艺美、书法美和文学美于一身，构建了中国古代士大夫精雅文化艺术的体系。

苏州家具大多用红木、紫檀木、楠木、花梨木等名贵木料做成，质地坚硬，木纹美观。苏式家具的制作，始终沿着明式的风格、特征。清代康熙、雍正、乾隆三代，正值盛世，家具精雕细刻，造型厚重，镶嵌大理石、宝石、珐琅和螺钿等，反映出清代追求奢侈华贵的审美倾向。

苏州园林中轩窗边、几案上、墙壁上，置放的都为古雅之韵物，即除了日用品之外的、具有极高文化品位的器具陈设。诸如古书画、古瓶、古化石等，雅供、雅藏、雅趣之物或罗列布置在室内博古架上，或陈列在厅堂馆所，或镌刻在墙壁上，既可随时得以摩玩舒卷，也可营造优雅的艺术氛围，如留园古鳕鱼化石、大理石插屏等。网师园看松读画轩内有两段硅化木（图 2-21），硅化石又称松石、松花石、松化石、木化石、木变石、康干石等，乃产于距今一亿五千万年前的中生代侏罗纪，当时由于地壳运动和火山爆发，森林被泥沙填没和熔岩掩埋，树木受地下水中的二氧化硅的填充，逐渐石化而成。人们赋予松化石以品格，称之为神木石、降龙石。

图 2-21　硅化木（网师园）

除厅堂的礼式陈设外，山水园内的斋馆更追求雅致，如园林书斋小馆的陈设，简洁而明净，便于文友相互切磋、啜茗弈棋、看书弹琴。因而，除书架、八仙桌、太师椅、棋桌、古琴等必备之物外，还有体现“汉柏秦松骨气，商彝夏鼎精神”的韵物，如大理石挂屏或插屏等。

苏州园林的盆供摆件主要指盆景、瓶花、供石等。苏式盆景，清雅可爱。树桩盆景，浓缩山林风光于几案间，凝聚了大自然的风姿神采。水石盆景，缩名山大川为袖珍，“五岭莫愁千嶂外，九华今在一壶中”。胆瓶贮花，可以随时插换，也是厅堂斋室的高雅陈设。瓶花安置得宜、姿态古雅、花型俏丽、色彩浓淡相宜，则可使厅堂斋室增添无尽的幽人雅士之韵。

苏州园林厅堂供案上，摆设的石品，造型奇特，坚固稳定，是家业固实的象征。供石中有一种音石，扣之音色清悦，声响如磬，大都安置在书斋画室内，配置精美的红木石架。

苏州古典园林的厅堂斋馆，家具陈设，凝聚了丰富完美的中国精雅文化艺术的体系，充分展示了中华民族的审美心理、文化素质和文化传统精神。

综上所述，苏州园林优美的生态环境、精雅的人文环境与“心斋”“坐忘”的超功利人生境界相结合，使其成为人类最优雅的生命情蕴和“诗意地栖居”的文明实体。

七、林语堂论中华生活艺术

如果说中国作为唯一没有发生文化断层的世界四大文明古国之一，积累了丰富的生活艺术宝藏，那么林语堂就是开掘这一艺术之矿并将之介绍于西方的第一人。

牟宗三在《中西哲学之会通十四讲》中分析说，中国人以前几千年学问的精华，就集中在性理、玄理、空理之上，加之事理与情理。此属于道德宗教方面、生命的学问。人们十分注重生活和养生，关注日常生活，侧重调护润泽生命。从殷商时期的大量青铜酒器到丰富多彩的服饰、瓷器及其他用品，我们都可以看出，古人对生活艺术有多么重视！

林语堂谈的生活艺术，用他自己的话说，是和“一群和蔼可亲的天才”合作的产物，他们有“第八世纪的白居易，第十一世纪的苏东坡，以及十六、十七两世纪那许多独出心裁的人物——浪漫潇洒、富于口才的屠赤水，嬉笑诙谐、独具心得的袁中郎，多口多奇、独特伟大的李卓吾，感觉敏锐、通晓世故的张潮，耽于逸乐的李笠翁，乐观风趣的老快乐主义者袁子才，谈笑风生、热情充溢的金圣叹——这些都是脱略形骸不拘小节的人”[①]。

当前，基于对人类整体命运的生态焦虑，探求人的生命本体，寻求诗

① 林语堂：《生活的艺术·自序》，见《林语堂名著全集》第21卷，东北师范大学出版社，1994年，第4页。

意的栖居，已经成为时代的精神指向，研究林语堂的艺术生活及生活艺术，对重构生态平衡有着十分重要的现实意义。

我们从生命意识和诗意人生、生态意识和养生科学以及基于“天人合一”哲学理念的生命哲学三方面，阐释林语堂所论东方生存智慧。[①]

中国园林集中体现了东方最高、最优雅的生存智慧，因而我们较多地援引承载上述思想的中国园林为典型例证。

（一）人世即天堂

1. 生命意识

上古时代的中华先民，似乎还不懂得死亡的恐惧。从墓葬考古资料可见，直到汉代，人们依然将死亡看作生命存在的另类形态的过渡阶段。不过，随着生命意识的觉醒，汉末就有“生年不满百”的咏叹，英雄曹操也发出“对酒当歌，人生几何”的慷慨之音。“一向年光有限身”，人生无常、宇宙无穷的悲哀，直击人的胸怀。深情于人生的晋人更为敏感，“向之所欣，俯仰之间，已为陈迹”[②]，因而见“木犹如此”便会潸然泪下。强烈的时间意识和生命意识，引发出人生众相，颓废者、奋发者、求仙者……

人类的童年时代，都憧憬过天堂、伊甸园、西方极乐世界、蓬莱仙境等，探索过生命永恒的秘密，寻觅着长生不老的秘方。

古希腊神话中的阿斯克勒庇俄斯，发现了看似僵死的花斑蛇蜕皮重生。中华先民也发现了蝉的蜕皮，企图找到转世再生的秘密，但都宣告失败。林语堂说：“根据《创世纪》的记载，亚当和夏娃所以被逐出伊甸园，并不是像一般人所相信的那样，为了偷尝善恶树的果子，而是为了上帝怕他们再度违背命令，去偷吃生命树的果子，因而得到永生”[③]。

---

① 林语堂之所以提出这类观点有其具体背景和潜在的意义，对此本文不作探究，仅针对生存智慧的内容作阐释。

② 王羲之：《兰亭集序》，见《王右军集（上）》卷二，明辑本。

③ 林语堂：《生活的艺术》，见《林语堂名著全集》第21卷，第17—18页。

秦皇汉武虽然曾幻想寻找海中神山上的不死药，但最终是把蓬莱仙境的遐想，变成了可观可游的地上仙宫。于是，“穿池叠石写蓬壶”[①]，成为皇家宫苑乃至士人庭园仙境创作的理想风景模式，那是一种可居、可游、可观的水绕山岛景境式样。隋炀帝西苑海中，有方丈、蓬莱、瀛洲三山；宋徽宗在葆和殿苑池，筑瀛洲、方丈；在北京有明清西苑三海，中南海狭长水系中的一池三山拉得很长，中海现尚存清乾隆帝《太液秋风》碑石，南海的瀛台为一组殿阁亭台、假山廊榭所组成的水岛景区，北海的“一池三山”构思布局，更富有浓厚的幻想意境色彩。静明园的玉泉湖中的一池三岛，也是严格的传统之制。清代圆明园有蓬岛瑶台，为仙山楼阁之状，岧岧亭亭。

承德山庄湖区的芝径云堤，“夹水为堤，逶迤曲折，径分三枝，列大小洲三，形若芝英，若云朵，复若如意”[②]。灵芝、仙云，象征仙境，孟兆祯先生称之为“一池三山”法规别出心裁的运用。[③]

私家园林，同样凿池筑山以象蓬莱仙境。台湾板桥林本源，园池中置三岛，象征一池三山；渊源于中国的日本园林中，也多设海中三神山的造景。

清乾隆皇帝说得很清楚：“海上三神山，舟到风辄引去，徒妄语耳。要知金银为宫阙，亦何异人寰？即境即仙，自在我室，何事远求？此方壶所为寓名也。”[④]

晋人早就悟出：“固知一死生为虚诞，齐彭、殇为妄作。”[⑤]诚如林语堂所言：“花不常好，月不常圆，人类生命也随着在动植物界的行列中永久向前走着，出生、长成、死亡，把空位又让给别人。”[⑥]“它使我们能够坚定意志，去想过一种合理的、真实的生活，随时使我们感悟到自己的缺点。它使我

---

① 韦元旦：《奉和幸安乐公主山庄应制》，见彭定求等编：《全唐诗》卷六九，第773页。

② 康熙：《芝径云堤》诗序，见《御制避暑山庄诗》卷上，康熙五十一年内府刻朱墨套印本。

③ 孟兆祯：《避暑山庄园林艺术》，紫禁城出版社，1985年，第34页。

④ 乾隆撰、鄂尔泰、张廷玉等注，孙祜、沈源绘图：《圆明园四十景·方壶胜境》诗序，乾隆十年武英殿刻朱墨套印本。

⑤ 王羲之：《兰亭集序》，见《王右军集（上）》卷二，明辑本。

⑥ 林语堂：《生活的艺术》，见《林语堂名著全集》第21卷，第44页。

们心中平安，因一个人的心中有了那种接受恶劣遭遇的准备，才能够获得真平安。”[①] 天堂是虚妄的，尘世却呈现出一派意趣盎然的恬然美景，真实的尘世只有一个，所谓的天堂也就存在于尘世之中。

在美索布达米亚前圣经传统中，寻求长生不老仙丹最伟大的故事，便是传说中苏美城市伊瑞克的国王吉尔盖宓须，前往取得“永不变老”之不朽水田芥的故事。他在通过看守山麓的狮子，以及看守支撑天堂之山的毒蝎人关卡后，来到群山间一处长满花卉、水果和宝石的乐园。他继续往前挺进，并来到环绕世界的大海。在海边的一处洞穴里，住着女神伊施他尔的化身希都里－莎碧茶，这位以面纱密实遮掩的女人，让他吃了个闭门羹。不过当他诉说自己的故事之后，她让他来到面前，并建议他不要再继续追寻，而要学习满足必朽生活的欢乐……[②] 满足必朽生活的欢乐，可以诠释林语堂关于尘世即天堂的思想，人生的短暂投向人们心灵天幕是黑色的，但林语堂能够在黑幕上添加日月星辰，使人生依旧灼灼闪光。他说：“以我个人而言，我宁愿住在这个地球，而不愿住在别个星球上。绝对没有一个人能说这个地球生活是单调乏味的。倘若一个人对于许多的气候和天空颜色的变化，随着月令而循环变换的许多鲜花依然不知满足，则这人还不如赶紧自杀，而不必更徒然地去追寻一个或许只能使上帝满足而不能使人类满足的可能天堂了。”[③] 即使尘世是一个地狱，我们也要把它变成美好的天堂。有人形容说林语堂的人生就如风行水上，下面是旋涡急流，风仍逍遥自在，人生的悲剧与沉重都能被林语堂快乐的舞蹈化解。他最佩服那些受到不白之冤、前途莫测，却仍然心地坦然、其乐融融的人，他心中的榜样就是苏轼。他说：“像苏东坡这样富有创造力，这样刚正不阿，这样放任不羁，这样令人万分倾倒而又望尘莫及的高士，有他的作品摆在书架上，就令人觉得有了丰富的精神食粮。”[④]

---

① 林语堂：《生活的艺术》，见《林语堂名著全集》第21卷，第160页。

② 乔瑟夫·坎伯：《千面英雄》，立绪文化事业有限公司，1997年，第193页。

③ 林语堂：《生活的艺术》，见《林语堂名著全集》第21卷，第273页。

④ 林语堂：《苏东坡传·序》，见《林语堂名著全集》第11卷，第1页。

林语堂称苏轼为旷古奇才乐天派，“他一直卷在政治漩涡之中，但是他却光风霁月，高高超越于营营苟苟的政治勾当之上。他不忮不求，随时随地吟诗作赋，批评臧否，纯然表达心之所感，至于会招致何等后果，与自己有何利害，则一概置之度外了”①。他认为苏轼的一生载歌载舞，深得其乐，忧患来临，一笑置之。苏轼因乌台诗案突遭逮捕，他安慰哭泣的家人，笑着说了一个故事：

在宋真宗时代，皇帝要在林泉之间访求真正大儒。有人推荐杨朴出来，杨朴实在不愿意，但是仍然在护卫之下启程前往京师，觐见皇帝。

皇帝问道：“我听说你会作诗？”

杨朴回答道：“臣不会。”他想掩饰自己的才学，他是抵死不愿做官的。

皇帝又说：“朋友们送你时，赠给你几首诗没有？”

杨朴回答道：“没有。只有拙荆作了一首。”

皇帝又问：“是什么诗，可以告诉我吗？”

于是杨朴把临行时太太作的诗念出来：

> 更休落魄耽酒杯，且莫猖狂爱咏诗。
>
> 今日捉将官里去，这回断送老头皮。②

虽苦涩，但诙谐。他用一种以死观生的方式来思考生命的意义和生命形式的抉择问题，对于生命过程具有清醒的自觉意识。

2. 诗样人生

喜怒哀乐的情感，始终伴随着生老病死的人生周期，但林语堂审美的眼光却不断地捕捉着生活海洋飞溅的浪花，始终笑面人生。虽然他自称有一打矛盾，但却处处能化解矛盾，他将人生审美化、诗意化：“人生几乎是像一首诗”，是“诗样的人生”③！

林语堂能从最普通、最平凡的地方发现优雅、真诚和更宝贵、更诚挚的快乐，他说：

---

① 林语堂：《苏东坡传·序》，见《林语堂名著全集》第11卷，第2页。

② 苏轼：《东坡志林》，王松龄点校，中华书局，2002年，第32页。

③ 林语堂：《生活的艺术》，见《林语堂名著全集》第21卷，第32页。

> 生之享受，包括许多东西：我们本身的享受、家庭生活的享受，树木、花朵、云霞、溪流、瀑布以及大自然的形形色色，都足以称为享受。此外又有诗歌、艺术、沉思、友情、谈天、读书等的享受。①
>
> 而所谓人生的快乐者不过为官觉、饮食、男女、园庭、友谊的问题。这就是人生本质的归宿。②
>
> 吾们曾公开宣称“吃”为人生少数乐事之一。“苏东坡肉”，又有“江公豆腐”，官吏上表乞退时常引“思吴中羹”一语以为最优雅之辞令。③

“思吴中羹”说的是西晋张翰因为有清才美望，被大司马齐王冏辟为东曹掾，齐王冏是晋文帝司马昭之孙，张翰见他骄奢淫逸，并有谋反之心，怕受到连累，于是，“在洛，见秋风起，因思吴中菰菜羹、鲈鱼脍，曰：‘人生贵得适意尔，何能羁宦数千里以要名爵？’遂命驾便归。俄尔齐王败，时人皆谓为见机”(《世说新语 · 识鉴》)。张翰归里，被去除吏名，因此没有受到连累。文廷式感叹曰：“季鹰真可谓明智矣。当乱世，唯名为大忌。既有四海之名而不知退，则虽善于防虑，亦无益也。”④因此，“思吴中羹”已是一种生活智慧了。不过，唯有中国少数文化精英们，方能将吃喝上升到艺术境界。

林语堂嗜茶。“只要有一只茶壶，中国人到哪儿都是快乐的”，“捧着一把茶壶，中国人把人生煎熬到最本质的精髓”，这是林语堂两句名言。中国是茶的故乡，中国茶艺包括茶叶品评技法、艺术操作手段的鉴赏、品茗环境的领略等整个品茶过程，具体为选茗、择水、炙茶、碾茶、取火、育汤茶、观色、闻香、品味等环节，以及茶具艺术、环境的选择创造等。茶艺流派很多，地域性特点也很明显。其中文人茶艺最清雅，它没有宫廷豪

---

① 林语堂：《生活的艺术》，见《林语堂名著全集》第21卷，第125页。
② 林语堂：《吾国与吾民》，见《林语堂名著全集》第20卷，第313页。
③ 林语堂：《吾国与吾民》，见《林语堂名著全集》第20卷，第326页。
④ 文廷式：《纯常子枝语》卷五，民国三十二年（1943）刻本，卷五第19页。

门的光怪陆离，也不刻意追求“茶禅一味”，更不为“口舌之欲”，文人茶艺旨在体味品茗过程及饮后的清心悦神，以寻求内心深处一片静谧。林语堂有他自己亲身实践的十条“茶经”，包括茶叶的整治、贮藏、择水、赏壶、茶色、茶味、泡饮、茶水、茶味诸条，虽混杂些许“洋法”，但大多集中国士大夫品茗之道。如择水，清乾隆《荷露煮茗·蓄》：“水以轻为贵，常制银斗较之。玉泉水重一两，惟塞上伊逊水尚可；相埒济南珍珠、扬子中泠，皆较重二三厘；惠山、虎跑、平山则更重；轻于玉泉者，惟雪水及荷露云。”诗曰：“平湖几里风香荷，荷花叶上露珠多。瓶罍收取供煮茗，山庄韵事真无过。”

茶被称为“清友”，与竹子并重，成为士大夫品格的象征。“茶圣”陆羽在中国第一部茶学专著《茶经》中，明确提出饮茶人要“精行俭德”。唐末刘贞亮进一步提出茶房“十德”。明代的徐渭将茶品与人品并论，认为上品煮茶法要传给“高流隐逸、有烟霞泉石磊块于胸次间者”。陈继儒《茶董小叙》称“茶也德素”“茶类隐”，隐囊纱帽，翕然林涧，摘露芽，煮云腴，可一洗百年之尘胃，“一盏雨前茶，一方端砚石，一张宣州纸”[①]，茶成为风雅隐士的珍品。士人们甚至将品茶试砚视为人生第一韵事。

清代郑板桥向弟弟描述饮茶会友之乐时说：“坐小阁上，烹龙凤茶，烧夹剪香，令友人吹笛，作《落梅花》一弄，真是人间仙境。”这里，茶的“至味”是对闲适生活中高情远韵的烘托和人文精神的升华，人们在品尝着人生，在净化着生活。当然，茶友是有选择的，必须逢“素心同调”者、“畅适”而“清言雄辩脱略形骸”者，才呼童篝火，酌水点汤，品其“冲谈闲洁，韵高至静”的茶韵，惟“贞夫韵士”方能得“香茗”之真谛。

琴瑟之谐。高雅生活趣味的契合和相互吸引，是林语堂十分理想的爱情生活和闺房乐趣，他欣赏赞美清代蒋坦夫人关秋芙和沈复夫人陈芸，他说：“这两个女子虽不是极有学问的人或大诗家，但她们都有适当的性情……学会怎样用诗句，去记录一件有意义的事件，一次个人的心境，或

① 郑板桥：《郑板桥集·补遗》，上海古籍出版社，1980年，第177页。

用诗句来协助我们享受大自然。”

秋月正佳之时，在西湖苏堤第二桥下鼓琴之乐：“秋芙方鼓琴作《汉宫秋怨》曲，余为披襟而听。斯时四山沉烟，星月在水，琤瑽杂鸣，不知天风声环佩声也。”[①] 这是写夫妇湖中听琴。写夫妇为院中芭蕉题诗的韵事：

> 秋芙所种芭蕉，已叶大成荫，荫蔽帘幕。秋来风雨滴沥，枕上闻之，心与俱碎。一日，余戏题断句叶上云：“是谁多事种芭蕉？早也潇潇，晚也潇潇！”明日见叶上续书数行云：“是君心绪太无聊。种了芭蕉，又怨芭蕉！”字画柔媚，此秋芙戏笔也，然余于此，悟入正复不浅。[②]

草圣怀素有“蕉书”之韵事，蕉能韵人而免于俗，与竹同功。竹可镌诗，蕉可作字，皆文士近身之简牍，因此，在中国古代，芭蕉叶是文人十四件宝之一，以至“衫含蕉叶气”[③]。“闲拈蕉叶题诗咏”，于此可味蒋坦夫妇蕉叶题诗之韵和生活之趣。

蒋坦写秋芙对镜叹老、病肺夜深饮莲子汤、护燕子巢、下棋、煮茗花下等情事，其中也写他对妻子的欣赏，如“余为秋芙制梅花画衣，香雪满身，望之如绿萼仙人，翩然尘世。每当春暮，翠袖凭栏，鬓边蝴蝶，独栩栩然不知东风之既去也”“秋芙撍花簪鬓，额上发为树枝捎乱，余为蘸泉水掠之。临去折花数枝，插车背上，携入城罣，欲人知新秋消息也”。看似絮絮叨叨的生活琐事，但高雅闲逸之趣、梁孟之情溢于娓娓叙写之中。

林语堂觉得《浮生六记》中的芸娘“是中国文学中所记的女子中最为可爱的一个。沈复芸娘夫妇一生很凄惨，但也很放荡。他俩以享受大自然为怡情悦性中必不可少的事件”[④]。接着引述了七夕之夜、七月鬼节和夏月纳凉三节文字。如写恩爱夫妻过七夕，良辰美景，情意绵绵：

---

① 蒋坦：《秋灯琐忆》，作家出版社，1996年，第182页。

② 蒋坦：《秋灯琐忆》，第191页。

③ 庾信：《庾子山集注》卷四《奉和夏日应令诗》，倪璠注，许逸民校点，中华书局，1980年，第298页。

④ 林语堂：《生活的艺术》，见《林语堂名著全集》第21卷，第281—283页。

> 是年七夕，芸设香烛瓜果，同拜天孙于“我取轩”中。余镌“愿生生世世为夫妇”图章二方，余执朱文，芸执白文，以为往来书信之用。是夜，月色颇佳，俯视河中，波光如练，轻罗小扇，并坐水窗，仰见飞云过天，变态万状。芸曰：“宇宙之大，同此一月，不知今日世间，亦有如我两人之情否？”余曰：“纳凉玩月，到处有之；若品论云霞，或求之幽闺绣闼，慧心默证者，固亦不少；若夫妇同观，所品论者，恐不在此云霞耳。”未几，烛烬月沉，撤果归卧。[①]

七月鬼节，夫妇在沧浪亭“联句以遣闷怀，而两韵之后，逾联逾纵，想入非夷，随口乱道。芸已漱涎涕泪，笑倒余怀，不能成声矣”。

夏月于王府废基避暑，地广人稀，颇饶野趣，“时方七月，绿树阴浓，水面风来，蝉鸣聒耳。邻老又为制鱼竿，与芸垂钓于柳阴深处。日落时，登土山，观晚霞夕照，随意联吟，有‘兽云吞落日，弓月弹流星’之句。少焉月印池中，虫声四起，设竹榻于篱下，老妪报酒温饭熟，遂就月光对酌，微醺而饭。浴罢，则凉鞋蕉扇，或坐或卧，听邻老谈因果报应事。三鼓归卧，周体清凉，几不知身居城市矣”。虽多花前月下的夫妇情愫，但纯净雅致，温润秀洁，无纤毫轻佻艳冶的杂质，显示出雅尚高情，普普通通的家庭生活充溢着盈盈诗意。

闲情之趣。林语堂激赏“盆山蕴秀，寸草函奇”[②]的明清小品，认为其“独抒性灵，不拘格套”。他称清初李渔的《闲情偶寄》为“中国人生活艺术的指南”，如称李渔谈论午睡艺术是“最美丽的文字”：

> 午睡之乐，倍于黄昏。三时皆所不宜，而独宜于长夏，非私之也。长夏之一日，可抵残冬之二日；长夏之一夜，不敌残冬之半夜。使止息于夜，而不息于昼，是以一分之逸，敌四分之劳，精力几何，其能堪此？况暑气铄金，当之未有不倦者。倦极而眠，犹饥之得食，渴之得饮，养生之计，未有善于此者。午餐之后，略逾寸

---

① 沈复：《浮生六记》卷一《闺房记乐》，第19页。

② 凌启康：《重刊苏长公小品序》，见祝尚书编：《宋集序跋汇编》，中华书局，2010年，第632页。

> 暑，俟所食既消，而后徘徊近榻，又勿有心觅睡。觅睡得睡，其为睡也不甜。必先处于有事，事未毕而忽倦，睡乡之民，自来招我。桃源、天台诸妙境，原非有意造之，皆莫知其然而然者。予最爱旧诗中有“手卷抛书午梦长”一句。手书而眠，意不在睡；抛书而寝，则又意不在书，所谓莫知其然而然也……睡中三昧，惟此得之。[①]

林语堂兴趣广泛。文学、地质学、原子、音乐、电子、电动刮胡刀，以及其他各种科学新发明的小物品，他都饶有兴趣。李渔有些慧心独到的生活小发明，如中国式的床，他设想着在床上置几盆花草，将一只特制的、阔约一尺、高仅二三寸的轻几，从帐顶悬下来。再用彩绸包裹花几，并折成皱纹以像行云，然后可以在花几上安放应时盆花，或焚龙涎香的炉，或佛手木瓜，以取其香：

> 若是则身非身也，蝶也，飞宿眠食尽在花间；人非人也，仙也，行起坐卧无非乐境。予尝于梦酣睡足，将觉未觉之时，忽嗅蜡梅之香，咽喉齿颊尽带幽芬，似从脏腑中出，不觉身轻欲举，谓此身心不复在人间世矣。[②]

陆云龙在《叙袁中郎小品》中说：“率真则性灵现，性灵现则趣生。”袁宏道说：“世人所难得者唯趣。趣如山上之色、水中之味、花中之光、女中之态，虽善说者不能下一语，唯会心者知之。”[③]

苏州才子金圣叹，写文章也如王猷之的雪夜访戴，兴到笔随，他批《西厢》批到《拷艳》，忽然笔锋一转，忆及二十年前与友人赌说人生快意之事，列出三十三个“不亦快哉”，妙趣横生。林语堂神会之余，竟酣畅淋漓地作了《来台后二十四快事》，与金圣叹“快文”堪称双璧。

雅玩之美。志同道合的文友，“时常在彼此的家中相会，饮酒，进餐，笑谑，作诗”，是“在陶然佳境中过活”。宋代西园是左卫将军、驸马都尉王诜的园林，王诜的《蝶恋花 · 小雨初晴回晚照》词描写道：“金翠楼台，倒

---

① 李渔：《闲情偶寄 · 颐养部》，见《李渔全集》第三册，第279—280页。

② 李渔：《闲情偶寄 · 居室部》，见《李渔全集》第三册，第182页。

③ 袁宏道：《袁中郎全集 · 文钞 · 叙陈正甫会心集》，世界书局，1935年，第5页。

影芙蓉沼。杨柳垂垂风袅袅，嫩荷无数青钿小，似此园林无限好！”自是“佳境”典范。王诜、苏轼、苏辙、黄庭坚、秦观、李公麟、米芾、蔡肇、李之仪、郑靖老、张耒、王钦臣、刘泾、晁补之以及僧圆通、道士陈碧虚十六位名家聚会于西园之中。王诜请善画人物的李公麟将自己和友人在西园中的宴游情景画了下来，就是画史上艳称的《西园雅集图》。

“李公徽画，米芾题词。画里有宋朝三大家，苏东坡、米芾、李龙眠，还有东坡弟弟苏子由、苏门四学士。石桌陈列于花园中高大的苍松翠竹之下。最上面，一只蝉向一条小河飞去，河岸花竹茂密。主人的两个侍妾，梳高发髻，戴甚多首饰，侍立于桌后。苏东坡头戴高帽，身着黄袍，倚桌作书，驸马王诜在附近观看。在另一桌上，李龙眠正在写一首陶诗，子由、黄庭坚、张耒、晁补之都围在桌旁。米芾立着，头仰望，正在附近一块岩石题字。秦观坐在多有节瘤的树根上，正在听人弹琴，别的人则分散各处，以各种姿势，或跪或站，下余的则是和尚和其他文人雅士了。”这一盛会，林语堂称为“中国艺术史上很出名的事”。后人竞相追慕，马远、刘松年、赵子昂、钱舜举、唐寅、尤求、李士达、原济、丁观鹏等，都画过《西园雅集图》。

雅赏之乐。林语堂十分欣赏生活中的一些小发明，如李渔的窗户制作法——湖上游艇用的扇面窗和梅花窗、观山虚牖的“尺幅窗”，袁宏道的瓶花艺术，还有沈复把花插得好像一幅构意匀称的画，等等，这些都为生活平添出无数活色生香的异样景致。

林语堂深得中华传统乐感文化之精髓，“所谓乐者，乐也，凡是使人快乐，使人的感官可以得到享受的东西，都可以广泛地称之为乐”[①]。

当然，“只有当心绪十分闲适，胸中自有温情蜜意的存在时，居家的生活，才会成为一种艺术和乐趣”[②]。

① 郭沫若：《青铜时代·公孙尼子与其音乐理论》，见《郭沫若全集·历史编》第1卷，人民出版社，1982年，第492页。

② 林语堂：《吾国与吾民》，见《林语堂名著全集》第20卷，第320页。

（三）外适内和，体宁心恬

唐代白居易在《草堂记》中提到“外适内和，体宁心恬”，即身心俱适，恬淡自甘，这与孟子“独善”的内涵不同。“非徒逃人患、避争门，谅所以翼顺资和，涤除机心，容养淳淑，而自适者尔”，具有追求个人人生快乐之意，白居易“或退公独处，或移病闲居，知足保和，吟玩情性”[①]，“养志忘名”，“从容于山水诗酒间”[②]，则是珍重生命、尊重养生科学，达到了精神和物质的双重享受。此是中国最优越、最聪慧的哲人累积的生活科学。

1．内和

白居易的“内和”，指悠闲自在的心灵境界，能达到这种平和恬静、任随自然境界的人，只有“乐丘园”的“高人”。在林语堂看来，“快乐天才”苏轼就是这样的“高人”，他“具有一个多才多艺的天才的深厚、广博、诙谐，有高度的智力，有天真烂漫的赤子之心……这些品质之荟萃于一身，是天地间的凤毛麟角，不可能多见的”[③]。苏轼是林语堂心中“天空的星，地上的河，可以闪亮照明，可以滋润营养，因而维持众生万物”者[④]。苏轼之可爱，首先在于他精神的独立和天性的自由舒展。他是那种“不爱统治别人的人，丧失人性尊严而取得那份威权与虚荣，认为不值得。苏东坡的心始终没放在政治游戏上”[⑤]。以清净淡泊之心性而随缘任运，以心情之常应对世间沧桑万变，旷达自如，安之若素，行退俱适，“若论尘事何由了，但问云心自在无？进退是非俱是梦，丘中阙下亦何殊？”[⑥]不驰骋名利之场，惟一丘一壑是爱。

一个人如果为名缰利锁所缚，心缠机务，必然心劳神疲，“青山多白云，

---

① 白居易：《与元九书》，见朱金城笺校：《白居易集笺校》，1988年，第2789页。
② 白居易：《江州司马厅记》，见朱金城笺校：《白居易集笺校》，第2732页。
③ 林语堂：《苏东坡传 · 自序》，见《林语堂名著全集》第11卷，第2页。
④ 林语堂：《苏东坡传 · 自序》，见《林语堂名著全集》第11卷，第5页。
⑤ 林语堂：《苏东坡传》，《林语堂名著全集》第11卷，第277页。
⑥ 白居易：《杨六尚书频寄新诗，诗中多有思闲相就之志，因书鄙意，报而谕之》，见朱金城笺校：《白居易集笺校》，第2447页。

云为山人有”，所以，袁子才早早隐退，逍遥于随园之中，“不作公卿，非无福命都缘懒；难成仙佛，为爱文章又恋花”[①]。

古人以“不责苛礼，不见生客，不混酒肉，不兑田宅，不问炎凉，不闹曲直，不征文逋，不谈仕籍”为山居“八德”，以“心无机事”为山居四法之一。[②]彭启丰《网师小筑吟》谓：“物谐其性，人乐其天……濯缨沧浪，蓑笠戴偏。野老争席，机忘则闲。”唯有“心无机事”，才能澄怀心闲，陶醉于世俗生活之美，尽情地享受人生。

苏轼谓：“江山风月，本无常主，闲者便是主人。”林语堂在《苏东坡传》中也说：“只有江上之清风，山间之明月，是供人人享受的。凭我们的生命和血肉之躯，耳听到而成声，目看到而成色——这些无限的宝贝，取之不尽，用之不竭，造物无私，一切供人享受，分文不费，分文不取。”落职归里的任兰生，获得了一份清闲，构筑苏州退思园，在山水园门上镌刻“得闲小筑”四字（图2–22），意味着可以对一张琴、一壶酒、一溪云、一卷书，宁心养神了。

图2–22　得闲小筑（退思园）

苏轼以超旷达观的襟怀对待人生，“寓意于物”，但不“留意于物”，能够超然“游于物之外”，故能应对种种不幸，“无所往而不乐”。譬如他被贬到远恶之地岭南，品尝荔枝美味：“日啖荔枝三百颗，不辞长作岭南人”；被贬黄州，陶醉在暂住处临皋亭的美景中：“寓居去江

① 梁章钜：《楹联丛话》，白化文、李鼎霞点校，中华书局，1987年，第79页。

② 陈继儒：《小窗幽记》卷六《景》，毛忠校注，文化艺术出版社，2015年，第162页。

无十步，风涛烟雨，晓夕百变。江南诸山在几席，此幸未始有也！”“东坡居士酒醉饭饱，倚于几上，白云左绕，青江右回，重门洞开，林峦岔入。当是时，若有思而无所思，以备万物之备。”[①] 林语堂会心叹美曰：苏轼“能见到别人即使在天堂也见不到、感不到的美！”苏轼在更为高远的立场上观照社会与人生，为后来在类似社会条件下的文人提供了一种生活范式。林语堂说：“中国文化的最高理想人物，是一个对人生有一种建于明慧悟性上的达观者。”鉴于品行率真的苏轼，身陷官场，为保持知识分子的天性而历遭磨难的现实，林语堂感叹道：“读书人能用别的方法谋生，最好不要做官！”[②]

林语堂欣赏的文学小品也是“以自我为中心，以闲适为格调”[③] 的，认为：“它是中国人的性灵当其闲暇娱乐时的产品。闲暇生活的消遣是它的基本的题旨，主要的材料包括品茗的艺术，镌刻印章，考究其刻艺和石章的质量，研究盆栽花草，培植兰蕙，泛舟湖心，攀登名山，游谒古墓，月下吟诗，高山赏潮——统统都具有一种闲适、亲昵、柔和的风格。感情周密，有如挚友的炉边闲话；富含诗意，而不求整律，有如隐士的衣服。一种风格令人读之，但觉其味锐酷而又醇熟，若陈年好酒。其间弥漫着一种活现的性灵，乐天自足的气氛，贫于财货而富于情感，鉴识卓越，老练而充满着现世的智慧；可是心地淳朴，满腹热情，却也与世无争知足无为，而具一双伶俐的冷眼，爱好朴素而纯洁的生活。”[④]

“内和”与中国传统医学所论的核心“养神”是一致的。早在两千多年前，我国中医学就提出养生的根本目的是“形与神俱，而尽终其天年”。“心和平而不失中正”，“宽而栗，严而温，柔而直，猛而仁”，不偏不倚，正直而宽和，符合中医所讲的“中庸”养生之道。我国中医特别重视精神因素，《内经》讲：“恬淡虚无，真气从之，精神内守，病安从来？”又云：“百病之

① 林语堂：《苏东坡传》，见《林语堂名著全集》第11卷，第15页。

② 林语堂：《苏东坡传》，见《林语堂名著全集》第11卷，第24页。

③ 林语堂等人创办的半月刊《人间世》杂志发刊词，1934年4月5日。

④ 林语堂：《吾国与吾民》，见《林语堂名著全集》第20卷，第312页。

生于气也，怒则气上，喜则气缓，悲则气消，恐则气下……惊则气乱……劳则气耗，思则气结。"《春秋繁露·循天之道》中说："德润身，心宽体胖"，"能以中和养其身者，其寿极命"。

明顾大典说："江山昔游，敛之丘园之内，而浮沉宦迹，放之何有之乡，庄生所谓自适其适，而非适人之适，徐徐于于，养其天倪，以此言赏，可谓和矣！"[①]

2. 外适

"外适"之"外"，指的是生活境域，包括建筑、庭园、水石等外在环境，"适"即舒适。林语堂善于欣赏大自然之美，深谙中国庭园艺术精髓，中国园林可行，可望，可游，可居，正是中华民族经过数千年的生态积累创设的生活境域。

有些进化心理学者以为，在"物竞天择，适者生存"的定律之下，人类在栖息地的选取中，对优越的自然环境有着本能的偏好，这种先天的偏好，早已载入基因之中，并潜意识地影响着人类的审美行为。林语堂也说："我相信在美国的繁忙生活中，他们也一定有一种企望，想躺在一片绿草地上，在美丽的树荫下什么事也不做，只想悠闲自在地去享受一个下午。"[②]也许人类美学的标准含有若干程度的遗传因素，但起着决定作用的是后天的经验和智慧的积累。这种智慧的载体是中华的知识精英们。他们是无论贫富穷达，都非常善于享受大自然的人。

战国庄子就发现山林皋壤能使他感到欣欣然，魏晋文人更是沉醉其中，"荫映岩流之际，偃息琴书之侧，寄心松竹，取乐鱼鸟，则淡泊之愿，于是毕矣"[③]。白居易醉心的庐山草堂"乔松十数株，修竹千余竿。青萝为墙援，白石为桥道。流水周于舍下，飞泉落于檐间，绿榴白莲，罗生池砌"，诗人在此，可以仰观山，俯听泉，旁睨竹树云石，其乐无穷。他在洛阳的履道里花园拂杨石，举陈酒，援崔琴，颓然自适，身随风飘，悠扬于竹烟波月之

① 顾大典：《谐赏园记》，见陈从周、蒋启霆选编：《园综》，第155页。

② 林语堂：《生活的艺术》，见《林语堂名著全集》第12卷，第2页。

③ 戴逵：《闲游赞》，见严可均编：《全上古三代秦汉三国六朝文·全晋文》卷一三七，中华书局，1958年，第2250页。

际，陶然自醉，睡于石上矣。宋画家郭思在《林泉高致集·山水训》中曰：

> 君子之所以爱夫山水者，其旨安在？丘园养素，所常处也；泉石啸傲，所常乐也；……猿鹤飞鸣，所常观也；尘嚣缰锁，此人情所常厌也；烟霞仙圣，此人情所常愿而不得见也……然则林泉之志，烟霞之侣，梦寐在焉，耳目断绝，今得妙手郁然出之，不下堂筵，坐穷泉壑。猿声鸟啼，依约在耳；山光水色，滉漾夺目，此岂不快人意、实获我心哉！[①]

明末以来，文人最崇尚郊野别墅园、山间村野、水边林下，和优美的自然环境融为一体。清沈复激赏明末徐俟斋的涧上草堂：

> 村在两山夹道中。园依山而无石，老树多极纡回盘郁之势，亭榭窗栏，尽从朴素，竹篱茆舍，不愧隐者之居。中有皂荚亭，树大可两抱。余所历园亭，此为第一。[②]

幽旷、朴野、爽朗大方，在此或歌或啸，确可大畅其怀。元末明初的高启到狮子林，见“清池流其前，崇丘峙其后……闲轩静室，可息可游，至者皆栖迟忘归，如在岩谷，不知去尘境之密迩也”，“余久为驱，身心攫攘，莫知所以自释，因访公于林下……觉脱然有得，如病暍人入清凉之境，顿失所苦”。[③]

山石花木是丘园主要物质构成，林语堂眼光的聚焦点，在道德艺术层面。他称自然的石头伟大、坚固、恒久，具有性格上的力量。它们像隐居的学者那样，独立于世，出尘超俗。从艺术审美上看，它们又具有宏伟、庄严、峥嵘和古雅之美。花园里的石头，注重色泽、构造、表面和纹理，有时也注重石头被敲击时所发出的声响。石头越小，对于其构造的质素和纹理的色泽也越加注重。中国文人也有收藏最好的砚石和印石的癖好，因此雅致、构造、半透明和色泽变成评判石头最重要的质素。园林中“一座真正的艺术化假山，其结构和对比的特点应该和一帧画一样”。

---

① 郭思：《林泉高致集》，《全宋笔记》本，大象出版社，2019年，第6页。

② 沈复：《浮生六记》卷四《浪游记快》，第148—149页。

③ 高启：《师子林十二咏序》，见《高青丘集》，上海古籍出版社，1985年，第888页。

花木是营构自然美、创造山花野鸟之间那种朴野撩人气息的不可或缺的物质材料。它本身具有的自然美诸如色、香、姿、声、光等组成独立的景观表象，或作为其他景观的组合材料，按照美的规律，配植在一定的位置。如窗前月下，梅枝古拙，一叶芭蕉，几竿修竹，半掩窗扉，隐现石笋，梧荫匝地，槐荫当庭，或插柳沿堤，栽梅绕屋，结茅竹里，夜雨芭蕉，晓风杨柳……[①]，或蕉窗听雨（图 2-23），营造出舒适宜人的自然环境。

图 2-23　蕉窗听雨（拙政园听雨轩）

林语堂赞美欣赏花木的形态风姿，更重其道德神采。如松树代表沉默、雄伟和超尘脱俗，跟隐士同气相求；梅树的浪漫姿态、芬芳气味，在残冬和初春开花，象征着清洁的性格、寒冷的光辉，和兰花一样，象征着隐逸的美；竹的美是一种微笑的美，它给予我们的快乐是温和的、有节制的。因此，松、竹和梅被称为"岁寒三友"。柳树富有女性曼妙的身姿与敏感，是宇宙间感人最深的四物之一，如在西湖十景之中，就有一景叫作"柳浪闻莺"。

---

① 计成原著，陈植注释：《园冶注释》，第2版，第51页。

伟大的古藤，盘绕着古树或石头，那种盘绕和波动的线条，和树木挺直的树身形成了有趣的对比，有些美丽的古藤宛若卧龙。树身弯曲或倾斜的古树，也因此深受人们敬重，如苏州邓禹庙中四株“清”“奇”“古”“怪”的汉柏。兰花、菊花和莲花，与松竹一样，是君子的象征。牡丹被视为富足和快乐的象征；而梅花则是诗人之花，象征着恬静而清苦的学者。因此前者是属于物质的，而后者属于精神的。兰花象征着隐逸的美，故它常常生长于多荫的幽谷。据说它有“孤芳自赏”的美德，常常称美丽、隐逸的少女，或隐居山中、鄙视名利权势的大学者为“空谷幽兰”。菊是诗人陶渊明酷爱之花，正如梅是诗人林和靖所爱的花，莲是儒家学者周濂溪所爱的花一样等等。[①]

林语堂对花木的观察细微，得乎性情，并多与文人品性相互辉映，成为蕴含丰富的文化符号和文人的情感载体。

3．体宁心恬

林语堂也注意到大自然对人心理、生理的医疗效应：

> 大自然本身永远是一个疗养院。它即使不能治愈别的病患，但至少能治愈人类的自大狂症……许多中国人都以为游山玩水有一种化积效验，能使人清心净虑，扫除不少的妄想……幽静的峰，幽静的石，幽静的树，一切都是幽静而伟大的。凡是环抱型的山都是一所疗养院……治疗一切俗念和灵魂病患的场所，如：盗窃狂、自负狂、只知有己不知有人狂、奴隶他人狂、讨债狂、统治狂、战争狂、诗狂、恶意仇恨狂、好于人前显耀狂，一般的头脑不清，和种种的不道德脾气。[②]

我们通常称水为“水肺”，它有一种惊人的治疗力：“水不但是生殖和营养的一种物理手段……而且是心理和视觉的一种非常有效的药品。凉水使视觉清明，一看到明净的水，心里有多么痛快！视觉洗一个清水澡，使灵

① 以上见林语堂：《生活的艺术》，见《林语堂名著全集》第21卷，第284—296页。

② 林语堂：《生活的艺术》，见《林语堂名著全集》第21卷，第276—277页。

魂多么爽快，使精神多么清新！”[①] 这叫“一种精神的水疗法”。

人们视森林为“绿肺”。绿色植物有净化空气，吸收噪音，吸收紫外线，提供绿荫，防止眩光，保持水土，滞留、吸附、过滤灰尘以净化空气，杀菌，消毒等作用，对人类有医疗保健功能。

清代康熙皇帝说：“朕避暑出塞，因土肥水甘，泉清峰秀，故驻跸于此，未尝不饮食倍加，精神爽健。”[②] 他在《芝径云堤》诗中说：“草木茂，绝蛟蝎，泉水佳，人少疾。”乾隆皇帝《避暑山庄百韵歌》“岩秀原增寿，水芳可谢医”，就深谙山水的养生之道。有清一代，帝后都喜欢生活在园苑中。自康熙建畅春园开始，大园皆有“外朝”和“内寝”的宫廷区，作为皇宫以外的另一政治中心，康熙大部分时间居住在此。自康熙至咸丰皇帝，六代帝皇每年约有三分之二的时间都在园中。帝后们住在园中，可以不拘泥宫中规矩，身心也自由得多。

林语堂动情地说：

> 让我和草木为友，和土壤相亲，我便已觉得心满意足。我的灵魂很舒服地在泥土里蠕动，觉得很快乐。当一个人悠闲陶醉于土地上时，他的心灵似乎那么轻松，好像是在天堂一般。[③]

林语堂的花木情，往往使人联想到苏州著名作家和中国盆景大师周瘦鹃。他一生酷爱花木，尤其钟情于紫罗兰，一生低首紫罗兰，筑小园名紫兰小筑。有紫罗兰神像一座，所编的杂志定名为《紫罗兰》《紫兰花片》，小品集名《紫兰芽》《紫兰小谱》。园子的一角叠石为台，定名为紫兰台，书斋命为紫罗兰庵，为的是纪念年轻时的恋人（英文名字 Violet，即紫罗兰）。每当春秋佳日，紫罗兰盛开时，他常常痴坐于花前，细细领略它的色香。四十年来，牢嵌在心头眼底的那个亭亭倩影，仿佛从花丛中冉冉地涌现出来，给他以无穷的安慰。

紫兰小筑也曾天天花香鸟语，梅兰芳从国外带回来名贵牵牛花，朱德

---

① 费尔巴哈：《十八世纪末—十九世纪初德国哲学》，第542—543页。

② 康熙：《穹览寺碑》，承德喀喇河屯行宫穹览寺碑文。

③ 林语堂：《生活的艺术·自序》，见《林语堂名著全集》第21卷，第1页。

委员长赠给他一盆名兰。周先生“真正生活于画中”，他甚至想象自己的最后归宿也和鲜花一样美丽：

> 安排一精致小室，触目琳琅，彪炳生色，又复列盆花数十，散馥吐芳，人坐其间，那浓烈的香气，使人熏醉，从此不醒，飘然离世而去，岂不大快。①

诚如著名哲学家海格德尔所说，“这种诗意一旦发生，人便人性地栖居在这片大地上”②。宋代苏州乐圃主人朱长文，描述他自己的生活和心情：“当其暇也，曳杖逍遥，陟高临深，飞翰不惊，皓鹤前引……种木灌园，寒耕暑耘，虽三公之位，万钟之禄，不足以易吾乐也。”③

（四）闲适和中庸哲学

1.“天人合一”

林语堂信奉“中国最优越、最睿智的哲人们”的“闲适哲学”，而这一闲适哲学的基础性缘由和深层次根源，正是东方智慧的核心“天人合一”的古老命题。“天人合一”是“与天地相依”，“坚信人与自然的统一的必要性和可能性”，这就是东方式天人关系中所表现出来的广义深层生态学思想。

先秦时期最富有摄生智慧的老庄哲学，从哲学的层面阐述了“天人合一”的自然观。

《老子》二十五章曰：“人法地，地法天，天法道，道法自然。”他从人类法则同自然法则的关系出发，认为人的社会规则来源于自然界的法则，而自然法则来自最高的道，道是最初的源头，处于最高的地位，人只能是自然法则的模仿者。“《老子》书里的所谓‘自然’，就是自然而然的意思，而

---

① 转引自张永久：《摩登已成往事：鸳鸯蝴蝶派文人浮世绘》，百花文艺出版社，2012年，第181页。

② 海德格尔：《海德格尔选集》上卷，生活·读书·新知三联书店，1996年，第480页。

③ 朱长文：《乐圃记》，见陈从周、蒋启霆选编：《园综》，第207页。

所谓‘道法自然’就是说道的本质是自然的。”[①]“故圣人云：我无为而民自化；我好静而民自正；我无事而民自富；我无欲而民自朴。”“无为”来自自然法则，百姓归于自然和谐。

《庄子》则强调天人为一，《庄子·齐物论》曰：“天地与我并生，而万物与我为一。”认为自然和人具有同一性，“有人，天也；有天，亦天也”，郭象注：“凡所为天，皆明不为而自然。”人和万物都是自然的，天为和人为都应该是自然无为的。

如果将自然之物进行了人为的加工，则自然物就失去了它存在的自然属性。《庄子·天地》篇：“百年之木，破为牺尊，青黄而文之，其断在沟中。比牺尊于沟中之断，则美恶有间矣，其于失性一也。”“所以均调天下，与人和者也。与人和者，谓之人乐；与天和者，谓之天乐。”人要遵循天理，虚无恬淡，与天合德，要无为乎自然之间，达到纯任自然，不干涉，让其自为，使物自化。《庄子·缮性》：“古之人，在混芒之中，与一世而得淡漠焉。当是时也，阴阳和静，鬼神不扰，四时得节，万物不伤，群生不夭，人虽有知，无所用之，此之谓至一。当是时也，莫之为而常自然。”

老庄赞美自然，要求人与自然的合一，人向自然复归，这个“自然”是不受任何外力制约、保持天然本性或状态的“自然”，使人进入一种绝对自由的、犹如自然本身的境界。老庄哲学代表的中国先哲，已经从宇宙的高度来认识和把握人类的意愿，这种万物一体的自然观，反映了先哲的生态智慧。中国山水园林遵循老庄“辅万物之自然而不敢为”“无以人灭天”的思想；遵循“万物不伤，群生不夭”顺应自然、不干预自然的原则。老庄思想已成为中国传统文化艺术血脉之源。

林语堂推崇的最优越的艺术品是要跟行云流水那么自然，“无斧凿痕”的。欣赏不规则的美，暗示着韵律、动作和姿态的线条的美，如盘曲的橡树根、化石、湖石，上有窟窿，轮廓极为奇突。上海和苏州附近的假山，多数是用太湖的石头来建筑的，石上有着从前给海浪冲击过的痕迹，这种石

---

① 童书业：《先秦七子思想研究》，齐鲁书社，1982年，第55页。

头是由湖底掘出来的。有时如果它们的线条有改正的必要，那么，人们就会把它们琢磨一下，使它们十全十美，然后再放进水里浸一年多，让那些斧凿的痕迹给水流的波动洗掉。[①]

美国环境哲学家科利考特认定，中国的道家思想是“传统的东亚深层生态学”；澳大利亚环境哲学家西尔万和贝内特也说：“道家思想是一种生态学的取向，其中蕴涵着深层的生态意识，它为‘顺应自然’的生活方式提供了实践基础”。[②]

以孔子、孟子为代表的儒家，以多样性的统一即“和”为价值的最高标准，《老子》“冲气以为和”，《荀子》以为“万物各得其和以生”。“和”揭示了宇宙运动的规律，是自然的最佳境界和终极状态。“和”作为古代哲学的一个典型的基本范畴，含有重要的理论意义。中国古代太极图中的阴阳交界的S形曲线，便代表着一团元气流动着的“生命线”，它反映了中国哲学的民族特质，体现出中国文化的整合性。同时，它是几千年来我们民族心理的积淀。中国园林艺术形式也体现了这条“生命线”的运动足迹，如主张人与自然之间的和谐，自然与建筑之间的协调、动静的统一，对淡泊、平和、清新、幽远的推崇等，强调与自然的亲和关系，注重和谐和中庸。

中国园林综合了孔子儒家理性主义和道家非理性主义，最高境界是“和”。园林在布局、色彩、掇山、理水诸方面，都追求和谐，整体性中有一中心，有一种不和之和，如注重山水与自然之和，山水及植物的协调。山水相依，“水以石为面”“水得山而媚”，水边“杨柳依依”，小桥横卧，流水悠悠，山间草木葱茏。行云倒影于流水，鸟飞花落，游鱼翔泳，涟漪自动，瀑布写石，动中有静，动静互融。园中旷幽结合，曲直相交，高下互际，园内外呼应，一切都是那么协调，那么相宜，那么和谐。任何的不和谐都是对美的破坏。

清代阮元在西湖中造了一个小屿，百码方圆，高出水面不过尺余，地上有的不过是青葱飘拂的柳树。杨柳的影子映在水中，冲破了湖面的单调，

① 林语堂：《生活的艺术》，见《林语堂名著全集》第21卷，第284—288页。

② 转引自余谋昌：《生态哲学》，陕西人民出版社，2000年，第212页。

而使它增加了风韵，与大自然完全和谐。[①]闲适逍遥，从容迂徐，游息忘归，超然忘机，物谐其性，人乐其天，“得至美而游乎至乐”[②]。这里，人与自然是平等的、和谐的，人与人也是平等的、和谐的。

早在19世纪20年代，歌德就已发现中国人“有一个特点，人和大自然是生活在一起的”，他们“经常听到金鱼在池子里跳跃，鸟儿在枝头歌唱不停，白天总是阳光灿烂，夜晚也总是月白风清……房屋内部和中国画一样整洁雅致”[③]。

林语堂颇为自得地赞美中华民族生活的艺术：“一个民族产生几个大哲学家没什么希罕，但一个民族都能以哲理的眼光去观察事物，那是难能可贵的。无论怎样，中国这个民族显然是比较富于哲理性，而少实效性，假如不是这样的话，一个民族经过了四千年专讲效率生活的高血压，那是早已不能继续生存了。”

2. 和谐的中庸哲学

林语堂赞美“一种和谐的中庸哲学”，“是人类生活上最健全最美满的理想了”[④]，即把道家的现世主义和儒家的积极观念调和起来，最优越、最合于人情。名字半隐半显，经济尚称充足，生活颇为逍遥自在，但不是完全无忧无虑的时候，“人类的精神才是最快乐的，才是最成功的”[⑤]。

在中国，道家的哲学获得中国人本能的感应，这种哲学已经存在了几千年。如果说道家哲学和儒家哲学仅是代表消极和积极的人生观的话，那么，我相信这两种哲学不是中国人的，而是人类天性上固有的东西。“我们大家都是天生一半道家主义者和一半儒家主义者”。“中国最崇高的理想，就是一个不必逃避人类社会和人生，而本性仍能保持原有快乐的人。”“城中隐士实是最伟大的隐士”[⑥]，因为他对自己具有充分的节制，不怕环境的

---

① 林语堂：《生活的艺术》，见《林语堂名著全集》第21卷，第288页。

② 郭庆藩撰：《庄子集释》，王孝鱼点校，中华书局，2012年，第714页。

③ 爱克曼辑录：《歌德谈话录》，译林出版社，2002年，第112页。

④ 林语堂：《生活的艺术》，见《林语堂名著全集》第21卷，第119页。

⑤ 林语堂：《生活的艺术》，见《林语堂名著全集》第21卷，第119页。

⑥ 林语堂：《生活的艺术》，见《林语堂名著全集》第21卷，第116页。

影响。

生活的最高类型是子思所倡导的中庸生活。古今与人类生活问题有关的哲学，还不曾有一个比这种学说更深奥的真理，这种学说所发现的就是一种介于两个极端之间的有条不紊的生活——中庸的学说。

林语堂引用了李密庵的《半半歌》把这种理想很美妙地表现出来：

看破浮生过半，半之受用无边。半中岁月尽幽闲，半里乾坤宽展。半郭半乡村舍，半山半水田园……[①]

这种中庸哲学正是中国士大夫文人身体力行的，他们钟情于亦官亦隐的中隐生活方式，其生活的环境就是宅园，他们称之为“城市山林”。城市本为嘈杂的劣势的非生态性现实空间，山林却是幽静闲适的、最富于生态优势的现实空间，“城市山林”的和谐结合，组合成“居尘而出尘”的生态艺术空间，享受那山光水影，鸟语花香，泉声石韵，如“一径抱幽山，居然城市间”[②]的沧浪亭，“隔断城西市语哗，幽栖绝似野人家”的艺圃等。

“家有千顷良田，只睡五尺高床。”知足常乐是中庸的生活哲学理念，明代陈继儒《清平乐·闲居书付儿辈》：“有儿事足，一把茅遮屋。若使薄田耕不熟，添个新生黄犊。闲来也教儿曹，读书不为功名。种竹，浇花，酿酒；世家闭户先生。”知足常乐也是士大夫园林的一个重要主题，他们在咫尺天地里建立蜗庐、安乐窝、勺园、残粒园、片石山房、曲园、半茧园、壶园、半亩园、芥子园、容膝园等小园，推崇淡泊、平和，不求奢华，容膝自安，家无长物，琴书自乐，恬和养神，一丘一壑之中，寄寓了广阔的心灵世界。

3. 和谐人生的典范意义

林语堂认为中庸的哲学观念造就了一种智慧而愉快的人生哲学，这种哲学在陶渊明——在林语堂看来是中国最伟大的诗人与最和谐的性格——的生活上形成的一种典型。

他不曾做过大官，没有权力和外表的成就，除一部薄薄的诗

---

① 林语堂：《生活的艺术》，见《林语堂名著全集》第21卷，第117—118页。

② 苏舜钦：《沧浪亭》，见苏舜钦著，傅平骧、胡问陶校注：《苏舜钦集编年校注》，巴蜀书社，1990年，第218页。

> 集和三四篇散文之外，也不曾留给我们什么文学遗产，可是他至今日依然是一堆照彻古今的烽火，在那些较渺小的诗人和作家的心目中，他永远是最高人格的象征……在陶渊明的身上，我们看见那种积极的人生观已经丧失其愚蠢的满足，而那种玩世的哲学也已经丧失其尖刻的叛逆性，而人类的智慧第一次在宽容的嘲弄的精神中达到成熟期了……陶渊明代表中国文化的一种奇怪的特质，这种特质就是肉的专一和灵的傲慢的奇怪混合，就是不流于灵欲的精神生活和不流于肉欲的物质生活的奇怪混合；在这种混合中，感官和心灵是和谐相处的……他就这样过着一生，做一个无忧无虑的、心地坦白的、谦逊的田园诗人，做一个智慧而快活的老人。[①]

以农耕为主的中华民族，有着深深的田园情结，而陶渊明第一个成功地将田园情结诗化为一种美的至境。他构想的农耕社会，是集美、善于一体的桃花源，虽有《老子》小国寡民的思想投影，但却无“小国”，无“王税”，“民”也不“寡”，这种无君思想是陶渊明汲取了同时代思想家的思想营养滋育出来的。陶渊明用文学手段，“直于污浊世界中另辟一天地，使人神游于黄、农之代。公盖厌尘网而慕淳风，故尝自命为无怀、葛天之民，而此记（指《桃花源记》）即其寄托之意”[②]。

陶渊明真率自然的人性美和隐居守节、安贫乐道的人格美，将人生风范艺术化了，这种风范对封建时代的文人士大夫具有范式意义。陶渊明立足于内在的独立和自由，超越仕隐方式，保持“悠然自得之趣”的潇洒人生境界，正好与以退为进的朝隐思潮吻合。

陶渊明诗文着眼点定格在日常生活上，用家常话写家常事，从训子、春游、登高、交友、读书、酿酒、个人嗜好等俗事中掘出雅意，将生活琐事诗化、雅化，蕴美于日常生活，不想奔走求荣，也不愿意服药成仙，只在凡尘俗世之中求得心灵超脱的境界。他趁着良辰美景，孤来独往，躬操农桑，登山成啸，临水赋诗，置酒弦琴，或盥濯于檐下，采菊于东篱，晨烟暮霭，春熙

① 林语堂：《生活的艺术》，见《林语堂名著全集》第21卷，第120页。

② 邱嘉穗评注：《东山草堂陶诗笺》卷五，清康熙间刻本。

秋阴，无不化为美妙的诗歌，于平凡生活中体会无穷之人情美，这种人情美，有“空灵蕴藉、清逸淡远”的特色，符合一般士大夫的现实需要，也与亲亲宗法社会的情感趋向一致，这正是陶渊明诗文久而弥淳的魅力所在。

陶渊明虽有太多的现实悲哀，但他肆志委任，“自然”排解，他“引壶觞以自酌”“乐琴书以消忧”，在艰难的生活处境中，仍然可以找到美，得到审美的快乐和慰藉。

陶渊明虽每每酣饮致醉，但并无阮籍的放荡之行；他也写“金刚怒目”的诗歌，但不至于像嵇康般亢烈取祸。他一切顺遂自然，委身自然，夐出流俗，淡泊渊永，堪为魏晋风流的代表，成为寄托中国古代文人理想的人物形象，文人士大夫们常常从他身上去寻找新的人生价值，并借以慰藉。

陶渊明忠于自己的自然本性，追求真淳的天性，顺应自然，随遇而安，乐天知命，如蓝天白云，舒卷自如，山间清流，清澈率真，超然于是非荣辱之外：“千秋万岁后，谁知荣与辱？”[①] 委运乘化，既不任真忤时，也不徇名自苦，“纵浪大化中，不喜亦不惧。应尽便需尽，无复独多虑”[②]，保持了“忧道不忧贫”的传统文人的完整人格，达到了超功利的人生境界。这种文化模式深刻地契合了具有高度文化修养的封建士大夫独特的文化心理。仕途屡遭困踬的苏轼，将陶渊明诗文作为消忧特效药，他在《书渊明羲农去我久诗》中说：“每体中不佳，辄取读，不过一篇，惟恐读尽，后无以自遣耳！”

陶渊明爱自然而不雕琢，善于将自己的审美感受用田家语娓娓写出，无一奇字僻典，随意吐属，“似大匠运斤，不见斧凿之痕”[③]，自然高妙，沛沛然肺腑中流出。然而，他却能字字寰中，字字尘外。高风逸调，无一点风尘俗态，一派天机。

陶渊明“结庐在人境”，“心远地自偏”，士大夫们既能坐享山林田园之美，又不去遁迹深山，只在“城市山林”中诗意地做起“隐士”，陶渊明恰好

---

① 陶渊明：《拟挽歌辞》其一，见《陶渊明集》，第141页。

② 陶渊明：《神释》，见《陶渊明集》，第37页。

③ 惠洪：《冷斋夜话·东坡得陶渊明之遗意》，陈新点校，中华书局，1988年，第13页。

提供了一个两全的模式，心灵与生理可获得双重满足。

这些，与林语堂的审美理想、人格理想、生活理想太合拍了。

林语堂的生活艺术，来自精神与物质两个层面，诗的精神涵养，画的美境陶冶，获得大自然声、色、气、味泛神性的喜悦，组成中国人的诗意人生，构成高雅浪漫的东方情调。以苏州园林为代表的中国园林，正是承载东方格调最集中最优雅的载体，它保存了中华民族特有的“生命印记”，体现着中华文化精英累积起来的生存智慧。

林语堂深切感悟老庄生命哲学，而且将之作为他的一杆文化标尺，来衡量比较东西文化。

> 凡尔赛所植的树，都是剪成圆锥形，一对一对地极匀称地排列成圆形或长方形，如兵式操中的阵图一般。这就是人类的光荣和权力，如同训练兵丁一般去训练树木的能力。如若一对并植着的树，高矮上略有参差，我们便觉得非剪齐不可，使它不至于扰乱我们的匀称感觉、人类的光荣和权力。①

推崇“人是万物的尺度”的古希腊人，开创了自由理性的传统，奠定了西方科学思维的基础，表现为以欧几里得几何学为代表的严格的逻辑体系，并施之于园林构图。

美国景园建筑学家西蒙德正确地指出：“欧洲艺术界在艺术中背弃大自然的根本概念已有几世纪之久了，西方人想象他们自己与自然是对立的。”②

八、中国园林审美价值论

独步天下的中国园林，早就在国际上赢得了声誉和地位，其美学具有原创性、恒久性和可持续发展性等特性。诚然，这种以自娱为根本目的的园林

① 林语堂：《生活的艺术》，见《林语堂名著全集》第21卷，第284页。
② 西蒙德：《景园建筑学》，王济昌译，台隆书店，1982年，第13页。

形式，由于她涵蕴的文化过于含蓄和高雅，活跃在私家园林舞台上的主要是一群骚人墨客。琴棋书画诗酒茶，吟花弄月，他们享受自然和文化，只看花开落，不问人是非，将风风雨雨封闭在高墙外，今天已经“知音”不多了。

面对外来文化，妄自尊大与妄自菲薄两种极端态度都是错误的。康熙、乾隆曾以“天朝大国”傲视外来文化，“把所有的外国人都看作没有知识的野蛮人，并且就用这样的词句来称呼他们。他们甚至不屑从外国人的书里学习任何东西，因为他们相信只有他们自己才有真正的科学和知识。如果他们偶尔在他们的著述中有提到外国人的地方，他们也会把他们当作好像不容置疑地和森林与原野里的野兽差不多”[①]。1793 年，乾隆皇帝给英王乔治三世的一封信中写道：“天朝抚有四海，惟励精图治，办理政务，奇珍异宝并无贵重，尔国王此次赍进各物，念其诚心远献，特谕该管衙门收纳。其实天朝德威远被，万国来王，种种贵重之物，梯航毕集，无所不有……”[②]

近代西方发达国家强势技术和文化逐渐影响东方园林，欧陆风、北美风刮得十分强劲，妄自菲薄者多起来，唯洋人马首是瞻。一些洋专家或华裔洋人在中国留下了不少让人啼笑皆非的作品，但国人甚至专家们却像童话中观看皇帝的新装一样，一味唱着昧心的赞歌。他们将学术传统抛到九霄云外，言必称外国，一做设计就是大草坪、植物带拉弧线，园林被异化为水泥林中的植物堆积和若干仿古建筑元素的点缀，新建的园林都似一个母胚中克隆出来的产儿。光辉灿烂的古典园林传统，湮没在西方主流意识形态的狂潮中。

当今有些人对祖先的这份遗产的价值缺乏认识，有的人认为它是过时货，只可放到博物馆里，供人观赏；有人甚至认为中国古典园林的典型例证被一一列入世界文化遗产对中国来说是一种耻辱；有的将当今城市建设中的奢侈豪华和漫无节制的“政绩工程”，统统归罪于古典园林。一面批判皇家古典园林的皇极意识，奢侈如花石纲；一面又用不堪的语言嘲笑游览

---

① 利玛窦、金尼阁：《利玛窦中国札记》，何高济、王遵仲、李申译，商务印书馆，2017年，第126页。

② 王之春：《国朝柔远记》卷六，岳麓书社，2010年，第265页。

“狭促的园子更像是进行文化手淫”，居然把计成称“教父”，《园冶》比《圣经》。这类没有自己民族语言的“景观设计理论”，恰恰是当今的“审美危险”，实际上反映了数典忘祖的“弱国心态”。

有些人不去寻找当今生存环境恶化的根本原因，却将传统的中国古典园林作为攻击的靶子，什么“小巧精致的审美价值取向在古代的集中体现，也许就是裹脚仕女”“古代宫廷、士大夫阶层的这种趣味，直接导致了小巧精致的园林景观文化”“过度装扮的景观文化只能走向灭亡”“中国传统园林的所谓‘自然天成’‘天人合一’，如果用当今的环境现实和生态伦理去评价，是何等的虚伪和空洞”“生态学和景观生态学，遗产保护理论，地理信息系统（GIS）技术，钢筋水泥、玻璃和钢及各种人工材料，都使经验的《园冶》成为过去的遗产”等等，肤浅且目空一切！

想当年，有人舍弃了自己的文化而欢呼西方文明的时候，美学家宗白华先生这样说：

> 我以为中国将来的文化决不是把欧美文化搬来了就成功。中国旧文化中实有伟大优美的，万不可消灭……我实在极尊崇西洋的学术艺术，不过不复敢藐视中国的文化罢了。并且主张中国以后的文化发展，还是极力发挥中国民族文化的“个性”……[①]

> 在中国文化里，从最低层的物质器皿，穿过礼乐生活，直达天地境界，是一片浑然无间、灵肉不二的大和谐，大节奏……中国人的个人性格、社会组织以及日用器皿，都希望能在美的形式中，作为形而上的宇宙秩序、与宇宙生命的表征。这是中国人的文化意识，也是中国艺术境界的最后根据。[②]

与此相反的是，中国明清时代的古典园林，受到西方学者和传教士的高度赞扬。英国建筑师威廉·钱伯斯（1723—1796）于1772年出版《东方

---

① 宗白华：《自德见寄书》，见《宗白华全集》第一卷，安徽教育出版社，1994年，第321页。

② 宗白华：《艺术与中国社会》，见《宗白华全集》第二卷，安徽教育出版社，1994年，第412—413页。

庭园论》，赞美中国园林源于自然、高于自然。园林成为高雅的、供人娱乐休息的地方，应体现渊博的文化素养和艺术情操，如此才是中国园林的特点。

1773 年，德国温泽尔（L.Unzer）著《中国造园艺术》一书，称中国为“一切造园艺术的模范”。

鲍榭蒂（M.Beuchert）《中国园林》（1991）介绍，M. 歌特在其园林史巨著中宣称，世界上所有风景园林的精神之源在中国。[①]

中国传统园林建筑是线性系列，它不能被单一的图像描述或定义。不像孤高系列的西方建筑，分享绘画、雕塑的审美价值以及创作方法，可以就造型构图等方面进行分析和评判。

当代设计师包括新园林规划设计师们，往往满足于景观造型，大片的草坪，甚至还点缀着古希腊奥林匹克运动员的裸体雕塑，中国园林委婉含蓄的情感表达、深厚的文化底蕴已经荡然无存。千城一面，甚至千镇一面，玻璃幕墙和钢制家具，这种冷漠的、极度简约的、缺乏民族特点的设计，像病毒一样蔓延开来，没有了个性。非文化、非科学的折中主义或者大杂烩式的城市景观，是无可挽回的败笔，令人失望。古城北京天安门广场周围，出现了一批“花花公子”，经典的建筑风格正在被解构。

“他山之石，可以攻玉”，日本善于此道，但日本文化是兼容的，观念却失是纯粹的。“日本明治维新之前，学习中土，明治维新后效法欧洲，近又模仿美国，其建筑与园林，总表现大和民族之风格，所谓有‘日本味’。”[②]日本又以挖掘传统材料的潜在魅力见长，日本以新艺术理念为支撑，经过再创作赋予新的价值，与传统文脉衔接。因此，日本不断汲取外来先进文化的过程，也是不断将外来文化民族化的过程。当今的日本，已经是设计强国，民族传统与现代风格双轨并行而又以民族特色为底色，这正是现代园林发展之路。

新型园林必须在旧形式的废墟里成长起来，必须植根于民族文化的土

① 玛丽安娜·鲍榭蒂：《中国园林》，闻晓萌、廉悦东译，中国建筑工业出版社，1996年。
② 陈从周：《说园》，同济大学出版社，2007年，第32页。

壤之上。《中国园林》杂志前主编王绍增先生指出：

> 人口和资源的严重矛盾是中国不能仅仅追随所谓国际“先进”潮流的基本原因，也是中国在人与自然关系上必将走向世界前列的基本原因。所以，低碳、节约、多文化，少追求刺激，应该是中国风景园林的现实前途，也是未来能够引领世界的前途。[①]

这是非常精到的见解。

伽达默尔曾经慨然宣称：“难道人们就可以目送傍晚夕阳的最后余晖，而不转过身去寻找红日重升时的最初晨曦吗？”西方现当代美学之中，尤其是在西方现象学美学之中，“转过身去寻找红日重升时的最初晨曦”成为西方美学家的共同选择。我们为什么不能“转过身去寻找红日重升时的最初晨曦”呢？

事实上，中国古典园林“蕴藏着的自然美景象构成的原则和技巧，则仍然是新园林创作的重要借鉴”[②]。独特的生态化设计理念，不雕不绘、崇简尚朴的营构原则，有法无式的技艺范式以及如诗似画的意境追求，都是当代园林营构和环境设计的有益借鉴。

（一）生态化的设计理念

当前，能源使用带来的环境问题越来越严重，烟雾、光化学烟雾和酸雨等危害，大气中二氧化碳浓度升高，全球气候变暖等给人类生存和发展带来严峻挑战，发展以低能耗、低污染、低排放为基础的低碳经济模式，是重塑世界经济版图的强大力量，也将成为必然选择。

中国古典园林追求“外适内和”，生理与心理双重享受，其厚生传统、生态养生等环境设计理念，体现了能源使用的低碳化，具有人居环境生态化规划设计的现实指导意义。

---

① 王绍增：《消费社会与景观设计》，苏州园林学会三十周年纪念会报告，2009年。

② 杨鸿勋：《江南园林论》，上海人民出版社，1994年，第2页。

厚生传统。哲学家牟宗三指出：中国哲学所关心的是生命。[1]我国古代崇尚“福”，“福”是人生幸福美满、称心如意、升官发财、长命百岁等的总概念。《韩非子》：“全寿富贵之谓福。”《礼记·祭统》：“福者，备也。备者，百顺之名也，无所不顺者之谓备……”“福”即富贵、安宁、长寿、如意、吉庆等完备美满之意。

《尚书·洪范》概括为“五福”：“一曰寿，二曰富，三曰康宁，四曰攸好德，五曰考终命。”一求长命百岁，二求荣华富贵，三求吉祥平安，四求行善积德，五求人老善终。《洪范》是商末巫祝的典籍，古人认为其辞乃上帝的训辞。因此，在中国人的集体无意识中，只要与五福的音形含义接近的，便都具有了五福含义而受到后世尊崇。如梅花造型是花分五瓣，所以也与五福有了联系，称“梅开五福”，成为园林铺地的吉祥图案之一。

五福以寿为首、为核心，其他均寓于“寿”字之中。追求长寿，始终成为中国文化的重要内容。中国园林中以“寿”为核心内容的构景和装饰图案触目皆是，如中国园林中海中神山的各类造型，龟山、富士山、万寿山的山名，以及“五福捧寿”等各类装饰图案，都以“寿”为中心。清代钱曾的《读书敏求记》中著录《百寿字图》一卷，即网罗了“寿”的各种字体，甲骨文、商周金文、古斗金文、古隶、易篆、汉楷、行、草、飞白书等各式“寿”字。这些“寿”字都体现了中华先人对生命的关注和强烈的生命意识。

仅苏州园林“寿”字装饰的花窗图案就千姿百态（图 2–24），有呈龟形者，有中心一个圆形寿称“圆寿”者，有四方形的称“长寿”者，还有左右双寿者或多个寿字者，饰以夔纹、卍纹、嵌蝶纹、蝙蝠纹、海棠、如意、牡丹、橄榄，组成阖家如意长寿、富贵长寿、福寿万代、五福捧寿、多福多寿、福寿双全等吉祥寓意。

圆为圆满之意，圆又成团，团是最稳当的，圆寿也就有了稳固之意。

中国古代养生以道家和中医的理论为基础，现代中医学家公认的奠定中国养生理论的经典之一是《道德经》，后世的道教以此为基础，曲解附

---

① 牟宗三：《中西哲学之会通十四讲》，第11页。

会，转而创造新意。道家讲究五行论，重视饮食疗法和营养学、按摩法等，主张动中有静，静中有动，适可而止。

图 2-24　五寿五福捧圆寿

《吕氏春秋·尽数》："流水不腐，户枢不蠹，动也；形气亦然。形不动则精不流，精不流则气郁。"汉代名医生华佗曰："人体欲得劳动，但不当使极耳。"[①] 老子从哲学角度论定养生治身的基本原则是"静"，庄子认为唯一正确的养生之道是"从静养神"，因而提出了"心斋""坐忘"等静功功法。

以老庄为代表的道家学派，以人的生命运动和自然界的关系为研究对象，尊崇的天道是纯粹的自然之道，认为天道无为，人性应与天道同化，万物皆应顺应自然，应该纵情率性，保持自然之态。他们认为对人性的任何约束都是对天道的损害，主张"法天贵真"，道合自然，倡导"天人为一""返璞归真"。道家是从人与自然的同一、人在自然中所获得的精神的慰藉与解脱去看自然山水美的，从而推论出了如"无为""虚静""纯任自然"的人生观。

老子提出"致虚极，守静笃"，让人们尽量使心灵虚寂，坚守清净，抛去五色、五味、五音。他的"道"强调"去甚""去奢""去泰"，去除那些极端、奢侈、过分的东西，达到"返璞归真"、复归于道的境界。

弘历帝御题二十八景，并赐"静宜"为园名，取意"造物灵奥而有待于静者之自得""动静有养，体智仁也"，"本周子之意，或有合于先天"。这充分体现了圣贤君子入圣之要门，即静可养生，生慧、开悟、明道、通神的夙求以及静观万物、俯察庶类的思想，呈现了易、儒、禅、道"致虚极、守静

① 范晔编撰：《后汉书·华佗传》，第2739页。

笃”及古典皇家园林艺术所追求的最高境界。

道家把自然的美与主体的“自喻适志”、逍遥无为相联系。如果说它有象征意义的话，那是把自然作为“道”的“无为而无不为”的表现来看的。因而，人对自然的审美感受，是一种自然所唤起的超越了人世间的烦恼痛苦的自由感，是一种体验自然与人契合无间的精神状态，人从而进入“天和”“常乐”的至境。人们向往身心自由，欣赏山中白云，如留园五峰仙馆北浣云沼东边墙对联“白云怡意；清泉洗心”，白云愉悦心志，清泉荡涤杂念，此为浸染禅悦的哲理联。出句由梁代陶弘景《诏问山中何所有赋诗以答》一诗化出，诗云：“山中何所有？岭上多白云。只可自怡悦，不堪持寄君。”诗中写山居生活的可爱，终日观赏云起云合，云散云飞，非心性奇高之人味不出其中深趣。白云，一方面是隐逸的象征，一方面又是禅家常用的喻象，表征着不染不着、无拘无缚的自由心态。对句由《易 · 系辞上》“圣人以此洗心”句化出，云圣人可用《易》道来启导人心，此联表示可赖清澈的泉水涤荡心中的杂念，使心志纯洁专一。

中国园林的哲学基础是儒、道、释，而三教都强调对人的心理调摄的重要作用。

儒家学派注重人类社会道德与内心的修养，儒家的“仁”所追求的乃是一种“均衡”的思想。中医学强调的平衡（阴阳）意识多是受到儒家“仁”学思想的影响。人类要想健康长寿，最根本的方法是加强个人的内心修养。孟子提倡，修身应从养心、养气二途下手，“养心莫善于寡欲。其为人也寡欲，虽有不存焉者，寡矣；其为人也多欲，虽有存焉者，寡矣”。《荀子 · 修身》则主张“治气养生”，具体措施是：“治气养心之术：血气刚强，则柔之以调和；知虑渐深，则一之以易良；勇毅猛戾，则辅之以道顺；齐给便利，则节之以动止；狭隘褊小，则廓之以广大……”①

张苇航对清初著名的戏剧家和园林家李渔《闲情偶寄》进行了研究，认为李渔以儒家理论作为养生思想，以顺性怡情作为养生观点，以心理疏导

① 梁启雄：《荀子简释》，中华书局，1983年，第16页。

作为防病治病重要方法，《闲情偶寄》注重心理情志养生，其颐养之道可以作为今日人们心理调适的借鉴。[①]

心灵的净化，即少私寡欲。修德寡欲是园林养生的重要内容。心性纯正和平，看破生死，薄名利，淡宠辱，精神不消耗。道教的《太上老君养生诀》列“薄名利”为“善摄生，除六害”之首。孙思邈《千金翼方》也说：“名利败身，圣人所以去之。”明高濂《遵生八笺·清修妙论笺》记《老子》曰：“众人大言我小语，众人多烦而我少记，众人悖怖而我不怒，不以人事累意，淡然无为，神气自满，以为长生不死之药。”[②]

俞樾题诂经精舍自题书斋联：“读书养气十年足，扫地焚香一事无。”很有点三教合一的味道。孟子首先提出了“我善养吾浩然之气”，“其为气也，配义与道；无是，馁也。是集义所生者，非义袭而取之也。行有不慊于心，则馁矣”[③]。宋代苏辙提出“文者气之所形”“气可以养而致”[④]，强调了“养气”对写作的作用。张三丰曰：“世人谓读书十年，养气十年。”开卷有益，尚友古人，滋润灵魂，使人生快乐，亦为养生之道。人们在阅读富有节律的文字符号时，通过双眼的视神经，传导到大脑的视觉中枢，能使全身的组织细胞产生良性的共振现象，使人体的生物节律趋向和谐整齐，激发生物潜能，使人的生理机能处于最佳状态，促进新陈代谢，从而有利健康长寿。传为吕岩（字洞宾）的《绝句》言：“莫道幽人一事无，闲中尽有静功夫。闭门清昼读书罢，扫地焚香到日晡。”诗句表达万事不挠心的平静生活，同为养生之道。

慧能创始的禅宗，自称“教外别传”，强调“我佛一体”、直心见性之学说，认为人人皆有佛性，“青青翠竹，尽是法身；郁郁黄花，无非般若（智能）”。其理论核心是讲“解脱”，而解脱的最高境界就是达到佛的境界，这

① 张苇航：《〈闲情偶寄〉与养生》，载《医古文知识》2003年第2期。

② 高濂：《高濂集》，王大淳整理，浙江古籍出版社，2015年，第1—2页。注曰：文见元李鹏飞《三元参赞养生书·地元之寿·养生之道》，今本《老子》未载。

③ 焦循撰：《孟子正义·公孙丑上》，第199—202页。

④ 苏辙：《栾城集·上枢密韩太尉书》，见《苏辙集》，中华书局，1990年，第381页。

个“佛”，已经不是释迦牟尼，因为“心外无佛”，这个“佛”在自己的精神世界里。修持方法实际上是“修心”，把宗教修证功夫变成为对待生活的态度，它不但不否认人世间的一切，而且把人世间的一切在不妨害其宗教基本教义的前提下，予以完全肯定。禅宗这一高度思辨化的佛教派别，宋代以后独步释门，成为中国佛教的代表。禅宗实际上包含伦理化、人情化、世俗化的三重改造。它缩短了此岸与彼岸之距离，宗教色彩大大淡化，也是“天人合一”精神的特殊体现。

生态养生。中国古典园林遵循着白居易倡导的“外适内和”的生命享受原则，“外适”就是生理享受，即适合养生。

如园林选址所遵循的风水理论中，含有许多合理的科学成分。许多城内园林在西北叠山，于东南理水，承德山庄的山峦区位于西北，都符合风水原则。叠山和天然山区如一道屏障，阻挡了西北寒风的侵袭，同时使夏季的东南风从水面吹过，更加凉爽宜人，既尊重了自然，也尊重了人。

承德山庄“草木茂，绝蛟蝎，泉水佳，人少疾”（康熙《芝径云堤》），“热河地既高敞，气亦清朗，无蒙雾霾氛”，生态优越，景色秀丽。北京西郊的香山主峰神秀，两岭环垂，丘壑皱伏，层峦叠嶂，挹抱萦回，揽玉泉、西湖于怀中，尽挹山川之秀，卷阿成景，天成为奥、为旷、为屏、为幄之画境。“西山春夏之交，晴云碧树，花气鸟声，秋则乱叶飘丹，冬则积雪凝素。种种奇致，皆足赏心”[①]。

茅茨土阶少污染的建筑材料和返璞归真的建筑空间处理，体现的也是对自然的尊重。香山静宜园“佛殿琳宫，参错相望，而峰头岭腹，凡可以占山川之秀，供揽结之奇者，为亭，为轩，为庐，为广，为舫室，为蜗寮，自四柱以至数楹，添置若干区”（乾隆《静宜园记》）。

中国园林建筑都具有建筑自然化的特点，与欧洲园林自然建筑化不同。丰富的建筑类型都体现了向大自然敞开的特点，“危楼跨水，高阁依云”。或面山，绿映朱栏，丹流翠壑；或临水，飞沼拂几，曲池穿牖，水周堂下；

---

① 蒋一葵：《长安客话》卷三，北京古籍出版社，1982年，第53页。

或为空廊的四面围合，“围墙隐约于萝间，架屋蜿蜒于木末”[①]，山楼凭远，窗户虚邻，栽梅绕屋，结茅竹里。此都体现了人与自然的和谐相处和共生。

建于明代的上海古猗园逸野堂，原为园中主厅，是园主招待宾客和休息之处，彼时“裙屐纷流连，诗酒互驰逐”。堂以楠木为柱，称楠木厅，四面道路相通，又称四面厅。堂前两株茂盛的古盘槐，堂后一片桂花林，堂周立奇峰异石、小云兜，还有象征庐山东南的五老峰，假山、水池、小松冈，真是“古木葱茏飞鸟止，漪涟荡漾任鱼游”（清张森堂联），不下厅堂，却可获得深山读书的雅趣。

承德山庄山峦区占全园的五分之四，依山就势，建筑了宇、阁、轩、斋和庵、观、寺、院等，共四十余处，山庄北、西北、西三面的山体坐落着“锤峰落照”“南山积雪”“四面云山”三亭，并与外八庙建筑群之间取得了空间的联系。山庄与外庙互相借景，从而形成完整的整体。

扬州勺园“水廊十余间，湖光潋滟，映带几席……廊后构屋三间，中间不置窗槛，随地皆使风月透明。外以三脚几安长板，上置盆景，高下浅深，层折无算。下多大瓮，分波养鱼，分雨养花”[②]。

“它希求人间的环境与自然界更进一步的联系，它追求人为的场所自然化，尽可能与自然合为一体。它通过各种巧妙的‘借景’‘虚实’的种种方式、技巧，使建筑群与自然山水的美沟通会合起来，而形成更为自由也更为开阔的有机整体的美。连远方的山水也似乎被收进在这人为的布局中，山光、云树、帆影、江波都可以收入建筑之中，更不用说其中真实的小桥、流水、‘稻香村’了。”[③]

中国园林充分体现对人性的尊重。如对游览路线的设计，游径中主次景物或转换或停顿，以 25 米至 30 米作为理想距离，以这距离欣赏眼前的景物时，第二景物在召唤，各景物的旅游声源经过 25 至 30 米空间衰减已互不干扰，这是一段极富于人性的游览距离，称为符合人性的“一分钟游

---

① 计成原著，陈植注释：《园冶注释·园说》，第51页。

② 李斗：《扬州画舫录》卷六《城北录》，中华书局，1960年，第143页。

③ 李泽厚：《美的历程》，第66页。

程”。每一组景的设计，恰好都在 1∶2.5 与 1∶3.5 之间的理想画面之中。其景致外缘轮廓所形成的一条弧线，被称为“构景曲线”，这条构景曲线自然和谐，形成的风景也是丰富和完美的。偌大的花园紧凑不觉其大，小小的庭院宽绰不觉局促。[①]

人的耐力持久度为 1.05 至 1.42，绿化好的环境，明视持久度会有所提高，也能消除视力疲劳、稳定脉搏和血压等。

在正常情况下，人类观赏对象时，他的视轴并不是完全的水平状态，而是略微前倾 3 至 5 度，人类双眼的水平视角为 45 度，俯视角为 65 度左右，在 18 度至 27 度之间为最佳视阈。可以通过这样的方法控制景物的高度，并将其置于最佳视阈范围之内。

中国园林色彩最重绿色，绿色是人类生命之本，给人以生命勃发的美感。1987 年，日本的青木阳提出“绿视率”的这一崭新的绿化计量指标，这一计量指标指人们眼睛所看到的物体中绿色植物所占的比例，它强调立体的视觉效果。“绿视率”这一概念是从环境行为心理学方面考虑的，也就是人们对环境绿化的感知。眼睛的视阈近似一个圆形，“绿视率”就是指眼睛看到绿化的面积占整个圆形面积的百分数。绿色在人的视野中达到 25%时，人感觉最为舒适，人们称之为“视觉生态”，是与人们视觉和心理感受有关的指标。

如今到处可见的大草坪，本来是多丘陵地的英国自然风貌，但在以自然山水草木丰茂的东方却并不合适，它虽有“绿视率”却无“遮阴率”，甚至出现为养“洋草”而涝死了“古树”的悲惨一幕。

中国古典园林除了种植四季花卉，以满足“一年无日不看花”的愿望，还在园林建筑上也体现适合四季节奏的舒适，如明袁枚记其自称的随园：

> 今视吾园奥如环如，一房复毕一房生，杂以镜光，晶莹澄澈，迷乎往复，若是者于行宜。其左琴，其上书，其中多尊罍玉石，书横陈数十重，对之时倜然以远，若是者于坐宜。高楼障西，清流洄洑，竹万竿如绿海，蕴隆宛暍之勿虞，若是者与夏宜。琉璃嵌窗，目有雪而

---

① 沈炳春：《吴文化对太湖山水园林的影响》，见徐采石主编：《吴文化论坛2000年卷》，作家出版社，2000年，第139—140页。

坐无风，若是者与冬宜。梅百枝，桂十余丛，月来影明，风来香闻，若是者与春秋宜。长廊相续，雷电以风，不能业吾之足，若是者与风雨宜。[1]

清代袁起也说："东偏簃室，以玻璃代纸窗，纳花月而拒风露，两壁置宣炉，冬热炭，温如春，不知霜雪为寒。檐外老桂，凉荫蔽日，能令三伏忘暑，颜之曰'夏凉冬燠所'。"[2]

陈继儒《小窗幽记》中说："读书宜楼，其快有五：无剥啄之惊，一快也；可远眺，二快也；无湿气浸床，三快也；木末竹颠，与鸟交语，四快也；云霞宿高檐，五快也。"实际上是在读书过程中尽情地享受生态美感。

（二）崇简尚朴营构原则

王绍增先生在《消费社会与景观设计》的报告中说："为金融资本服务的艺术也在出现，其特征就是奢华、张狂与浪费，比如迪拜"，"设计者充满着美丽的幻想，但不理解甚至不关心实际问题：树木能否长大，花草如何管理，人是否需要庇荫避雨，雨水是需要排走还是保留，场地是否安全，水池如何不漏，房梁如何安排，造价是否合理，等等，全都不管，反正只要肯花钱所有问题都能够解决"。

古代园林设计的主导思想，首先考虑经济实惠。以"崇朴鉴奢，以素药艳，因地制宜造园"为原则，往往能做到"事半功倍"。

明代计成所著《园冶·相地》记载："园地惟山林最胜，有高有凹，有曲有深，有峻而悬，有平而坦，自成天然之趣，不烦人事之工。"园林在选址时就充分考虑利用自然条件，往往在旧园的基础上修建，少有全新开辟的。

北京西北郊的瓮山湖，历史上有"七里泊""瓮山泊""大泊湖""西湖""昆明湖"等称，风景秀丽，自辽、金以来即为风景名胜之区：金海陵王完颜亮在瓮山西麓建行宫；元郭守敬西引顺义神山白浮泉水至太行山麓，

---

① 袁枚：《小仓山房文集·文集》卷一二《随园四记》，浙江古籍出版社，2015年，第236页。

② 袁起：《随园图说》，见陈从周、蒋启霆选编：《园综》，第191页。

沿麓南下接纳了太行山诸泉和地面径流，再到玉泉山汇集了香山、玉泉山之水引到瓮山湖；明朝弘治七年（1494），明孝宗乳母在瓮山前建圆静寺，明孝宗之子武宗又在湖滨修建行宫好山园。乾隆在此基础上建清漪园（颐和园前身），作为圆明园的属园，再次拓挖瓮山湖面，拦截西山、玉泉山和寿安山来水，并在瓮山湖西开挖高水湖和养水湖，以此三湖为蓄水库。[①]如此，不仅充分地汲取了历史经验，而且依据水的历史变化而创造了长河水系。[②]圆明园是汲取了明代畅春园开发海淀地下、地表水成为山水公园的经验，选择临近畅春园的丹陵沜从而成功地创造圆明园的景观。香山行宫也是在金代西山八大院的基础上发展的。北海、中海、南海是利用古河故道以“引水贯都”之法开辟山水宫苑，避暑山庄也是利用沼泽地开辟水系。

承德山庄就是根据山庄本身优越自然条件而建设的，山庄沟岔纵横，冈峦连绵，岛堤通贯，绿草如茵，槐柳成林，周围奇山怪石，质朴纯净。“自然天成地就势，不待人力假虚设”（康熙《芝径云堤》）为工程的总体思路，“物尽天然之趣”，充分利用山庄内山峦、溪流、湖泊、平原等自然条件，因地制宜地修筑亭台楼阁，尽量保留大自然的山林野趣。“乃相其冈原，发其榛莽，凡所营构，皆因岩壑天然之妙。开林涤涧，不采不斫，工费省约而绮绾绣错，烟景万状”（张廷玉《恭跋御制避暑山庄在三十六景诗后》），造山情野致。宫殿采用青砖、灰瓦和木柱建构，梁枋不施彩画，屋顶不用琉璃，四面环绕参天古柏，虽无雕梁画栋之美，却不失皇家建筑雍容大度的庄严气势。康熙于康熙五十年（1711）六月下旬写下《避暑山庄记》：“度高平远近之差，开自然峰岚之势。依松为斋，则窍崖润色，引水在亭，则榛烟出谷，皆非人力之所能。借芳甸而为助，无刻桷丹楹之费，喜泉林抱素之怀。静观万物，俯察庶类。文禽戏绿水而不避，麀鹿映夕阳而成群。鸢飞鱼跃，从天性之高下；远色紫氛，开韶景之低昂。”

山庄宫殿区主殿澹泊敬诚殿，为青砖布瓦卷棚歇山式建筑，不饰彩绘，

---

① 参见梁志刚：《话说运河》，北京出版社，2019年，第155页。

② 参见孟兆祯：《北京名园理法赞（组图）》，见中国风景园林网：http://chla.com.cn/htm/2009/1022/43905.html，访问日期：2009年10月22日。

古朴典雅，庄重肃然。“澹泊”二字来自《易经》：“不烦不扰，澹泊不失。”康熙皇帝题“澹泊敬诚”这四个字，含蓄地表达了他“居安思危，崇尚节俭”的思想。

清乾隆十年（1745）乾隆又因借其名胜将香山扩建成以山林取胜的皇家园林，“佛殿琳宫，参错相望。而峰头岭腹，凡可以占山川之秀，供揽结之奇者，为亭、为轩、为庐、为广、为舫室、为蜗寮，自四柱以至数楹，添置若干区……率昔建行宫数宇于佛殿侧，无丹雘之饰。质明而往，信宿而归。牧园不烦，如岫云、皇姑、香山者皆是”（《静宜园记》），“行宫以静寄山庄名，崇俭德也……不雕不绘，得天然之胜”（《静寄山庄》）。

明代书画艺术家、构园家文震亨设计的园林公开反对奢华，认为“媚俗眼”：“亭台具旷士之怀，斋阁有幽人之致。又当种佳木怪箨、陈金石图书，令居之者忘老，寓之者忘归，游之者忘倦。蕴隆则飒然而寒，凛冽则煦然而燠。若徒侈土木，尚丹垩，真同桎梏樊槛而已。”[①]

园林建筑用材节俭、环保。如铺地构成园林意境赏心悦目的风景线，形成独具魅力的地面艺术，但用材简单，玻璃、缸片、瓷片，几乎是废物利用，化腐朽为神奇：“废瓦片也有行时，当湖石削铺，波纹汹涌；破方砖可留大用，绕梅花磨斗，冰裂纷纭。路径寻常，阶除脱俗。莲生袜底，步出个中来。翠拾林深，春从何处是。”[②]

美丽的花窗用材也很经济，有砖细漏窗、混水漏窗、泥塑花窗和武康石镂雕花窗等，用蝴蝶瓦、各种规格的筒瓦、望砖、麻丝、水泥纸筋、铅丝网等材料。

园林匾联制作，也因陋就简，以李渔《闲情偶寄·居室部》创设数式为例：“凡予所为者，不徒取异标新，要皆有所取义。凡人操觚握管，必先择地而后书之，如古人种蕉代纸，刻竹留题，册上挥毫，卷头染翰，剪桐作诏，选石题诗，是之数者，皆书家固有之物，不过取而予之，非有蛇足于其间也。”

计成《园冶》主张：“夫识石之来由，询山之远近，石无山价，费只人

① 文震亨：《长物志·室庐》，第23页。

② 计成原著，陈植注释：《园冶注释》，第195页。

工，跋蹑搜巅，崎岖究路。便宜出水，虽遥千里何妨，日计在人，就近一肩可矣”，“块虽顽夯，峻更嶙峋，是石堪堆，便山可采”。叠石掇山之石材，适宜即可，无须拘泥，应就地取材为基本原则。

苏州园林叠石，湖石都取自苏州太湖洞庭山的太湖石，色分白、清而黑、微黑青三种，石坚而脆，敲之有声。其纹理纵横，脉络起隐，于面遍多坳坎，形成缝、穴、洞，有的窝洞相套，玲珑剔透，高大为贵。黄石假山则取自苏州尧峰山。砖雕用苏州陆墓镇及苏州昆山锦溪镇（陈墓）的优质青砖烧制的，明故宫“金砖”即产于陆墓镇御窑。石雕使用苏州盛产的天然石材青石（石灰岩）、金山石（花岗岩）。北京的园林，所用石材大多为房山石。

为了节约劳动力，节省土方，古人会因地制宜采取不同的施工方式，如“苏州耦园地势平坦而地下水位低，建造东园时为节省土方，则挖了一道沟槽而处理成濠濮的形势”[①]。

园小意足。秦汉以前的皇家园林有自然主义的特色，面积比较大，到六朝开始规模也慢慢缩小了。中唐以后，园林向小型化发展。私家园林，财力有限，一般不追求大。

屈仕敌国的庾信《小园赋》设想了仅足容身的安静的小园林，几筐黄土堆成小山，水池小如堂边洼地，园中有棠黎酸枣之树，二三行榆柳，百余株梨桃，地上细草连贯如珠，若铺茵席，树上挂着长把葫芦。栖迟偃仰其中，欣赏桐叶轻轻地落，柳风徐徐地吹，狸猫打洞，乌鹊作窝，自己抚琴、读书，“一壶之中，壶公有容身之地”，意为园林虽小，却能装下天地氤氲。

白居易《酬吴七见寄》有诗句云：“竹药闭深院，琴樽开小轩。谁知市南地，转作壶中天。”

宋代词人朱敦儒向往着“一个小园儿，两三亩地，花竹随宜旋装缀。槿篱茅舍，便有山家风味。等闲池上饮，林间醉”[②]。

---

① 杨鸿勋：《江南园林论》，第25页。

② 朱敦儒：《感皇恩·一个小园儿》，见唐圭璋编：《全宋词》，中华书局，1965年，第848页。

晚明“享高名、食清福”的“通隐”[1]式山人陈继儒，在他的《岩栖幽事》中说“不能卜居名山，即于岗阜回复。及林水幽翳处，辟地五亩，筑室数楹，插槿作篱，结茅为亭，以一亩荫竹树，二亩栽花果，二亩种瓜菜，四壁清旷，空诸所有，畜山童灌园薙草，置二三胡床，着亭下，挟书砚以伴孤寂，携琴弈以迟良友，凌晨杖策，抵暮言旋。此亦可以娱老矣”。

园小而意足，既可“从容于山水诗酒间”，又可获得心灵境界的平和恬静，悠闲自在，任随自然。“荫映岩流之际，偃息琴书之侧，寄心松竹，取乐鱼鸟，则淡泊之愿，于是毕矣。”[2]

中国园林主人，推崇淡泊、平和，不求奢华，容膝自安，家无长物，琴书自乐，恬和养神。一丘一壑之中，寄寓了广阔的心灵世界。清代吴云为苏州南半园题联说：“园虽得半，身有余闲，便觉天空海阔；事不求全，心常知足，自然气静神怡。”宋代程俱的蜗庐，清代尤侗的亦园，民国时期吴待秋的残粒园，都标榜寡欲薄利、容膝自安之意。

兴化市中医院朱杰写了《慧里聪明长奋跃　静中滋味自甜腴——郑板桥养生思想新探》一文，从养生的新视角，总结了板桥养生七法：读书养生，“用以养德行，寿考百岁期”；诗、书、画“三绝”养生，因为“三绝”中有真气、真意、真趣等三真；交游养生，游历山水，结交天下通人名士；饮食养生，白菜青盐苋子饭，瓦壶天水菊花茶；养生先养性，难得糊涂德是辅，吃亏是福静养怡；养生须乐生，桑麻鸡犬随时有，桃花流水在人间；仁者寿，些小吾曹州县吏，一枝一叶总关情，寓仁慈于奇妙。

化俗为雅。中国园林是生活艺术化的美，以审美的眼光来看待生活，保持敏锐的感觉，日常生活中，处处可发现清新淡远的诗意，林语堂说艺术的目的在于“辅助我们恢复新鲜的视觉，富于感情的吸引力，和一种更健全的人生意识”。林语堂说，拜伦慨叹一生只有三个快乐时刻，金圣叹则一口气数出三十三个不亦快哉，关键就在于拜伦用一种审美的眼光作诗，

---

① 钱谦益：《列朝诗集》丁集《陈征士继儒》，中华书局，2007年，第593页。

② 戴逵：《闲游赞》，见严可均编：《全上古三代秦汉三国六朝文·全晋文》卷一三七，第2250页。

却不懂用一种审美的眼光看待生活。

茶为“清友”，饮茶也是文人家庭清雅生活的象征，“竟日何所为，或饮一瓯茗，或吟两句诗”。郑板桥向弟弟描述饮茶会友之乐时说：“坐水阁上，烹龙凤茶，烧夹剪香，令友人吹笛，作《落梅花》一弄，真是人间仙境也。”这里，茶的“至味”在于对闲适生活中高情远韵的烘托和人文精神的升华，人们是在品尝着人生，在净化着生活。当然，茶友是有选择的，必须逢“素心同调”者，“畅适”而“清言雄辩脱略形骸”者，才呼童篝火，酌水点汤。

皇帝的享受自然不一般，但也得高素质的皇帝才会享受。乾隆《千尺雪》诗曰：“境佳泉必佳，竹炉亦更陈。俯清浊甘洌，忘味乃契神。”盘山千尺雪斋也是乾隆品茶之处。乾隆在《题唐寅品茶图》说：“千尺雪斋设竹炉，壁悬伯虎《品茶图》，羡其高致应输彼，笑此清闲何有吾。”墙壁上悬挂唐伯虎的《品茶图》，一边品茶，一边赏图，“煮茗观图乐趣真”，“一再拈吟兴致嘉”。

清初沈复是个善于发现日常生活美的人，“爱花成癖，喜剪盆树”，在扫墓时捡得一块峦纹可观之石，回来与妻子芸娘共同构思制作盆景：

> 用宜兴窑长方盆叠起一峰，偏于左而凸于右，背作横方纹，如云林石法，巉岩凹凸，若临江矶状；虚一角，用河泥种千瓣白萍；石上植茑萝，俗呼“云松”。经营数日乃成。至深秋，茑萝蔓延满山，如藤萝之悬石壁，花开正红色，白萍亦透水大放。红白相间，神游其中，如登蓬岛。置之檐下，与芸品题：此处宜设水阁，此处宜立茅亭，此处宜凿六字曰“落花流水之间”，此可以居，此可以钓，此可以眺。胸中丘壑，若将移居者然。[①]

沈复耐心地培养碗莲：

> 以老莲子磨薄两头，入蛋壳，使鸡翼之。俟雏成取出，用久年燕巢泥加天门冬十分之二，捣烂拌匀，植于小器中，灌以河水，晒以朝阳。花发大如酒杯，叶缩如碗口，亭亭可爱。[②]

美学哲理的深刻性和知识分子精神生活中的灵逸之气，全在这娓娓叙

---

① 沈复：《浮生六记》卷二《闲情记趣》，第65页。

② 沈复：《浮生六记》卷二《闲情记趣》，第62页。

写中自然流露出来。沈复和芸娘夫妇正是以高素质的艺术素养相互吸引着，使他们在平凡中透出清雅的生活情蕴，令人回味再三，获得高雅纯净的艺术享受。

沈复和妻子芸娘夫妇将生活审美化，他们追求的不是口味的感官享受，更多的是一种心灵的体验，夫妇琴瑟和谐，共同的爱好，高洁的生活情趣溢于字里行间，即使吃饭烹茶之生活琐事，也写得情高趣逸：

> 芸为置一梅花盒：用二寸白磁深碟六只，中置一只，外置五只。用灰漆就，其形如梅花。底盖均起凹楞，盖之上有柄如花蒂。置之案头，如一朵墨梅覆桌。启盖视之，如菜装于花瓣中。[①]

夏月荷花初开时，晚含而晓放。芸娘用小纱囊撮茶叶少许，置花心，明早取出，烹天泉水泡之，香韵尤绝。这种诗意的生活，是"化世俗为非凡"的审美。经济颇为拮据的作者，主张"贫士起居服食，以及器皿房舍，宜省俭而雅洁"。因此，即使是局促的斗室，也能布置得富有艺术气息：

> 贫士屋少人多，当仿吾乡太平船后梢之位置，再加转移。其间台级为床，前后借凑，可作三榻，间以板而裱以纸，则前后上下皆越绝，譬之如行长路，即不觉其窄矣。余夫妇侨寓扬州时，曾仿此法。屋仅两椽，上下卧房、厨灶、客座皆越绝而绰然有余。[②]

当年沈复和芸娘夫妇热爱生活、美化生活的手段，实际上都是一种将园林艺术生活化、世俗化的艺术实践。

以倡导"性灵说"著称的文学家袁宏道，"邸居湫隘，迁徙无常，不得已乃以胆瓶置花，随时插换"，写了《瓶史》十二篇。全书有花目、品第、器具、择水、宜称、屏俗、花崇、洗沐、使命、好事、清赏、监戒十二节，目的是"与诸好事而贫者共焉"。瓶花所给予人的，是近在咫尺的与自然的交流，它是喧嚣的尘世中可能葆有的一份健康与活力，是令人取得由静观万物而获无穷乐趣的凭借，它会从精神上给予人们启发和满足。

林语堂说："享受悠闲生活当然比享受奢侈生活便宜得多。要享受悠闲

---

① 沈复：《浮生六记》卷二《闲情记趣》，第77页。
② 沈复：《浮生六记》卷二《闲情记趣》，第64页。

的生活，只要有一种艺术家的性情，在一种全然悠闲的情绪中，去消遣一个闲暇无事的下午。”

事实上，“园林丘壑之美，恒为有力者所占……明童妙伎充于前，平头长鬣之奴奔走左右，舞歌既阕，荆棘生焉。惟学人才士述作之地，往往长留天壤间”[①]。

（三）有法无式的技艺范式

中国三千年构园史，积累了丰富的经验。历史智慧的美感、魅力，使中国古典园林成为世界上最佳人居环境的典范、人类生存智慧的实体。中国古典园林“虽由人作，宛自天开”的精湛艺术和丰富手法，是当代营构新园林遵循的技艺范式。中国传统园林，其造园手法在遵循“中和”，追求意境的大法则前提下，从山水诗词、山水绘画及其理论中获取启迪，充分发挥传统的有法无式的设计理念，以达到感性与理性、写意与写实、自由与规整和谐统一的效果。这种独特的表现手法和建造技巧，巧妙地将空间创造同人与自然的关系结合起来，形成一整套独特的构筑与观念体系，在当今特别是在南方城市的住宅设计中得到了较好的继承与发展。有法无式、一法多式的营构技艺，制式新颖、裁除旧套的表现手法等，为设计者因地制宜留下了巨大的创作空间，含蓄蕴藉、曲折藏露的布局特色等都是当今营构新园林的借鉴。

如被称为“秦汉典范”的“一池三岛”的仙境创作，是以深厚的文化为创作背景的景境，也是中国园林创作中永恒的主题，但在具体创作中，一池三岛的海岛艺术形象绝不雷同。

北海、中海和南海，明朝以前曾称为太液池、西海子和西苑。元代太液池有三岛——万岁山（原为全中都的琼华岛）、圆坻、犀山，明代大内御苑中的西苑将元太液池分成三水面：北海、中海、南海。中海孤立水中的水

① 朱彝尊：《秀野草堂记》，见陈从周、蒋启霆选编：《园综》，第258页。

云榭，南海瀛台，连同北海琼华岛，构成三海中的“三神山”。

北海的琼华岛既为三海中三神山主岛，又象征蓬莱仙岛，岛上建瑶光殿、广寒殿，在琼华岛东、西各建方壶和瀛洲二亭，成为新的一池三岛。

圆明园址原称丹陵沜，以水为本脉的山水宫苑要疏通自西而东的水系，再连接主水面和沟通流派，福海为圆明园主要水面，海中仙山乃按道家传统而生。道家至高境界追求“大方无隅”，这决定了福海的外轮廓。方形中心至外围的距离近乎相等，体现“相去方丈”，故福海中的三仙山集中在福海中心。圆明园福海三岛——北岛玉宇、蓬岛瑶台、瀛海仙山，仿李思训仙山楼阁状。蓬岛瑶台最大，三岛皆近方形，呈现西北往东南倾斜串联的湖岛布局。

清漪园昆明湖中以龙王庙为主岛，湖中西堤将水面划分为南北两水域，水中各筑一岛，即治镜阁和藻鉴堂，形成独具一格的一池三山。不同于西湖的“疏湖堆岛”，清漪园采用留堤（西堤）、留岛（治镜阁和藻鉴堂）、堆山（南湖岛）新法，又增添三座小的岛——知春岛、小西泠、凤凰墩。

承德山庄湖区的芝径云堤，“夹水为堤，逶迤曲折，径分三枝，列大小洲三，形若芝英，若云朵，复若如意”。以仙草灵芝反映仙山，故自“万壑松风”和“云山胜地”，顺驯鹿坡下到湖面后，以一桥相衔，仿佛是从灵芝菌（芝径云堤上）生出“环碧小岛”。[①] 拉萨历代达赖喇嘛的夏宫罗布林卡，在湖心宫中建成藏式一池三岛：三岛均为方形，其中最大者为汉式攒尖顶的方亭，另一岛为藏式攒尖亭，第三岛为绿岛。

私家园林的仙岛，造型比较含蓄、写意，有的并无三岛之名。南京瞻园为一水带三山，南山、西山和北山呈纵向带状散点布置。

台湾林本源园林在一狭长的小方池中垒土成三座略呈圆形的大小土山，以象征海中神山。

计成主张“制式新番，裁除旧套”[②]。园林中的亭榭、游廊、桥梁，都在争

---

① 参见孟兆祯：《北京名园理法赞》（组图），见中国风景园林网：http://chla.com.cn/htm/2009/1022/43905_3.html，访问日期：2009年10月22日。

② 计成原著，陈植注释：《园冶注释·园说》，第51页。

奇斗艳，一个个园林各不雷同，如苏州网师园池周三桥，一为微型小拱桥，一为曲桥，一为未经雕琢的黄石桥。

崇祯年间，计成为郑元勋所构影园“尽翻陈格，庶几有朴野之致”[1]。

避暑山庄这座皇家园林被联合国教科文组织的专家称赞为“集东方哲学思想之大成”的伟大作品，是一座民族和宗教的历史博物馆，成了中国古代建筑史上的一道奇观。避暑山庄宫墙外的外八庙，以汉式宫殿建筑为基调，吸收了蒙古族、藏族、维吾尔族等少数民族建筑艺术特征，创造了中国的多样统一的寺庙建筑风格。

圆明三园集殿堂、楼阁、亭台、轩榭、馆斋、廊庑等各种园林建筑共占地约 16 万平方米。园内的建筑物，在平面配置、外观造型、群体组合诸多方面，不落官式规范的窠臼，建筑鲜用斗拱，屋顶形式仅安佑宫大殿为四阿顶，其余为九脊顶、排山顶、硬山顶或作卷棚式顶，不同正脊，一反宫殿建筑制度。同时，它创造出极为罕见的建筑形式，如字轩、眉月轩、田字殿，扇面形、弓面形、圆镜形、工字形、山字形、十字形、方胜形、书卷形，等等。正如法国传教士王致诚所云，圆明园的每一座小宫殿，都仿佛是按照奇特的模型制成的，像是随意安排的，没有一座与其他一座雷同。

私家园林空间有限，使用功能与观赏价值兼具，更在因地制宜、花式翻新上做文章。建筑彼此位置，各不相师，而各臻其妙。

畅园船厅“涤我尘襟”，临湖满装象征画舫舷窗的和合窗，下部则按水榭的一般处理，安设通长的鹅颈椅，为防止与局促的湖面比例失调，特采取写意手法，避免具象，在体形上不作画舫楼船的组合，而是采取单一屋盖，将纵长的东立面处理成歇山山面。[2]

拙政园住宅东花厅，兼有数种结构形式特点。厅南、北两部分平面大小相同，均有纱槅挂落相隔，南部梁架为扁作，椽呈菱角形和鹤胫形，北部梁架为圆作，椽呈船篷形，如同鸳鸯厅。“厅南、厅北梁架均有天花吊顶和内三界”，如同轩、馆。前后步柱不落地，又是花篮厅的做法。

---

① 郑元勋：《影园自记》，见《影园瑶华集》，清乾隆间刻本。

② 杨鸿勋：《江南园林论》，第284页。

留园曲溪楼位于中部东侧，其北侧西楼稍后退，两楼一前一后，一长一短，一高一低，组成主次分明而又统一的整体。曲溪楼底层设有门洞和空窗，上层中间为半窗，两边为白粉墙上设砖框景窗，上下层形成虚实对比，建筑形象鲜明。尤其巧妙的是屋顶的处理，曲溪楼和西楼底层主要用作通道，进深较浅，如按常规，屋顶为两坡顶，必然觉得屋顶高度低，和墙体不协调。现屋顶为一面坡，将屋顶高度提高了一倍，使建筑整体比例十分得体，手法灵活巧妙。

沧浪亭看山楼位于园东南隅，楼架在黄石堆叠的假山洞上，宛如一体。为使整体造型和谐，楼前为一层，楼后为二层，屋檐高低交错，飞檐翘角，外形别致，富有动态。

狮子林真趣亭，形体较大，亭平面长方形，卷棚歇山顶，嫩戗发戗。亭内前二柱为花篮吊柱，后用纱隔成内廊，亭内天花装饰性强，扁作大梁上为菱角轩和船篷轩，雕梁画栋，彩绘鎏金，鹅胫椅短柱柱头为座狮，独具风格。

残粒园括苍亭，位于园西北角湖石假山上，山中有石洞，入洞循石级可上亭。亭内部处理巧妙，后部因下有石级处理成坑床形式，侧面为书架和博古架，有书卷气。

中国园林漏窗图式，明代计成《园冶》记载有“瓦砌连钱、叠锭、鱼鳞等类”，计成或嫌其俗，“一概屏之”，另列十六式，有菱花漏墙式、绦环式、竹节式、人字式等，其他均无名目，“惟取其坚固”。

苏州园林漏窗图案制式，不断翻新，异彩纷呈，同一园林中花窗的图案拒绝相同，图案细节变化千姿百态。窗框有菱形、圆形、多边形、折扇形、倒挂金钟形、如意形、灯笼形、宝瓶形、桃形、石榴状、荷花状等，窗芯花样更是变化多端，卍字、六角景、菱花、书条、绦环、套方、冰裂、鱼鳞、钱纹、球纹、秋叶、海棠、葵花、如意、波纹……足有数千种之多。仅沧浪亭一处小园，就有花窗一百零八式，其艺术之精湛，文化内涵之丰富，堪称天下一绝。

现代混凝土、玻璃和金属等都为塑性成型的建筑材料，固然可以加工成任意形状，但往往为了方便快捷，节约时间和成本，采用整体、标准化的方式统一生产加工，精准细致的外观带来的却是艺术的单调和无情。

中国传统园林具有含蓄蕴藉的艺术个性，不事张扬，循序渐进的空间序列、移步换景的视觉效果，巧于因借的视阈扩展，藏与露、渗透与层次等园林艺术手法，都是今天创造新园林和进行环境设计的绝好教材。

关于园林布局的曲折藏露，因景随势，各景环环相套，层层进深，其例甚多。陈从周先生曾以豫园为例：

> 上海豫园萃秀堂，乃尽端建筑，厅后为市街，然面临大假山，深隐北麓，人留其间，不知身处市嚣中。仅一墙之隔，判若仙凡，隔之妙可见。故以隔造景，效果始出。而园之有前奏，得能渐入佳境，万不可率尔从事，前述过渡之法，于此须充分利用。江南市园，无不皆存前奏。今则往往开门见山，惟恐人不知其为园林。苏州怡园新建大门，即犯此病。沧浪亭虽属半封闭之园，而园中景色，隔水可呼，缓步入园，前奏有序，信是成功。[①]

现在的花窗是用模子水泥浇铸批量生产的，这且不论，单论花窗的位置处理。花窗的功能大致有隔景、漏景、透景诸类。计成指出“凡有观眺处筑斯，似避外隐内之义”，这“有观眺处”应该是在园内，花窗的隔景实际上是隔而不隔。花窗两侧一定得有景可漏、可透。花窗设置要“避外隐内”，即要设置在园林内部的分隔墙上，以长廊和半通透的庭院为多，为建筑锦上添花；如果使用在外围墙上，势将园内清幽外泄，把外面尘嚣内渗，无异佛头着粪，且影响私密性和安全性。如果为增强外围墙的内部观赏功能，可以在围墙内侧做漏窗处理，外部仍为普通墙面。陈从周先生《说园》曾多次提到令人啼笑皆非的漏窗之“漏”。

“苏州怡园不大，园门旁开两大漏窗，顿成败笔，形既不称，景终外暴，无含蓄之美矣”[②]。“风景区多茶室，必多厕所，后者实难处理。宜隐蔽之。今厕所皆饰以漏窗，宛若‘园林小品’。余曾戏为打油诗‘我为漏窗频叫屈，而今花样上茅房’（我 1953 年刊《漏窗》一书，其罪在我）之句。漏窗功

① 陈从周：《说园》，第31页。

② 陈从周：《说园》，第13页。

能泄景，厕所有何景可泄？曾见某处新建厕所，漏窗盈壁，其左刻石为‘香泉’，其右刻石为‘龙飞凤舞’，见者失笑”[①]，能不戒乎！

（四）如诗似画的意境追求

营造诗情画意是东方古典园林的追求，当今的中国，文人和画家已经淡出了园林这个舞台，现代建筑和规划已弱化传递思想情感的功能，往往缺失了一份意境追求，只能乞怜于视觉刺激，这样的“景观”，只能作用于简单的、幼稚的、肤浅的、短暂的感官，停留在形式美构图上，而缺少意境，没有回味，失却文化的永恒魅力。因此，古典园林对于意境的追求，尤其值得当今营造新园林者借鉴。

中国古典园林出于能诗善画的文人的目营心构，中国古典园林虽然是重实践感知，但中国文化是用根本的“道”来统摄宇宙间万事万物的“器”，传统的思维方式更着重综合观照和往复推衍，因而各种艺术门类之间往往可以打破界域，广泛参悟，触类旁通。诗书画“三绝”是中国古代文人的基本艺术修养，出于他们之手的园林容纳了完备的士大夫文化艺术体系。18世纪曾到过中国的英国宫廷建筑师钱伯斯说：

> 建造中国花园要求天才、鉴赏力和经验，要求很高的想象力和对人类心灵的全面知识；这些方法不遵循任何一种固定的法则，而是随着创造性作品中每一种不同的布局而有不同的变化。因此，中国的造园家不是花儿匠，而是画家和哲学家。[②]

古老的汉字是一座蕴含丰富的信息库，装载了中国几千年文明。英国爱丁堡大学的建筑学博士庄岳提出中国古典园林的创意在审美的主旨上体现为汉字的“用典”，汉字精神铸就了中国古典园林的诗性品题，确实独具慧眼。

园林中的诗性品题，形式多样，有匾额、对联、屏刻以及隔扇夹纱上绘

---

① 陈从周：《说园》，第19页。

② 转引自陈从周：《中国园林鉴赏辞典》，华东师范大学出版社，2001年，第992页。

写的诗文字画，家具大理石等陈设上镌刻的诗文、绘画等，琳琅满目。汉字品题已经遍及汉字文化圈的园林，如日本和韩国等的园林。

匾额和对联是中国文化的名片，这一论点已经得到文化研究者的普遍认同。清代的曹雪芹有著名的为景点“生色”之说：“若干景致，若干亭树，无字标题，任是花柳山水，也断不能生色。”曹雪芹斩钉截铁地用了“断”字，因为其所以不能生色，就是花柳山水在表情达意上的不确定性，不能直抒胸臆，而题对文字就能使不确定向确定转化，能画龙点睛地集中表现出风景的生气和意境。

对联，更是以优美的文辞、细致的状写，来点出情景交融的意境。

如颐和园谐趣园的饮绿水榭，突出了水之绿，“饮”将水榭拟人化。谢朓《晚登三山还望京邑》名句“澄江静如练”，将澄清平静的江水比喻为一条洁白的绸子。承德山庄的“长虹饮练”即取其意。饮绿水榭位于谐趣园水面的中心，乾隆时名“水乐亭”，取“智者乐水”意，对联由“绿水”和“智者”联想到洗墨池：“云移溪树侵书幌；风送岩泉润墨池。”临溪树梢上一抹彩云飘过，仿佛要碰到书幌上，山泉随风一起流入房前的水池。微风带着山泉的清润，云移溪树，宁静安适，在此挥毫吟诗，惬意非常。

这里，匾额（也包括摩崖题刻）是园林中最重要的文化载体，是营造“诗境文心”的核心。楹联应该是对匾额意境的阐释、补充、拓展和深化，移它处不得。

古建筑上的匾额，又称扁额、扁牍、牌额，简称为扁、匾或额。《说文解字》写作“扁”，释曰：“扁，署也，从户、册。户册者，署门户之文也。”一曰横牌叫匾，竖牌称额，成为古建的语言文化符号。

西汉武帝的建章宫中，出现“骀荡宫”这样典出《庄子》的题名，“以惠施浮荡的才情比拟宫中荡漾的春色，正反映了经典中人文意象在建筑意境中的初现”[①]。魏晋南北朝、唐宋时期运用前朝文人风雅故事，采撷经史艺文中的原型意象融铸成题额，蔚为大观，明清更成熟。

---

① 庄岳、王其亨、邬东璠：《中国古典园林创作的解释学传统》，载《中国园林》2005年第5期。

皇家园林与私家园林的园名题咏，集中反映了“能主之人”的营造之“意”，属于上层建筑的雅文化。艺术创作的第一要义是“立意”，而“意在笔先”，“凡诗文书画，以精神为主，精神者，气之华也”[1]。成功的园林作品，园名题咏集中体现了构园思想，并非造园完成之后再延请文人雅士题咏的，而是一开始就同园林美的构思联系在一起，是园林艺术创作不可分割的一部分。确定了园名题咏，也就确定了园林的主题意境，这样，再考虑园林的整体结构，以及重要景区的布局如何来体现、吻合主题意境。因此，园名题咏，应该是构园之魂。

颐和园重建于1888年，遗址为原清漪园，“颐”为《易经》卦名，《序卦》“颐者，养也”，“颐”是保养。《易・颐》：“观颐，自求口实。”李鼎祚集解：“虞翻曰：‘观颐，观其所养也。’”“郑玄曰：‘颐，养也。’”东晋葛洪《抱朴子・道意》：“养其心以无欲，颐其神以粹素。”“颐和”谓颐养天和。天和即人体之元气。《文子・下德》：“竭其天和，身且不能治，奈天下何！”《抱朴子・道意》：“精灵困于烦扰，荣卫消于役用。煎熬形气，刻削天和。”

颐和园，即颐养人体之元气，那时光绪已经到了亲政的年龄，慈禧也表示要归政养老，就如乾隆将退位之所命名为颐和轩一样，光绪为表示孝敬，改名为“颐和园”。全园主要布局围绕着“寿”。颐和园兼有宫和苑的双重功能。

宫区从东宫门进去是仁寿门，取意《论语》“仁者寿”，迎面五块太湖石叫“峰虚五老”，寓意长寿。仁寿殿内地平床上有九龙宝座。它后面还设有紫檀木九龙屏风，中心是玻璃镜面上写有二百二十六个不同写法的寿字，而殿内两侧的暖阁当中有一幅百蝠图的缂丝工艺品，中间还有一个慈禧亲笔写的寿字，称“百福捧寿”。

仁寿殿后的戏台称“德和园”，取自《左传》“君子听之以平其心，心平德和”之意，意思是听了美好的曲子，就会心地平和，从而达到道德高尚的境界。大戏楼自上而下分别是福台、禄台和寿台。

---

① 方东树：《昭昧詹言》卷一，清光绪刻《方植之全集》本。

慈禧所住建筑名乐寿堂，“乐寿”出《论语》中“智者乐，仁者寿”，“智仁”和“乐寿”兼备。庭院中陈设铜鹿、铜鹤、铜花瓶，分别借鹿、鹤、瓶的谐音，取意“六合太平”。院内还种植有玉兰、海棠、牡丹，取意“玉堂富贵”。中间太湖石，状若灵芝，称“青芝岫”。鹿、灵芝既象征长寿，又歌颂了慈禧。“芝草，王者慈仁则生。食之令人度世。”“芝英者，王者亲近耆老，养有道，则生。”“天鹿者，纯灵之兽也。五色光耀洞明，王者道备则至。”①

万寿山、昆明湖为主体的是苑林区。长廊连接万寿山与昆明湖，廊上亭额为蝙蝠造型。当年是乾隆皇帝为母亲祝寿，将瓮山赐名万寿山，取意长寿。万寿山前山最宏伟的一组建筑，是以排云殿为中心的祝寿庆典区，从临湖码头到山顶的智慧海，分布有排云门、排云殿、佛香阁、众香界、智慧海等主要建筑，构成了万寿山的中轴线。排云殿建在乾隆年间大报恩延寿寺中大雄宝殿的遗址上，用晋代诗人郭璞“神仙排云出，但见金银台”的诗句命名，又有将慈禧喻为神仙之意。殿内，除了常规陈设以外，还有用台湾乌木雕刻的屏风、沉香木雕刻的寿字，圆镜插屏，金漆梅花树船和桦木根雕群仙祝寿。

佛香阁、众香界和智慧海是乾隆年间大报恩延寿寺的一部分。站在佛香阁鸟瞰烟波浩渺、碧水粼粼的昆明湖，整个水域酷似寿桃。蜿蜒曲折的西堤犹如一条翠绿的飘带，萦带南北，横绝天汉。堤上六桥，婀娜多姿，宏丽的十七孔桥如长虹偃月倒映水面。浩渺烟波中，涵虚堂、藻鉴堂、治镜阁在三座水中岛屿上鼎足而立，寓意神话传说中的“海上三仙山”。

由此可见，颐和园以颐养元气、长寿为主旋律。

苏州半园有知足不求全之意，厅堂名知足轩，楼房二层半，亭为半亭，池呈半池……

扬州个园，以颂竹为主题。“个”为一片竹叶之状，个园单取一根竹，更含有独立不倚、孤芳自赏之深意。园内大片竹林，又似竹造“春山”。

景题就是景点的“诗眼”，是诗人竭力锤炼的警策之处，也是一句甚至

① 沈约：《宋书·符瑞》，中华书局，1974年，第860、867、865页。

全篇的审美情趣的凝聚之点，最能够传达诗人的情趣、神采。有此，则通篇生辉，境界全出；无之，则平庸无奇，死气沉沉。

造园家在整体结构时，已经考虑了能反映这些风格的重点景区的立意。再用简约的笔墨，富有诗意的文字题一景名，营造了局部风景的意境。然后再仔细推敲该区的山水、亭榭、花树等每一个具体景点的布置，使它们符合意境的需要。园林主人颇懂得集思广益的道理，往往在园林大体完成之后，还要邀请文友，对各景区的意境设计进行检验鉴定，反复品味、斟酌景区主题的意境，不合者拆改，这一方法好像是揣摩诗意画境。主题建筑周围的匾额题刻，乃必须补充、强化或相互映衬，总之，要与该景区的主题意境协调。如果“果能字字吟来稳”，那就“小有亭台亦耐看”了。这道“精加工”应该是在园林立意的基础上进行的，是诗意熔铸的继续和完成。

集君王、哲人、诗人、艺术家、造园家为一身的乾隆皇帝，钟爱香山的静宜园，他一生曾先后七十余次游览静宜园，并以独特的眼光撰写赏景、即事、农事、怀古、处理政务等诗篇一千四百七十余首，镌刻在香山静宜园的匾额、楹联、石刻、碑刻数量更多，建筑命名则集古典诗文和名士风雅于一体，文采飞扬。

如“晞阳阿”，取《楚辞・九歌・大司命》“与女沐兮咸池，晞女发兮阳之阿”句——愿与你沐浴在天上太阳洗澡的咸池，旭日东升之时，在山陵凹曲处晒干你的头发，浪漫飘逸。

“会心不远”，用晋简文司马昱的“会心处不必在远，翳然林水，便自有濠濮间想也。觉鸟兽禽鱼自来亲人”之典。契会于心，是将执着的分别之情超越，融会入一乘的心地，在无言之中冥合真谛。

“曲水流觞”，效法魏、晋名士的文士雅集的风流。“青未了”，体验杜甫《望岳》“齐鲁青未了”惊人境界，“题诗谁继杜陵人？”“掬水月在手”，典出唐诗人于良史《春山夜月》的佳句“掬水月在手，弄花香满衣”。“松扉”，心慕“岩扉松径长寂寥，唯有幽人夜来去”这种“遁世无闷”的妙趣和真谛。这便也体验到园林的境外境、景外景所蕴含的无限意境。

此外，还有“自强不息”这类催人奋发的题额，用《易・乾》“天行健，君子以自强不息”的典故。天上的日月星辰在不断运行，这就是“天行健”的意思。君子效法天，要像天那样不断运行，不断努力。

题额既让人明白了乾隆的造园思想及建筑景物名称之由来，又令人化景物为情思，从意象生发意境。

承德山庄榛子峪的“松鹤清樾”为“乾隆三十六景”的第三景，以松鹤长寿为主题，清圣宪皇太后（乾隆母）到山庄避暑时常住松鹤斋，寓意为“松鹤延年”，圣宪皇太后的寝宫也名乐寿堂。乾隆在《松鹤清樾诗序》中写道：“进榛子峪，香草遍地，异花缀崖。夹岭虬松苍蔚，鸣鹤飞翔。登蓬瀛，临昆圃，神怡心旷，洵仙人所都，不老之庭也。”诗曰：“寿比青松愿，千龄叶不凋。铜龙鹤发健，喜动四时调。”

北海古柯庭，以陶渊明《归去来兮辞》中的“眄庭柯以怡颜”立意，庭院内距今一千三百多年的唐槐，屹立在院西南角的假山上，绿冠达 15 米，树干周长达 5.3 米，是北京城区的“古槐之最”。乾隆写有《御制古槐诗》两首，“庭宇老槐下，因之名古柯。若寻嘉树传，当赋角弓歌”点明了景点立意的缘由。

承德山庄“乾隆三十六景”的第二十景“万树园”，北倚山麓，南临澄湖，占地 870 亩。园内有乾隆帝御书“万树园”碣。这里绿草如茵，古木蓊郁。有生长数百年的古榆、古柳、古槐等，飞雉、野兔、狍、鹿常常来树丛中就食。园内还建有御幄蒙古包。“万树”之意，其意境则出自《诗经 · 小雅 · 南山有台》：

南山有台，北山有莱。乐只君子，邦家之基。乐只君子，万寿无期。

南山有桑，北山有杨。乐只君子，邦家之光。乐只君子，万寿无疆。

南山有杞，北山有李。乐只君子，民之父母。乐只君子，德音不已。

南山有栲，北山有杻。乐只君子，遐不眉寿。乐只君子，德音是茂。

南山有枸，北山有楰。乐只君子，遐不黄耇。乐只君子，保艾尔后。[1]

诗歌重章叠唱，用南北山上的桑、杞、栲、杻、杨、李、杻、楰等树，从而提炼出“万树”的意象，反复赞颂有德有寿之人，称他们为“邦家之基”“邦家之光”“民之父母”，表示“乐只君子”。原来这是周文王宴飨宾客的古代乐歌，乾隆借以传达仿效文王怀柔四海九州，而“乐得其贤”也。此诗解释是“乐得贤也，得贤，则能为邦家立太平之基也”。乾隆曾经在此接见杜尔伯特蒙古族首领“三车凌”、东归英雄土尔扈特蒙古族首领渥巴锡、西藏活佛班禅六世，还在此地接见英国特使以及缅甸、越南、老挝等国使者并宴请听乐。在这样情境下进行充满诗意的对话，意与境谐，言与象互动生情。今有乾隆皇帝的首席御用西洋画师郎世宁的《万树园赐宴图》传世，再现了这一意象。日本修学院离宫的乐只轩意境与此相同。

中国书画同源，形声义三美兼具的汉字，本是由图像衍化而来的表意符号，具有很强的绘画装饰性。后汉大书法家蔡邕说：“凡欲结构字体，未可虚发皆须像其一物。若鸟之形，若虫食禾，若山若树，若云若雾，纵横有托，运用合度，可谓之书。”在古人心目中，甲骨上的象形文字有着神秘的力量。后来，《河图》《洛书》及《易经》八卦和《洪范》九畴等出现，对文字的崇拜更是起到了推动作用。因此，古人极其重视文字的神圣性和装饰性。殷代甲骨文、商周鼎彝款识，“布白巧妙奇绝，令人玩味不尽，愈深入地去领略，愈觉幽深无际，把握不住，绝不是几何学、数学的理智所能规划出来的”[2]。东周以后，士人们就养成了以文字为艺术品之习尚。

中国古典园林通过书条石、匾额、砖刻、摩崖等，汇集了历代书法大家的作品，留下了各家珍贵的书体，篆、隶、真、行、草，还有异体字，甚至有武则天时“制”的字，异彩纷呈。仅苏州古典园林，就有颜真卿颜体的神姿、李阳冰篆书的风采、文徵明楷书的深严、董其昌草书的潇洒、何绍基行楷的金石味、陈鸿寿行书的峭拔隽雅、林散之的“草圣遗法”，还有郑板桥

---

① 阮元校刻：《十三经注疏·毛诗正义》，中华书局，2009年，第897页。

② 宗白华：《美学散步·中国书法里的美学思想》，上海人民出版社，1981年，第186页。

逸趣横生的“六分半书”，乃至沈尹默古朴婉妙的楷书、费新我熔古铸今的左腕书法、沙曼翁的篆书、吴进贤苍劲稳健的汉隶……琳琅满目，令人叹为观止。

书法艺术的笔墨线条、结构组合、章法布局，都积攒着丰富的思想感情、审美意识、形式美感以至意境韵味，它是无声之音、无形之象。林语堂在他写的《中国人》中有这样一段耐人寻味的话：“通过书法，中国的学者训练了自己对各种美质的欣赏力，如线条上的刚劲、流畅、蕴蓄、精微、迅捷、优雅、雄壮、粗犷、谨严或洒脱，形式上的和谐、匀称、对比、平衡、长短、紧密，有时甚至是懒懒散散或参差不齐的美。”

这样，书法艺术给美学欣赏提供了一整套术语，我们可以把这些术语所代表的观念看作中华民族美学观念的基础。

匾额是精美实用的工艺品，形式古雅，意境也甚为隽永。匾额按其基本形式可以分为竖匾和横匾两种。宋代《营造法式》中小木作竖匾列华带牌和凤字牌两类，明清建筑也沿袭了此种做法，皇家园林建筑上的竖匾不外乎这两类。

定型于唐代的华带牌，造型曲线优美，成为皇家园林和寺庙园林等殿宇建筑的“身份证”。风字牌渊源于上古时代辟邪的凤字玉佩，风凤相通。相传大禹治水临行前，其妻涂山氏将凤字玉佩给大禹当作护身符，期盼他早日治水成功，平安归来。此后凤字牌就作为代表思念、和睦的吉祥物，在民间流传开来。

私家园林的匾额的形式，样式翻新，清初李渔《闲情偶寄》中设计出册页匾、秋叶匾、时光匾和虚白匾等多种。

许多匾额的四周边框装饰精美，文字有阴刻、阳刻，色彩或金字蓝地、黑地、红地，或白地绿字或黑字。装饰图案异彩纷呈：有刷漆或贴金箔、镶金边或花边者，有浮雕或透雕祥云、双龙戏珠、梅、竹等纹饰者；也有一无纹饰，尽显木、竹本色者。

私家园林石匾装饰，多吉祥花果、动物、器物。沧浪亭门额四周，雕刻着蝙蝠、连胜、如意扣、厌胜钱；可园额周，则雕刻着紫葡萄，上方为寿山福海；耦园“诗酒联欢”，用如意祥云纹围绕。

留园绿荫轩南院，粉墙为纸，石笋、天竺、爬山虎、书带草，镌以晚清朴学大师钱大昕“花步小筑”隶书手卷额及题识，俨如一帧诗、书、画、印四美俱全的国画！花边上雕饰着佛手、菊花、苦瓜、萝卜、梅花枝、南瓜及藤蔓、葡萄及藤蔓、苹果、灵芝、寿桃、兰花、菱角等吉祥花果，象征平安、长寿、多子多孙、福禄绵绵等。（图 2–25）

图 2–25　花步小筑（留园）

匾额形式和装饰，往往与园林建筑造型相辅相成，如扇亭匾额都为折扇形，如拙政园与谁同坐轩、秋霞圃补亭等。

皇家园林匾牌底色多为金黄，装饰华丽。颐和园匾额装饰都与园林主题“寿”有关系，边框装饰图案多卍字、蝙蝠、寿桃、双龙、寿字等。

匾额的古雅形式美，具有很大的发展和创造空间，可以用来美化当代生活。今天园林中使用的匾额形式还比较单调，许多形式尚不见踪影，可以更丰富一些。中国园林建筑装饰从古籍式样上汲取了不少营养，如李渔设计的几种匾额，窗户上的书条窗等，都极具书卷气，这些艺术形式，与其他艺术元素一起，营造了古典园林的艺术氛围。

元人邓学可《端正好 · 乐道》曾感慨吟道：“有一等造园苑磨砖砌甃，盖亭馆雕梁画斗，费尽工夫得成就。今日是张家地，明日是李家楼，大刚来只是翻手合手。”“繁华事散逐香尘，流水无情草自春”，圆明园毁了；“转眼楼台将诀别，满山花鸟尚缠绵，”袁枚临终亦无奈。无论是皇家园林的繁华，还是私家宅园的典雅，风流终将被雨打风吹去，中国古典园林的历史已经终结。

不过，古典园林留给后人的并不仅仅是感慨与缅怀，诚如宋李格非所言："园圃之废兴，洛阳盛衰之候也。且天下之治乱，候于洛阳之盛衰而知；洛阳之盛衰，候于园圃之废兴而得。则《名园记》之作，予岂徒然哉。"[1]况且中国园林本身积淀传承至今，就是"历史的物化"。它是提供给我们的古人生活起居习俗、社会礼仪变迁和时代审美理想的物质实体；它是古人颐养生态化的生活方式、四时得节的时序观念，是今人养生的教材。古人生活的审美化、诗性化也是今人丰富生活、怡养精神极其有益的借鉴。

① 李格非：《洛阳名园记》，《全宋笔记》本，大象出版社，2019年，第24—25页。

第三章　中国园林的审美品读

中国古代园林是我国独创之艺术，具有永恒的艺术魅力。诚如陈从周先生所言，“能品园，方能造园。眼高手随之而高，未有不辨乎味能为著食谱者。故造园一端，主其事者，学养之功，必超乎实际工作者”。品园是学习和继承优秀传统的前提。中国园林的审美接受因审美者知识储备的多少和审美水平的高低而异。作为综合艺术的中国园林，品园之本源乃中国文学：

> 中国园林与中国文学，盘根错节，难分难离……研究中国园林，似应先从中国诗文入手，则必求其本，先究其源，然后有许多问题可迎刃而解。如果就园论园，则所解不深。[①]

翻开中国园林史，擘画园林者，古有王维、白居易、倪云林、文徵明、文震亨、祁彪佳、朱舜水、王石谷、李渔、道济（石涛）等诗画大师，今有“以建筑师而娴六法、好吟咏”的刘敦桢、融贯中西通释古今的童寯先生等前辈园林大师。他们“筑圃见文心”，立意构思皆出于诗文，能将心中之灵想融进园景，使之“显现出一种内在的生气，情感，灵魂，风骨和精神”，成为寄寓坚定的理性人格意识及其优雅自在的生命情韵的艺术品。他们的园林不仅举目入画，且画中有诗。

“造园之理，与一切艺术无不息息相通”，如中国书艺与园林艺术、雕刻

---

① 陈从周：《中国园林·中国诗文与中国园林艺术》，广东旅游出版社，1996年，第239页。

艺术和古琴艺术等关系密切。通过对拙政园、环秀山庄、沧浪亭、寄畅园等中国经典园林的品读欣赏，可体悟其深厚的文化和美学意蕴。

一、中国园林的审美接受

侧重推理作用的西方的“概念世界”与侧重感通作用的东方的“象征世界”，构成两种截然不同的本体世界。故属于“象征世界”的中国园林的审美接受，也就有了其独特的方式。

园林审美接受是双向交流的过程。如果说，中国园林营构者是审美创意和体验的阐释者，那园林审美的接受主体便是审美体验的二度阐释者。审美接受主体具有各自不同的审美心理特征、心理图式、心理倾向，审美接受心理动因包括美感享受、原型触发、接受主体心理定式、审美心理需要等。因此，不同主体对中国园林景境之美的感受是不同的。接受主体有着各自不同的“审美期待视野”，这涉及审美主体的知识储备、艺术修养。

美学家朱光潜先生用对于一棵古松的三种审美态度，深入浅出地阐述了基于“审美期待视野”的不同，鉴赏者的“知觉”也不同。木商出于实用目的，他知觉到的只是一棵做某事用值几多钱的木料；植物学家用科学的眼光知觉到的只是一棵叶为针状、果为球状的植物；画家知觉到的只是一棵苍翠劲拔的古树。[①]“当于吟咏时，先揣知作者当日所处境遇，然后以我之心求无象于杳冥恍惚之间”[②]，“随其性情浅深高下，各有心会”[③]。

欣赏中国园林，有李泽厚所说的审美三层次：“悦耳悦目”者，为第一层次，仅限于获得官能享受之美，诸如园林山水、建筑、植物等物质实体的

① 朱光潜：《谈美书简二种》，第96页。

② 黄子云：《野鸿诗的》，清道光刻《昭代丛书》壬集补编本。

③ 沈德潜：《唐诗别裁集》，岳麓书社，1998年，凡例第4页。

自然属性之美，优美的物理环境本身给人以美感，它以直观的方式呈现着崇高的审美理想和高尚的审美情趣，它丰富着人们的感官刺激；“悦心悦意”者，为第二层次，是对自然属性美的凝聚和升华，使人们身心获得松弛、安宁和愉悦，还能起到净化心灵、陶冶情操、升华道德、激励向上的作用；第三层次乃“悦志悦神”者，属于一种高级的精神现象之美。后两种美都属于人们“游于艺”时的道德美等美的精神系列。

中国园林是综合艺术载体，博大精深，若游园时来去匆匆，就如猪八戒在快速传送带上吃人参果，自然品不出味道，所以要像宗炳一样“澄观”。

园林是时间与空间的艺术，在游园方式上有动观与静观之别，接受时也要将园林建筑作为多维空间去欣赏。

园林的审美接受，涉及审美鉴赏力、审美心理、审美视阈诸方面。“创造性的误读”也是园林审美中司空见惯的现象，这一问题将另文论述。

（一）审美鉴赏力

虽然许多人在苏州园林里会产生一种强烈的美感，流连忘返，但是有的人却不能，甚至认为“游园不值”，觉得是“被一篇《苏州园林》所蛊惑”，“被导游的如簧之舌所诱导”，得出的结论是苏州园林“千篇一律”。为什么会对同一审美对象产生如此不同的感受呢？因为审美客体“审美期待视野”不同，各自“知解”有别。确实，“造景自难，观景不易。‘泪眼问花花不语’，痴也。‘解释春风无限恨’，怨也。故游必有情，然后有兴。钟情山水，知己泉石，其审美与感受之深浅，实与文化修养有关”[①]。园林之美就是人类追求美的艺术结晶，欣赏这样的艺术作品必须具有艺术鉴赏力。法国艺术家罗丹曾说：“美是到处都有的，对于我们的眼睛不是缺少美，而是缺少发现。”审美力是人的智能（知识、能力、见识）不可缺少的方面，欣赏是一种心智活动，涉及多种心理功能，如想象力、知解力等，当然，对于一个

---

① 陈从周：《说园》，第29页。

缺乏鉴赏力的人来说，即使再好的作品，都无任何审美效应可言。

马克思在《1844年经济学哲学手稿》中说过：“对于非音乐的耳朵来说，最美的音乐也毫无意义，因为它不是对象。”对于一个不辨音律的耳朵来说，最好的音乐对它毫无意义；对于一个没有文学、美学、艺术和园林修养的人来说，最好的美景，也不一定能产生美感。美学家宗白华在《希腊哲学家的艺术理论》一文中引用哲学家普罗亭诺斯的话说：“没有眼睛能看见日光，假使它不是日光性的。没有心灵能看见美，假使他自己不是美的。你若想观照神与美，先要你自己似神而美。”

法国的拉普拉斯可从牛顿力学中“感受到数学完美性”，因为他是数学家和天文学家；英国罗素可从欧几里得《几何原本》中“读出音乐般的美妙”，因为他是数学家和哲学家；德国海克尔可从达尔文《物种起源》中“见出生物世界无与伦比的统一之美”，因为他是生物学家；英国狄拉克从“数学形式的美”中发现了“物理世界的真”，因为他是物理学家；爱因斯坦从实验大师迈克尔逊那里感到了“实验本身的优美”，因为他是物理学大师、相对论的创立者；同样，法国的爱德布罗感到爱因斯坦的广义相对论对万有引力现象的“这种解释的雅致和美丽是无可争辩的”，也因为他自己是个物理学家。[①]

读书是最佳的文化积累，北宋苏辙“于书无所不读”，读百氏之书万卷，杜甫“读书破万卷，下笔如有神”，人文素质是由民族几千年文化创造的基因积淀在他的血液和灵魂中形成的，自然不可一蹴而就，这就需要读书、学习。江南园林出于诗书画“三绝”的中国古代文人之手，要如诗似画，就要有中国诗文和绘画的知识。

园林追求举目顾盼之间是一幅画，“看山如玩册页，游山如展手卷，一在景之突出，一在景之联续。所谓静动不同，情趣因异，要之必有我存在，所谓‘我见青山多妩媚，料青山见我应如是’，何以得之，有赖于题咏，故画不加题显俗，景无摩崖（或匾对）难明，文与艺未能分割也”[②]。

① 参见陈祥明：《论科学美及其美感》，载《安徽大学学报》1998年第4期。

② 陈从周：《说园》，第14页。

古人不但要“读万卷书”，而且还要“行万里路”。刘勰说：“凡操千曲而后晓声，观千剑而后识器。故圆照之象，务先博观。阅乔岳以形培塿，酌沧波以喻畎浍。无私于轻重，不偏于憎爱。然后能平理若衡，照辞如镜矣。”[①]

司马迁壮游名山大川，求天下奇闻壮观，以知天地之广大；李白仗剑走天下，尽识天下之俊杰。人们不但要有内在文化修养，而且更要有广泛的交游和见闻，对自然万物的凝神观照。接受者的生活经验不同，阅历的深浅相异，其对作品的感受、理解便会不同。清人张潮《幽梦影》说：“少年读书，如隙中窥月；中年读书，如庭中望月；老年读书，如台上玩月。皆以阅历之深浅，为所得之深浅耳。”审美鉴赏者只有阅历深广，善“求天下奇闻壮观”，方能“知天下之广大”，如此，才能更好地拓展自己的审美期待视野，以便更好地欣赏接受园林之美。古代园林，有富丽堂皇、气魄雄浑的皇家园林，清秀雅致的苏州园林，兼具北雄南秀的扬州园林，华丽俊秀的岭南园林，也有吸纳山水灵秀之精的寺庙道观园林。当然可以将不同的园林作比较，我国园林也可以与韩国、日本园林作比较，与西方古典园林作比较。通过观察、比较与分析，找出欣赏对象的相同点和不同点。古罗马著名学者塔西陀曾说：“要想认识自己，就要把自己同别人进行比较。”比较是认识事物的基础，是人类认识、区别和确定事物异同关系的最常用的思维方法。

孔子曾说：“知之者不如好之者，好之者不如乐之者。”懂得它的人，不如爱好它的人；爱好它的人，又不如以它为乐的人。这确实是不刊之论，与爱因斯坦的名言“兴趣是最好的老师”具有相同的意义。热爱传统文化、喜欢古典园林，从园林中寻找到乐趣，这样，你就得到巨大的驱动力，去深入钻研，不断发现问题、解决问题，循环往复而不知疲倦，乐在其中，甚至视苦如饴。艺术从根本上来说是美的知觉和爱美的结果，园林作为综合艺术，涉及的领域非常宽广，一个人几辈子也学不完。

---

① 刘勰：《文心雕龙译注》，陆侃如、牟世金译注，齐鲁书社，2009年，第624页。

古人大抵钟情山水，知己泉石，爱好祖国的大好河山，热爱中华文明，所谓“诗文兴情以造园”。

朱光潜先生在《文学的趣味》中说：“有些人知得不周全，趣味就难免窄狭……被囿于某一派别的传统习尚，不能自拔。这是精神上的短视，‘坐井观天，诬天渺小’。”对文学是如此，对园林文化也是如此。有的“新人”对中华优秀的文化知之甚少，也没有感情，看不懂园林中的“诗性品题”，竟诬之为“陈腐”，看不懂文言文却以“不屑”掩饰，对“‘举杯邀明月，对影成三人’的园林风月，那种‘留着（得）残荷听雨声’的庭院雅致”，通通斥之为“孤独落寞和衰败凄凉”，“旧的诗意，在新人面前则是地道的空洞和无病呻吟；古筝和昆曲的蔓径和碎步，怎能容忍摇滚和迪斯科的节奏”等，则是在糟践中国的高雅艺术了。“晦涩的典故和经文”正是营造“诗境文心”的核心，园林美欣赏的最理想境界就是对意境的领悟，是扬弃了景和情的片面性之后而构成的一个完整、独立的艺术存在。这些典故和诗文，是帮助欣赏者“寻诗”的“眼”。

（二）审美心理

刘勰主张，不仅要“积学以储宝，酌理以富才，研阅以穷照，驯致以怿辞”，积累知识和经验，还“贵在虚静，疏瀹五藏，澡雪精神”[①]，虚静是一种审美心态。

“中国自六朝以来，艺术的理想境界却是‘澄怀观道’（晋宋画家宗炳语），在拈花微笑里领悟色相中微妙至深的禅境”[②]，禅为中国独有之妙，虽与佛教有关，却是佛学与中国意境思想融合之产物。

19世纪法国美学家库辛说，美感是一种特别的情操，美的特点并非刺激欲望或把它点燃起来，而是使它纯洁化、高尚化。老子主张审美主体需“涤除玄鉴”，《庄子·人间世》说“唯道集虚，虚者，心斋也”，要用专一的

① 刘勰：《文心雕龙译注》，第378页。

② 宗白华：《美学散步·中国艺术意境之诞生》，第64页。

意志去排除感觉经验和理性思维，靠专一的意志排除思虑的过程，来自然获得真知，这与儒家的“澄心静虑”相同。“中国哲学是就‘生命本身’体悟‘道’的节奏，‘道’具象于生活、礼乐制度。‘道’尤表象于‘艺’。灿烂的‘艺’赋予‘道’以形象和生命，‘道’给予‘艺’以深度和灵魂”。①

“静处乾坤大，闲中日月长”“闲看秋水心无事，静听天和兴自浓”，其中强调了“静”“闲”两字。

园林中鸟啼花落，皆与神通。动观流水静观山，人们在园林中，享受的是清幽和宁静，所以要“静观自得”（拙政园），要“深入清净里，妙断往来趣”，要“静中观”。北宋理学家程颢七律《偶成》诗曰：“万物静观皆自得，四时佳兴与人同。”意即世上万般事物，清静观察皆能自得其乐，自有心得；一年四时各种佳节的美景逸趣也与人的兴致相同。两句皆云观景的一种心境，静观自得，宣述观察万物时主体与客体交融，达到“与天地参”“赞天地之化育”物我两忘的境界。

苏轼《送参寥师》：“欲令诗语妙，无厌空目静。静故了群动，空故纳万景。”只有让心境虚静，才能接受外界的万物，吐纳胸中的万境。

明代的沈周题诗《策杖图》，十分自得地说：“山静如太古，人情亦澹如。逍遥遣世虑，泉石是安居。”朱光潜先生在《谈静》中说：“我所谓‘静’，便是指心界的空灵，不是指物界的沉寂，物界永远不沉寂的。你的心境愈空灵，你愈不觉得物界沉寂，或者我还可以进一步说，你的心界愈空灵，你也愈不觉得物界喧嘈。所以习静并不必定要逃空谷，也不必定学佛家静坐参禅。”②静观就是把人们的审美视点移到心灵世界。

清张昭潜《十笏园记》：

> 昔南宋之世，真西山先生作《南康曹氏观莳园记》，其言曰：“天壤间一卉一木，无非造化生生之妙，而吾之寓目于此，所以养吾胸中之仁，使盎然常有生意，非以玩华悦芳为事也。”……兹构是园，复以草木畅生之趣，鸢鱼飞跃之机，日夜涵茹于其间，造化

① 宗白华：《美学散步·中国艺术意境之诞生》，第68页。

② 朱光潜：《谈美书简二种》，第13页。

生生之妙，具即在一心化裁间乎！[①]

这正是美学宗师宗白华先生在《论文艺的空灵与充实》中所论说的空灵淡泊的审美心理，正是禅宗顿悟的境界。

以禅宗临济宗立意的苏州狮子林中有一小屋名打盹亭，一名对照亭，下挂红木大挂屏，中嵌长方形大理石，有曲园居士题“浮岚清晓”额，并刻“浮气岚清晓，钟声出白云”诗句。此乃园主在此坐禅悟性之处，“打盹”乃半睡半醒的样子，实际上是一种禅定状态。禅在梵语中是沉思，即将散乱的心念集中，进行冥想，止息意念，得到无我无念的境界。南宗禅虽反对坐禅，但“禅定”方式因与中国道家的“心斋”“坐忘”有相通之处，故在士大夫中间始终流行。以“禅定”方式进行直觉观照与沉思冥想，观照的对象是自己的心灵，所以又可称“对照”。“禅是动中的极静，也是静中的极动，寂而常照，照而常寂，动静不二，直探生命的本原。禅是中国人接触佛教大乘义后体认到自己心灵的深处而灿烂地发挥到哲学境界与艺术境界，静穆的观照和飞跃的生命构成艺术的两元，也是构成‘禅’的心灵状态。”[②]

“笔兼海外波涛壮，园贮壶中日月长”，园林是综合艺术殿堂，文化含量博大精深，要静思默想，切忌浮躁。

“闲中日月长”之“闲”，即林语堂所说的“无为”，林语堂把阳明山家中的书房，命名为“有不为斋”。“有不为”，就是“有所不为”，他“不为”的事是做官，他吃不消官场的生活：一怕无休止地开会、应酬、批阅公文；二不能忍受政治圈里小政客的那副尊容。他认同张潮所说：“能闲世人之所忙者，方能忙世人之所闲。”取孟子的至言说“人皆有所不为，达之于其所为”。当然，“闲人不是等闲人”，清代张潮《幽梦影》说：“人莫乐于闲，非无所事事之谓也。闲则能读书，闲则能游名胜……闲则能著书，天下之乐，孰大于是？”这就是刘墉题苏州耦园对联“闲中觅伴书为上；身外无求睡最安”的意思，是“身外无求”。在这里，我们看到，“人的思想情感和自然的动静消息常交感共鸣。自然界事物常可成为人的内心活动的象征。因此，

---

① 张昭潜：《十笏园记》，见陈从周、蒋启霆选编：《园综》，第77—78页。

② 宗白华：《美学散步·中国艺术意境之诞生》，第65页。

文艺中乃有‘即景生情’‘因情生景’‘情景交融’种种胜境”①。

审美鉴赏主体在进行鉴赏时，必须保持心灵的澄澈与宁静，即虚廓心灵，涤荡情怀，平息内心的骚乱躁动，心灵超然物外，才能清晰地反映特定的审美对象，体悟其中的生命意义。这与钱裴仲《雨华庵词话》中“读词之法”一样：“先屏去一切闲思杂虑，然后心向之，目注之，谛审而咀味之，方见古人用心处。若全不体会，随口唱出，何异老僧诵经，乞儿丐食。”也与刘勰的“玩绎心照”法同，虽“世远莫见其面”，也能穿越时空，“觇文辄见其心”。

这是一种超功利的审美境界，主客不分，情景交融。这样，岩容川色，一花一石都成为艺术家们澄怀味象之对象。

北宋司马光《独乐园记》写他自己园居生活：“志倦体疲，则投竿取鱼，执衽采药，决渠灌花，操斧剖竹，濯热盥手，临高纵目，逍遥徜徉，唯意所适。明月时至，清风自来，行无所牵，止无所泥，耳目肺肠，悉为己有。踽踽焉，洋洋焉，不知天壤之间，复有何乐可以代此也？因合而命之曰‘独乐园’。”②

明董其昌《兔柴记》：“余林居二纪，不能买山乞湖，幸有草堂、辋川诸粉本，着置几案。日夕游于枕烟庭、涤烦矶、竹里馆、茱萸沜中。盖公之园可画，而余家之画可园。”③

日本人今道友信说：

> 在超越无的思维里，精神获得最高的沉醉，这样的沉醉越过无之上，将精神导向绝对的存在。所谓绝对的存在，是在相对的世界之外实存着的东西。美学是沉醉之道，其思想体系的最高点，就是与作为绝对的东西——美的存在本身在沉醉里获得一致。艺术的意义就在于它使精神开始升华，艺术唤起了我们对美的觉醒，结果，

① 朱光潜：《谈文学》，安徽教育出版社，1996年，第26—27页。

② 司马光撰，李之亮笺注：《司马温公集编年笺注》卷六六《独乐园记》，巴蜀书社，2009年，第5册第205—206页。

③ 董其昌：《兔柴记》，见陈从周、蒋启霆选编：《园综》，第80页。

我们精神就以某种方式超越了世界。[1]

（三）审美视阈

中国园林作为时间和空间的艺术，是多维的形象艺术，具有多维视阈的欣赏空间，因为其具有更丰富的艺术语言和多重的解读视角。

"动观流水静观山"，陈从周先生从游园方式角度提出，"园有静观、动观之分，这一点我们在造园之先，首要考虑。何谓静观，就是园中予游者多驻足的观赏点；动观就是要有较长的游览线。二者说来，小园应以静观为主，动观为辅。庭院专主静现。大园则以动观为主，静观为辅"[2]。小园若斗室之悬一二名画，宜静观。大园则如美术展览会之集大成，宜动观。故前者必含蓄耐人寻味，而后者无吸引人之重点，必平淡无奇。

古代私家园林有开园纵人赏花的时节，清代钱泳《履园丛话》记载，每春二三月，苏州各园百花竞相开放，"合城士女出游，宛如张择端《清明上河图》也"。平时的园居生活则比较平静，且看宋代罗大经在《鹤林玉露》中描写的园居生活：

> 余家深山之中，每春夏之交，苍藓盈阶，落花满径，门无剥啄，松影参差，禽声上下。午睡初足，旋汲山泉，拾松枝，煮苦茗啜之。随意读《周易》《国风》《左氏传》《离骚》《太史公书》及陶杜诗、韩苏文数篇。从容步山径，抚松竹，与麛犊共偃息于长林丰草间。坐弄流泉，漱齿濯足。既归竹窗下，则山妻稚子，作笋蕨，供麦饭，欣然一饱。弄笔窗间，随大小作数十字，展所藏法帖、墨迹、画卷纵观之。兴到则吟小诗，或草《玉露》一两段，再烹苦茗一杯。出步溪边，邂逅园翁溪友，问桑麻，说粳稻，量晴校雨，探节数时，相与剧谈一饷。归而倚杖柴门之下，则夕阳在山，紫绿万状，变幻顷

---

① 今道友信：《东方的美学》，蒋寅等译，生活·读书·新知三联书店，1991年，第133页。

② 陈从周：《说园》，第1页。

刻，恍可人目。牛背笛声，两两来归，而月印前溪矣。[①]

园林之美，绝不只限于一瞬间的印象，园林构图基于散点透视原理，将不同的场景之物象组合在同一画面，步移景移，通过运动产生一连串不同的印象。因此，在运动中进行审美是其特点之一。如江南园林多平贴水面的曲桥，在水边运动，就有"溪边照影行，天在清溪底。天下有行云，人在行云里"[②]的感觉，独行溪边，见到清澈如镜的溪水倒影，水底的天光云影，富有特别的动态感，人好似行走于蓝天之上，脚踩翩翩白云，飘飘似仙，不似在人间！这正是在水边或园林的贴水平桥上缓步徐行的视觉审美感受，这时自然与人飘然入化。

中国园林建筑房廊蜿蜒，楼阁崔巍，深奥曲折，通前达后。日本学者伊东忠太也说："中国建筑之美，为群屋之连络美，非一屋之形状美也。主屋、从屋、门廊、楼阁、亭榭等，大小高低各异，而形式亦不同，但于变化之中，有一脉之统一，构成浑然雄大之规模。"[③]人们穿越建筑群时，在视觉上产生的印象，犹如电影场景变幻，又如小说、戏剧一样。刘敦桢《中国古代建筑史》形容"北京故宫以天安门为序幕，外朝三殿为高潮，景山作尾声"，是中国宫殿建筑的重要范例。园林建筑是通过错落有致的结构变化，来体现节奏和韵律美的。中国组群建筑，主次分明，照应周全，其理性秩序与逻辑有起有落，由正门到最后一座庭院，都像戏曲音乐一样，显示出序幕、高潮和尾声，气韵生动，韵律和谐。

中国园林忌"一览无余"，以"渐入佳境"为妙，园路设计以曲为妙，"道莫便于捷，而妙于迂"。唐代常建《题破山寺后禅院》云"曲径通幽处，禅房花木深"，园林中有一条静谧悠长的曲径，通向幽胜之境界。"入胜""通幽"等成为园林入口的指示性题额。

欧阳修"庭院深深深几许？杨柳堆烟，帘幕无重数"词境，揭示了这一

---

① 罗大经：《鹤林玉露》，王瑞来点校，中华书局，1983年，第304页。

② 辛弃疾撰，邓红梅、薛祥生注：《稼轩词注》卷二《生查子·独游雨岩》，齐鲁书社，2009年，第143页。

③ 伊东忠太：《中国建筑史》，陈清泉译补，上海书店，1984年，第48页。

美学特点的成因是“帘幕无重数”，这“帘幕”在园林中就是通过种种的隔景、障景、引景、对景等手段，来将园林划分为若干空间，园中有园，景中有景，湖中有岛，岛中有湖。虚虚实实，实实虚虚，景色丰富多彩，空间变化多样。

用山冈、树丛、植篱、粉墙、花窗、复廊、堤、岛、桥等分割空间，称隔景，这是增加园景构图的变化，使用了空间“小中见大”的艺术手法。隔景有实隔和虚隔之别，如园林游廊，“随形而弯，依势而曲。或蟠山腰，或穷水际，通花渡壑，蜿蜒无尽”，类型很丰富，有空廊、爬山廊、楼廊、水廊、单廊、复廊等，人行其上，不断转换欣赏视角，可以得到无数不同的画面。许多廊墙上还开有一孔孔花窗、洞窗，构成框景，恰似一幅幅景色各异的水墨山水画，令人目不暇接。

园林更着意追求“山重水复疑无路，柳暗花明又一村”的艺术效果，“安知清流转，偶与前山通”“青山缭绕疑无路，忽见千帆隐映来”，使感觉的形象与视觉的形象有机结合在一起，构成一幅优美动人而又奇妙的画面。苏州留园“又一村”(图3-1)，是进入北部的界门，就具有尽变奇穷之趣的效果，与游人产生心灵共振，避免产生审美疲劳。

图3-1　又一村(留园)

欣赏园林带来的视觉美感，仅仅是悦耳悦目的第一步。诸如园林建筑的“如鸟斯革，如翚斯飞”的动态美，笙镛叠奏，莺啭乔木，“泉为葛天味，松是羲皇声”的听觉美，有无、隐显、藏露、无画处皆成妙境的虚实之美，园林风景的层次、色彩、线条等布局之美，叠山的皴纹、仿古的笔意，石峰形体凹凸等细部美，等等，需要有画家的眼睛和音乐家的耳朵。如果我们在苏州留园中部西面向东眺望，曲溪楼单檐（单坡顶），筑脊设计成半个歇山顶，向池一面翼角飞扬，立面虚实变化，造型清逸而雅致。西楼错后，清风池馆前凸临水，歇山卷棚顶，曲槛空灵，三者构成一幅完美的建筑图画。[1]这种美需要善于上下左右扫视“捕捉”，诸如“凝固的舞蹈”“凝固的诗句”的堆塑、雕塑，变化多端、异彩纷呈的漏窗，“吟花席地，醉月铺毡”的铺地，各式洞门、景窗等，皆能触景生奇。

一幅画，与其令人喜，不如令人思。托尔斯泰说：“一个人用某种外在的标志有意识地把自己体验过的感情传达给别人，而别人受到感染，也体验到这些感情。”[2]欣赏中国园林，更需要我们用哲人的洞察力，去玩味个中真谛，去体验园林的外在标志中蕴含的情感，就如吟诵一首宋人理趣盎然的山水诗，细细地品，慢慢地“读”。品，主要是品意境，“超以象外，得其环中”，视艺术中的主体本质力量为主体精神与宇宙精神的融合，以臻美学精神表现与自然相统一的境界。

明代画家恽向说“诗文以意为主，而气附之。唯画亦云，无论大小尺幅，皆有一意，故论诗者以意逆志，而看画者以意寻意”，看园林也要“以意寻意”。

“迁想妙得”本为中国画的术语，出于东晋顾恺之的《魏晋胜流画赞》：“凡画，人最难，次山水，次狗马，台榭一定器耳，难成而易好，不待迁想妙得也。”用在园林欣赏上，就是由面前作为意象的景，联想到另一景象，感悟出比眼前景物更为深广的意境，于是“浮藻联翩”，情景交融，获得最终的创造性灵感。观赏者的艺术修养越高，觉悟点越多，越丰富，越容易在

① 张家骥：《中国造园艺术史》，山西人民出版社，2004年，第414—418页。

② 托尔斯泰：《列夫·托尔斯泰论创作》，董启译，漓江出版社，1982年，第16页。

再创造的艺术空间里驰骋，开悟迁想而有所妙得，这即梁启超先生在《中国韵文里头所表现的情感》中说过的“用想象力构造境界”。想象是头脑中改造记忆表象而创造新形象的心理过程。如闲步在拙政园中部空廊，东有“采采流水”“风日水滨”，波光粼粼的清泉流入山涧，新绿丛丛，春意满天；西侧“碧桃满树”“流莺比邻”，碧桃挂满树，树荫覆盖着曲径，还有穿梭似的黄莺在那里此唱彼和，多么动人心弦。曲廊上“柳阴路曲”的匾额提醒游人，这就是晚唐司空图《二十四诗品》中的纤秾之美啊！美景和灵感就在陶然忘机的自然和流动着的血液之中。

园林中一块景石、一片飞石，甚至两株盘槐，都体现着神秘和阴阳五行的玄奥，这都是难以索解的意象和象征，“都携带着某种生生不息，世世递嬗的远古‘文化基因’”，人们只有通过想象力的穿透性，才能破译这种“自然—文化语码”[①]。

中国园林作为艺术品，是一种情感形式。因而，审美也是一种情感活动，如果对园林带有强烈偏见，则实在难以与之谈审美，因为这一比较对园林文化的无知离真理更远。

二、中国园林的“文心”

中国古典园林艺术是一门综合艺术，它涉及的学术领域十分深广，诸如文学、哲学、美学、绘画、戏曲、书学、雕刻、建筑、花木种植等。其中，与园林艺术关系最为密切的是中国古典诗文，“画中有诗”的中国文人画和书法艺术，尤其“与中国文学盘根错节，难分难离”[②]。因此，陈从周认为，“研究中国园林，似应先从中国诗文入手，则必求其本，先究其源，然后有

① 转引自巴铁：《他的执拗，他的热情》，载《中国》1986年第11期。

② 陈从周：《中国园林·中国诗文与中国园林艺术》，第239页。

许多问题可迎刃而解。如果就园论园，则所解不深”[①]。这是深谙中国园林艺术渊源的不刊之论。从唐宋乃至明清的写意山水园，多为著名的文人书画家所构思创作，园中以诗情画意为尚，以文学的意境为宗。具有文学内涵的园林命名，富有文采韵致的景观题名，文采飞扬的名人园记，中国文学名著中描绘的精美绝伦的园林……中国古典园林笼罩着文学的光辉，飘溢着中国古典诗文的馨香。

宋后的中国园林大多为立意深邃的主题园。明代陈继儒在《青莲山房》中说：“主人无俗态，筑圃见文心。”中国文学史上许多著名诗文意境和文学家的高情雅尚，成为古典园林立意构思的艺术蓝本、造景依据，构成了中国古典园林的“文心”。

（一）庄子的“濠濮间情”和超功利的人生理想

《庄子》一书“极天之荒，穷人之伪”的想象和“汪洋恣肆，仪态万方”的行文，使人读其文，如坐春风，如饮醇醪。庄周派的思想成为封建士大夫思想建构的重要精神支柱，并深刻地影响着中国园林的思想和艺术意境，如撷自《庄子》文中语言及意境为园林景点题名的俯拾皆是。

庄子理想人格的根本是保持精神超然，心志高远，强调独立人格，渴望人生的自由。如园林中有许多“知鱼桥”“濠上观”“濠濮间想”“观鱼处”“安知我不知鱼之乐”“鱼乐国”等名目，实际都取意于《庄子·秋水》篇中两则故事：

> 庄子说：“鯈鱼出游，从容自得，这便是鱼的快乐。”惠子说：“你不是鱼，怎么知道鱼的快乐？”庄子说：“你不是我，怎么知道我不知道鱼的快乐？”惠子说：“我不是你，本来就不知道你呢，可你本来就不是鱼，你也不可能知道鱼的快乐，这样，我说的就全然正确了。”庄子说：“让我们追溯一下说话的缘起。开始你就说，你怎

① 陈从周：《中国园林·中国诗文与中国园林艺术》，第239页。

么知道鱼的快乐这种话，实际上是知道我知鱼。而现在你已知道我知鱼却又来问我，我回答说：我是在濠上知道鱼的。”[①]

庄子与惠子在濠梁上观鱼，相互问答，庄子阐发了他悟出了性灵的自由远比任何功名富贵都重要得多的人生哲理。这是道家感悟艺术的一种心态，它涉及美感经验中一个极有趣味的道理。庄子观鱼，反映了他观赏事物的艺术心态。他看到儵鱼“出游从容”，便觉得它乐，因为他自己对于“出游从容”的滋味是有经验的。心与物通过情感而消除了距离，而这种“推己及物”“设身处地”的心理活动是有意的，是出于理智的，所以它往往发生幻觉。鱼并无反省意识，它不可能“乐”，庄子拿“乐”字来描写形容鱼的心境，其实不过是把他自己“乐”的心境反射到鱼的身上罢了。物我同一、人鱼同乐的情感境界的产生，只有在挣脱了世俗尘累之后方能出现。所以，临流观鱼，知鱼之乐，也就为士大夫竞相标榜的了。

另一则为庄子濮水钓鱼，对高官厚禄的诱惑持竿不顾，宁可像龟一样“曳尾于涂中”，表达了向往自由的人生旨趣，蕴含着粪土王侯的叛逆情绪：

庄子在濮水钓鱼，楚威王派了两名大夫前往聘问他，说：“要拿我们国家的事来麻烦您啦!”庄子听了，一面仍然拿着钓竿钓鱼，一面说：“我听说楚国有只神龟，死了已经三千年了。楚王用竹盒盛着，用巾布盖着，珍藏在庙堂之中。这只龟，是宁愿死去被留下骨头而得到珍重呢，还是宁愿活着在污泥之中摇头摆尾呢？”两位大夫听了，回答说：“当然它宁愿活着在污泥之中摇头摆尾啊。”庄子这才说：“那么，你们请离开吧，我还将在污泥中摇头摆尾哩！”[②]

这则钓鱼故事反映了庄子远避尘嚣，追求身心自由、悠然自怡的人生理想。这正和封建士大夫们兴适情偏、怡情丘壑的审美趣味相契合，他们用来标榜恬淡寡欲、闲雅超脱之情。

庄子濠梁观鱼和濮水钓鱼的深邃思想内涵，成为历代文人笔下的“濠濮”之情。《世说新语 · 言语》篇载：

---

① 译文参考欧阳景贤、欧阳超释译：《庄子释译》下册，湖北人民出版社，1986年，第34页。
② 译文参考欧阳景贤、欧阳超释译：《庄子释译》下册，第34页。

简文入华林园，顾谓左右曰："会心处不必在远，翳然林水，便自有濠濮间想也。觉鸟兽禽鱼自来亲人。"[①]

苏州园林中的濠濮亭、北海的濠濮间想（图3-2）都为个中之例。

图3-2 濠濮间想（北海）

《庄子》的理想境界是"返璞归真""天人为一"，以达到"天地之美"，途径就是"无已""无功""无名"且绝对自由。《庄子·列御寇》云："巧者劳而知者忧，无能者无所求，饱食而遨游，泛若不系之舟，虚而遨游者也。"这是伯昏瞀人忠告列子之语，意谓擅长技巧的人多劳累，运用智慧的人多忧虑，只有无知无为的人，才不去追求什么，饱食鼓腹自由地遨游，飘浮不定好像没有拴系的船只，这才算得上是毫无思想负担而能逍遥的人。这宣扬了一种具有哲学意味的超功利的美的人生境界。园林旱船"不系舟"正好可以用来象征文人们漂泊不定、来去自由、不受羁绊、精神上绝对自由等心理需求。陶渊明回归田园时，心情十分轻松，如释重负，感觉到"舟摇摇以轻飏，风飘飘而吹衣"。李白诗云"人生在世不称意，明朝散发弄扁舟"。"不系舟"表现了文人追求独立自由的人格抱负。

---

① 刘义庆撰，刘震堮著：《世说新语校笺》，中华书局，1984年，第67页。

《庄子·逍遥游》云“鷦鹩巢于深林，不过一枝”，又曰“覆杯水于坳堂之上，则芥为之舟”，芥即小草，后之文人常比喻为栖身之地，于是，一枝园、半枝园、芥舟园等频频出现。

庄子赞美拙朴的生活，抨击机巧。苏州拥翠山庄的抱瓮轩，典出《庄子·天地》，子贡见老人抱瓮灌园，用力甚多而见功寡，就劝其用机械汲水，老人认为这样做了人就会有机心，故羞而不为。后以抱瓮比喻安于拙陋、弃绝机心、心闲游天云的淳朴生活。

（二）陶渊明的桃源仙境

陶渊明是中国文化史上的一个奇特现象，他的审美理想、超功利的人生风范以及审美的心理特征等，深刻地契合了中国农业文化的深层底蕴、美学基本特征以及文人士大夫的内心情结，他“为后世士大夫筑了一个‘巢’，一个精神家园”[①]。“闲静轩窗靖节诗”，文人士大夫们还把这个积淀在心理深层的精神堡垒“物化”，融入可居、可游、可观的山水园林，稳稳地、惬意地逍遥在陶渊明创设的桃源仙境之中。

陶渊明生活于晋与刘宋之交，看惯了乱，看够了篡。在任彭泽令八十一天以后，毅然告别官场，返归田园，“静念园林好，人间良可辞”[②]，洁身守志，追求纯真和质朴，诗亦情真意真，冲淡高古。《归园田居》诗五首和同时写下的《归去来兮辞》，是他告别官场的宣言书，在诗中，他畅舒心怀：“少无适俗韵，性本爱丘山……开荒南野际，守拙归园田。方宅十余亩，草屋八九间。榆柳荫后檐，桃李罗堂前……久在樊笼里，复得返自然。”[③]无限欣喜，极写回归自然之后，身心俱适，“觉今是而昨非……三径就荒，松菊犹存。携幼入室，有酒盈樽。引壶觞以自酌，眄庭柯以怡颜。倚南窗以寄傲，审容膝之易安。园日涉以成趣，门虽设而常关……

① 袁行霈主编：《中国文学史（第二卷）》，第70页。

② 陶渊明：《庚子岁五月中从都还阻风于规林》其二，见《陶渊明集》，第74页。

③ 陶渊明：《归园田居》其一，见《陶渊明集》，第40页。

云无心以出岫，鸟倦飞而知还……抚孤松而盘桓……悦亲戚之情话，乐琴书以消忧……怀良辰以孤往，或植杖而耘耔。登东皋以舒啸，临清流而赋诗”。[①]自此，他过起了为士大夫歆羡的躬耕读书生活，“晨兴理荒秽，带月荷锄归”[②]；他陶醉于质朴的生活之中，“众鸟欣有托，吾亦爱吾庐。既耕亦已种，时还读我书”[③]；他志趣高雅，“春秋多佳日，登高赋新诗”[④]，闲时和诗友们“奇文共欣赏，疑义相与析”[⑤]。平时，他心境澄澈悠闲，虽然是“结庐在人境，而无车马喧”，但“问君何能尔？心远地自偏。采菊东篱下，悠然见南山。山气日夕佳，飞鸟相与还”[⑥]，憧憬着“桃花源”的理想社会。

上述诗文反映出来的陶渊明的审美情趣、人格理想，对中国园林意境产生了巨大而深远的影响，成为许多园林构园的主题意境。陶渊明的诗文意境融入园中各种景物形象之中，更是不胜枚举。[⑦]

（三）唐诗宋词意境

中国古典园林中，以历代诗文意境设置的景点不胜枚举，唐宋诗文尤多，略举一二。

颐和园后山“看云起时”景点，用王维著名诗句“行到水穷处，坐看云起时”的意境；颐和园的“云松巢”景点，用李白“吾将此地巢云松”诗意；苏州怡园“碧梧栖凤”，用杜甫“碧梧栖老凤凰枝”诗意；拙政园的留听阁用李商隐“留得枯荷听雨声”诗意；嘉兴烟雨楼的楼台烟雨堂，出杜牧“南朝四百八十寺，多少楼台烟雨中”诗意……

---

① 陶渊明：《归去来兮辞》，见《陶渊明集》，第159—162页。
② 陶渊明：《归园田居》其三，见《陶渊明集》，第42页。
③ 陶渊明：《读山海经》其一，见《陶渊明集》，第133页。
④ 陶渊明：《移居》其二，见《陶渊明集》，第57页。
⑤ 陶渊明：《移居》其一，见《陶渊明集》，第56页。
⑥ 陶渊明：《饮酒》其五，见《陶渊明集》，第89页。
⑦ 详参第一章《中国园林经典锻铸历程·陶渊明诗文与中国园林营构》。

用同一个作者的诗词命名园内各景点，园中便弥漫着该作者的诗意，别有趣味。南宋岳珂所筑研山园，因园址为酷爱奇石的米芾的海岳庵遗址，即以奇石“研山”为园名，且园中景点均以米芾诗文中的妙语题写，诸如“抢云”“宜之”“春漪”“英光”等，独辟意境，迥出尘表，书写的字迹亦都临摹园主收藏的米芾书迹。

退思园中水园笼罩着宋代词人姜夔（号白石道人）的词的艺术氛围，水园中有三处景点意境均从姜白石《念奴娇·闹红一舸》词上阕化出。词序描写了词人与友人于武陵“日荡舟其间薄荷花而饮”，见意象幽闲，不类人境，“秋水且涸，荷叶出地寻丈，因列坐其下。上不见日，清风徐来，绿云自动”，俨然一幅幽雅闲远的风景画。词上阕记：

> 闹红一舸，记来时，尝与鸳鸯为侣。三十六陂人未到，水佩风裳无数。翠叶吹凉，玉容销酒，更洒菰蒲雨。嫣然摇动，冷香飞上诗句。①

荷花盛开的时候，几只鸳鸯在荷叶间嬉戏，那无数的荷花、荷叶，似玉佩，似罗衣，在清风绿水间摇曳，碧绿的叶子散发着凉爽的气息，美玉般的花朵，带着酒意消退时的微红。这时，一阵密雨从丛生的菰蒲中飘洒过来，荷花优美地舞动着腰肢。此时，诗人薄荷而饮，诗兴勃发，诗句上顿时染上了一股迷人的冷香。

水园石舫似船非船，船身由湖石托起，半浸碧波，夏秋之际，荷花绕舟，列坐舟中，清风徐来，绿云自动，耳闻水声潺潺，确有“意象幽闲，不类人境”之感。

词中的荷花成为姿态袅娜的美女，她的微笑弥漫着高洁的情调和清新的气息，从而激发了词人的诗兴。荷花的零落，犹美人迟暮，实乃词人自伤情怀。词以景结情，给人留下不尽的余意。全词构成的冷寂清远的意境和含蕴的画面，正是退思园水园的艺术境界。

水园月洞门题额“云烟锁钥”，正是对水园贴水临波景色的艺术概括。

---

① 姜夔著，陈书良笺注：《姜白石词笺注》，中华书局，2009年，第80页。

池水终年澄碧，亭台楼阁如浮水面，似乎随波荡漾，烟笼雾罩，朦胧凄清，恰似白石词的情调。

水香榭悬挑水面，既可俯视水中倒影，又可下看游鱼。特别是在夏日，绿荫荷香，“嫣然摇动，冷香飞上诗句”，令人尘襟一洗，邈然有遗世之想。

菰雨生凉轩，从词中“翠叶吹凉，玉容销酒，更洒菰蒲雨”拈出。此轩背临荷池，轩周植荷花、菰蒲，芦苇摇曳，轩南植芭蕉、棕榈。夏秋季节，轩内凉风习习，荷香阵阵，更何况阵雨突至或者细雨淅沥之时，那荷叶、菰蒲、芦苇、芭蕉、棕榈都成了奏乐的琴键，传来了天籁之音。

石舫径称“闹红一舸”（图 3–3），取的是《念奴娇 · 闹红一舸》词名。

图 3–3　闹红一舸

园主欣赏姜白石的人品和襟怀，崇拜姜白石的绝世才华，与姜白石产生某种心灵的共鸣。白石善于将他心灵的“伤痕”通过“骚雅”“清空”的笔调托出，形成“幽韵冷香”的独特风格。园主任兰生为官一方，被弹劾，贬退回乡，需要精神抚慰，实际上是以道家思想来抚慰自己受伤的心灵。

（四）诗文集萃

有的园林构景设计是集多篇诗文意境而成，最典型的是天平山庄的构园置景。张岱《范长白》记道：

> 山之左为桃源，峭壁回湍，桃花片片流出。右孤山，种梅千树。渡涧为小兰亭，茂林修竹，曲水流觞，件件有之。[①]

山左之桃源设计，乃取陶渊明《桃花源记并诗》的意境，今存桃花涧。昔时，涧边桃树成林，暮春时节，桃花盛开，“桃花逐流水，未觉是人间”，令人恍如置身于桃源仙境。孤山，即拟取北宋诗人林逋隐居植梅之地——杭州西湖孤山。林逋，恬淡好古，不慕荣利，于孤山结庐隐居，二十年不入城市，一生不娶，唯喜梅养鹤，有“梅妻鹤子”之称，所写《山园小梅》诗，乃千古传诵咏梅绝唱。小兰亭，自有东晋王羲之等文人雅集的会稽山阴兰亭之遗韵。

（五）神话仙域

中国园林起源时就是对神话世界的模拟，宗教传说故事也是园林中造景的重要依据。《史记·封禅书》中描写了海上三神山，即蓬莱、方丈、瀛洲，是古人幻想中的所谓神仙起居出没的环境。这“一池三岛”的幻想境界被造园艺术家们作为传统布局落实到了园林造景之中。[②]

（六）历代高人雅事

晋王羲之、谢安、许询、支遁等四十一人于会稽山阴之兰亭，饮酒赋诗，王羲之写下千古传诵的《兰亭集序》，文中描绘了文人们大规模集会的盛况，流觞曲水，觞咏其间。“崇山峻岭，茂林修竹”的自然胜景，和流觞所

---

① 张岱：《陶庵梦忆》，中华书局，2007年，第58页。

② 详见本书第二章《东方智慧结晶·苏州园林与摄生智慧》。

需曲水，水畔进行“文字饮”的形式，成为中国古典园林中建园置景的蓝本：隋炀帝曾建有流杯殿，圆明园有“坐石临流”，中南海有“流水音”，故宫宁寿宫花园有禊赏亭，潭柘寺有猗玗亭，恭王府有流杯亭……

苏州东山曲溪园，利用其地“有崇山峻岭，茂林修竹”，再于流泉上游拦蓄山洪，流经园中，再泄入湖中，造成“清流激湍，映带左右，引以为流觞曲水”的实景。清诗人陈瑚《莫厘严公奕七十诗》“五湖烟水称幽居，饱看风波十载余。烧烛夜披高士传，吮毫时作右军书。短筇花径行随月，小艇林荫坐钓鱼”，道出了筑园之匠心。此外，会意“流觞曲水”的景点，如清代上海青浦县的曲水园、留园的曲溪楼、豫园流觞亭等。

宋代文人造园，特别喜欢用古人故事，以司马光的独乐园为例。读书堂取汉董仲舒专心读书，“下帏讲诵……三年……不观于舍园”之意；钓鱼庵以切汉严子陵富春垂钓之故实；采药圃借汉韩伯休“常采药名山，卖于长安市，口不二价”的佳话而设；种竹斋融晋王子猷暂时借居也要种竹及“何可一日无此君？”的千古韵事而造；见山台为晋陶渊明《饮酒》诗“结庐在人境，而无车马喧……采菊东篱下，悠然见南山”的意境而筑；弄水轩取唐杜牧《春末题池州弄水亭》诗意而建；浇花亭寓唐白居易韵事而造。[①]后代文人雅士构园，也相沿成习。诚如明代文学家张岱所感叹的，“地必古迹，名必古人，此是主人学问”[②]也。

承德避暑山庄小许庵，用的是尧帝访贤的典故。许由为上古高士，拥义履方，隐于沛泽。尧帝走访他，并欲让位于他，许由不受，便遁耕于箕山之下、颖水之阳。尧又欲召他为九州长，许由不愿听，并在颍水边洗耳以示高洁。

也有仿古人雅兴而设景的。如梁朝丹阳陶弘景，道教领袖，人称“无（玄）中之董狐，道家之尼父”[③]，时人称他“张华之博物、马钧之巧思、刘向

① 详见司马光撰，李之亮笺注：《司马温公集编年笺注》卷三《独乐园七题》，第1册第244—251页。

② 张岱：《陶庵梦忆》，第58页。

③ 贾嵩：《华阳隐居传序》，见董浩等编：《全唐文》卷七六二，中华书局，1983年，第7924页。

之知微、葛洪之养性，兼此数贤，一人而已”[①]。他栖隐山林，然梁武帝时时以国事诏问，时称“山中宰相”。《南史》本传说他“特爱松风，庭院皆植松，每闻其响，欣然为乐。有时独游泉石，望见者以为仙人”。他既似仙气十足的隐士，又是不上朝的公卿大员，很为后来之士大夫所折服。明代拙政园有“听松风处”一景，文徵明《拙政园图咏》：“(听松风处在梦隐楼北，地多长松。)疏林漱寒泉，山风满清厅。空谷度凉云，悠然落虚影。红尘不到眼，白日相与永。彼美松间人，何似陶弘景！”在这样的松林里徜徉的高士啊，和南朝的陶弘景多么相像！“风入寒松声自古”，诗人骚客均爱听松风。唐代皮日休诗云：“暂听松风生意足，偶看溪月世情疏。”李白诗曰：“风入松下清，露出草间白。”秋风入松，万古奇绝。北宋苏轼《定惠院寓居月夜偶出》诗说：“自知醉耳爱松风，会拣霜林结茅舍。”承德避暑山庄也有“万壑松风”等。

也有模仿心仪古人的行为而设景的。如东晋谢安这位“江左风流宰相”完全继承王导“镇之以和静”的做法，力求各大族势力平衡，使东晋王朝出现了前所未有的和睦景象。他自幼风神秀彻，爱散发岩阿，陶情丝竹，欣然自乐。寓居会稽时，与王羲之、许询、支遁等人游，出则渔戈山水，入则言咏属文，无处世意，性好音乐，于土山营墅，楼馆林竹甚盛，每携中外子侄往来游集，肴馔亦屡费百金。闲居会稽东山，家蓄声乐，驰名一时。确为一个不拘礼法、自成风气的宰相。留园原主人在“林泉耆硕之馆”南筑戏台，家蓄声伎，备丝竹之乐。他追慕谢安之风流，故在今南门门楼上砖刻“东山丝竹”，使人联想到谢安当年闲居会稽东山时的风流逸韵。

颐和园有一条用叠石构成的石涧，苔径缭曲，护以石栏，寻幽无尽，用唐代李贺寻诗的故事，称“寻诗径”。《新唐书·李贺传》载：“(李贺)每日出，骑弱马，从小奚奴，背古锦囊，遇所得，书投囊中。”

松江清代顾大申的私园醉白池，是园主仰慕唐代诗人白居易晚年醉酒吟诗的风度而造，以池为主，环池布景。

---

① 萧纶：《隐居贞白先生陶君碑》，见严可均编：《全上古三代秦汉三国六朝文·全梁文》卷二二，第3082页。

被人视为“米颠”的宋书画艺术家米芾爱石成癖，据《宋史·米芾传》载：“无为州治有巨石，状奇丑，芾见大喜曰：‘此足以当吾拜！’具衣冠拜之，呼之为兄。”颐和园的石丈亭、苏州怡园的拜石轩等均本此典。

宋代理学家周敦颐隐居濂溪，植荷花，并写出了脍炙人口的《爱莲说》一文，成为圆明园“濂溪乐处”“映水兰香”，避暑山庄“香远益清”，拙政园远香堂等景点的依据。

颐和园的邵窝殿、苏州耦园的安乐国是以宋哲学家邵雍隐居之所命名的。

有的景点是历史文化的实物留存，它们可以使游人的联想和想象超时空地奔驰，品味人类文明的灿烂结晶，启示对未来的无限信心。如古朴的沧浪石亭，使人油然想起北宋诗人苏舜钦坎坷短暂的一生，想起“与之从”的“一时豪俊”，想起当年文坛主帅欧阳修的《沧浪亭》长诗。

中国古典诗文成为园林“文心”，园中景致也洋溢着这些诗文意境，这就把诗意带进景中，使景的意蕴更深永；也把优美的景带进诗里，使诗文形象更丰富、更精妙。园林之景与诗文的关系，和诗与画的关系一样：“画者形也，形依情则深；诗者情也，情附形则显。”①徜徉园中，细细咀嚼玩味，犹穿行徜徉于古代诗文之中，给人以无尽的回味和永久的魅力。

滥觞于中国的日本庭园，如日本已故的著名园林史大家外山英策所说的：“给予日本园林巨大影响的仍是文学的力量。”②外山所说的“文学”当然主要是中国文学。由于日本园林多成于禅僧茶人之手，故日本园林往往具有寺庙化的倾向，纯净和抽象，充满了禅味和涩味。日本汉学家构思的园林中，虽然也采用了大量的中国古典诗文作为构景依据，但因为置于寺庙化的园林氛围中，景点难以与汉诗意境水乳交融，似乎觉得日本汉学家仅仅“进口”了中国诗文的形式，而没有“进口”中国诗文的“诗意”。基于这一点，日本学者田中淡认为，日本人仅仅是“作为一种异国憧憬，对庭园

① 叶燮：《已畦集》卷八《赤霞楼诗集序》，民国二十四年（1935）长沙中国古书刊印社汇印《郎园先生全书》本。

② 外山英策：《室町时代庭园史》，东京·岩波，1934年，第109页。

的建筑、景物喜欢像中国人那样，使用富于诗意的命名，但这种‘中华趣味’，往往停留于皮相的理解，在造园的基本理念上，最终还是自树一帜，不复依傍”[①]。

三、中国书艺与园林艺术

汉字书法作品是中华乃至世界艺术瑰宝，虽和埃及、巴比伦的文字皆以象形为宗，然而，巴比伦楔形文字，尽作尖体，纵横撇捺，皆成三角，又一切用直线，颇难繁变。埃及文竟如作画，其文字未能脱离绘画而独立。中国文字虽曰象形，而多用线条，描其轮廓态势，传其精神意象，较之埃及，灵活超脱，相胜甚远。同时，中国汉字线条又多曲势，以视巴比伦专用直线与尖体，婀娜生动，变化自多[②]，遂成与“书画异名而同体”[③]的艺术门类。

中国古典园林“大都出乎文人、画家与匠工之合作”，是文人用山水、建筑、植物等物质语言写就的凝固的诗、立体的画！

园林与书法的艺术创作及审美追求同调。“书肇于自然”[④]，出于托名蔡邕的《九势》，书法大师王羲之《笔势论》中亦用自然物象来引喻书法笔势：“划如列阵排云 ，挠如劲弩折节，点如高峰坠石，直如万岁枯藤，撇如足行趋骤，捺如崩浪雷奔，侧钩如百钧弩发。”而中国园林的最高审美境界是“虽由人作，宛自天开”，构园和书法艺术原理一致。

书法艺术是园林空间组景不可或缺的艺术元素，书艺与园艺互相依存、互渗互融，园景必借之以题词，词出而景生，题词乃书法美的迹化，彼此如

---

① 田中淡：《中国园林在日本》，载《文史知识》1998年第11期。

② 钱穆：《中国文学论丛》，第6—7页。

③ 张彦远：《历代名画记·叙画之源流》，浙江人民美术出版社，2019年，第2页。

④ 华东师范大学古籍整理研究室选编：《历代书法论文选》，上海书画出版社，1979年，第6页。

胶似漆，不分轩轾，中国园林书法以碑铭、书条石及各类诗性品题等形式，借以营造园林的氤氲文气，在世界三大园林体系中独呈异彩！

（一）书佛结缘

佛家好书，书家好佛，书佛结缘。寺庙成为书家最早施展身手的广阔场所。名噪一时的书法家如三国魏晋钟繇、皇象、卫瓘、索靖、王羲之父子等均在寺庙园林中以庙碑或塔铭的形式留过真迹。

北朝则几乎全注意于石窟造像，书法以碑志塔铭、造像题记、幢柱刻经等形式流传。龙门石窟有魏碑法式之一的《龙门二十品》及题记和其他碑刻 3680 种，陕西铜川药王山北朝造像题记最为珍贵。

隋唐时期，书家为寺庙留书再兴高潮，并蔚为风气，数量多，品位高。今洛阳白马寺有唐代经幢。西安大雁塔南门两侧砖龛内，嵌有褚遂良《大唐三藏圣教序》和《述三藏圣教序记》二碑。西安碑林藏有汉、魏、隋、唐、宋、元、明、清各代碑志 2300 余件，除有唐玄宗亲笔用隶书写成的《石台孝经》，有唐刻《开成石经》——这是我国现存最早最完整的经籍石刻。唐代著名书法家的作品还有虞世南书法妙品《孔子庙堂碑》，用笔俊朗圆腴，外柔内刚，萧散洒落；有誉为“唐楷第一”的欧阳询《九成宫醴泉铭》（清代摹刻），浑厚遒劲，腴润中见峭劲，气韵生动；有颜真卿唐楷的典范作品《多宝塔感应碑》、大气磅礴而又内涵丰富的《颜氏家庙碑》；有柳公权代表作《玄秘塔碑》，遒劲谨严，有骨力；有欧阳通《道因法师碑》，规矩森严，神态飘逸；还有褚遂良《同州圣教序碑》、李阳冰篆书《三坟记碑》和《栖先茔记》等。这些均为书法名碑，后世奉为楷模。

晋祠有李世民《晋祠之铭并序》碑，是我国现存最早的一块行书碑。该碑置立于贞观宝翰亭中，碑阳刻李世民撰书的《晋祠之铭并序》，全文计 1203 字，颂扬唐叔虞政绩，宣扬“贞观之治”和他自己的文治武功。李白、白居易、范仲淹、欧阳修、元好问等都留有题咏。

各地孔庙内都有碑廊，山东曲阜孔庙碑刻共有 2000 余块，上自两汉、下迄民国，真草隶篆等书体皆备。其中东汉名碑《史晨碑》，笔致古厚朴实，端庄遒劲，气象和穆。西岳庙《西岳华山庙碑》"修短相副，异体同势，奇姿诞谲，靡有常制者"[1]。

苏州寒山寺有宋抗金名将岳飞手书题联"三声马蹀阏氏血，五伐旗枭克汗头"与题刻"文章华国，诗礼传家"，名闻遐迩；另宋代著名书法家张樗寮所书三十八块《金刚般若波罗蜜经》石刻，也为传世珍品；还有俞樾手书唐代张继碑墨拓早已东渡扶桑。

纪念性园林中也多碑刻，如三苏祠纪念宋代苏洵、苏轼和苏辙父子，"一门父子三词客，千古文章四大家"，碑亭内竖有古碑数十通，有苏轼亲笔写的《马券碑》《乳母碑》《柳州碑》等。

皇家园林避暑山庄原有御碑 20 多座，还有五六处摩崖刻字。有《绿毯八韵碑》《古栎歌碑》《林下戏题碑》《文津阁碑》《月台碑》《锤峰落照碑》《登高碑》《永佑寺碑》《避暑山庄后序碑》《舍利塔碑》等，有诗有文，有的是用满、汉两种文字书写，有的用满、汉、藏、蒙四种文字书写。

苏州沧浪亭一园就有碑刻数百方，其中有康熙诗碑。虎丘有五代、宋代、元代、清代碑刻 200 余方。这些碑刻塔铭不仅具有书法价值，而且具有人文价值。

摹刻在碑石或者木版上的法书，包括它的拓本，为学书者玩味，以知其用笔之意，称为"法帖"。南朝禁碑，书法以帖的形式流传。宋后帖学大盛，名书家大多不屑书经题碑，明清时期，一般书家更淡于题碑书经了。

私家园林多辟翰墨林，风雅的园主以壁悬晋唐墨迹为尚。宋代书画家米芾有珍藏晋名人法帖的宝晋斋，元代倪云林有珍藏法书名画的清閟阁，文徵明之父文林筑小园停云馆，文徵明勒所藏名帖刻《停云馆帖》十二卷。园主还将收藏的名家书法法帖、书信、诗词、图画等以书条石的形式，镶嵌在园林曲折长廊的粉墙上、厅堂壁面间，黑白辉映，美化、诗化着园林墙壁，营造出氤氲的书卷气。

---

① 康有为《广艺舟双楫·体系十三》引朱筍河语，中国书店，1983年，第37页。

苏州园林书条石以留园、怡园最为丰富，有“留园法帖”（图 3–4）、“怡园法帖”之专称。

图 3–4　留园法帖

留园现存书条石 370 多方，镶嵌在 700 多米长廊上。“留园法帖”翻刻自《淳化阁帖》《仁聚堂法帖》《一经堂藏帖》及明董刻“二王法帖”等，包括自书法南派开山祖三国魏人钟繇始，至晋、唐、宋、元、明、清各时期的“南派帖学”诸家一百多人的作品，成为“南帖”的集大成者，被誉为帖学的百科全书。“留园法帖”中，还保存了“宋四家”及韩琦、范仲淹、欧阳修等近八十家的法书。爬山廊北头“墨宝”处的“宋四家”中，苏东坡《赤壁赋》，其字庄严稳健、意气风发；蔡襄的《衔则》潇洒俊美、超然绝俗；米芾为蔡襄《衔则》写的跋，其字沉着飞翥、骨肉得中；黄庭坚为范仲淹《道服赞》写的跋，其字清劲雅脱、古淡超群。另有米芾行楷书旧刻四种、“宋名贤十家书”等。

怡园主人的过云楼珍藏名闻江南的《过云楼集帖》，“怡园法帖”就是当年园主顾文彬父子从过云楼收藏的 50 多种历代名人书法中择选出来的精品，刻成的书条石 95 方，其中有王羲之、怀素、米芾、赵松雪、祝枝山、唐伯虎、文徵明、董其昌等名家墨迹。相传王羲之《兰亭集序》墨迹已为唐太宗殉葬，宋代的贾似道得到与真迹无二的摹本，由工匠王用和花了一年半时间精心镌刻在玉枕上，从而保存了王羲之真迹。今嵌于怡园四时潇洒亭墙壁的玉枕《兰亭集序》石刻，就是根据宋拓本勾摹复刻的。

狮子林《听雨楼藏帖》书条石刻 67 方，据《听雨楼帖始末》记载："周立崖……取所藏唐宋元书人真迹，钩模入石……其搜择之精、摹勒之善，足与同时千墨庵、寒碧庄诸帖同为艺术宝爱。"

拙政园今有 32 方书条石，藏有宝贵的历史资料，如文徵明《王氏拙政园记》、张履谦《补园记》、沈德潜《复园记》；也藏有书法珍品，如西部水廊有孙过庭草书《书谱》17 块，米芾《书史》赞曰："过庭草书《书谱》，甚有右军法。"文徵明八十岁时写的《千字文》蝇头小楷，笔势玄灵飞动，与孙帖均为珍稀墨宝。

宁波天一阁的凝晖堂内，陈列明代上石的神龙本《兰亭序》、文徵明小楷《薛文时甫墓志铭》等珍稀帖石。园东碑廊内，收藏历代碑石 173 通，号称"明州碑林"。

始建于 1912 年的上海青浦县朱家角的课植园，也有 20 米长的碑廊，廊内汇集了明代江南四大才子唐伯虎、祝枝山、文徵明和周天球的真迹碑刻。

上海青浦的曲水园辟有石鼓文书艺苑，仿制故宫珍宝馆石刻文字藏品，重刻十尊大石鼓。另有 84 块石碑，碑刻满廊，其碑文用各种字体书写，草书、小篆、行书、楷书、行草书、章草书、金文字等应有尽有。

北方园林亦有多少不等的名家墨宝。如据保定市莲池博物馆馆长柴汝新、苏禄煌所著《古莲花池碑文精选》，保定古莲花池园内有清帝御书碑群和"莲池书院法帖"等，共 84 方碑刻。

皇家园林收藏大量名家法帖，并镌刻于园中。《养吉斋丛录》卷十七载："乾隆间《三希堂帖》三十二卷八函，以大内所藏晋魏至元明名人真迹，勾勒入石，嵌置琼华岛西麓之阅古楼壁间。续刻者，在惠山园（即颐和园内的谐趣园）之墨妙轩，自唐褚遂良始。"

北海湖西北有快雪堂，乾隆得到冯铨所藏的《快雪时晴帖》后，专辟此堂，将王羲之的《快雪时晴帖》勒刻上石。今堂内两廊石壁内镶嵌了 46 方书条石，均为历代名家真迹。

（二）意美以感心

“深识书者，惟观神彩，不见字形。”[①] 作为艺术，书法早已挣脱了线条符号的束缚而成为情感的载体，中国各类书体都具有自己独特的审美体系，书法的审美个性若能与园林艺术意境融为一体，或浑厚肃穆、沉着稳健，或轻灵缥缈、闲雅舒展，就能让人感受到鲁迅所说的“意美以感心”[②]，“意美”就是神采、意境之美。

布白巧妙奇绝、风格苍古雄健的甲骨文、金文等大篆字体，“或象龟文，或比龙鳞，纡体放尾，长翅短身，延颈负翼，状若凌云”[③]，秦篆虽然有符号化趋向，但仍不脱象形意味，且运笔流畅飞动，转折处柔和圆匀，优美生动，有很强的表现力。篆书用于摩崖、门宕砖额，令人玩味不尽，愈深入地去领略，愈觉幽深无际。

如顾廷龙先生书冷香阁梅花林篆书门额“明月前身”（图 3-5），出自《二十四诗品》，形容诗境自然纯净、返归本体的状态，如流水般洁净，皆因纯净皎洁的明月是吾前身也。象形的字体，正如明月悬空，加之月光朗照，梅花如雪，暗香浮动，真是一片纯净境界！

书者如也，写出来的字要“如”我们心中对于物象的把握和理解。

中国字在起始的时候是象形的，这种形象化的意境，在后来“孳乳浸多”的“字体”里仍然潜存着、暗示着。在字的笔画里、结构里、章法里，显

① 张怀瓘：《文字论》，见朱长文纂辑、何立民点校：《墨池编》，浙江人民美术出版社，2019年，第143页。

② 鲁迅：《汉文学史纲要 · 自文字至文章》，见《鲁迅全集》第10卷，花城出版社，2021年，第304页。

③ 张怀瓘：《书断》，见朱长文纂辑、何立民点校：《墨池编》，第43页。

图 3-5　明月前身（顾廷龙）

示着形象里面的骨、筋、肉、血，以至于动作的关联。后来从象形到谐声，形声相益，更丰富了“字”的形象意境，像江字、河字，令人仿佛目睹水流，耳闻汩汩的水声。①

沧浪亭土石相间的假山，东西横卧，山势起伏，古树葱郁，西南处下有深潭，假山山壁下大石上镌俞樾“流玉”两字（图 3-6）。“流”，会意字，本义为水之流动，篆书“流”字两边为水流，中间夹一倒“子”形，“子”的头部为飘散的头发，表示顺水漂流之意。“玉”字的本义为用丝绳串联起来的珍玩宝石，俞樾将玉字的一“点”写成朝下的两挂水

图 3-6　流玉（沧浪亭）

① 宗白华：《美学散步 · 中国书法里的美学思想》，第138页。

流，字若飞动，仿佛两挂清泉从山石上潺潺流下，“清泉石上流”的意境便油然而生。

篆体端庄匀称，笔体圆润、流畅，曲园书条石上“曲园”两字篆体，状若“其形曲”的园林之形。它如网师园山水园入口门宕“可以栖迟”、怡园“屏风三叠”篆书摩崖，营造出古朴的园林氛围。

楷书讲究神韵，用笔端庄，精神饱满，如牡丹盛开，富贵厚重，拙政园兰雪堂朱彝尊行楷额便是典型例证。

唐代颜真卿的“颜体”，字丰肥雄伟而不笨拙，间架开阔，庄严端正，有骨有肉，钩小无尖，拐弯时不停笔，顺写而下，故转角呈圆形，“如项羽挂甲，樊哙排突，硬弩欲张，铁柱特立，昂然有不可犯之色”(《六艺之一录·宋米芾续书评》)。苏州“虎丘剑池”四字，传为颜真卿所书，今“虎丘”二字为明石刻大师章仲玉描摹补刻，所以有“假虎丘真剑池”之说。笔者以为唐避李虎之讳，虎丘改称“武丘”，颜真卿亲书存疑，但四字为颜体当不假。

顾廷龙先生的楷书，掺入唐楷整饬严谨之味，稳健静穆，委婉沉雄，堂堂正正，悬之园林厅堂，望之令人肃然起敬。如沧浪亭明道堂，是全园最大的主体建筑，庄严宏敞，为文人讲学之所，在假山古木掩映下，顾廷龙先生的书额更衬托出明道堂庄严静穆的气氛。

汉隶，雄浑豪放，“高下属连，似崇台重宇”(蔡邕《隶势》)，如文徵明隶书额“曲溪”。

行书讲究风韵，风姿绰约，潇洒飘逸，留园“清风池馆”“绿荫”行书额，真如清风扑面，清新可人。

草书讲究气韵，如飘风骤雨、飞瀑流泉，气势磅礴，又如行云流水，挥洒自如，留园“洞天一碧”陈老莲的行草对联“曲径每过三益友，小庭长对四时花”，与庭中奇石、松、竹诸景丝丝入扣，心情与书体一样自由流畅。

狮子林的文天祥诗碑亭，位于园西贴墙长廊上，廊下一水蜿蜒东去。碑上镌刻文天祥狂草手迹《梅花诗》：“静虚群动息，身雅一心清。春色凭谁记，梅花插座瓶。”如龙蛇走、惊电闪，是文天祥身陷囹圄时，寄梅咏怀所作的诗，体现了诗人洁身自守的节操。文天祥书作清疏挺竦，俊秀开张，笔笔有法，十分精妙，使人心目爽然，凡见者，“怀其忠义而更爱之”（吴其贞《书画记》）。

古猗园旱船位于水边，名“不系舟”，取自《庄子 · 列御寇》：“巧者劳而知者忧，无能者无所求，饱食而遨游，泛若不系之舟。”象征一种具有哲学意味的超功利的人生境界和文人们来去自由、不受羁绊、精神上绝对自由的心理需求。前舱内悬明祝允明“不系舟”三字草书匾额，祝允明为人豪爽，性格开朗，其无拘无束的气度，与草书的舒展纵逸及旱船景境浑融为一。

同一景点的题额书体和谐呼应，如拙政园正楷“得真亭”三字额，两侧康有为隶书楹联“松柏有本性，金石见盟心”，皆沉雄堂皇，与亭周竹柏隆冬不凋、蒙霜雪而不变的气质和“竹柏得其真”的哲理相得益彰。

园林书体，喜欢用古字、异体字，古意盎然，古雅可掬，而且有的还赖以存古意。如苏州狮子林入口巷门额“师子林”。“师子”就是“狮子”的古字。中国古代无“狮”，公元 87 年第一头狮子才由大月氏献到中国。“师子”大约是古代南亚次大陆语言经过西域传入时不太准确的简略音译。东汉时期，佛教传入中国，译者带着对佛教经典的虔诚与敬畏之情，将其译为“师子”。因此，在中国最早的文献中写作“师子”，如《汉书 · 西域传》《后汉书 · 章帝纪》《后汉书 · 和帝纪》《后汉书 · 班超传》等都写作“师子”。中国古代最早的一部解释词义的专著《尔雅》的作者并没有见过狮子，西晋的郭璞注《尔雅》曰：“汉顺帝时，疏勒王来献犎牛及师子。”他在注释《尔雅 · 释兽》中的“狻猊”时说：“即师子也，出西域。”不知何据，或亦系推测之辞。唐颜师古注释《汉书》“师子”曰：“师子，即《尔雅》所谓狻猊也。”应该是沿袭郭璞旧说。虽然梁武帝大同九年（543）太学博士顾野王编撰的《玉篇》“犬”部中已经出现了“狮”字，但出于对佛国神兽的敬畏，直到元代，文人依然用“师子”尊称，如元代著名画家朱德润写《师子林图序》、元代危素写《师子林记》，都称园内主峰为“师子峰”。

又如苏州网师园巷门额“網师园”，“网”本属象形字而非简化字：冂表示覆盖，“××”象征网绳交错成网眼状。“罔”为“网”之俗字，汉《曹全碑》中“续遇禁罔，潜隐家巷”的“禁罔”即“禁网”。故“纟”+“罔”与“网”同。唐代欧阳通《道因法师碑》的“鱼网”之“网”和颜真卿的《多宝塔感应碑》中的“网”字也都写成“網”。

有的园林题额还青睐暗语、哑谜，如明代徐渭曾书“虫二”二字赠一妓为斋名，取义“无边风月”。[①]杭州西湖湖心亭石碑，上题清乾隆手书“虫二”二字；今苏州启园伸进太湖的码头上有一亭，也书“虫二”二字。“虫二”取自“风月”二字繁体字的中间部分。

（三）“形美”与“意美”递相映带

园林书法展示的载体，如匾额、对联、大理石插屏、挂屏等，演化为精美的工艺品。就匾额而言，数量最多的是木匾、石匾和砖匾，除此之外，还有琉璃匾、瓷匾、丝织匾、纸匾、竹匾等，集自然美、工艺美、书法美和文学美于一身。仅仅就匾额楹联的“形美”而言，与园林景境之意美，往往还能递相映带，从而拓展、深化意境之美。

如环境幽深、安静的园林书房，为以动衬静，窗外墙角植芭蕉，可蕉窗听雨。悬挂李渔为园林设计的“蕉叶联”，可称“雪里芭蕉”。“蕉叶题诗，韵事也；状蕉叶为联，其事更韵。”[②]将诗句写在蕉叶状的对联上，“美的享受不亚于画”[③]，图3-7中一联形如蕉叶，联语曰“心如雪夜潭中月；文似春天雨后花”，既有蕉叶题诗的韵雅，联上饰冬梅花枝，含“雪里芭蕉”禅意。此可引发王维《袁安卧雪图》的意境联想。唐朝诗人“诗佛”、大画家王维曾画《袁安卧雪图》，图中“雪里芭蕉”，且与常见景物不同。王维作花卉，也不问四时，以桃杏芙蓉莲芹同入一幅，“此乃得心应手，意到

---

① 张岱：《快园道古》卷一二《小慧部·灯谜·拆字》，浙江古籍出版社，1986年，第95页。
② 李渔：《闲情偶寄·居室部》，见《李渔全集》第三册，第165页。
③ 宗白华：《美学散步·中国书法里的美学思想》，第138页。

便成，故造理入神，迥得天意”[①]。王维将佛理寄寓在画中，有禅家超远洒落之趣。画中形象地反映了《涅槃经》“是身不坚，犹如芦苇、伊兰水沫、芭蕉之树”“譬如芭蕉，生实则枯，一切众生身亦如是”的思想。

图3-7 蕉叶联

“此君联”，用竹片制成的楹联，用晋名士王子猷之典，《世说新语·任诞》载：“王子猷尝暂寄人空宅住，便令种竹。或问：‘暂住何烦尔？’王啸咏良久，直指竹曰：‘何可一日无此君！’”

> 截竹一筒，剖而为二，外去其青，内铲其节，磨之极光，务使如镜，然后书以联句，令名手镌之，掺以石青或石绿，即墨字亦可。以云乎雅，则未有雅于此者；以云乎俭，亦未有俭于此者。[②]

竹，“高节人相重，虚心世所知”[③]。淡泊、寡欲、清高，正是中国文人的人格追求。

苏州沧浪亭五百名贤祠南一片竹林，正好用以烘托五百名贤的高风亮节。掩映在名贤祠南翠竹中的书斋翠玲珑，取意苏舜钦“秋色入林红黯淡，日光穿竹翠玲珑”的诗意，人面俱绿。翠玲珑里挂着清“书联圣手”何绍基手书君子对：“风篁类长笛；流水当鸣琴。”颂竹，颂人，品味幽境。

匾联形式本身也能营造古雅氛围和书卷气，如白粉墙作底，制成书画

① 沈括：《梦溪笔谈》卷一七《书画》，第160页。
② 李渔：《闲情偶寄·居室部》，见《李渔全集》第三册，第165页。
③ 张九龄撰，熊飞校注：《张九龄集校注》卷一《和黄门卢侍郎咏竹》，第85页。

手卷形式的“手卷额”及册页状的“册页额”，字用石青石绿，或用炭灰代墨，犹如“天然图卷，绝无穿凿之痕”[①]，如古书似图画，散发浓浓的书香墨气，古雅可爱，耐人玩赏品味。

镂空字白而底黑的匾额称“虚白匾”，取《庄子・人间世》“虚室生白，吉祥止止”之意，与虚静空明的境界联系起来，真有灵光满大千、半在小楼里的意韵。形如碑帖的三字匾名“碑文额”，或效石刻为之，白地黑字，或以木为之，地用黑漆，字填白粉，用在墙上开门处，“客之至者，未启双扉，先立漆书壁经之下，不待搴帷入室，已知为文士之庐矣”[②]。

折扇古称“倭扇”，乃日本人据蝙蝠开阖而创造。后来，折扇形符号成为福、寿、德、善、美、仁等寓意的象征，园林中蝙蝠扇的形象，物化为折扇亭、折扇形洞窗、折扇铺地图案、折扇形书条石、便面窗、扇形家具等，形象优美潇洒。皇家贵戚园林的扇亭，含有关心黎民百姓、“扇披皇恩，体恤民心”的意蕴。如颐和园乐寿堂西的小庭园内有一栋小小的扇面殿就名“扬仁风”，殿前地面用汉白玉石拼成扇骨形。凹进的扇面墙，恰似汉字“风”的“几”旁，标榜“好播仁风弥六合”的意思。清代醇亲王府花园（今宋庆龄故居）山顶上扇亭，形若一柄打开的扇面，折扇形匾额书“箑（古‘扇’字）亭”两字，为第一代醇贤亲王奕譞（光绪之父）所书，形式与内容完美结合，将扇扬仁风之意作了形象诠释。

皇家园林匾牌均能与园林主题和谐共生，相得益彰。如颐和园乐寿堂西廊门“仁以山悦”匾额像一只张开了翅膀俯伏在寿桃、卍字上的蝙蝠。

颐和园藏书楼宜芸馆，挂“藻绘呈瑞”匾额，且分别套在“三圆”中，使人有“连中三元”的联想，富有劝学的意味。

台南府城天坛有“一”字匾，匾额很宽，蓝底，金色字，匾四周围以楷体书“世人枉费用心机，天理昭彰不可欺……”等八十四字，并饰花边，寓意即使人千算也不如天一算也，更是别具一格。

台南城隍庙中有名匾“尔来了”，传说阴间检察官城隍爷主司人间善恶

① 李渔：《闲情偶寄・居室部》，见《李渔全集》第三册，第167页。

② 李渔：《闲情偶寄・居室部》，见《李渔全集》第三册，第166页。

赏罚，人死后，魂魄首先要押解到城隍爷处接受初审，并依平日善恶功过，决定上天堂或下地狱，牌匾令人生畏……

室内的条屏、大理石挂屏、插屏乃至家具都是中国书法留迹的载体，它们与书艺媒介组合成景语，也是中国书艺和园林艺术共融的形式。如留园林泉耆硕之馆，挂有红木嵌大理石字画挂屏四件，姚元之篆书黄山谷《跋东坡水陆赞》语，中间屏门上镌刻着《冠云峰赞》。

由上可知，园林艺术与书法艺术如影随形，是不可分割的。[①]

四、论文徵明《拙政园图咏》

传世的文徵明《拙政园图咏》，将文徵明与拙政园紧密相连。研究《拙政园图咏》，必须厘清以下情况：拙政园主人王献臣、文徵明与他的交往；文徵明是否直接参与了拙政园的设计；《拙政园图咏》存疑之问题。

（一）园主王献臣

拙政园的主人王献臣，字敬止，号槐雨，原籍吴人，隶籍锦衣卫。王献臣弱冠时便以锦衣卫举弘治六年（1493）进士，授行人，时“敬止少年伟丰仪，妙词翰，选于众而使远外，名一旦闻九重。临遣之日，赐一品服，视他使为荣”[②]，翩翩一少年，就于弘治八年（1495）宣使朝鲜。未几，擢为御史。

“公疏朗峻洁，博学能文辞，遇事踔发，当孝宗朝，峨冠簪笔，俨然柱

① 有关中国书艺与园林艺术的内容，可详参笔者发表在《中国书法》2014年第5期的《中国书法与园林艺术》一文。

② 程敏政：《篁墩文集·送行人王君使朝鲜序》，明正德二年刻本。

下，有古直臣风”[①]，“杜韦天尺五”，不阿法，抗中贵，人品高洁，“海外文章传谏草，天南魑魅识星辰”[②]，时有“奇士”之称。

巡按山西大同时，献臣对怯懦丧师的边将多所疏劾。当大同、延绥旱灾频传之际，王御史则极力主张减免租税，以缓解边地军民的困境。此外，无论是巡按辽阳，还是出使朝鲜，莫不显示出他的干练和正直。因此他深为某些人嫉恨，两次被东厂缉事者诬陷。一次东厂举发他令部卒导从游山，且说他擅委军政官吏，王御史被捕下诏狱，廷杖三十，谪为上杭丞；弘治十七年（1504），再次贬为广东驿丞；到正德元年（1506），才迁为永嘉知县，继任高州（府治在今广东茂名）通判。

王献臣是在高州任内的正德四年辞官归吴的，当时他的官职正在升迁中，因此文徵明说他“甫及强仕，即解官家处，所谓筑室种树，灌园鬻蔬，逍遥自得，享闲居之乐”。

王献臣用“拙者之为政也”名园，“拙”实指不善在官场中周旋之意，是陶渊明“守拙归园田”中的“拙”，也是儒家一贯提倡的道德标准，与巧言令色、阿谀奉承、投机钻营等相对。王献臣自己说：“罢官归，乃日课童仆，除秽植楥，饭牛酤乳，荷臿抱瓮，业种艺以供朝夕、俟伏腊，积久而园始成。”（《拙政园图咏跋》）

文徵明在《王氏拙政园记》中认为，王献臣取潘岳的“此亦拙者之为政也”名园，仅“聊以宣其不达之志焉耳”，并非“以岳自况”：

> ……君于岳则有间矣。君以进士高科，仕为名法从，直躬殉道，非久被斥。其后旋起旅废，迄摈不复，其为人岂龌龊自守、视时浮沉者哉？岳虽漫为“闲居”之言，而谄事时人，至于望尘雅拜，乾没势权，终罹咎祸。考其平生，盖终其身未尝暂去官守而即其闲居之

---

① 王宠：《雅宜山人集·拙政园赋》，见《王宠集》，邓富华点校，浙江人民美术出版社，2019年，第276页。

② 王宠：《雅宜山人集·寄王侍御敬业侍御吴人产于燕尝使朝鲜赐麟服后以直道谪崖州今老于吴》，见《王宠集》第199页。

乐也。[①]

文徵明嘉靖十二年（1533）为拙政园作记时，王献臣已经“二十年于此矣”，1539年王献臣自谓“屏气养拙三十年，树木拱抱，曾孙戏前，献臣亦老矣”（《拙政园图咏跋》）。由此可知，王献臣是真正彻悟人生，绝意仕途，终老于园的。

王献臣“直声益振海内”，赢得吴下名士的景仰，徐祯卿、文徵明、唐伯虎、张灵、王宠等人多与之唱酬。拙政园落成后，绝意仕途的唐伯虎为王敬止绘《西畴图》，并系七律一首：

铁冠仙吏隐城隅，西近平畴宅一区。

准例公田多种秫，不教诗兴败催租。

秋成烂煮长腰米，春作先驱丫髻奴。

鼓腹年年歌帝力，不须祈谷幸操壶。[②]

这位“桃花仙”称王献臣为“铁冠仙吏”，并歌颂其隐逸生活的惬意，可以年年鼓腹而歌《击壤》：“日出而作，日入而息，凿井而饮，耕田而食，何德于我哉！”

王宠描写王御史园林“天青云自媚，沙白鸟相鲜”[③]，可以晏然自怡。方太古《十五夜饮王敬止园亭》曰：“客子未归天一涯，沧江亭上听新蛙。春风莫漫随人老，吹落来禽千树花。”[④]看来，王献臣与吴中才子们的关系很融洽，拙政园中诗酒唱酬也很频繁。

（二）王献臣与文徵明

文徵明结识王献臣缘于其父文林，王献臣长期在京城，本来与文家父

① 陈植、张公弛选注：《中国历代名园记选注》，安徽科学技术出版社，1983年，第101页。

② 唐寅：《西畴图为王侍御作》，见《唐伯虎全集》，周道振、张月尊辑校，中国美术学院出版，2003年，第97页。

③ 王宠：《雅宜山人集·王侍御敬止园林四首》其三，见《王宠集》，第120页。

④ 钱谦益：《列朝诗集》丙集《方处士太古》，第3684页。

子并不相识，据文徵明自述，先是南屏潘辰将王献臣介绍给文林的：

> 往岁先君以书问士于检讨南屏潘公，公报曰："有王君敬止者，奇士也，是故吴人。"他日还吴，某以潘公之故，获缔好焉。及君以行人迁监察御史，先君谓某曰："王君有志用世，其不能免乎？"①

潘辰称誉王献臣为"奇士"，文林因王献臣为官有政绩，称王献臣有用世之志，于是，文徵明与王献臣成为好友，觉得王献臣是"持重而博大"的耿介之士。后来，文徵明为王献臣的父亲王瑾写《王氏敕命碑阴记》，为其子王锡麟取字，甚为相得。王献臣谪上杭丞和再贬为广东驿丞及任永嘉知县时，文徵明都有诗赠送、抚慰，如再贬为广东驿丞时，文徵明写《题王侍御敬止所藏仲穆马图》诗鼓励他："荦荦才情与世疏，等闲零落傍江湖。不应泛驾终难用，闲看王孙骏马图。"

王献臣归吴后，两人交往更多，曾同游虎丘，文徵明自比唐之皮日休相伴陆龟蒙。文徵明的《书王敬止扇》《又题王敬止所藏仲穆马图》《次韵王敬止秋池晚兴》等都是与园主王敬止的交往诗。嘉靖十一年（1532）三月六日，文徵明过拙政园临苏轼《洋川园池记诗》，尝手植紫藤一枝于园中。

（三）文徵明是否参与了拙政园的设计

文徵明虽是拙政园常客，但是无法证明文徵明参与了拙政园的设计。一般来说，园林在施工前应该绘成图样，那只是一种"功能性的图绘"，又称为"宅图"。宅图介于绘画和图解之间。《拙政园图》三十一幅图是园建成之后所画，检文氏之图，树木、苔点、亭台、人物等用笔勾勒、皴染，都不乏写意之趣，符合李日华所论"大都画法，以布置意象为第一，然亦只是大概耳，及其运笔后，云泉树石、屋舍人物，逐一因其自然而为之，所谓笔

① 文徵明：《送侍御王君左迁上杭丞叙》，见《文徵明集》，第438页。

到意生”[1]，因而文氏之图绝对不是设计蓝图。

拙政园始建于明正德四年。文徵明《王氏拙政园记》曰：“徵明漫仕而归，虽踪迹不同于君，而潦倒末杀，略相曹耦。顾不得一亩之宫，以寄其栖逸之志，而独有羡于君，既取其园中景物，悉为赋之，而复为之记。”末识“嘉靖十二年岁在癸巳三月既望，长洲文徵明著”。

“徵明漫仕而归”，是什么时候呢？文徵明是诗、书、画三绝的文艺全才，但从弘治八年到嘉靖元年（1522），文徵明连续十次参加乡试皆落第。嘉靖二年（1523），五十四岁的文徵明因江苏巡抚李充嗣的推荐，以岁贡身份进京，授翰林院待诏。1527年，五十八岁的文徵明辞官回到苏州，结束了在北方的四年官宦生活。这时候，拙政园已经修筑了十八年，到1533年，则有二十四年。因此，文徵明可以“取其园中景物悉为赋之”，文徵明的图咏晚于筑园时间二十多年，《拙政园图》怎么可能是设计图呢？

正德九年（1514），距拙政园始建时五年后，文徵明就有《饮王敬止园池》诗，正德十二年（1517），有“拙政园中日月长”的诗句，正德十四年（1519）有《新正二日冒雪访王敬止，登梦隐楼，留饮竟日》等诗，说明拙政园已经修成，园主招饮客人于园，宾主酬唱。

据各种文献记载，文徵明曾多次（一说六次）为拙政园写诗作画。所传文氏最早作《拙政园画轴》是正德八年（1513），文徵明四十四岁，但该图轴的来龙去脉未见确切记载，难以信从。

嘉靖七年（1528），文徵明曾作《槐雨园亭图》一轴，素笺，着色，题“会心何必在郊坰，近圃分明见远情。流水断桥春草色，槿篱茆屋午鸡声。绝怜人境无车马，信有山林在市城。不负昔贤高隐地，手携书卷课童耕”七律一首，末识“嘉靖戊子三月十日，徵明为槐雨先生写并题”。此画见录于《石渠宝笈初编》卷三十八，然画作已不知去向。这首七律后见于《拙政园三十一景》，属于一诗多题，这在文徵明的书画中比较常见。此时文氏五十九岁，是他从京城回乡的第二年。

---

① 李日华：《竹嫩画媵》，见周积寅：《中国画论类编》，江苏美术出版社，1998年，第359页。

王宠《雅宜山人集》卷四也载有王宠题画诗："薄暮临青阁，中流荡画桥。人烟纷漠之，天阙敞寥寥。日月东西观，亭台下上摇。深林见红烛，侧径去迢遥。"

文徵明所题拙政园诗初稿见于文嘉钞本中，约在嘉靖十年（1531）左右。两年之后，增加《玉泉》一景，共为三十一首。这里仅指诗歌，没有提到图。

嘉靖十二年癸巳作《拙政园三十一景》图册［见民国八年（1919）中华书局印本《文衡山拙政园书画册》］，绢本水墨，共描绘三十一景，各系小记并赋诗一首。后有小楷书《王氏拙政园记》，末款署："嘉靖十二年岁在癸巳三月既望，长洲文徵明著。"知为1533年所作。册前为钱泳题签"衡山先生三绝册"，俞樾篆书引首。后有林庭棉（小泉，谥康懿）、钱泳跋，戴熙画全图并跋，钱杜跋、文鼎临《瑶圃》一景，张廷济、苏悖元、吴云、何绍基跋。吴庆坻《蕉廊脞录》所载同之。卷首有林庭棉题识："槐雨先生出视此册索题……则衡山文子之有声画、无声诗，两臻其妙。凡山川、花鸟、亭台、泉石之胜，摹写无遗，虽辋川之图，何以逾是，予何言哉？"

明代王世贞《弇州四部稿》卷一三一之"三吴楷法十册"一条载：

> 《拙政园记》及古近体诗三十一首，为王敬止侍御作，侍御费三十，鸡鸣候门而始得之，然是待诏最合作语，亦最得意笔。考其年癸巳，是六十四时笔也。[①]

文徵明是应园主王献臣之请，遂于嘉靖十二年撰并书《王氏拙政园图记》（小楷），另将园内三十一处景点绘制成图，为每幅图赋诗一首且亲笔书写《拙政园图咏》，王献臣付费三十。鸡鸣时辰，王到文氏家候门而始得之，态度十分虔诚。而此时，王献臣已经"筑室种树，灌园鬻蔬，逍遥自得，享闲居之乐者，二十年于此矣"，自1509年至1533年，二十四年，差可称之。

---

① 王世贞：《弇州四部稿》卷一三一，明万历五年王氏世经堂刻本。

清代何绍基称“（其画）意精趣别，各就其景，自出奇理以腾跃之，故能幅幅入胜”[①]。根据文徵明的三十一首诗序及其《王氏拙政园图记》，可以大致将拙政图绘成平面图。道光十六年（1836），戴熙将文徵明三十一景汇于一幅，以简略繁。今人陆凯也绘成一幅全景图。[②]

嘉靖三十年辛亥（1551）文徵明八十二岁作《拙政园图》册，今存八帧，景名与诗文与三十一景同，画面不同，现藏于美国纽约大都会艺术博物馆。《清河书画舫》曾记有“徵仲太史《拙政园图》一册，计十二帧，精细古雅，为敬止侍御作，今在顾氏”[③]，所记或即为此册。

嘉靖三十七年（1558），文徵明已经八十九岁高龄，画《拙政园图》，此画曾著录于梁章钜《退庵金石书画跋》和秦谊亭《曝画记余》。《曝画记余》对此画记之甚详，云此画“绢本设色，卷高七寸半，长两尺一寸，卷额署‘拙政名园’四大字，隶书，下写‘三桥’（‘三桥’为文彭之号）并书，押有阳文‘文彭之印’图章”。

园之山石尽付青绿，备极工细。右下角土坡上垂柳密排，一湾流水绕其前。迤左，草树环堤，潮石一垒，玲珑剔透，濒湖耸立。更左，则小池一方，莲花净植，前为丛竹、松、槐、桐柏之属。树隙间露书屋两三楹。池后则有茅亭远树。屋左为桥，桥通隔堤，桥上三人，迤逦而行。河之彼岸，又有敞轩一所，旁植垂柳一株也，至图之上部，由右而左，碧山作三四起伏。山后重重叠叠，尽是远峰，不可计数。左上端于杂树后面，奇峰陡起，两侧凸而中凹，凹处有石梁跨之，瀑布奔流，恰落涧中也。图次为楮本。

图上有文徵明书写所作《王氏拙政园图记》全文，另有题跋云：“槐雨先生所建拙政园，精妙过于华丽，索余图记，不觉经五年矣。余朽迈，有疏细楷笔墨，勉为此图书记，恐不足形其妙端耳。嘉靖三十七年丙戌望后，长洲文徵明，时年八十有九。”下有“文徵明印”“悟言室印”二白文方

---

① 何绍基：《何绍基诗文集·东洲草堂文钞》卷一二《跋朱诵清藏文衡山拙政园图册》，岳麓书社，2008年，第845页。

② 详见顾凯：《明代江南园林研究》，东南大学出版社，2010年，第76页。

③ 张丑：《清河书画舫》，清乾隆二十八年池北草堂刻本。

印。接下来还有文彭的题诗及落款，内容是："共有王猷好，园酣修竹林。山光云几净，水色画堂侵。断续冬花吐，玲珑好鸟吟。辋川如有待，那得恋朝簪。乙丑秋日雁门文彭。"下押"文彭之印"。此画最早为文彭所收藏，文并录，王宠题诗一首于上，后则辗转易主，清道光、同治年间为无锡人秦谊亭所有，现则不知所终。从记载看，这幅《拙政园图》似乎为全景图。

题跋有"索余图记"之说，既然1533年文徵明已经应王氏之请，有了三十一图记，为何还要再次请作图记？且此记与1533年之记，并未增减一字，亦甚可疑。

（四）《拙政园图咏》的真伪

有的学者对传世的文徵明《拙政园图咏》的真伪提出了质疑：

其一，现存三十一图咏书法真楷篆隶皆有，美国纽约大都会艺术博物馆八帧图咏只用楷体，书法精妙，因疑前者为伪。

笔者以为，文徵明书法固然以行书与小楷见长，但史载其亦善篆隶，明人王世贞评价曰："待诏以小楷名海内，其所沾沾者隶耳。独篆笔不轻为人下，然亦自入能品。此卷《千文》四体，楷法绝精工，有《黄庭》《遗教》笔意。行体苍润，可称《玉版》《圣教》；隶亦妙得《受禅》三昧；篆书斤斤阳冰门风，而皆有小法，尤可宝也。"[①]三十一诗采用了各体书法，正合文徵明书法特点。明代王世贞以为《拙政园记》及古近体诗三十一首恰是待诏"最得意笔"。不过，纽约大都会艺术博物馆的《拙政园图册》之前，有日本人内藤虎的题跋，认为该图书法比画要稍逊，并不十分赞赏，真是见仁见智。

笔者以为，纽约大都会艺术博物馆的《拙政园图册》所存疑窦尚多。内藤虎的题跋如下：

此册衡山待诏为姓吴者画其园池胜景，园原宜有名，今已失

① 王世贞：《弇州四部稿》卷一三二，明万历五年王氏世经堂刻本。

之。画笔超妙，用墨古淡，在子昂仲穆父子之间，使人耽看不忍释手，询为衡山画中至佳之品。每页题诗，最后题有辛亥字，乃嘉靖三十年，衡山八十二岁时作。其画（应为‘书’）法则比画稍逊焉。常经安麓村、治晋锡晋二郎袭藏，有成王跋，足珍也已。昭和五年八月，内藤虎。

一是“昭和五年”已是1930年，疑点之一是图册上无园名，“园原宜有名，今已失之”。二是将王敬止说成“姓吴者”，张冠李戴。三是后八帧排列顺序杂乱无章，分别为小沧浪亭、湘筠坞、芭蕉槛、钓砦、来禽囿、玉泉、繁香坞、槐幄，按《王氏拙政园记》顺序依次为7、23、27、11、17、31、3、24。四是图与题有不合处，如槐幄图和咏和繁香坞图和咏错位。图与诗意、诗序对不上的更多，如小沧浪亭，原图题“沧浪池”，序有“园有积水，横亘数亩，类苏子美沧浪池，因筑亭其中，曰小沧浪”。小沧浪亭不在水中，亭亦似敞轩，与诗意和诗序皆不合。五是画面与画意存在不合处。如槐幄一帧，1533年的册页序曰：“古槐一株，蟠屈如翠蛟，阴覆数弓。”画面以一蟠屈的古槐和其他两株槐树组成，一士独坐沉思（图3–8），与文徵明诗意大体符合；而1551年的册页中的槐幄，八株槐树围着的一块空地，槐树棵棵挺拔，并无盘曲之势，空地上是三位文士在品茗畅谈，与“古槐一株”显然相悖（图3–9）。又繁香坞，1533年的册页有序

图3–8 槐幄（文徵明三十一景图）

图3–9 1551年的槐幄（美国）

“在若墅堂之前，杂植牡丹、芍药、丹桂、海棠、紫雅诸花”。画面上，繁香坞处在若墅堂之前，四面如屏的花木深处。而1551年的图，繁香坞在水中洲渚上，周绕篱笆，篱笆四周杂植各种园林植物，中间为一敞轩，与序描述的环境不同，有研究者发现这与王维《辋川图》中的华子冈基本相似。

其二，传世的文徵明三十一幅《拙政园图》，其中有两幅画面构图与沈周《东庄图》相似。一是拙政园芙蓉隈的水池荷莲花构图与东庄曲池高度相似；二是拙政园深净亭荷池部分与东庄北港荷池部分构图笔法亦高度相似。究竟是偶然，还是两画作之间存在着临摹关系？明代名人赝品极多，孰是孰非，尚需许多证据，未可率意定夺。

综上所述，文徵明与明拙政园主王献臣关系确实比较密切，两人还曾自比唐代的皮日休和陆龟蒙，但并没有文献证明文徵明参与了拙政园的设计，《拙政园图咏》是园成以后，文徵明应王献臣之请而作，并收有润笔费。现存《拙政园图咏》虽存某些疑虑，但尚不足以证明其伪。因此，我们可以说，迄今为止，文徵明《拙政园图咏》仍然为全面研究明代拙政园的第一手资料，在中国园林史、中国画史上具有其他资料不能替代的作用。

五、山中李杜——环秀山庄假山的艺术美学价值

三国杨泉的《物理论》曰：“土精为石。石，气之核也。气之生石，犹人筋络之生爪牙也。”宋代《云林石谱序》认为“天地至精之气，结而为石”。石为云之根、山之骨，石积为山，为大地之骨柱，是人间神幻通天之灵物。

位于全球最大陆地、以农立国的中国，特别是江南农耕地区，土地最为尊贵，五行中土为中心，黄色最尊。

基于土地崇拜，自古以来，中华民族崇石崇山。《礼记·祭法》曰：“山

林、川谷、丘陵，能出云，为风雨，见怪物，皆曰神。”古人认为主宰神灵世界的至高无上的神仙在人间的住所就是巍峨的高山。

农耕文化重视自然秩序，遵循人与自然和谐相处的规律，认为未经人类加工改造过的自然物，能直接唤起人的美感。因此，那些溯源太古时代、经大自然鬼斧神工打磨的石头是美的。石，聚山川之灵气，孕日月之精华，具有返璞归真的自然美。

清初李渔谈到“性本爱丘山”的文人，在“幽斋磊石，原非得已。不能致身岩下，与木石居，故以一卷代山，一勺代水，所谓无聊之极思也”[①]。文震亨《长物志》称“一峰则太华千寻”，具宁静致远之力，人与石可以彼此感应交泰。

这就是中国园林为什么无园不石的根源所在。

（一）磊石成山，别是一种学问

“名园以叠石胜”，清初李渔《闲情偶寄·山石》论掇山云：“然能变城市为山林，招飞来峰使居平地，自是神仙妙术，假手于人以示奇者也，不得以小技目之。且磊石成山，另是一种学问，别是一番智巧。”[②]

又说“至于累石成山之法，大半皆无成局，犹之以文作文，逐段滋生者耳”，“故从来叠山名手，俱非能诗善绘之人；见其随举一石，颠倒置之，无不苍古成文，迂回入画，此正造物之巧于示奇也”[③]。

早在汉末，人们就开始在园内“构石为山，高十余丈，连延数里”。

六朝以来，士大夫自然山水园逐渐成为主体，用堆叠假山来营造宛若自然的山林氛围，或“多聚奇石，妙极山水”，或“积石种树为山”。东晋已经有人板筑为山。

中唐时，造园家提出“巡回数尺间，如见小蓬瀛”的美学要求。宋代出

---

① 李渔：《闲情偶寄·居室部》，见《李渔全集》第三册，第170页。

② 李渔：《闲情偶寄·居室部》，见《李渔全集》第三册，第170页。

③ 李渔：《闲情偶寄·居室部》，见《李渔全集》第三册，第171、170页。

现了以叠山为主景的皇家园林艮岳。

宋末，周密记载卫清叔吴中之园有“一山连亘二十亩，位置四十余亭”者。

明清时期，出现了一批擅叠山的专业构园家。他们皆精画艺，通画理，擅叠山，并善于把文人画追求意境的情趣作为园林的追求目标。“一峰则太华千寻”“咫尺之间有千里万里之势”，成为中国古代园林假山的基本艺术个性。园林假山形貌从模仿大自然中的真山造型，到“搜尽奇峰打草稿”，经历了一个发展提高的过程，这使其既具有自然山峦的种种形态和神韵，又具有高于自然的文化意韵。

（二）独具心裁，轶群妙手

清代钱泳的《履园丛话》记载了清代江南出现的筑山名家：

> 堆假山者，国初以张南垣为最。康熙中则有石涛和尚，其后则仇好石、董道士、王天于、张国泰皆为妙手。近时有戈裕良者，常州人，其堆法尤胜于诸家……尝论狮子林石洞皆界以条石，不算名手，余诘之曰：“不用条石，易于倾颓奈何？”戈曰：“只将大小石钩带联络，如造环桥法，可以千年不坏。要如真山洞壑一般，然后方称能事。”余始服其言。至造亭台池馆，一切位置装修，亦其所长也。①

钱泳提到了“堆法又胜于诸家”妙手的是清嘉道年间的常州人戈裕良（1764—1830）。戈裕良筑山继承了张南垣、计成和石涛诸人的遗规，并在此基础上推陈出新，有了新的发展。

张南垣、计成和石涛诸人的遗规是什么？

张南垣（1587—1671），名涟，字南垣，以字行。张南垣小时候跟董其昌学过画，而且能“尽得其笔法”“通其法”。明代王世贞的《居易录》称，

---

① 钱泳：《履园丛话》卷一二《艺能》，张伟点校，中华书局，1979年，第330—331页。

（张南垣）“以意创为假山，以营丘、北苑、大痴、黄鹤画法为之……经营惨淡，巧夺化工”[①]。

“君治园林有巧思，一石一树，一亭一沼，经君指画，即成奇趣，虽在尘嚣中，如入岩谷。”[②] 这“巧思”正是“画意”。吴伟业“遂以其意垒石，故他艺不甚著，其垒石最工，在他人为之莫能及也”[③]。昔人诗云：“终年累石如愚叟，倏忽移山是化人。”

张南垣筑园叠石崇尚自然，筑园前必先看地形，再根据地形地貌、古树名木的位置巧作构思，随机应变设计图纸，谓之胸中自有成法。他主张因地取材，追求“墙外奇峰、断谷数石”的意境。筑山以土为主，故所筑名园，所叠假山，用石较少，匠心独运，给人以自然天成之感觉，被称为“土包石”筑园法，别具一格。他所筑的园林，往往有山水画意，园内盆池小山，数尺中岩轴变幻，溪流飞瀑，湖滩渺茫，树木葱郁；点缀其中的寺宇台榭、石桥亭塔、一槛一栏，皆入诗入画，生动传神，令观者流连忘返。

张南垣父子的作品有常熟钱谦益的拂水山庄、太仓王时敏的乐郊园、吴伟业的梅村、太仓王世贞的弇山园等。清初，宋代文学家秦观的后裔无锡秦德藻，慕名到松郡请张南垣出山，主持设计改造寄畅园。张南垣派高徒兼侄子张鉽负责施工，张鉽在园内精心叠石，点缀园景，并将惠山泉水弯弯曲曲地引入园中。通过张南垣的创意改造，存精删芜，寄畅园顿改旧貌，风景更美，名声更大。

张南垣开创了一个时代，创新了一个流派。张英《吴门竹枝词》称：“一自南垣工累石，假山雪洞更谁看？”诗尾注：“张南垣工累石，不为假山雪洞而自佳。”他颠覆了原有的高峰大岭式的创造方式，将元代以来就出现的写意园林推向了高潮。纵观我国“二十五史”，张南垣是以造园叠山艺术

① 王世贞：《居易录》卷三，齐鲁书社，2007年，第3728页。

② 戴名世：《戴名世集》卷七，王树民编校，中华书局，1986年，第198页。

③ 吴伟业：《张南垣传》，见张潮：《虞初新志》卷六，刘和文点校，黄山书社，2021年，第441页。

成名，才得以写入《清史稿·艺术列传》专传的唯一一位艺术家。

计成是半道改行，写《园冶》时，张南垣早已是名满天下，故曹汛先生称：“张南垣的造诣成就、贡献和影响，远远超过计成。计成的一些观点，如强调土山之类，明显是受了张南垣的影响。”如计成《园冶·掇山》中有“岩、峦、洞、穴之莫穷，涧、壑、坡、矶之俨是；信足疑无别境，举头自有深情”的名句，都是受到张南垣的影响，所论确当。

大画家石涛（1642—1708），明皇室后裔，清初画家，原姓朱，名若极，倡“一画”说：“太古无法，太朴不散，太朴一散，而法立矣。法于何立？立于一画，一画者，众有之本，万象之根，见用于神，藏用于人……一画之法，乃自我立，立一画之法者，盖以无法生有法，以有法贯众法也。”[①]并说：“且山水之大，广土千里，结云万里，罗峰列嶂，以一管窥之，即飞仙恐不能周旋也，以一画测之，即可参天地之化育也。”[②]就是将创作法则化为己用，面向自然，入而能出，以意命笔，总揽无数线条，高度丰富了“绘事后素”中白色线条界划若干色面，以成其文的这一基本法则，充分地表达自己的独特感受。[③]

石涛将画化作扬州小园片石山房。石涛提出“皴有是名，峰亦有是形”的说法，皴本是中国画中根据各种山石的形质提炼概括出来的一种用笔墨表现阴阳脉理的特殊线型技法，石涛所说的皴法，已不单纯是一种笔墨技巧，而是根据表现对象即山石的不同形质理出不同的皴法。他精心选石，再根据石块的大小、石纹的横直，分别组合模拟成真山形状，运用“峰与皴合，皴自峰生”的画论指导叠山，叠成“一峰突起，连冈断堑，变幻顷刻，似续不续”（石涛《苦瓜小景》）形态，片石山房的石山（图 3-10）即被誉为石涛叠山的“人间孤本”。

戈裕良家境清寒，年少时即帮人造园叠山。此后，吸收了张南垣叠山

---

① 石涛：《苦瓜和尚画语录·一画章》第一，《美术丛书》本，上海神州国光社，1936年，第1页。

② 石涛：《苦瓜和尚画语录·山川章》第八，《美术丛书》本，第5页。

③ 伍蠡甫：《中国画论研究》，北京大学出版社，1983年，第48页。

图 3-10　片石山房（扬州）

艺术精华和石涛‘峰与皴合，皴自峰生’的画理，自创叠山“钩带法”，即运用环桥法将大小石钩带联络如造环洞桥，用少量的石，创造了体形大、腹空，中构洞壑、涧谷的假山。在极有限的空间，把自然山水中的峰峦洞壑概括提炼，使之变化万端，崖峦耸翠，深山幽壑，池水相映，势若天成。山石皴法悉符画理，其意兼宋元画本之长，宛转多姿，浑然天成，既逼肖真山，又可坚固千年不败。

曹汛教授称，戈裕良叠山不拘泥一格，而是视庭园地势环境，变换手法，达到宛转多姿的艺术效果。山石的开合、收放、虚实、明暗相宜，变化层出不穷，既有“张（涟）氏之山”浑然一体的气势，又有嘉道年间精雕细凿的心裁。

嘉庆八年（1803）秋季，清代著名学者洪亮吉写诗赞誉戈裕良“奇石胸中百万堆，时时出手见心裁”。同时，将他和明末清初最杰出的造园叠山艺术家张南垣并提，称之为“三百年来两轶群”。嘉庆《江都县续志》卷五称江都秦恩复小盘谷“为常州戈裕良所构，戈工累石，近今之张南垣也”。

戈裕良叠山，开创了乾隆、嘉庆年间假山的一种风格。

（三）千殊万诡，咸奏于斯

戈裕良的作品有常熟燕园的黄石假山、扬州怡园的小盘谷、仪征之朴园、如皋之文园、江宁之五松园、虎丘之一榭园，尤其是环秀山庄的假山，可以说是我国现存湖石假山当中难能可贵的“神品”[①]。刘敦桢先生赞：“苏州湖石假山当推此为第一。”[②]陈从周先生以中国诗歌史上的双子星座李白和杜甫的诗相比方：“环秀山庄假山，允称上选，叠山之法具备。造山者不见此山，正如学诗者未见李杜。”[③]

戈裕良叠山，师法自然，以真山真水为蓝本，“又因地制宜，就地取材，择景模拟，叠石成山，则因人而别，各抒其长。环秀山庄仿自苏州阳山大石山，常熟燕园模自虞山，扬州意园略师平山堂麓，法同式异，各具地方风格”[④]。

环秀山庄以占地约500平方米的山为主，池为辅，依山傍水点缀着二亭一榭，真是咫尺天地，再造乾坤，既凝聚了中国传统山水诗、山水画的美学意境，又能融五岳奇峰，括天下胜概于胸中，自成天然画本。

站在厅前露台，举目北望山水园，叠石流泉，“半潭秋水一房山”，俨然一幅天然画本。山池东面，以高墙为界，三四株老朴，遮云蔽日，形成一道绿色屏障，隔断红尘喧嚣；西以边楼为框，北屏高墙，构成画框。

主客二山为画面主景，中部及东北部主山气势磅礴，山势绵延伸向东南，主峰高7.2米，直至东北边界围墙。墙前一轩东西横卧，客山拱揖于西

---

① 参曹汛：《戈裕良传考论——戈裕良与我国古代园林叠山艺术的终结》，载《建筑师》2004年第4期。

② 刘敦桢：《苏州古典园林》，中国建筑工业出版社，2005年，第69页。

③ 陈从周：《苏州环秀山庄》，载《文博通讯》1978年第19期。

④ 陈从周：《苏州环秀山庄》，载《文博通讯》1978年第19期。

北，“似乎处大山之麓，截溪断谷”（张南垣语），紧贴墙角忽然断为悬岩峭壁，止于池边。

水萦如带，缭绕于两山之间，迂回曲折，并沿山洞、峡谷渗入山体的各个部分，缠绵相交，互相依存，刚柔相济，阴阳结合。假山驳岸处，薜荔、何首乌等野生藤萝，成丛成簇，时断时续，垂挂于水际，与矶岸洞穴浑然为一体，池水宛如从中弥漫而出，显得幽深。

两亭一舫，皆跨水依山，廊桥勾连，手法简洁洗练，深得真山水之妙。

主山山势组合外合内分，外观雄浑凝重，湖石模仿太湖石涡洞相套的形状，涡中错杂着各种大小不一的洞穴，洞的边缘多数作圆角，少数有皱纹，和自然真山接近。外观浑然天成，整体合一，不以单峰取姿，而以势取胜，内部则蕴合洞穴、峡谷、天桥、蹬道、涧流、石室等。其间主要以两条幽谷，呈人字形会于山中，幽谷将山分为三部分，并引水而入。

假山似乎蕴含了群山奔注，伏而起，突而怒之气势，表现了岭之平迤、峰之峻峭、峦之圆浑、崖之突兀、涧之潜折、谷之深壑等山形胜景，为崇山峻岭、山大川之缩影。

沿溪岸曲折盘旋而行，犹观黄公望富春江山水画，峰峦叠翠，松石挺秀，云山烟树，沙汀村舍，布局疏密有致，变幻无穷，以清润的笔墨、简远的意境，把浩渺连绵的江南山水表现得淋漓尽致，达到了“山川浑厚，草木华滋”的境界。

用湖石钩带而出的悬崖，沿峭壁散置步石作栈道，恍如行走在川蜀古栈道上，有千里之势，其下深壑、曲涧横贯崖谷，宛似三峡，盘旋上下，山势峥嵘峭拔（图 3-11）。

至深处，突现山洞洞口，洞内石室，直径在 3 米左右，高约 2.7 米。有石桌石凳，可供坐息，山顶采用发券起拱的穹隆顶或拱顶结构处理，则更合乎自然。恰似戈裕良言：“只将大小石钩带联络，如造环桥法，可以千年不坏。要如真山洞壑一般，然后方称能事。”

图 3-11　环秀山庄

洞内钟乳垂挂，再现了我国喀斯特地貌的自然之美。喀斯特地貌是指石灰岩受水的溶蚀作用和伴随机械作用形成的各种地貌，如石芽、石沟、石林、溶洞、地下河等。进入洞内，仿佛看到桂林山水和路南石林，逼真而又坚固；同时，石室地下有石洞通水面，上下天光，映入洞中，又能通风、采光，偶然还能窥见水中红鲤游动。

石室洞壁上，还设计若干小洞孔隙，辟有一孔较大的“天窗”，不仅利于日照光线的散射与折射，而且洞孔还将边楼倩影框成景，奇妙无比。

出洞仰视，始见苍穹，沿螺旋状蹬道拾级而上，山径长 60 余米，道上铺设宝剑、蒲扇、洞箫、葫芦、阴阳板等暗八仙图案，路径盘旋，忽上忽下，犹如泰山十八盘，盘盘有景，景随人移。

入崖谷，涧谷约 12 米，涧水潜流其间，山幽谷深，水流淙淙，俯身下视，幽谷森严曲折，内贯涧流，佐以步石、崖道，仿佛深山荒涧。

仰望山崖峡谷之间，峭壁对峙如一线天，山势峥嵘峻拔，气势雄伟，并茂林深木荫翳蔽日，身临其境，仿佛步入千岩万壑之中，山下望去，竟有云缭雾绕之感。遇绝处，一梁横跨，欲飞远敛，山势越显峥嵘。

假山上高树在西，夕阳残照，树影打在东墙的白壁上，风吹影动，“高林弄残照，晚蜩凄切”！路径盘曲，回风习习，“青嶂度云气，幽壑舞回风。真乃山神助我奇观！唤起碧霄龙”。

金天羽《颐园记》赞曰：“凡余所涉天台、匡庐、衡岳、岱宗、居庸之妙，千殊万诡，咸奏于斯！”诚不虚也。

沿山巅，达主峰，穿石洞，至于山后，东北土坡上散点叠石，广植林木，以黑松、青枫、女贞、紫薇等为主，或亭亭如盖，或从石缝中横盘而出，石缝中攀缠着藤萝野葛，颇具山林野趣笔意兼宋元山水画之长，造就了“咫尺山水”而有千里之势的意境。

枕山一方亭，乃“半潭秋水一房山”亭，退于主山峰之后，使主体山峰更为突出、高大。旁侧有小崖石潭，意境全取《水经注 · 三峡》中描写的“素湍绿潭，回清倒影”，即雪白的急流，碧绿的深潭，回旋着清波，倒映着各种景物的影子。亭中看山，峦崖入画，“池塘倒影，拟入鲛宫”。山势一直绵延至东北边界围墙。

北山麓一舫横卧，即补秋舫，四面开敞，南面溪水澄清，树木常青，峰石参差，东门宕书卷形砖额“凝青”，意为浓得化不开的青翠之色。这里，窗下碧水凝青，门东绿树凝翠。西门宕书卷形砖额“摇碧”，则取“池光摇碧漪”之意，窗外恰好是流水，可以饱览花池摇碧影，还可风中听飞泉声。

补秋舫是形如画舫的水阁，身坐其中，使人想象到似乎坐在一艘徐徐穿行于山壑间的画船上，别有一番静中之动趣。

（四）雨过飞瀑，琤琮自鸣

园林有虚实之境，声境是园林虚境中诉之于听觉美的一类，有水之声、风之声、雨之声等。清朝张潮《幽梦影》曰：“水之为声有四：有瀑布声，有流水声，有滩声，有沟浍声。风之为声有三：有松涛声，有秋叶声，有波浪声。雨之为声有二：有梧叶荷叶上声，有承檐溜竹筒中声。”张潮在书中提到的“水际听欸乃声”，实际上都是水在自然界创造的声境。

左思《招隐诗》“非必丝与竹，山水有清音”，以流水的清音象丝竹琴瑟之声。陆机《招隐诗》“山溜何泠泠，飞泉漱鸣玉”，将泉声比喻为“鸣玉”之声。何绍基集唐上官婉儿诗联曰：“凤篁类长笛，流水当鸣琴。”为了获得“枞金戛玉，水乐琅然”的艺术享受，我国古典园林中十分注重因地借声来丰富园景，不借丝竹管弦之声，而引用水中音乐，用清幽的自然声响，包容静悟的人生哲理，从而创造最清高的山水之音。

环秀山庄中由边楼至问泉亭的曲廊凌水而过，将西北角分隔出一小空间。在西北角，紧贴围墙所设半壁山崖，即为客山，山崖耸立；临池一面作石壁，上有摩崖“飞雪”二字。此为飞雪泉遗址，原壁下有泉，泉水清澈。北宋苏东坡《试院煎茶》诗曰：“蒙茸出磨细珠落，眩转绕瓯飞雪轻。”今泉水枯竭，构园家在西北隅石山和东南主体石山东侧，利用檐溜水构成坐雨观瀑景象，雨后瀑布奔腾而下，犹如飞雪。

今东南主体石山东侧瀑布已不存，但瀑布痕迹犹存。西北隅石山山涧有步石，极其险巧。拾级而上，可盘旋至山西侧边楼，下雨时，屋檐滴水流注其下，依然有水流飞溅，水声哗哗。

戈裕良所叠假山，达到我国古典园林叠山艺术的巅峰，美轮美奂，不仅独步江南，且独步寰宇！但诚如曹汛先生所论，随着戈裕良的故去，也标志着我国古典园林叠山艺术的最后终结。[①] 诚憾事也！

如今，随着文化自信的提升，中式别墅群正在全国各地掀起热潮，这既令人欣慰，也令人沮丧因很多所谓“设计”仅为经典园林的“克隆”和中式符号的搬迁，是没有灵魂的形式美构图而已！

浙江大学艺术学院环境设计教研室主任、古典园林专家陈健教授曾忧心忡忡地发问：“一百年以后，我想问大家，我们还有中国园林可看吗？”试问，待“可以千年不坏”的环秀山庄假山“神品”寿终正寝后，我们的后人，还能看到类似的假山吗？

---

① 参见曹汛：《戈裕良传考论——戈裕良与我国古代园林叠山艺术的终结》，载《建筑师》2004年第4期。

六、中华文化会通精神的形象载体——沧浪亭

著名哲学家张岂之先生指出，会通精神是中华文化的一个重要特点，中国思想文化史就是思想文化会通的历史。[①]会通不是简单的加法，而是有主次的内容的融合。

中华文化思想内涵与中华美学思想是一致的，美学家李泽厚在为宗白华《美学散步》所作的序言中明确指出，中国美学有四大主干："天行健，君子以自强不息"的儒家精神，以对待人生的审美态度为特色的庄子哲学，以及并不否弃生命的中国佛学，加以屈骚传统。我以为，这就是中国美学的精神和传统。屈骚精神之所以被单独列出，是因为它具有不同于儒、道两家的新特点。

园林是为精神创造的人居环境。现存至今的苏州沧浪亭，从园林立意、格局和留存书迹中，都能触摸到儒、道、释、屈骚精神的会通，是以沧浪亭成为中华文化会通精神的形象载体，在苏州诸园中独树一帜。

（一）立意：从沧浪濯足到高山仰止

源于屈骚精神的沧浪濯足立意，确立于党争激烈、朝升暮黜的北宋庆历党争时期的诗人苏舜钦。

孕育在中国农耕社会土壤中的优雅文化，至北宋已经发展到极致，士人既信守气节，承担社会责任，又精神超脱，在学术文化上全面开拓。园林美学与诗画美学渗融，已经难分难解，诗画艺术手段运用到园林营构之中，园貌虽朴亦俭，但大多承载着构园者丰富的情感。文人主题园已经

① 张岂之：《中华文化具有会通精神》，载《人民日报》2015年9月1日。

大量出现，他们往往采撷古代经史艺文中的字词或成句，作为诗性品题的语言符码，意在借助其原型意象来触发、感悟意境，为精神创造一生活境域。

庆历四年（1044），苏舜钦与右班殿直刘巽在进奏院祠仓王神，并召当时知名人士十余人，以出售废纸的公钱及大伙凑的“份金”宴会，并召请两名歌妓唱歌佐酒。当时任太子中允的李定也想参加。李定，扬州人，少受学于王安石，他有不孝之名。苏舜钦疾恶如仇，拒绝李参与此会，“李衔之，遂暴其事于言语，为刘元瑜所弹，子美坐谪。故圣俞有《客至》诗云：‘有客十人至，共食一鼎珍。一客不得食，覆鼎伤众宾。’盖指李也”[①]。李定先构陷苏舜钦，后又参与构陷苏轼以罪。“卖故纸钱”以助宴会，本为官场惯例，苏舜钦却因此被安上“监守自盗”“枉被盗贼之名”。

苏舜钦岳父杜衍，原为枢密使，后升任宰相，与范仲淹、富弼等均为庆历革新的主要人物。范仲淹荐其才，后杜衍在汴京任集贤校理、监进奏院，成为庆历新政之中坚。《宋史纪事本末》卷二九《庆历党议》载：

> （杜）衍好荐引贤士而抑侥幸，群小咸怒，衍婿苏舜钦……时监进奏院，循例祠神，以伎乐娱宾。集贤校理王益柔，曙之子也，于席上戏作《傲歌》。御史中丞式拱辰闻之，以二人皆仲淹所荐，而舜钦又衍婿，欲因是倾衍及仲淹，乃讽御史鱼周询、刘元瑜举劾其事。拱辰乃张方平（时为权御史中丞）列状请诛益柔，盖欲因益柔以累仲淹也。

结案后，苏舜钦、王益柔及与苏、王同席的“当世名士”均遭贬斥。“世以为过薄，而拱辰等方自喜，曰：‘吾一举网，尽矣！’”[②]次年正月，杜衍罢相，知兖州，范仲淹罢参知政事，知汾州，富弼罢枢密副使，知郓州；三月，韩琦也罢枢密副使，知扬州；五月，欧阳修愤而上书，为他们作辩护，然遭谏官钱明德弹劾，“下开封治”；八月，“犹落龙图阁直学士，罢都转运按

---

① 蔡居厚：《诗史二则》，见苏舜钦著，傅平骧、胡问陶校注：《苏舜钦集编年校注》，附录第776页。

② 脱脱等撰：《宋史·苏舜钦传》，第13075页。

察使，降知制诰，知滁州”[①]。至此，新政官员全部被贬出朝，庆历新政宣告失败。

翌年，苏舜钦为避谗畏祸，不得已远离政治中心，携妻子且来吴中，“岁暮被重谪，狼狈来中吴”[②]，遂以青钱四万得孙承佑之池绾，构亭北碕，号“沧浪”焉。此取意《楚辞·渔父》的《沧浪之歌》：“沧浪之水清兮，可以濯我缨；沧浪之水浊兮，可以濯我足！”自此，“迹与豺狼远，心随鱼鸟闲。吾甘老此境，无暇事机关”。

“沧浪之歌因屈平”，“沧浪亭”三字主题，显然是苏舜钦发泄的政治愤懑。他在《沧浪亭记》中这样反思：“形骸既适则神不烦，观听无邪则道以明，返思向之汩汩荣辱之场，日与锱铢利害相磨戛，隔此真趣，不亦鄙哉！”[③]

现今，园外千古沧浪水，自西向东绕园而出。“沧浪”水，当年曾是苏舜钦心灵与官场之间的一道精神屏障，个人的荣辱得失在“沧浪”水中淡化、消融。沧浪水替代了苏州其他园林的高墙，起到了隔尘、隔凡的作用。以水围山，外柔内刚，又是苏州文化的形象写照。

此后，沧浪频易主。宋朝时，章氏建园，韩世忠建韩园。元延祐年间僧宗敬在其遗址建妙隐庵。明时，沧浪亭为大云庵。有庵以来二百年，嘉靖二十五年（1546），释文瑛钦重子美，“文瑛寻古遗事，复子美之构于荒残灭没之余，此大云庵为沧浪亭也”（归有光《沧浪亭记》），并“亟求”著名散文家归有光作《沧浪亭记》，而且强调“昔子美之记，记亭之胜也；请子记吾所以为亭者”，明确了“高山景行”的目的。因此，归有光十分感叹道：“庵与亭何为者哉？虽然，钱镠因乱攘窃，保有吴越，国宝兵强，垂及四世，诸子姻戚，乘时奢僭，宫馆苑囿，极一时之盛，而子美之亭，乃为释子所钦重如此。可以见士之欲垂名于千载之后，不与其澌然而俱尽者，则有在矣。

---

① 胡柯编：《欧阳修年谱》，见欧阳修：《欧阳修全集》，李逸安点校，中华书局，2001年，附录第2603页。

② 苏舜钦：《迁居》，见苏舜钦著，傅平骧、胡问陶校注：《苏舜钦集编年校注》，第216页。

③ 苏舜钦：《沧浪亭记》，见苏舜钦著，傅平骧、胡问陶校注：《苏舜钦集编年校注》，第626页。

文瑛读书喜诗，与吾徒游，呼之为沧浪僧云。”[①]

苏舜钦为表达“沧浪濯足”的立意，于北碕水边筑亭号“沧浪”。

清康熙二十三年（1684），江苏巡抚王新命，于园西部建苏子美祠。康熙三十五年（1696），宋荦抚吴，对苏舜钦深怀敬仰之心，写道：“我辈凭吊古迹，履其地则思其人，思其人则必慨想其生平，求其文章词翰，以仿佛其万一。”[②]为了“斯亭遂与人不朽”，主持重修沧浪亭，复构亭于土阜之巅，环绕亭山的是游廊，随地形高低布置，配以楼堂轩榭，呈揖拱之势。将主题彻底改变为“高山仰止，景行行止”（图 3–12）。

图 3–12　高山仰止（沧浪亭）

江苏巡抚徐士林于清乾隆四年（1739）撰门联“门前对沧浪之水；座上挹先生之风”，并在沧浪亭设宴款待士绅，教育人们要节俭，官吏自己带好头，消弭地方上的奢侈之风。还亲撰对联：“三秋刚报赛，休辜良辰美景，请先生闲坐谈谈，问地方上士习民风，何因何革；五簋可留宾，何用张灯结彩，教百姓都来看看，想平日间竞奢斗靡，孰是孰非。”这恰是对主题变化的一种诠释。

① 归有光：《沧浪亭记》，见王稼句编注：《苏州园林历代文钞》，第4页。

② 宋荦：《苏子美文集序》，见苏舜钦著，傅平骧、胡问陶校注：《苏舜钦集编年校注》，第800页。

乾隆三十八年(1773),按察使胡季堂于园西,建中州三贤祠。

道光八年(1828),巡抚陶澍于园南部,增建五百名贤祠,咸丰十年(1860)毁于兵火。同治十二年(1874),布政使应宝时、巡抚张树声告竣,先后重建苏子美祠与中州三贤祠。门额直接变为"五百名贤祠"。碑记厅曾有石刻对联:"景行维贤,鉴貌辨色;求古寻论,勒碑刻铭。"

由此可见,自宋荦改建沧浪亭至沧浪亭门额改为"五百名贤祠",人们从景仰苏子美逐渐扩大到景仰五百名贤,直到1955年春节,沧浪亭正式开放游览时,门额才重新易为"沧浪亭"。

(二)构园:设计处理别具一格

陈从周先生:"园在性质上与他园有别,即长时期以来,略似公共性园林,官绅燕宴,文人雅集,胥皆于此,宜乎其设计处理,别具一格。"

景区设计,儒、禅各辟一区。

宋荦自康熙第三次下江南起,历经四次陪同康熙巡游苏州。康熙曾赐宋荦"据东南胜会成英雄地;网天下良才造帝王业"的对联,并留有沧浪亭只可作为官绅议事、官府接待之地,不可作为官员办公所在的圣谕,要求地方官员以先贤为楷模,注重自我修养,务必清正廉洁。沧浪亭成为在任官吏的公众性的休闲园林,相当于在任官吏的廉政教育基地。

爬山廊上有康熙诗碑亭,诗曰:"曾记临吴十二年,文风人杰并堪传。予怀常念穷黎困,勉尔勤箴官吏贤。"诗含有告诫、鼓励、表扬地方吏治的意思。康熙四十六年(1707)农历二月三十日,玄烨第六次,也是最后一次南巡时赐给江苏巡抚吴存礼一副对联,联曰:"膏雨足时农户喜;县花明处长官清。"康熙十分重视倡导地方官吏清廉的风气,亲任赏罚,整肃纲纪。

张树声明确地指出:"高宗南巡驻跸留题,即沧浪自取之旨,往复申警,训诫臣工。于是缙绅学士,壤叟衢童,与夫寓公过客,远方之人,莫不瞻眺叹诵，以斯亭为宠；而官斯土者，典守景式，尤不敢以或忘。”[①]

全园最大的主体建筑明道堂，庄严宏敞，为文人讲学之所，在假山古木掩映下，显示出庄严静穆的气氛。堂名取自苏舜钦《沧浪亭记》“形骸既适，则神不烦；观听无邪，则道以明”。

明道堂前有方形大天井，天井南北，瑶华境界与明道堂相对。清朝时，在此筑有戏台，左右有观剧长厢。林则徐等官绅文士常宴客观剧于此。嘉庆年间，潜庵《苏台竹枝词》云：“新筑沧浪亭子高，名园今日宴西曹。夜深传唱梨园进，十五倪郎赏锦袍。”

面水轩内横额“陆舟水屋”(图 3–13)，加上对联“短艇得鱼撑月去；小轩临水为花开”，点出“陆舟水屋”象征着“张融舟”。张融为南朝齐文学家、书法家，苏州人，出身世族，其父为宋会稽太守张畅。入齐，官至黄门郎、太子中庶子、司徒左长史，世称“张长史”。《南齐书 · 张融传》载：“融假东出，世祖问融：‘住在何处？’融答曰：‘臣陆处无屋，舟居无水。’后日，上以问融从兄绪，绪曰：‘融近东出，未有居止，权牵小船，于岸上住。’上大笑。”张融请假回家，齐世祖萧赜问他住在什么地方。张融回答说：“我住在陆地上却没有屋子，住在船里但不在水中。”后来皇帝问他的族兄张绪，张绪说：“最近张融东出京城，没有住的地方，暂且拉了一只小船，在岸上住。”意为他为官清廉，不讲排场。后人诗文中常以指简陋的居处，从此旱船有了个名字叫“张融舟”，象征清廉、清白。

图 3–13　陆舟水屋

① 张树声：《重修沧浪亭记》，见王稼句编注：《苏州园林历代文钞》，第8页。

观鱼处对联取意庄惠濠梁观鱼问答、庄子濮水钓鱼和对尊位持竿不顾之典，也融进官吏清白、清廉的内容。观鱼处外柱上有一副当年主持修复沧浪亭的江苏巡抚、诗人宋荦所书对联：“共知心如水；安见我非鱼？”借汉代忠直敢谏的郑崇遭人诬陷而向皇帝辩白“臣门如市，臣心如水”的典故，表示自己为官清廉，心像水一样至清无垢，有“借濠濮之上，入想观鱼”“支沧浪之中，非歌濯足”[①]之逸兴。

五百名贤祠一区，则更是为民立则，堂上“作之师”匾额（图3-14），说这五百九十四位名贤都是上天为佑助教化下界万民所立的人师，并镌“景行维贤”四字，意思是光明正大，德行高尚。门宕砖额刻“周规”和“折矩”，取自《礼记 · 玉藻》“周还中规，折还中矩”之意，谓这些名贤皆往返有规，进退有矩。

图3-14　作之师

五百名贤祠西南侧的仰止亭（图3-15），取《诗经 · 小雅 · 车辖》中“高山仰止，景行行止”诗意，歌颂的就是祠内的五百多名贤。

亭壁中刻德艺双馨的吴名贤文徵明像，上刻一首乾隆诗歌并小序：“沈德潜持文徵明小像乞题句。徵明，故正士也。怡然允之：‘飘然巾垫识吴侬，文物名邦风雅宗。乞我四言作章表，较他前辈庆遭逢。生平德艺人中玉，老去操持雪里松。故里遗祠瞻企近，勖哉多士善希踪。’”

各级官吏在此，春秋致祭，“勉实循名，钦承列贤遗训”，“使瞻像者睹名贤之仪容，更增知人论世之识，尤其是对忠义气节诸名贤之清高遗像，不徒仰止高山，且油然生顽夫廉，而懦夫有立志之心，更进而见诸实践

① 计成原著，陈植注释：《园冶注释》，第2版，第76页。

图 3-15　仰止亭

焉”[①]。“景行先哲”，“治道懋而风化兴”。

名贤祠南一片竹林，清峻高洁，经冬不凋，具有刚直谦逊、不亢不卑、潇洒处世的高雅品格，常被看作不随流俗的高雅之士的象征。掩映在名贤祠南翠竹中的翠玲珑，呈曲尺形之三折，每折二至三间不等，取苏舜钦“秋色入林红黯淡，日光穿竹翠玲珑”的诗意。站在屋中，窗外绿意萦绕，加之室内竹节形家具，更加烘托出五百名贤的高风亮节。

从瑶华境界西首小门进西南角，能见一座二层小楼，楼上额“看山”，楼下叠石为洞，石室名“印心石屋”。石屋前院，假山摩崖“圆灵证盟”，小楼三面植竹，构成禅宗一区。

（三）品题：门洞花窗文化精神的融通

沧浪亭历经兴废更迭，儒、道、释思想已经融进园景，仔细品味沧浪亭

① 钱仲联：《吴中名贤传赞·序》，见邵忠、李瑾编著：《吴中名贤传赞》，江苏古籍出版社，1997年，第2页。

的品题、门窗精神内涵，三家思想已经难分难解，融为一体。

如园中书屋，东悬额“闻妙香室”，取意杜甫《大云寺赞公房》诗之三：“灯影照无睡，心清闻妙香。”心中清静，清心寡欲。静中闻香，显然指佛家引为修持之香，佛家认为香与圆满的智慧相通，香能沟通凡圣，闻香得悟因缘，闻妙香即可获得圆满的功德。

书屋西侧原额“见心书屋”，出自元代儒生翁森《四时读书乐 · 冬》的劝学诗：“木落水尽千崖枯，炯然吾亦见真吾。坐对韦编灯动壁，高歌夜半雪压庐。地炉茶鼎烹活火，一清足称读书者。读书之乐何处寻，数点梅花天地心。”北面平地上有白梅七八枝，花时每朵六瓣，为宋梅之遗。如今仍有十多株梅花，早春初放，暗香浮动，沁人心脾。由此可见，周而复始的自然规律，是冬日读书时最快人心意之处。

沿河而设藕花水榭。藕花，即莲花，著名的观赏花卉，文人自古有爱莲风尚，藕花又本是佛教象征的名物。水榭抱柱联题：“散华梦醒论《诗》客；烧叶人吟读《易》窗。”署名为“半个沧浪僧曼翁书”。意思是：听佛陀说法，如天女散花，使人沉迷梦境，醒来纵论《诗经》；烧落叶煮酒的人，在窗下品酒读《易经》。此联讲的是儒、道、释三教并存的古代文人，他们时而沉醉在佛教经典之中，时而又纵论起儒家的四书五经。同时，生活中他们又是酒中仙客，具有魏晋名士风范，痴迷于道家经典。

水榭西为锄月轩，宋代刘翰《种梅》诗：“惆怅后庭风味薄，自锄明月种梅花。”“锄月”，源自东晋陶渊明《归园田居》“晨兴理荒秽，带月荷锄归”，此言陶渊明归隐田园后早出晚归的劳动情景和恬静安宁的心境。

锄月轩抱柱联：“乐水乐山得静趣；一丘一壑自风流。”出句自《论语 · 雍也》篇化出，所谓仁者乐山，智者乐水，万虑洗然，方可获得真正的静趣。对句取自宋代辛弃疾《鹧鸪天》词“书咄咄，且休休，一丘一壑也风流”，是儒家对山水审美命题，理想不能实现产生的隐逸山林的愤懑。

锄月轩前庭院，有一方铺地毯，由盘长、鱼、双钱组成。盘长是佛教八宝之一，象征“回环贯彻，一起通明”；鱼与余谐音，象征富贵；双钱象征着前途无量。这方地毯表达了主人对生活的美好祝愿，也铸合了儒、佛思想。

沧浪亭的复廊、爬山廊、围廊壁上嵌有各式漏窗一百零八种式样。各式门洞，恰似形象的历史，展示了沧浪亭由于历史变迁而留下的儒、道、释文化融通合一的痕迹。

环山廊上，有古琴、围棋、葫芦门、汉瓶门、红叶等漏窗。琴棋则体现文人风雅，制成如秋叶状的花窗，令人联想到“红叶题诗”的浪漫爱情故事，唐代范摅《云溪友议》、五代时期孙光宪《北梦琐言》、宋代王铚《补侍儿小名录》、刘斧《青琐高议·流红记》等书中都记载有此故事。范摅《云溪友议》卷十云：“中书舍人卢渥，应举之岁，偶临御沟，见一红叶，命仆搴来。叶上有一绝句，置于巾箱，或呈于同志。及宣宗既省宫人，初下诏，从百官司吏，独不许贡举人。渥后亦一任范阳，独获其退宫人。宫人睹红叶而呈叹久之，曰：‘当时偶题随流，不谓郎君收藏巾箧。’验其书迹，无不讶焉。诗曰：‘流水何太急，深宫尽日闲。殷勤谢红叶，好去到人间。’”

其汉瓶形门洞，还套着一孔瓶（平）生（伸）三戟（级）漏窗，反映了官宦者的仕途理想。

四孔造型逼真的植物漏窗，分别是桃、石榴、海棠花和荷花。荷花为佛花，佛教以淤泥秽土比喻现实世界中的生死烦恼，以莲花比喻清净佛性。石榴随着佛教从中亚细亚流传到中国，在佛教中，石榴是祭祀的圣果，又是供奉鬼子母神的吉祥果。石榴果实多子，后渐成祝福婚后多子女的象征物。海棠象征春天，桃子则是长寿的符号。

葫芦门洞则被视为天地的缩微，有重生、母爱等意，道教作为方外世界等的象征含义。汉瓶亦为葫芦演化而成，添平安之义。贝叶门，古印度时，常以针在贝叶上刺书佛教经文。因此，贝叶象征着佛经经文。贝叶门框着一孔拟日纹花窗，象征佛教如日中天。

书法不仅是一种具有四维特征的抽象符号艺术，还反映了作为主体的人的精神、气质、学识和修养，其与中华民族“天人合一”、贵和尚中的文化精神一脉相承。

北宋沧浪亭主苏舜钦本来就是一位全才型文人，他“又喜行狎书，皆可爱。故虽其短章、醉墨，落笔争为人所传”[①]，司马光、黄庭坚、陆游都爱他的书法。范仲淹《岳阳楼记》写成后，也是由苏舜钦行书刻石的。欧阳修《试笔四则 · 学书为乐》：“苏子美尝言：‘明窗净几，笔砚纸墨皆极精良，亦自是人生一乐。’”沧浪亭一园有碑刻 700 余方（包括五百名贤墙上有春秋至清两千五百年间苏州地区的乡贤名宦五百九十四人的碑刻画像和题词），汇集了数代名家墨迹，展示了异彩纷呈的书体样式。

明代文徵明温文尔雅的楷体，清代名臣林则徐的草书、洪钧的篆书、俞樾老人的汉隶、何绍基熔铸古人自成一家的书体，还有现当代书法家吴昌硕的甲骨体等，都各呈风采，各抒怀抱。

沧浪亭就像一首宋诗，儒、道、释三教并存，哲理和诗情兼容，既宜静观、雅观、作画、题诗，又可挹先贤高风，涤胸洗襟，诗性人文和理性人文兼备，恰好体现出吴文化的一种内在品格。

七、拙政园艺术古今谈

园林有境界者，自成高格。苏州园林出乎文人、画家与匠工之合作，其主流多士流园林，涵蕴着士大夫的审美情感、审美理想和审美品格，折射出中国园林取法自然而又超越自然的深邃意境。

苏州园林艺术境界之高，使其失去了许多“知音”，正如著名园林艺术家陈从周先生所说：“苏州园林艺术，能看懂就不容易了。”

以宅园为特点的拙政园，构园艺术精湛。众多业界大师诸如顾公任、汪星伯、刘敦桢、陈从周等先生，从不同角度对其进行过专文考证、研究。1997 年，拙政园被列入世界文化遗产名录，成为世界文化瑰宝，拙政园艺术境界之高似乎已经毋庸赘言。

---

① 欧阳修：《欧阳修全集》卷三〇《湖州长史苏君墓志铭》，中华书局，2001年，第454页。

不过，近年来，研究者中有人企图“标新立异”，用西方几何形园林的模式对拙政园进行“另类”解读，此类解读成一时风尚，几乎要彻底颠覆“自然山水画意式”园林的共识。基于此，我们有必要先梳理一下现存拙政园三园分合的历史，然后分别谈谈拙政园宅和园的空间布局特点，最后介绍拙政园精华部分的艺术特点及其恢复明初风貌的得失。

（一）平泉甲第频更主

读懂园林，首先要知道该园的园史，特别是构园或修园的“能主之人”即设计者的胸中文墨。不谙园史，往往是“误读”的始因。

拙政园始建于明正德四年，历时二十余年，园主为王献臣，取义“筑室种树、灌园鬻蔬”“此亦拙者之为政也”，名“拙政”。园多隙地，缀为花圃、竹丛、果园、桃林，建筑物则稀疏错落。当时广袤二百余亩，茂树曲池，胜甲吴下。其最大特色是园中亘积水，浚治成池，弥漫处“望若湖泊”[①]。彼时拙政园风貌及其设计思想，在文徵明《拙政园三十一景》图咏中表达得相当清晰。

王献臣之后，又有二十多人先后入主园林，其中不乏饱学之士，故大多能保持拙政园之旧貌。

明代崇祯四年（1631），园东部荒地十余亩为刑部侍郎王心一购得。王心一善画山水，能诗文，有《兰雪堂集》八卷传世。曾于崇祯十六年作《归田园居》卷轴，笔墨隽秀，自题云：“风波吾道隐，垂钓一舟安。”笔法在北苑、仲圭之间。经其悉心布画，园名“归田园居”。

拙政园遭到严重的“建设性破坏”是园归吴三桂女婿王永宁时期。王永宁在拙政园大兴土木，易置丘壑，益以崇高彤镂，园内建斑竹厅、娘娘厅等。楠木厅列柱百余，石础径三四尺，高齐人腰，柱础所刻皆升龙，又有白玉龙凤鼓墩，穷极侈丽。此后籍没为官。

---

① 文徵明：《王氏拙政园记》，见陈从周、蒋启霆选编：《园综》，第224页。

康熙十八年（1679），拙政园改为苏松常道新署，参议祖泽深将园修葺一新，增置堂三楹。据康熙二十三年编《长洲县志》记载，康熙二十三年，玄烨南巡曾来此园时，已经没有往日的山林雅致了。

乾隆初，拙政园又分为中部的复园和西部的书园两部分。中部园主蒋棨，坚持因拙政废园而复之，故名“复园”。经营数年，拙政园恢复了旧貌：“禽鱼翔游，物亦同趣，不离轩裳而共履闲旷之域，不出城市而共获山林之胜……”[①]

园中藏书万卷，春秋佳日，名流觞咏，极一时之盛，曾有《复园嘉会图》传世。袁枚、赵翼、钱大昕等相继来此，流连赋诗。袁枚有句云：“人生只合君家住，借得青山又借书。”

清代咸同战乱，狮子林、涉园、环秀山庄、沧浪亭皆毁于兵火。拙政园成为太平天国忠王李秀成的“忠王”府，虽未遭毁坏，但再次遭受“建设性破坏”。据清末同治、光绪年间苏州著名弹词艺人马如飞的《劫余灰录》所说，还有“匠作数百人，终年不辍”；李鸿章给李鹤章的信也描写到，“忠王府琼楼玉宇，曲栏洞房，真如神仙窟宅”，“花园三四所，戏台两三座”，极尽奢华！

同治二年（1863），李鸿章占领苏州后，将忠王府作为自己的江苏巡抚行园，藩臬司也在其中办公。同治十年（1871）冬，时任江苏巡抚的张之万居拙政园。

张之万是清代道光二十七年（1847）的状元，官至东阁大学士。他绘画继承家学，山水得王时敏精髓，为士大夫画中逸品。书法精小楷，唐法晋韵，兼擅其胜。与同代画家戴熙，交往相契，人称“南戴北张”。拙政园由张之万主持修葺，他努力恢复明时以广阔的水为中心的自然山水旧观。时有远香堂、兰畹、玉兰院、柳堤、东廊、枇杷坞、水竹居、菜花楼、烟波画舫、芍药坡、月香亭、最宜处诸胜，有《吴园图》十二册，绘园中胜景十二出，并请李鸿裔一一题诗。园中古树参天，“文梍参差，修廊迤逦，清泉贴

---

① 沈德潜：《复园记》，见王稼句编注：《苏州园林历代文钞》，第43页。

地，曲沼绮交，峭石当门，群峰玉立”[①]，山水布局犹存明代园林旷远明瑟、平淡疏朗的遗风。

光绪三年（1877），拙政园的西部归属富商张履谦，名“补园”。此时，园中“林木蓊翳，间存亭台一二处，皆欹侧欲颓”，后都为张履谦重建，遂有塔影亭、留听阁、浮翠阁、笠亭、与谁同坐轩、宜两亭等景。主体建筑卅六鸳鸯馆、十八曼陀罗花馆是园主专为拍曲而建，精致绮丽，嵌西洋菱形蓝白玻璃，卷棚屋顶，梁架采用四连轩而成，称满轩。“鸳鸯厅地面方砖下设有地龙（仿北京故宫），冬天在厅外生火，将暖气送至地下，使全厅温暖如春，以迎宾客。”[②]张履谦喜爱书画，与其孙张紫东均酷嗜昆曲，曾聘俞振飞之父“曲圣”俞粟庐为西席，常与俞粟庐切磋曲艺，俞振飞常随父来此园游憩度曲，并多次在卅六鸳鸯馆内举办昆曲清唱会，少年俞振飞曾和紫东同台公演。张履谦与吴门画派名家亦深有交谊，常相往来。画家顾若波、顾鹤逸、陆廉夫等人，经常在张家聚会，并参与补园布置。

补园建筑密度高，部分失去疏朗闲适的特点，建筑色彩保留了西风东渐后的园林风貌。不过，卧水长廊、留听阁和塔影亭一带依然波光云影，中有山涧溪流，不离水的主题。

民国二十六年（1937），因遭受日本侵略军飞机几度轰炸，远香堂受震破损，南轩被焚毁，园内到处亭阁倾圮，枯苇败荷，荒秽不堪。

中华人民共和国成立以后，1952年，苏南文管会延请专家名匠，初步整修了拙政园。1953年6月，成立了苏州园林整修委员会，除了画家、书法家谢孝思任主任之外，周瘦鹃、陈涓隐、蒋吟秋等专家、学者参与其中，后来又聘请了刘敦桢、陈从周两位教授为顾问。陈从周先生坚持：“今不能证古，洋不能证中，古今中外自成体系，决不容借尸还魂，不明当时建筑之功能与设计者之主导思想，以今人之见强与古人相合，谬矣。”[③]

---

① 世勋：《八旗奉直会馆记》，见王稼句编注：《苏州园林历代文钞》，第45页。八旗奉直会馆从中部园主吴氏手中购买，以园归公，为巡抚行辕。

② 张岫云编著：《补园旧事》，古吴轩出版社，2005年，第56页。

③ 陈从周：《品园》，江苏凤凰文艺出版社，2016年，第15页。

经这些专家名匠之手，拙政园中西部的山、水、桥、亭、厅、堂、墙、门，基本按原样修复。西部补园恢复了重建时的风貌，杂糅西洋异质风格。中部拙政园主体部分保持了张之万重修时的旧貌，尚存明代遗风，并沿用“拙政园”名称。拙政园以水为主、景色疏朗自然的基本格局保持至今。东部归田园居因久已荒废，抗战爆发前夕已荡无一物，改建后今仅有平冈草地，配山池亭阁。

因此，陈从周以为，“拙政园将东园与之合并，大则大矣，原来部分益现局促，而东园辽阔，游人无兴，几成为过道。分之两利，合之两伤”[1]。

（二）桃源仙境与“三境界”

现今，拙政园中部为主体部分，也是全园精华，占地十八亩半，最能代表拙政园艺术境界。园林艺术最高境界是“意境”，“意”就是“立意”，“景”反映“境界”。参与拙政园设计、修复的多名书画艺术家，精心地将士大夫的社会理想、人格价值等融入了园林。

拙政园中部园林，立意是《桃花源记》中创设的“仙境”，即武陵渔人偶尔发现的桃花源。入门，穿过当门而立的障景假山，见小池，绕池循小径北行，转远香堂北面临荷池大平台上，方见一横向水池，以聚水为主，留出较为宽阔的水面，在水中垒土构成东、西、南三座以土为主的小岛（图 3–16），“就水点其步石，从巅架以飞梁；洞穴潜藏，穿岩径水；峰峦飘渺，漏月招云”[2]。三岛都以低临水面的小桥、短堤连接，以衬托水面之宽阔，富于层次和变化。

三土山形状与亭的大小形制浑然一致，十分“得体”。居中的土山，山体高平，雪香云蔚亭居于土山高处，亭前有平台，亭面阔三开间，宽约 5.2 米，进深约 3.2 米，檐高约 2.5 米，歇山屋顶，略显扁平；雪香云蔚亭东侧土山小而略陡，四周池水回环，山上为六角亭，各边长约 1.6 米，檐高约 2.4

---

① 陈从周：《说园》，第6页。

② 计成原著，陈植注释：《园冶注释》，第2版，第212页。

图 3-16　东、西、南三岛

米，出檐 0.7 米，屋顶为攒尖式，小巧精致；雪香云蔚亭东的荷风四面亭，也是六角亭，各边长约 1.8 米，檐高约 3 米，出檐 0.6 米，屋顶为攒尖式，三面环水，台基较高，亭形与其所处位置相对应。三亭一字排开，形成不对称的均衡关系。

园内处处散发出浓郁的诗意：周敦颐《爱莲说》中的“香远益清”的高洁莲花、陶弘景喜爱的“一亭风月啸松风”，香飘杜若洲的香洲、陶渊明“悠然见南山”的见山楼、听雨入秋竹的听雨轩……行走在诗意空间，似穿越在桃源阡陌、唐诗宋词之中。

拙政园中部（图 3-17），水体类型丰富，水体之间相互沟通。水面约占三分之一，“大分小聚”，水面大则分，小则聚；分则萦回，又分而不乱，这是理水的基本原则。拙政园中部水体处

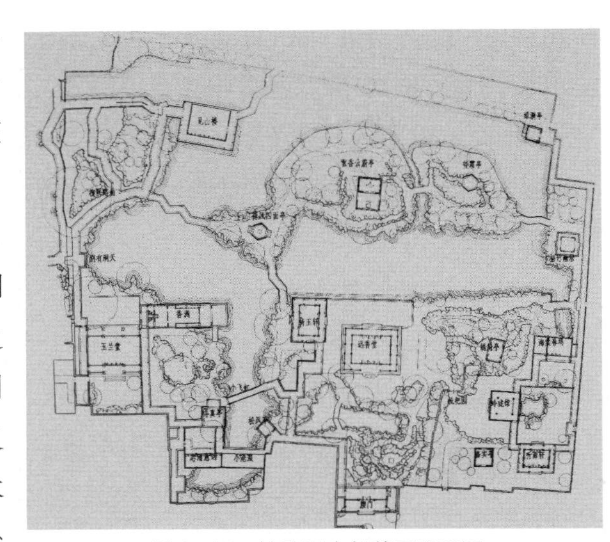

图 3-17　拙政园中部花园平面图

理以分为主，完成分的手段是“隔”，用小岛、曲桥、建筑巧妙分割，高低错落，疏密得宜，主次分明。

园中水体的灵活处理也创造出了不同的艺术氛围。远香堂南面景区的森郁，北面主景区的宏阔，梧竹幽居亭西望的深远，小沧浪水院的静谧，见山楼南岸的疏野，柳荫路曲的婉致，营构出了道家“清静”“自然”的“合一”氛围。园中水体基本保持了“凡诸亭、槛、台、榭，皆因水为面势”的明时风貌。

从中部东廊倚虹亭入口处，左顾远香堂、倚玉轩、香洲等华丽壮美的建筑，皆傍水而立；右观三岛苍然，山林苍翠，禽鸟鸣响，微风吹拂，松枝摇荡，一片山水自然之趣。一人工、一自然，正是刘敦桢先生所赞的“园林设计上运用最好的对比方法”。

园内用围墙、土岗、假山、树木、复廊等作为间隔，形成枇杷园、听雨轩、海棠春坞、玉兰堂、小沧浪等园中园，出之旷如，入之奥如，极富节奏感和韵律美。

园中建筑空间注重对应、平衡、主次及对主体建筑的拱卫。

拙政园中部远香堂居中心主位，位于中园南北向主对应线和东西向主对应线上，并以南北东西向的平行次对应线烘托，其他建筑香洲、荷风四面亭对之呈宾主揖拱之势。

为求得“举目入画”的效果，拙政园大量运用对景之法，包括隐蔽对景。枇杷园内的嘉实亭与晚翠、月洞门、雪香云蔚亭隔池相望，成为隐蔽的对景；建筑高低错落、曲径通幽，旷奥相间，如主厅远香堂与水池北岸山顶的雪香云蔚亭，作为四面厅形式的远香堂的对景，高低、体量大小都不一样。

位于主厅东西的倚玉轩和绣绮亭距离不等，体量大小、位置高低都不同，绝不对称；听雨轩与海棠春坞、梧竹幽居亭处在对应线上，但中间以水池、墙壁等阻隔，东靠逶迤长廊；小沧浪、香洲与见山楼也位于对应线上，但中间有山、墙、水多重阻隔。

这样，拙政园中部建筑之间讲究呼应连贯，且又力量均衡，布置匀称，疏密得宜，错落有致，厅堂亭榭能与山池树石融为一体，不规则，非对称，高低起伏，曲折多致。因此，陈从周先生评述拙政园中部是“空灵处如闲云野鹤，去来无踪，则姜白石之流了”[②]，拟之很恰当。

这种布置也诚如童寯先生《江南园林志》所称美的“三境界”：

> 第一，疏密得宜；第二，曲折尽致；第三，眼前有景。
>
> 试以苏州拙政园为喻。园周及入门处，回廊曲桥，紧而不挤。远香堂北，山池开朗，展高下之姿，兼屏障之势。疏中有密，密中有疏，弛张启阖，两得其宜，即第一境界也。
>
> 然布置疏密，忌排偶而贵活变，此迂回曲折之必不可少也。放翁诗：“山重水复疑无路，柳暗花明又一村。”侧看成峰，横看成岭，山回路转，竹径通幽，眼前对景，应接不暇，乃不觉而步入第三境界矣。
>
> 斯园亭榭安排，于疏密、曲折、对景三者，由一境界入另一境界，可望可即，斜正参差，升堂入室，逐渐提高，左顾右盼，含蓄不尽。其经营位置，引人入胜，可谓无毫发遗憾者矣。[③]

---

① 引自苏州市拙政园管理处等编著：《凝固的乐章：苏州拙政园建筑》，中国建筑工业出版社，2018年，第15页。

② 陈从周：《中国园林·中国诗文与中国园林艺术》，第329页。

③ 童寯：《江南园林志》，中国工业出版社，1963年，第8页。

刘敦桢先生说："余惟我国园林，大都出乎文人、画家与匠工之合作，其布局以不对称为根本原则，故厅堂亭榭能与山池树石融为一体，成为世界上自然风景式园林之巨擘。"[①]

在中国，园林部分的建筑属于杂式建筑，活泼多致；宫室、住宅为礼式建筑，中规中矩，两者不能混为一谈。

宅和园之间的空间位置，对于苏州园林来说，绝对没有什么明确的规制，皆因地制宜，或如拙政园的前宅后园，或如网师园的东宅西园，或如退思园的西宅东园，或如耦园的双园傍宅，不拘一格。

中国历数千年宗法制社会，家宅并非仅仅为居住的空间，而为"礼之器"，务必遵循礼制，采用中轴线这一最基本的形态秩序，连续推进，大大增强了传统建筑阴阳合德的艺术魅力。

如今，拙政园西部住宅为苏州博物馆（忠王府），有平行的三路轴线，纵深五进，中轴线自南而北依次有影壁、大门、仪门、正殿、后堂、后殿等。

东部住宅是坐北朝南（东南）典型的苏州住宅，建筑纵深四进，有平行的二路轴线。

主轴线由隔河影壁、船埠、大门、二门、轿厅、大厅和两进楼厅组成。大门偏东南，重门叠户，庭院深深，面阔五间的一间间厅室，衍生出长长的一串景深。

东侧轴线安排了鸳鸯花篮厅、花厅、四面厅、楼厅、小庭园等，是园主宴客、会友、拍曲、清谈之所。建筑前后布置山石花木，幽静雅洁，也有浓重的诗情画意，为宅中最富生趣的部分。这就是中国民居中的智慧与文化，讲究平和、淡雅，和天地自然默契生息。

拙政园宅和园的空间结构，恰似在诠释着中国社会的两大柱石礼和乐。《礼记》说："乐者，天地之和也；礼者，天地之序也。"宅之"礼"构成社会生活里的秩序条理；园林之"乐"，即艺术之美，涵润着群体内心的和谐与团结力。

---

① 刘敦桢：《江南园林志·序》，见童寯：《江南园林志》，第1页。

（三）“旧制”所失处

诚如童寯先生所说，“嘉靖十二年，文徵明曾作《拙政园图》，共三十一景。道光十六年，戴熙复将文图各景，收归一幅，其大体与今日犹未多乖。斯园虽屡易主，意者旧制尚不尽失也”[①]。“旧制”是指文徵明《拙政园三十一景图》中的布置。

较之“旧制”，今之拙政园中部尽管努力恢复，但依然有所“失”处。

从文徵明《拙政园图》序中可知，景点的布画因地制宜，但大体遵循中华五行八卦（文王后天八卦）传统认识论。

建筑皆面水而筑，根据五行相生原则，即顺时针方向旋转，五行左旋相生。相生，即互相滋生、促进、助长。孟琳根据文徵明《拙政园图》，并参照清人戴熙图重新绘制的明拙政园全景图（图 3–18）。

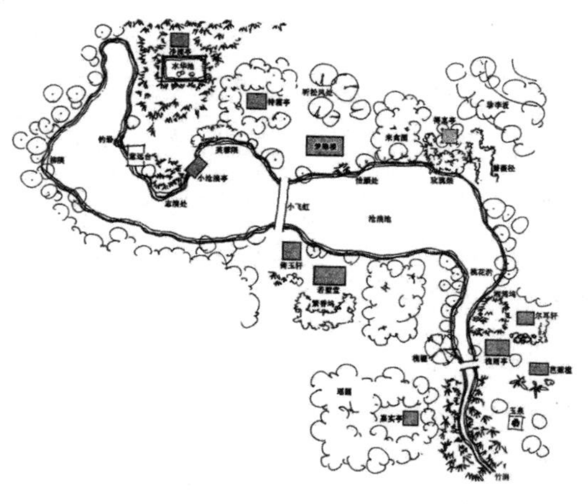

图 3–18　拙政园全景图（孟琳绘）

中国民间传统将水流入候选区域的地方称为“天门”，位于八卦乾位（戌亥位、西北）。流出的地方称为“地户”，位于八卦的巽位（辰巳位）。天门、地户均被称为“水口”。其原理是地球绕太阳公转所造成的冬至点和夏至点的日出方位和日落方位。天门宜开，则财源滚滚；地户宜收，则财气不散。如三十一景中的水华池（图 3–19）在西北隅，西北，乾位，五行属水，冬，色黑，正是水口天门所在，那里是“一片横塘意”，水势浩渺。与水华池相同，沧浪池也是从西北往东南流，西北水很大，东南有桃花沜、湘筠坞、竹涧等，具有春天物候的植物景点。

---

① 童寯：《江南园林志》，第29页。

图 3-19　文徵明《拙政园三十一景图 · 水华池》

又如井为祖先留下的财源，古人十分重视。井的位置在园林或住宅东南、西北为佳。玉泉，得于“园之巽隅（东南角），甘冽宜茗”，今在远香堂东南角，正是风水宝地。

“深静亭，面水华池，修竹环匝，境极幽深，取杜诗云云”。文诗有“不闻车马过，时有野人留”等描写深静之景，体现幽深、静寂、宁静之境。亭旁环以修竹，面对华池，人迹罕至，极富诗意。此和杜甫《陪郑广文游何将军山林十首》《重过何氏五首》中描写的何将军山林静谧境界野人居相似，“床上书连屋，阶前树拂云”。“野人”，就是在野外作业的农夫，与城里人“国人”相对应。从诗中“凉声独占秋”可见，深静亭应处在兑坤位。

待霜亭在坤隅，韦应物云“洞庭须待满林霜”，而右军《杂帖》亦云“霜未降，未可多得”，对应秋天，故有霜。

待霜亭和深静亭都位于水华池之西侧，处兑坤之位。

今深静亭在水池西南，但待霜亭到了水池之东北土山上。

梦隐楼位于水华池北，听松风处更在其北，在梦隐楼北，地多长松。方有“疏林（一作松）漱寒泉，山风满清听。空谷度凉云，悠然落虚影。红尘不到眼，白日相与永。彼美松间人，何似陶弘景”的景境。怡颜处因为是取陶词“眄庭柯以怡颜”，也在听松风处附近。得真亭在园之艮隅，植四桧，结亭，取左太冲《招隐》诗“竹柏得其真”之语为名。

因此，听松风处、得真亭和怡颜处都在北和东北位置。今听松风处、得真亭在池的西南角小沧浪的两侧。

瑶圃在园之巽隅，中植江梅百本，花时灿若瑶华，因取《楚辞》语为名。嘉实亭在瑶圃中，取黄庭坚古风“江梅有嘉实”之句。今嘉实亭在枇杷园内，嘉实也就成了枇杷了。

李鸿裔《张子青之万制府属题吴园图十二册》，景点分别为远香堂、兰畹（远香堂临水一面）、玉兰院（一名笔花堂）、柳堤、东廊、枇杷坞、水竹居（亦作梧竹）、菜花楼、烟波画船、芍药坡、月香亭、最宜处，其中许多景点今天尚能找到相应的位置，如菜花楼，今名“绿漪亭”，又名“劝耕亭”。

拙政园旧制地广，约两百多亩，今中部不满二十亩，修园时难免要“改园”，只是在“沿用旧名”时造成了某些文化错位。

然瑕不掩瑜，拙政园作为中华文化经典，所构之景，既有生境，也有画境和意境，具有永久魅力的“景境”，置身其中，玩味无穷，其艺术境界之高是毋庸置疑的。

八、寄畅园独特的人文和艺术价值

无锡惠山之麓的寄畅园，具有江南文人园林的诸多共性，如以诗文构园。秦燿（1544—1604）为谗人所螫，中岁解官，遂取意王羲之《兰亭诗》“三春启群品，寄畅在所因”，名园为“寄畅”。寄畅者，寄意而畅情也，借山水以畅神，化解郁闷，消胸中块垒。园中之景，皆有意境，如取唐代王维《辋川图》“山谷盘郁，云水飞动”（《唐朝名画录》评《辋川图》语）之意的郁盘亭。全园文气氤氲，200余方“寄畅园法帖”，除康熙、乾隆墨宝外，还以乾隆所赐《三希堂法帖》为基础，搜集宋、元、明、清名家法帖，如秦观、文徵明、董其昌、刘墉等的墨迹，精雕细刻于园廊、秉礼堂、含贞斋的墙上及邻梵阁、嘉树堂中。乾隆亦赞美道：“爱他书史传家学，况有烟霞护圣文。”《泛课溪游寄畅园即目得句》写园中山水含情，寸石生辉，栽梅绕屋，结茅竹里，虽由人作，宛自天开。此足见寄畅园在人文和艺术上，具有得天独厚之处。

（一）异世一家能守业

寄畅园系宋代著名词人秦观后裔的私园。

秦观之子秦湛，北宋政和年间，任常州通判，定居常州武进，于是迁秦观之柩葬于无锡惠山，秦湛是秦氏家族的迁常始祖。南宋末年，秦湛十世孙秦惟祯（瑞五），从武进入赘于无锡富安乡胡埭王野舟家。秦惟祯便是无锡秦氏家族的迁锡始祖。

明代嘉靖初年，秦惟祯七世孙秦金（1467—1544）并惠山寺南隐房和沤寓房两个僧寮之地而建园所，初步奠定了寄畅园的雏形。因秦金号“凤山”，惠山俗称“龙山”，以龙对凤，由山代谷，又因园为秦金告老还乡的山野别墅，故秦金称其园所为“凤各行窝”，谦称“行窝”。

后来，园归秦金族孙秦梁（1515—1578），其父秦瀚又进行了扩建。秦瀚是诗人，他在《广池上篇》说：“《池上篇》乃白乐天居履道里时，醉后所成也。予每诵之，辄喜其幽远闲适，恨不得身蹑雅胜，以想其醉醒于卧石，握笔时不知作何态度也。庚申之夏，葺园池于惠山之麓，目中境界，觉其一、二肖侣，遂益诵乐天之篇，字味而句讽之，恍然以为真似也。且于园池所有，而篇中不载者，增入数语，命之曰《广池上篇》，书于池亭之壁。然斯特以景物言耳，若曰显然自附于香山居士，则如云泥何哉！”园内“百仞之山，数亩之园。有泉有池，有竹千竿。有繁古木，青荫盘旋……有堂有室，有桥有船，有阁焕若，有亭翼然。菜畦花径，曲涧平川……”

秦燿因座师张居正受廷臣追论受株连，奉旨解职回籍，年仅四十八岁，遂易园名“凤谷行窝”为寄畅园，寄抑郁之情于山水之间。于是，疏浚池塘，兴土木，植花草，堆假山，改筑园居，构园景二十，曰嘉树堂、清响斋、锦汇漪、清籞、知鱼槛、清川华薄、涵碧亭、悬淙涧、卧云堂、邻梵阁、大石山房、丹邱小隐、环翠楼、先月榭、鹤步滩、含贞斋、爽台、飞泉、凌虚阁、栖元堂，每景题诗一首。

秦燿四房子孙掌管时，园林几乎零落。清顺治年间，秦燿嫡长曾孙光禄大夫秦德藻（1617—1701），力挽颓势，又将园归并为一。秦德藻字以新，号海翁，道德品性高洁，有孝悌仁爱之心。

后来，园归秦德藻之长孙秦道然。因遭清皇室宫廷嗣位争斗之牵连，雍正时秦道然入狱十四年，园林没官，乾隆接位后发还。

为避免类似变故再度发生，乾隆十一年（1746），秦道然、秦蕙田父子集合秦德藻二十四房子孙合议，认为园亭属游观之地，必须建立家祠，始可永垂不朽，遂将寄畅园嘉树堂改为秦德藻一支的专祠，祀迁锡第六世祖、诏旌孝子秦旦、秦奭兄弟，称"双孝祠"，各房捐田二百余亩作为园田，合力供养此园。从此寄畅园成为祠堂园林，简称"孝园"。

这一举措，即使祠依园而立，园持祠以为守，使园林免遭分割、转移和改建。浦起龙感慨道："物于宇宙，成毁变灭，能据而终有者渺矣。独忠孝之族，引而愈长，发而愈光……夫一游观之区，传至三百年不易姓，江表未有。姓不易支，更未有，独秦氏有之，又重振起之，人咸言高位之乘，厚有力者之相际，而吾一以归于尊君敬祖之为教也远，岂臆说欤？"[①] 寄畅园到乾隆时期已历三百多年，祖先创业，子孙守成，深受乾隆赞赏，"异世一家能守业，犹传凤谷昔行窝"（《寄畅园杂咏》）。

此园林历四百九十年，虽易名而不改秦氏血脉，不仅园址没有变，山水格局也无变化，变化的仅仅局限于建筑，这使得该园真正成为物化的历史。

（二）秦园兴废与天下治乱

康熙六巡，七幸秦园。据康熙《无锡县志》载：

> 康熙二十三年冬，乘舆式临泉上，遂幸兹园。又五年己巳东巡，还自会稽，夜抵锡山，驻跸黄埠。时万姓欢呼，灯火匝地，及明而放艇山中，遂步玉趾，再临寄畅，循览移时，因取御书"品

① 浦起龙：《秦氏双孝祠记》，载秦志豪主编：《锡山秦氏寄畅园文献资料长编》，上海辞书出版社，2009年，第136页。

> 泉”二字，命前谕德臣松龄刻匾泉上，而以墨本赐之，于是远近闻者，咸谓平泉绿野，皆人臣所得自致，未有屈万乘之尊一幸再幸如兹园者，盖不独秦氏之盛事，抑亦山川之荣也。[①]

十多年之后，康熙第三次南巡游寄畅园，又书“山色溪光”“松风水月”。1703年，康熙第四次南巡临寄畅园，回京时带秦道然到九皇子胤禟府中教书。此后，康熙又于1705年、1707年两次南巡时游览寄畅园，留唐王维诗句“明月松间照，清泉石上流”御笔。康熙六次南巡，七次到寄畅园，并且对园内卧云堂前百年古樟“抚玩不置”，回到京城还牵挂它“别来无恙”乎。

1.雍正构陷，秦园没官

秦德藻之长孙秦道然，在康熙四十二年（1703）康熙南巡游览秦园时，奉旨随驾进京，在皇九子胤禟处教书。后来秦道然考中进士，官至礼科给事中，破格以汉人任胤禟的贝子府管领，也使秦家无意中卷入了清代皇储废立之争的旋涡。

胤禟是清圣祖康熙帝的第九子，皇四子胤禛（雍正）异母弟，自幼好学嗜读，性聪敏，喜发明，善于结交朋友，为人慷慨大方，重情重义，政治上是皇八子和皇十四子的大力支持者，被皇四子胤禛所忌恨。公元1722年，康熙皇帝病卒，胤禛（雍正）登基以后，胤禟开始连遭厄运。

雍正将胤禟任用秦道然为罪名之一，逮捕了秦道然，还污其“仗势作恶，家产丰裕”，命追银十万两，送甘肃充军饷。当时两江总督查弼纳清查秦道然家产仅值银一万零三百多两，无力偿付罚金，于是将包括寄畅园在内的秦氏家族财产没收充公。

雍正还诬陷秦道然为秦桧之后裔，雍正五年（1727）雍正朱批谕旨中云：“尝观自古以来乱臣贼子顷刻灭亡者无论矣，如王莽、曹操侥幸成事而受千古之骂名，其依附莽、操之人，实为千古所不齿，即本人之子孙皆避忌而不认其祖父。现今秦道然实系秦桧之后裔，众所共知，伊则回护支吾不

---

① 转引自李国豪主编：《建苑拾英——中国古代土木建筑科技史料选编（第2辑）》上册，同济大学出版社，1997年，第64页。

以为祖，此则恶人之报昭昭不爽甚于国法者也。”

2．乾隆赏爱，名园再隆

乾隆即位，秦道然之子秦蕙田请求代父赎罪，道然获释，园遂归还。

乾隆六次南巡，至少临园十一次，题诗十三首，题书匾联四副，御书赐园“清泉白石自仙境；玉竹冰梅总化工”联语和“玉戛金枞”题词，见“寄畅园中，一峰亭亭独立，旧名美人石，以其弗称，因易之，而系以诗”，乾隆见石峰“视之颇具丈夫气”，所以更其名为“介如峰”，并绘图作诗，留下墨宝。

乾隆又认为“江南诸名墅，惟惠山秦园最古”，因喜其幽致，特绘图携归北京，“肖其意于万寿山（清漪园，今颐和园）之东麓，名曰惠山园。一亭一径足谐奇趣，得景凡八，各系以诗”，八景分别为载时堂、墨妙轩、就云楼、澹碧斋、水乐亭、知鱼桥、寻诗径和涵光洞。[①]

惠山园在清嘉庆年间，改名为谐趣园。

乾隆第六次南巡时，年事已高，皇太子即后来成为嘉庆帝的爱新觉罗·颙琰随驾。太子赏园，也留下《寄畅园》诗一首：“名园正对九龙岗，鹤步滩头引径长。树有百年多古黛，花开千朵发清香。流泉戛玉通芳沼，修竹成荫复曲廊。燕子来时春未老，故巢忆否旧华堂。”隆也清皇室，厄也清皇室，中华名园，唯此而已。

3．庚申蒙难，凤凰涅槃

咸丰十年（1860）庚申之役及太平天国兵燹给寄畅园带来了毁灭性的打击。园中建筑除双孝祠、凌虚阁外全毁，滋长千百年的古木也被一朝砍伐殆尽。秦氏后裔虽勉为筹资，陆续修复，但园南卧云堂一带终付阙如，园貌大为减色。抗战时期，日寇炸弹曾落入园内，毁坏颇多。因管理无力，园西南孝节祠一带竟成为茶馆摊贩丛集之地。

1953 年冬至 1954 年春，寄畅园基本修缮，占地约 15 亩，其中水面 2.5 亩，土山 3.5 亩，明代苍凉廓落之韵犹存。一代名园，凤凰涅槃！

---

① 据秦志豪统计，乾隆御制诗中，写寄畅园—惠山园的诗歌有169首，见秦志豪编著：《康熙乾隆的惠山情结》，苏州大学出版社，2015年，第143页。

宋代李格非在《书洛阳名园记后》尝曰：“园圃之废兴，洛阳盛衰之候也。且天下之治乱，候于洛阳之盛衰而知；洛阳之盛衰，候于园圃之废兴而得。”此用之于寄畅园之兴废盛衰，不亦可乎？

（三）经典遗制

秦德藻聘请叠石巨师华亭人张涟和他的侄子张鉽重新布置，去掉了二十景中的一些景点，体量较小的亭榭也改换了形制，“向之所推为名胜者一律遂废”，新建了七星桥、美人石，改悬淙涧为三叠泉，引二泉之水曲注而层分，有高山深涧的气概，誉满海内。

清代许缵曾《宝纶堂稿》卷九曰：“吾郡张鉽，以叠石成山为业，字宾式。数年前为余言，曾为秦太史松龄叠石凿涧于惠山。土中见大穴，圆广数尺，光滑如白垩。穴中间有台，乃第一层也。”

1. 南垣巧思，移山化人

张涟四子和侄子张鉽，都是得张涟真传的叠石名家。

张涟（1587—1671），字南垣，他的传记材料很多，《清史稿》为他立有专传，是继计成等筑园名家之后崛起的新一代叠山名家。

张涟对中国造园叠山艺术的重大贡献，是改变了那种矫揉造作的叠山风格。康熙《嘉兴县志》记载张涟善叠假山，“旧以高架叠缀为工，不喜见土，涟一变旧模，穿深复冈，因形布置，土石相间，颇得真趣”，足见其叠山艺术对后世造园艺术产生了深远的影响。

张南垣小时候跟董其昌学过画，善绘人像，兼通山水，他用绘画技术构筑园林，叠石造山，结果因巧夺天工，宛如图画，而名噪一时。

张南垣筑园，先看地形，再根据地形地貌、古树名木位置而随机应变设计出图纸，谓之胸中自有成法。他崇尚自然，主张因地取材，以土为主。故他所筑之园，所叠假山，用石较少，用石只是随意点缀，看似不经意，实为匠心独运，给人自然天成之感觉。他所叠假山，不求险，不求实，惟追求“墙外奇峰，断谷数石”。

清代戴名世《张翁家传》称："君治园林有巧思，一石一树，一亭一沼，经君指画，即成奇趣，虽在尘嚣中，如入岩谷。"

这"巧思"正是"画意"。吴伟业称："遂以其意垒石，故他艺不甚著，其垒石最工，在他人为之莫能及也。"

阮葵生《茶余客话》卷九说得更清晰："华亭张涟，字南垣，少写人物，兼通山水，能以意叠石为假山，悉仿营丘（宋代李成）、北苑（宋代董源）、大痴（元代黄公望）画法为之，峦屿涧濑，曲洞远峰，巧夺化工……昔人诗云：'终年累石如愚叟，倏忽移山是化人。'"

寄畅园西部大假山原名"案墩"，据传为改善惠山寺的风水而堆叠。因为惠山寺"左缺青龙"，屡遭火劫。因此，地方官在这里堆了一个土墩，形似古代的几案，故名"案墩"。因为"青龙属木"，所以墩上又种植了大量树木。

假山模拟惠山九峰连绵逶迤之状，山石用惠山黄石，大斧劈皴，浑厚嶙峋，前迎锡山晴峰，后延惠山远岫，岗峦层叠，岩壑涧流，藤蔓挂于土石间，古木浓荫，自然而有气势。

明代包汝楫《南中纪闻》："真山如假山者，秀！据余所见，辰溪临江诸山颇有之。假山如真山者，奇！庶几锡山秦园乎？秦园临水石滩，灌木高荫，莓藓鳞缀，真是天铲，岂落人工！"

八音涧（图3-20），是假山中辟涧道，两侧用黄石堆叠峡涧，西高东低。惠山有九龙十三泉，二泉最负盛名，艺术家把惠山二泉水，通过园外暗渠引入涧内，"曲注层分，声若风雨，坐卧移日，忽忽在万山之中"。泉水婉转跌落，如"金石丝竹匏土革木"八音齐奏，大有"高山流水"之调，秦家称之为"八音涧"，又名"悬淙涧""三叠泉""八音澜"。盘行曲涧，聆听那山水清音，别具幽境，真是"径从古树荫中度；泉向奇峰罅处潺"。八音涧上，梅亭翼然，拾级而上，可观古园全景。

图 3-20　八音涧

2. 因地制宜，天然清旷

寄畅园传承了宋以来文人园风格而更精致成熟。

宋元士人园选址善于利用原始地貌，因山就水建筑更注重收纳、摄取园外之借景，力求园林本身与外部自然环境的契合，使园林仿佛天授地设，不待人力而巧。建筑密度低，或踞山远眺，临池俯影，或向花木，倚奇石，掩映于林木烟云之中，在园中处于配景地位。

园林筑山往往主山连绵，客山拱伏，多呈丘壑冈阜、峰峦涧谷之势，有的混假山于真山之中，浑然一体。池岸叠石，凹凸自然，石矶错落。植物多群植成林，形成蓊郁森然气氛，林间留出隙地，虚实相衬，于幽奥中见旷朗，形成了简远、疏朗、雅致、天然的风格特点。

寄畅园继承了宋元构园传统。寄畅园“环惠山而园者，若棋布然”[①]，背山临流，近以惠山为背景，远以东南方锡山龙光塔为借景，近览如深山大泽，远眺山林隐约，又结合园内地形和周围环境，根据东西狭窄、南北纵

① 王稚登：《寄畅园记》，见陈从周、蒋启霆选编：《园综》，第174页。

长、西高东低等特点，因高培土，就低凿池，南北两组建筑衔接山水两端，创造了与园基纵长方向相平行的水池和假山。

明代王稚登《寄畅园记》曰：“登此则园之高台曲榭，长廊复室，美石嘉树，径迷花、亭醉月者，靡不呈祥献秀，泄秘露奇，历历在掌，而园之胜毕矣。大要兹园之胜，在背山临流，如仲长公理所云。故其最在泉，其次石，次竹木花药果蔬，又次堂榭楼台池篻……”康熙“山色溪光”和乾隆题的“玉戛金枞”题咏，概括了全园的风景精髓。

3. 苍凉廓落，精雅成熟

寄畅园东南角方池“两水夹明镜”，名“镜池”。平波弥漫，水面开朗明静，南北长，东西狭，2.5 亩的池水乃引惠山之泉，东面是临水的亭台楼阁，水面上筑有石桥，使水面成为不规则的巨大镜面。西面地势高处造假山，山影、塔影、树影、花影、云影、鸟影尽汇池中，“青雀之舳，蜻蛉之舸，载酒捕鱼，往来柳烟桃雨间，烂若绣缋，故名‘锦汇漪’，惠泉支流所注也”[①]。园内景色，围绕锦汇漪一泓池水为中心，一带临水曲绕的长廊，由南向北展开，别具一番风味（图 3-21）。

图 3-21　锦汇漪

① 王稚登：《寄畅园记》，见陈从周、蒋启霆选编：《园综》，第176页。

池东一带，临池构筑亭榭，连以游廊。池水南北纵深，顺着长廊向北，池岸一侧突出池中，方亭知鱼槛三面环水，南门楣隶“梦庄”，北门楣隶“似濠”，取意庄子与惠子濠梁问答。当年秦燿常常在此凭槛观鱼，怡然自得。槛中悬吴永康画的《鱼乐图》。青山嘉木，悠悠白云，倒影楚楚，鱼翔浅底，倏忽穿梭。

知鱼槛与对岸的石矶鹤步滩两相对峙，有两处用小石条平贴水面，隔断大池水，内用岩石环抱，似泉若渊，碧水隐约，层复一层，若断若续，层次丰富。水石相谐，情趣盎然，好似成群白鹤栖息漫步，因此取名“鹤步滩”。

知鱼槛南是座六角小亭郁盘亭，亭中置有古朴的青石圆台一座，配以四个石鼓凳，为秦家明代旧物。亭对面山岗叠翠，林木蓊郁。

郁盘亭向北的长廊叫郁盘长廊，前后古木成荫，郁郁葱葱，墙上漏窗外竹石花木，若隐若现。这里的廊柱特别高，因此长廊也特别高敞。在廊内举目四望，锦汇漪对面的高大树木以及雄伟的惠山，皆能一览无遗。

锦汇漪北有七星桥和廊桥，横跨在锦汇漪上，将池水分成几个不同风情的小水域，使人看不到水的去向，增加了水意连绵的感觉。七星桥，由七块黄石板直铺而成，平卧波面，几与水平，朴实无华，乾隆吟有“一桥飞架琉璃上”之句。步上小桥，水天一色，有“仰观宇宙之大，俯察品类之盛”的意境。

七星桥东面临水的是飞檐翘角的涵碧亭，取宋朱熹“一水方涵碧，千林已变红”意境，“微风水上来，衣与寒潭碧”。亭后的古樟，已有四百多年历史。

园北端原有环翠楼、大石山房等建筑，今翻修成单层的嘉树堂，悬山式屋顶。站在堂前，南面秀丽的锡山，山顶的龙光塔和园中的知鱼槛、郁盘亭等融合在一起，形成了“山地塔影”的奇妙景象。这是寄畅园“小中见大”建园风格的体现。

池西筑假山呼应，假山依惠山东麓山脉作余脉状，又构曲涧，引二泉水流注其中，潺潺有声。园内大树参天，竹影婆娑，饶有山水林木之雅，犹如大厅中清翁同龢的抱柱联描写的一幅山水素描："杂树重荫，云淡烟轻；风泽清畅，气爽节和"。

锡山龙光塔高耸入云，巍峨的九龙山峰高可碍月。邻梵阁翼然凌空，居高临下。巧妙的借景，高超的叠石，精美的山水，洗练的建筑，苍凉廓落，不以一亭一榭为奇。周维权先生称："它与乾隆以后园林建筑密度日愈增高、数量越来越多的情况，迥然不同，正是宋以来的文人园林风格的承传。不过，在园林的总体规划以及叠山、理水、植物配置方面更为精致、成熟，不愧为江南文人园林中的上品之作。"[①]

寄畅园得天独厚的价值，体现在人文艺术方面。园林历四百九十年而不易姓，一园之兴衰牵涉皇嗣之争，关乎国运之盛衰；艺术上，寄畅园为巨匠杰构孑遗、承前启后的佳作。此皆奠定了寄畅园在中华园林史上的独特地位。

九、凝固的风雅——中华文化名人与苏州园林建筑装饰

历史上的文化名人故事和风流韵事，是苏州园林建筑木雕和堆塑的重要题材，其中反映了吴地崇文重教的优秀传统和文化风尚。

苏州建筑木雕源远流长，在苏州草鞋山出土的文物中，就有三千年前的木刻件遗物。两千五百多年前，伍子胥筑阖闾大城，"欲东并大越，越在东南，故立蛇门以制敌国。吴在辰，其位龙也，故小城南门上反羽为两鲵鱙，以象龙角。越在巳地，其位蛇也，故南大门上有木蛇，北向首内，示越属于吴也"[②]。盘门和蛇门上刻的龙蛇，造型已经很生动。史书还记载，勾践所献扩建姑苏台的木材，都"巧工施校，制以规绳。雕治圆转，刻削磨砻。分以丹青，错画文章。婴以白璧，镂以黄金。状类龙蛇，文彩生光"，姑苏台

---

① 周维权：《中国古典园林史》，清华大学出版社，2005年，第2版，第299页。

② 赵晔、周生春辑校汇考：《吴越春秋辑校汇考·阖闾内传》，中华书局，2019年，第32页。

建筑雕镂之精工，可窥其一斑。

至明代，苏州的木雕技艺以“精、细、雅、丽”闻名遐迩，苏州木雕与安徽、南京、宁波木雕并列为“四大流派”，“苏式”红木雕刻尤为一绝。清代建筑木雕工艺创造出嵌雕组合和贴雕两种形式，木雕技艺更加炉火纯青。“无雕不成屋，有刻斯为贵”，绮纹古拙，玲珑剔透，妙在自然，堪称“雕梁”。

堆塑一称泥塑，是苏州吴县香山古建筑传统工艺，制作于建筑物的屋脊、山花、门楼、垛头、墙檐、亭顶等处，有时和砖雕配合使用。苏式古建堆塑是以静态的造型，表现运动的独特装饰艺术，造型精美，题材丰富，享有“凝固的舞蹈”“凝固的诗句”之誉。

建于五代至北宋初年的苏州云岩寺塔（虎丘塔），内有彩绘堆塑图像，有立轴画形式的图像、太湖石图、全株式牡丹图、如意形云头纹和花叶装饰图案等，当为我国迄今所知最早的堆塑图像遗存。①

人物堆塑起源甚早，现苏州吴县甪直保圣寺，尚留半堂栩栩如生的罗汉像，传说出自香山堆塑鼻祖、唐代有“塑圣”之称的苏州人杨惠之之手。杨惠之活跃于开元、天宝年间，与画圣吴道子齐名。②

明清以后，中华文化名人成为苏州园林雕刻和堆塑最基本最稳定的文化母题之一。我们在苏州园林厅堂裙板、垂脊、山墙堆塑中每每能见到上古逸士贤人、晋人风流、诗仙风采、宋人雅赏、云林逸韵等，此皆成为苏州园林凝固的风雅。

（一）上古逸士贤人

苏州园林自宋以来，就以“归来”主题居多。自此以后，隐逸文化精神始终成为苏州园林的主旋律。因此，膜拜高人，踪武逸士，成为园林建筑装饰的不倦主题。

许由和巢父是历史上有文献记载的最早隐士，并称“巢由”。

---

① 张朋川：《苏州云岩寺塔北宋初年灰塑图像初析》，待刊稿。

② 一说唐僖宗（862—888）时才有堆塑工艺，今专家考证有宋塑一说。

魏晋皇甫谧《高士传·许由》载："尧让天下于许由……由于是遁耕于中岳颍水之阳、箕山之下，终身无经天下色。尧又召为九州长，由不欲闻之，洗耳于颍水滨。"许由认为尧的话污了他的耳朵，便到颍水边去，掬水洗耳。

《高士传·巢父》载："巢父者，尧时隐人也，山居不营世利，年老以树为巢而寝其上，故时人号曰'巢父'。"

初，许由以尧让天下之事告其友巢父。巢父曰："汝何不隐汝形，藏汝光，若非吾友也。"由怅然不自得，于是去颍水边洗耳，此时，正值巢父牵着一头小牛来给它饮水，怕洗过耳的水玷污了小牛的嘴，便牵起小牛，径自走向水流的上游去了。

"巢由"结志养性、优游山林、甘守清贫、不慕荣利等高风亮节，成为中国传统知识分子精神品格的一部分。陈御史花园裙板雕刻图上，小溪旁垂柳下的许由正在掬水洗耳，巢父牵牛在侧（图3-22），生动地演绎了上述的故事。

图3-22　巢由结志养性

伯夷、叔齐，是孔子称赞的"古之贤人"，商代末年孤竹国君的两个儿子。他们因互让王位而出逃，听说西伯侯姬昌尊老敬老，为养老计，便相携投奔西伯昌。行至中途，姬昌已死，见武王车载西伯昌雕像率大军征讨纣王，二人马头劝谏："父死不葬，爰及干戈，可谓孝乎？以臣弑君，可谓仁乎？"武王大怒，幸得姜子牙劝说，二人侥幸逃脱一死。劝阻不成，二人继续西行，直至甘肃境内首阳山，当时周武王已夺得天下，四海归顺。二人誓不食周粟，在山间采薇而食，有《采薇歌》曰："登彼西山兮，采其薇兮。以暴易暴兮，不知其非矣。神农、虞、夏，忽焉没兮，我安适归矣？于嗟徂兮，命之衰矣！”直到饿死。伯夷、叔齐在天下宗周之时，独耻食周粟，饿死而不顾，韩愈《伯夷颂》赞之为“昭乎日月不足为明，崒乎泰山不足为高，巍乎天地不足为容”，是后儒宁死不做贰臣的“万世之标准”。

忠王府有两幅伯夷、叔齐的采薇图：一幅图上兄弟俩一个肩荷篮子，一个手提篮子，行走在山道上，篮子中盛着聊以充饥的薇草；另一幅画面，两人正在山上松畔采挖着薇草，象征着恪守清高节操的隐士生活。

（二）晋人风流

东汉外戚和宦官集团在董卓之乱的战火中同归于尽，中国历史进入了一个新的“战国时代”，延续三百多年，战乱频仍，门阀氏族之间倾轧争夺，大混乱、大残杀，惨不忍睹。“世积乱离，风衰俗怨”，文人祸福无常，命如草芥。深情于人生的晋人更为敏感，“向之所欣，俯仰之间，已为陈迹”，把人生看得极重要，“生死亦大矣，岂不痛哉”！同时，他们悟出“固知一死生为虚诞，齐彭、殇为妄作”，因而见“木犹如此”，便会潸然泪下。

魏晋南北朝文人，即使在山水园林中享受“逸兴野趣”时，也夹杂着浓重的生命悲情。豪华园林金谷园园主石崇，“感性命之不永，惧凋落之无期”，遂在金谷园尽情游宴。

唐代诗人杜牧当年登临怀古，曾喟叹道：“大抵南朝皆旷达，可怜东晋最风流。”[①]“可怜”是可爱的意思，而“风流”指的是人的举止、情性、言谈等，是那一代新人所追求的一种具有魅力和影响力的人格美，即“魏晋风流”。此是在乱世的环境中对汉儒为人准则的一种否定，也是“玄”的心灵世界的外化，是乱世之下痛苦内心的折射。

冯友兰在《南渡集·论风流》中称，构成真风流有四个条件，分别是玄心、洞见、妙赏、深情。重在表现善待人生，珍惜生命中美好的感情和事

---

① 杜牧：《润州二首》其一，见彭定求等编：《全唐诗》卷五二二，第5963页。

物，并用心去体悟和赏爱。对生命之美的赏爱，是心灵生活的审美化生存。此恰当地概括了魏晋文人在寻求必朽生活的欢乐中，表现出来的人格风采和对人生的哲理性思考及审美化生存。

对个性的张扬，对真善美的追求，对天然之美的欣赏，对文学、琴棋书画的妙赏，加上“腹有诗书气自华”，如此种种，构成了魏晋名士的真风流。

陶渊明穷到向人乞食，饿得好几天不能起床，他将悲情化解到美善一体的桃花源里，在这个心造的农耕社会的“伊甸园”中陶醉，“神游于黄、农之代”[①]，被称为“古今隐逸诗人之祖”。

菊花是中国传统名花。菊花不仅有飘逸清雅、华润多姿的外观，幽幽袭人的清香，而且还有“擢颖凌寒飙”“秋霜不改条”的内质，其风姿神采，成为温文尔雅的中华民族精神的象征，也成为陶渊明精神的象征。菊花也被称为“花之隐逸者”，成为陶的形象特征，遂获“陶菊”雅称。“陶菊”象征着陶渊明不为五斗米折腰的傲岸骨气。“东篱”，则成为菊花圃的代称。陶渊明与陶菊成为定格于人们心中的美的意象。

留园“活泼泼地”裙板木雕上，陶渊明手持一枝硕大的菊花，身旁是菊花盆景，小童也兴致勃勃地玩赏着秋菊。陈御史花园裙板上的木雕图中，小童扛着菊花篮，渊明拄杖行于菊花边。天平山屋脊上有陶渊明爱菊的堆塑。陶渊明怀里拥着手捧大菊花的孩子，象征着菊花如子，为渊明珍爱。狮子林裙板上雕刻着松菊犹存图（图 3-23），茂松一棵，菊花数盆，两人犹勤奋忙碌着，一人搬菊花盆，一人荷菊花篮，一翁倚松怡然，反映了陶渊明《归去来兮辞》中“三径就荒，松菊犹存”的惬意。

魏晋名士们，虽身在庙堂，但又胸怀虚静，心存丘壑。服食养性，饮酒谈玄，不以世务缨心，这就是所谓“朝隐”。他们喜欢跋山涉水，“栖清旷于山川”，在游览名山大川的过程中，培养对山水的审美意识。

出身世族高门、“清贵有鉴裁”的大名士书圣王羲之，与东土人士尽山水之游，弋钓为娱。又与道士许迈共修服食，采药石不远千里，遍游东中

---

① 邱嘉惠评注：《东山草堂陶诗笺》卷五，清康熙间刻本。

诸郡，穷诸名山，泛沧海，叹曰：“我卒当以乐死。”[1] 他感到“群籁虽参差，适我无非亲”，物我两忘，鱼鸟相亲，达到“道”的最高境界。王羲之善于摄取自然界事物的某种形态化入字体之中，“书肇自然”，纵横有象，尤喜“观鹅以取其势，落笔以摩其形”，从鹅的优雅形姿上悟出书法之道：执笔时食指须如鹅头昂扬微曲，运笔时要像鹅掌拨水，方能使精神贯注于笔端。王羲之模仿着鹅的形态，挥毫转腕，所写的字雄厚飘逸，刚中带柔，既像飞龙又似卧虎。有一次，王羲之外出访友，路见一群白鹅正在戏水追逐，心中大喜，就想买下带回。鹅的主人是一位道士，仰慕王羲之的字，因请王羲之抄写一份《黄庭经》来换。王羲之果然抄写好一本《黄庭经》换回了山阴道士的一群白鹅，成为“神鹅易字”的佳话。李白诗曰：“右军本清真，潇洒出风尘。山阴过羽客，爱此好鹅宾。扫素写道经，笔精妙入神。书罢笼鹅去，何曾别主人。”[2] 狮子林一幅王羲之爱鹅雕刻图，王羲之坐在亭边的椅子上，亭边竹影摇曳，椅边三鹅姿态各异，小童弯腰逗鹅，王羲之则侧身全神贯注地观察着鹅的神态。留园的王羲之爱鹅雕刻图，小童在喂鹅以食，一鹅伸脖向天鸣叫，柳下树畔，王羲之正倾身观看。严家花园的王羲之爱鹅雕刻也很生动，双鹅在王羲之坐的椅子前，一鹅安闲自如，似乎在与王羲之对话，另一鹅则伸脖觅食。

图 3-23　松菊犹存（陶渊明）

---

① 房玄龄等撰：《晋书·王羲之传》，第2101页。

② 李白：《王右军》，见彭定求等编：《全唐诗》卷一八一，第1845页。

南朝上清派道教领袖梁陶弘景，兼修儒、佛。《南史》本传载其临终遗令：“既没不须沐浴，不须施床，止两重席于地，因所著旧衣，上加生裓裙及臂衣靺冠巾法服，左肘录铃，右肘药铃，佩符络左腋下，绕腰穿环结于前，钗符于髻上。通以大袈裟覆衾蒙首足，明器有车马……”他隐居于句容句曲山，梁武帝时礼聘不出，并画了一幅画，上有两头牛：一牛徜徉水草边，安闲自在；一牛被着以金笼头。此画明白地告诉武帝，自己不愿意像牛一样被着以金笼头。不过，梁武帝对他还是“恩礼愈笃”，在《答陶弘景请解官诏》书中，梁武帝说：“卿遣累却粒，尚想清虚，山中闲静，得性所乐，当善遂嘉志也。若有所须，便可以闻。仍赐帛十匹，烛二十挺。”后来，“国家每有吉凶征讨大事，无不前以咨询。月中常有数信，时人谓为‘山中宰相’。二宫及王公贵要参候相继，赠遗未尝脱时”[①]。这位犹如神仙的“山中宰相”，成为士大夫们心慕神追的偶像。

忠王府有两幅山中宰相的雕刻图：一幅是陶弘景坐在松下蒲团上，手握书卷，小童手捧砚台；一幅是高山下的陶弘景坐在蒲团上，一朝中大员拱手一旁，似在咨询朝廷大事。

（三）诗仙风采

大唐帝国的勃勃生命力，不仅铸合了南秀北雄的文风，而且兼容了世界的辉煌文化，诗歌、绘画、书法、音乐、舞蹈等灿烂辉煌，造就了中华大帝国的鼎盛时代。大唐王朝沐浴在“诗”的海洋里，大唐园林亦浸润于诗情与画意之中。

诗仙李白抱着政治幻想，当了翰林院待诏，唐玄宗李隆基与宠妃杨玉环在沉香亭赏花，召翰林李白吟诗助兴，李白即席写就《清平调》三首。李隆基大喜，赐饮。大太监高力士地位显赫，天子称他为兄，诸王称他为翁，驸马、宰相还要称他一声公公，何等神气！然而，李白借着醉酒，竟令高力

① 李延寿撰：《南史·陶弘景传》，中华书局，1975年，第1899—1900页。

士为他脱靴！高力士为报此脱靴之辱，借《清平调》中“可怜飞燕倚新妆”句所用赵飞燕一典，说是暗喻杨贵妃。赵飞燕因貌美受宠于汉成帝，立为皇后，后因淫乱后宫被废为庶人，自杀。李白因此罢官而去，政治幻想被彻底打破了。后来文人用“力士脱靴”来形容文人任性饮酒，不畏权贵，不受拘束。陈御史花园裙板上的高力士为李白脱靴图中，高力士脱靴，杨贵妃捧砚，李白醉态可掬。

李白“醉酒戏权贵”后，浪迹江湖，终日沉饮，人称“醉圣”。开元二十五年，李白到山东，客居任城，时与鲁中诸生孔巢父、韩沔（一作韩准）、裴政、张叔明、陶沔在徂徕山，日日酣歌纵酒，狂妄而不可狎近，时号“竹溪六逸”。“竹溪六逸”有着隐士与逸民的心理特征，性之所至，高风绝尘。他们寄情于山水林泉，桀骜不驯，放旷不羁，柴门蓬户，兰蕙参差，妙辩玄宗，尤精庄老，那是一种悠然自在的文化态度，更是一种理想而浪漫的生存方式。狮子林竹溪六逸图，刻画的就是“竹溪六逸”的放逸风范。在竹林溪边的敞轩中，三人在地毯上或扶几手持大蒲扇，或昂首站立，或团坐沉吟；三人行走纵谈，其中一人背手持扇，神情专注，甚为生动。

李白性情旷达，嗜酒成癖，史载其“每醉为文章，未少差错，与不醉之人相对议事，皆不出其所见”。杜甫《饮中八仙歌》赞道：“李白斗酒诗百篇，长安市上酒家眠。天子呼来不上船，自称臣是酒中仙。”忠王府有两幅李白醉酒雕刻图：一幅画面上的李白醉卧在一大酒坛旁，豪饮和醉态表现得淋漓尽致；另一幅李白醉饮图中，李白举杯似在邀月同饮。陈御史花园的李白醉酒图（图 3–24），喝

图 3–24 李白醉酒

得酩酊大醉的李白，正扶着小童的肩膀回屋休息。

李白和杜甫被誉为中国诗歌灿烂星空中的双子星座。他们生活在唐朝由全盛到逐步衰退的时期，坎坷的生涯和颠沛流离的生活，使他们有了共同的语言。天宝三载（744），李白离开朝廷，与杜甫在洛阳相见，尔后同往开封、商丘游历，次年他们又同游山东，“醉眠秋共被，携手日同行”，亲同手足。李白比杜甫年长十一岁，但对杜甫非常敬重。杜甫盼望与李白“何时一樽酒，重与细论文”。忠王府裙板上有一幅李白杜甫“重与细论文”的雕刻图，图中日已西沉，两人“论文”正酣，颇为传神。

（四）宋人雅赏

宋代“以儒立国，而儒道之振，独优于前代”[①]，故宋代文化达到中国文化之最，“天水一朝人智之活动与文化之多方面，前之汉唐，后之元明，皆所不逮也”[②]。宋代文人，皆具全才型文化品格。琴棋书画诗酒茶，雅玩清赏构园，成为他们的生活内容和生活方式。文化艺术各门类互融互通，诗画渗融为一，所谓“画者，文之极也”[③]。“诗中有画，画中有诗”的王维的画，为苏轼所激赏。宋人并将诗情画意巧妙地融入园林，“诗扬心造化，笔发性园林”，在审美品位上，更崇尚“莫可楷模”的“逸格”和“意韵”，构建了以“逸”为主体审美内涵，进一步光大完善了唐人“意境”说和“韵味”说，此标志着中国园林美学理论体系的建立。

宋代理学大兴，理学是十分精致的哲学。思理见性的理学，形成了“濂洛风雅”。“洛下五子”之一的周敦颐是其中的代表人物。

周敦颐“雅好佳山水，复喜吟咏”，酷爱雅丽端庄、清幽玉洁的莲花，曾筑室于庐山莲花峰下小溪上。知南康军时，在府署东侧挖池种莲，名为爱

---

① 脱脱等撰：《宋史·陈亮传》，第12930页。

② 王国维：《宋代之金石学》，见方麟选编：《王国维文存》，江苏人民出版社，2014年，第748页。

③ 邓椿：《画继·杂说》，王群栗点校，浙江人民美术出版社，2019年，第325页。

莲池。池宽十余丈，中间有一石台，台上有六角亭，两侧有之字桥。

盛夏周敦颐双手背在后面，漫步濂溪池畔，欣赏着清香缕缕、随风飘逸的莲花，口诵《爱莲说》，小童紧随其后，为他打扇，这是狮子林裙板上和陈御史花园裙板上雕刻的周敦颐爱莲图画面。狮子林裙板上另一幅爱莲图上，周敦颐坐在濂溪边枫树下的石岩上，手持葵扇，濂溪中的荷花亭亭玉立，小童采了一枝美丽的荷花给周敦颐看。留园的周敦颐爱莲图，小童在濂溪边兴奋地指画着，周敦颐坐在溪边岩石上，手持葵扇朝荷花池指画着，似乎和小童在交谈。陈御史花园也有多幅周敦颐爱莲图。

宋人已经从消极避世的“隐于园”的观念，转向珍重人生的“娱于园”“悟于园”。

林和靖是北宋著名的隐逸诗人，隐于杭州西湖孤山，足不及城市近二十年，不娶妻子，唯在居室周围种梅养鹤，人称“梅妻鹤子”。

梅花的神清骨爽、娴静优雅，与遗世独立的隐士姿态颇为相契，深合崇雅黜俗的宋人时代心理。宋代文人爱梅赏梅，蔚为风尚，他们托梅寄志，以梅花在凄风苦雨中孤寂而顽强地开放，梅花的执着、机敏、坚韧、孤芳自赏，象征不改初衷的赤诚之心。文人雅客赏其醉人心目的风韵美和独特的神姿。林和靖的《山园小梅》诗：“众芳摇落独暄妍，占尽风情向小园。疏影横斜水清浅，暗香浮动月黄昏。霜禽欲下先偷眼，粉蝶如知合断魂。幸有微吟可相狎，不须檀板共金樽。”尤其是“疏影横斜水清浅，暗香浮动月黄昏”两句，写尽了梅花的风韵，成为咏梅绝唱。

天平山垂脊上有林和靖爱梅的堆塑，林和靖手持拐杖，旁有枝干虬曲的梅花，怀里拥一个笑吟吟的天真可爱的孩子。留园的林和靖爱梅雕刻图上，一小童肩扛一枝梅花，林和靖在梅花树下。忠王府的林和靖爱梅雕刻图，一小童亦肩扛一枝梅花，林和靖则拄杖相迎（图 3–25）。陈御史花园裙板上刻的是林和靖头戴斗篷，站在梅花树下，一小童肩扛一枝枝干虬曲的梅花枝。

宋代沈括《梦溪笔谈》：“林逋隐居杭州孤山，常畜两鹤，纵之则飞入云霄，盘旋久之，复入笼中。逋常泛小艇游西湖诸寺。有客至逋所居，则一

图 3–25　林和靖爱梅（忠王府）

童子出应门，延客坐，为开笼纵鹤。良久，逋必棹小船而归。盖尝以鹤飞为验也。”林和靖爱鹤逾珍宝。清代陆隽《竹枝词》：“林家处士住孤山，双鹤飞飞去复还。懊恨儿家不如鹤，梅花香里一身闲。”留园“活泼泼地”裙板上，小童在逗鹤，而鹤张开翅膀翔舞在林和靖前面，林则俯身趋前，似乎在和鹤交谈。忠王府裙板上的仙鹤，背似龟背，正昂头伸脖，似乎也在和林和靖面谈。

“一肚皮不合时宜”的宋代大文学家苏轼，特别爱梅花，因为梅花也是“尚余孤瘦雪霜姿。寒心未肯随春态”[①]，梅之品格和苏轼的人格太相似，苏轼赏梅，独赏其清韵高格，他写有四十多首咏梅诗词，均能写其韵，赞其格。如赞白梅“洗尽铅华见雪肌，要将真色斗生枝”，冰清玉洁；赞红梅“酒晕无端上玉肌”，撩人之心。赏梅人也植梅，苏轼曾手植宋梅。留园裙板雕刻着苏轼植梅图，苏轼一手持折扇，一手指挥小童往梅花上浇水。

忠王府和陈御史花园裙板上都刻有苏轼夜游赤壁的情景。明月当空，山腰祥云舒卷，梅枝倒垂，松树挺立，山崖下，浪花拍岸，苏轼坐在船上，面对摇桨的人。这再现了苏轼《前赤壁赋》的意境：

> 壬戌之秋，七月既望，苏子与客泛舟，游于赤壁之下。清风徐来，水波不兴。举酒属客，诵明月之诗，歌窈窕之章。少焉，月出于东山之上，徘徊于斗牛之间。白露横江，水光接天。纵一苇之所

① 苏轼：《红梅》其一，见《苏轼诗集》，第1107页。

如，凌万顷之茫然。浩浩乎如冯虚御风，而不知其所止；飘飘乎如遗世独立，羽化而登仙。[1]

文房四宝之一的砚，为文人酷爱，苏轼平生爱玩砚，对砚颇有研究，自称平生以“字画为业，砚为田”。他曾在徽州获歙砚，誉之“涩不留笔，滑不拒墨”。对龙尾砚也情有所钟，写有《眉子石砚歌赠胡訚》《张几仲有龙尾子石砚以铜剑易之》《龙尾石砚寄犹子远》等诗歌。忠王府和陈御史花园的裙板上都刻有苏轼玩砚图。一幅图中，松石下一小童持砚，苏轼俯身细看；另一幅图中，在竹下、篱边，小童和苏轼各持一砚，苏轼神情专注地欣赏着砚台（图 3–26）。

图 3–26　苏轼玩砚

石崇拜是地景崇拜的产物，将崇拜之石作为审美对象点缀园林则盛行于唐，至宋达到巅峰。文人给天然奇石涂抹了浓浓的人文色彩，开创了中国赏石文化的全新时代。

宋徽宗的书画学博士米芾，性格乖僻，极爱清洁，人称“米颠”。米芾爱石成癖，据《梁溪漫志》等笔记小说记载，米芾在担任无为军守的时候，见到一奇石，大喜过望，特令人给石头穿上衣服，摆上香案，自已则恭恭敬敬地对石头一拜至地，口称“石兄”“石丈”，被时人传为美谈。陈御史花园米芾拜石雕刻图，米芾对着奇石弯腰几近九十度，拱手下拜，一童侍立在侧。

① 苏轼：《苏轼文集》，第5—6页。

（五）云林逸韵

有“九儒十丐”之说的元代，文人有的隐逸于山林，有的寄情于书画，尽显自己“超凡脱俗”的情趣，抒发抑郁苦闷的心境，如以毕生精力专事绘画，取得了卓越成就的“元四家”，他们受元初画家赵孟頫的复古理论影响，师法五代、北宋山水画传统，又各具独特风貌，给后世以深远的影响。

“元四家”中的佼佼者倪瓒（1306—1374），字元镇，号云林子，江苏无锡人。倪瓒在长兄的关怀和宠爱下，过着优裕闲适的生活。家中有秀雅的园林，园中有清閟阁，阁内藏有经史子集、佛经道藏和钟鼎彝器等古玩。另有云林堂、萧闲仙亭、朱阳宾馆、海岳翁书画轩等。倪瓒有营构园林的艺术实践，也有陶醉于园林的闲适体验。他的绘画体现了元画“高逸”的最高成就，而他的“逸笔草草”，“聊以写胸中逸气”，也最能道出元代绘画的精神。因此，倪瓒在艺术史上具有至高地位，明代孙克弘题倪瓒《渔庄秋霁图》引沈周语：“云林戏墨，江东之家以有无为清俗。”富贵人家以有云林画作为炫耀资本。清代王原祁称其为“四家第一逸品”，乾隆皇帝也说：“元四大家，独云林格韵尤超，世称逸品。”董其昌激赏道：“迂翁画，在胜国时，可称逸品。昔人以逸品置神品之上，历代唯张志和、卢鸿可无愧色。宋人中米襄阳，在蹊径之外，余皆从陶铸而成。元之能者虽多，然禀承宋法，稍加萧散耳。吴仲圭大有神气，黄子久特妙风格，王叔明奄有前规，而三家皆有纵横习气。独云林古淡天然，米痴后一人而已。”倪云林一生不愿为官，“屏虑释累，黄冠野服，浮游湖山间”。

倪瓒爱洁如癖，甚至“一盥颒（洗手洗脸）易水数十次，冠服数十次振拂”，“斋阁前植杂色花卉，下以白乳甃其隙。时加汛濯，花叶坠下，则以长竿黏取之，恐人足侵污也”。据明人王锜《寓圃杂记》记载：“倪云林洁病，自古所无。晚年避地光福徐氏……云林归，徐往谒，慕其清秘阁，恳之得入。偶出一唾，云林命仆绕阁觅其唾处，不得，因自觅，得于桐树之根，遽命扛水洗其树不已。徐大惭而出……”梧桐，又名青桐，青，清也、澄也，与心境澄澈、一无尘俗气的名士的人格精神同构。自此，洗桐成为文人洁身自好的象征。狮子林和留园都有倪云林洗桐雕刻，留园的倪云林洗桐雕刻图上，水桶放在梧桐树下，倪云林站在一旁，一小童用勺子舀水正往梧桐树上浇水。留园另一幅洗桐图上，长髯飘飘的倪云林，坐在岩石上，手指着梧桐树，指挥小童认真地观察着梧桐，并往树上浇水。狮子林的洗桐图，梧桐树两三棵，云林坐在树旁岩石上，一伙计手拿抹布仔细地洗擦着树干，大水盆放在梧桐树下，树旁栏杆清晰可见（图 3–27）。

图 3–27　云林洗桐

苏州园林的建筑装饰图案，积淀着的历代文人的风雅，经过数千年历史的熔炼，已经成为吴地文化崇文心理的物化符号，也体现了精雅的士大夫文化与民俗文化完美的交融互渗。

十、松下横琴待鹤归——古琴与苏州园林

古人把良辰、美景、赏心、乐事称为人间“四美”，中国园林往往“四美”兼具，其中，抚琴赏乐，歌舞观戏，亦为风流雅事。

古琴是我国最古老的弹拨乐器之一，列“八音”之首。千百年来，古琴以其特立独行的艺术魅力、空灵苍远的哲学意境和丰富厚重的文史底蕴，诠释着中华民族传统文化的精髓。古琴艺术也与苏州的古典园林艺术交相辉映，不可分离。

（一）琴德与园情

古琴艺术可追溯到约三千年前，相传伏羲作琴，又传“舜作五弦之琴，以歌南风”[①]，而天下治。东汉桓谭《新论》载：“昔神农氏继宓羲而王天下，上观法于天，下取法于地，近取诸身，远取诸物。于是始削桐为琴，绳丝为弦，以通神明之德，合天地之和焉。”西周文王因悼念死去的儿子伯邑考，后增弦一根，武王伐纣，又添一根，遂有“文武七弦琴”之称。

琴身为狭长形，木质音箱，面板外侧有十三徽。底板穿龙池、凤沼二孔，供出音之用。据载，琴依人身凤形而制，其长宽、厚度、音槽、琴弦、镶嵌等皆合天地阴阳之数，常见的琴有伏羲式、神农式、师旷式、子期式、仲尼式、灵机式、响泉式、连珠式、落霞式、凤势式、伶官式、蕉叶式、列子式及鹤鸣秋月式等。

这些都为后来西周时期的礼乐制度做了铺垫。儒家向来重视人的感情抒发，并用礼来约束感情，将礼、乐统一起来，成为中华原创性文化中儒家思想的基本准则。琴音所表现的雅正之德谓“琴德”，嵇康《琴赋》称：“愔愔琴德，不可测兮。”《宋史·乐志》云：“众器之中，琴德最优。《白虎通》曰：‘琴者，禁止于邪，以正人心也。’宜众乐皆为琴之臣妾。”《琴学正声》载：“琴之为器，贯众乐之长，统大雅之尊，系政教之盛衰，关人心之邪正。”清代钱谦益《客途有怀吴中故人·文状元文起》诗亦云：“阶前警鹤谙琴德，竹里迁莺和友声。”

琴既是禁止淫邪、端正人心的乐器，又是有德之物。于是，琴也成为修身养性、治家理国的工具。《隋书·音乐志》：“《记》曰：‘大夫无故不撤悬，士无故不撤琴瑟。’”操缦调琴之时，“坐必正，视必端，听必专，意必敬，气必肃”，澡溉精神，陶冶性情。

孔子常“弦歌”《诗三百》，在杏坛讲学时也少不了弹琴。据传，孔子周游列国，自卫反鲁，过隐谷之中，见香兰独茂，喟然叹曰：“兰当为王者香，

---

① 孙希旦撰：《礼记集解》，沈啸寰、王星贤点校，中华书局，1989年，第995页。

今乃独茂，与众草为伍……”乃止车援琴鼓之，自伤不逢时，托词于香兰。所奏琴曲名《猗兰操》，也称《幽兰操》。孔子到武城，听到了弦歌之声，莞尔而笑，并和他的学生、武城宰言偃开起了玩笑：“割鸡焉用牛刀？”《孔丛子》记载，孔子“退而穷居河济之间、深山之中，作壤室，编蓬户，常于此弹琴以歌先王之道”。

《吕氏春秋·察贤》篇讲了宓子贱鸣琴而治的故事，说宓子贱治理单父县，终日弹琴，身不下堂，将单父县治理得很好。而巫马期披星戴月，早出晚归，遇事身体力行，单父县亦得到治理。巫马期询问宓子贱这是什么原因，宓子贱回答：“我理政的方法是用人，而您是用力。凡事身体力行便很疲劳，善于用人就轻松多了。”音乐起着潜移默化的作用，可以使人们在“游于艺”中净化心灵，达到“君子爱人”“小人易使”的理想效果。

隋代王通《中说·礼乐》：“子游汾亭，坐鼓琴，有舟而钓者过，曰：‘美哉，琴意！伤而和，怨而静，在山泽而有廊庙之志……’”

龙性难驯的嵇康作《琴赋》，认为音乐“可以导养神气，宣和情志，处穷独而不闷”，他“目送归鸿，手挥五弦”，临刑鼓一曲《广陵散》，曲终叹曰：“《广陵散》从此绝矣！”“晋人之美，美在神韵……这是一种心灵的美，或哲学的美，这种事外有远致的力量，扩而大之可以使人超然于死生祸福之外，发挥出一种镇定的大无畏精神来。”①

东晋谢安隐居会稽东山，爱散发岩阿，性好音乐，陶情丝竹，欣然自乐，甚至“期功之惨，不废妓乐”②，并于土山营墅，楼馆林竹甚盛，每携中外子侄往来游集，肴馔亦屡费百金。余怀《谢公墩》诗称其“高卧东山四十年，一堂丝竹败苻坚”。谢安的东山风流，成为后世文人园津津乐道并效仿的典范。留园“东山丝竹”是苏州第一戏台，在那里园主效仿谢安的“东山风流”，正如戏台对联所写：“一部廿四史，谱成今古传奇，英雄事业，儿女情怀，都付与红牙檀板；百年三万场，乐此春秋佳日，酒坐簪缨，歌筵丝竹，问何如绿野平泉。”

---

① 宗白华：《美学散步》，第185页。

② 房玄龄等撰：《晋书·王坦之传》，第1968页。

古时文人随身常携琴、剑两物，取琴之柔、剑之刚，以寓意刚柔相济。宋代陆游《出都》诗："重入修门甫岁余，又携琴剑返江湖。""琴心剑胆"经常出现在园林厅堂庑廊门宕砖额上，言柔情侠骨，比喻既有情致，又有胆识。元代吴莱有诗云："小榻琴心展，长缨剑胆舒。"琴便有"铁琴"之称，即"铁骨琴心"之谓也。

古人也常以琴鹤相随，表示清高、廉洁。如唐代郑谷《赠富平李宰》诗云："夫君清且贫，琴鹤最相亲。"

弹琴、唱歌、饮酒、赋诗，旧皆逸人、高士之事。南朝齐人孔稚珪《北山移文》云："琴歌既断，酒赋无续。"宋代韩元吉《武夷书院记》云："讲书肄业，琴歌酒赋，莫不在是。"金代赵沨《和崔深道春寒》亦云："琴歌酒赋两寂寞，悬知此兴殊未阑。"唐代刘禹锡《含辉洞述》亦云："淑清之辰，休浣之时，雅步幅巾，琴壶以随。"此处琴壶就是指琴和酒。又如唐代曹松《罗浮山下书逸人壁》诗云："渔钓未归深竹里，琴壶犹恋落花边。"

作为中国文化载体的中国古典园林，通过倾注中华传统道德理念的人化风景设计，将这类道德观念艺术物化在园林中。皇家园林"以游利政"，私家园林强调在"游于艺"的过程中净化心灵，"志于道，据于德，依于仁"，士人园林从本质上说是体现古代文人士大夫的一种人格追求，是古代文人完善人格精神的场所。①

（二）琴韵与园境

悠扬婉转的叮咚弦索声，与园林的清幽雅逸景以及与古、淡、静、闲的心境相融相渗，天然和谐。唐代王维《竹里馆》诗："独坐幽篁里，弹琴复长啸。深林人不知，明月来相照。"用幽篁、深林明月，渲染出弹琴的环境。幽深茂密的竹林，月夜空明澄净，诗人独坐其间，弹奏舒啸，妙谛自成，清幽绝俗，安闲自得，尘虑皆空，外景与内情是泯合无间、融为一体的。弹琴

---

① 详见拙作：《"天人合一"观与中国园林的道德意识》，载韩国《人文科学研究》2003年8月。

者在意兴清幽、心灵澄净的状态下，与竹林、明月本身所具有的清幽澄净悠然相会，“俱道适往，着手成春”，进入“薄言情悟，悠悠天钧”的艺术天地。这种纯东方式的艺术享受，中唐大诗人白居易在《池上篇》中淋漓尽致地描写了他在履道里家园中鼓琴自娱的惬意。

在古琴审美情趣上，文人推崇《老子》“淡兮其无味”的音乐风格和“大音希声”无声之乐的永恒之美。“淡”者，就是徐𫖮《琴况》所说的“使听之者游思缥缈，娱乐之心，不知何去”“所谓希者，至静之极，通乎杳渺，出有入无，而游神于羲皇之上者也”。陶渊明所言“但识琴中趣，何劳弦上声”，遂有萧统《陶渊明传》“渊明不解音律，而蓄无弦琴一张，每酒适，辄抚弄以寄其意”及黄庭坚“彭泽意在无弦”之说，实际上，陶渊明追求的是宇宙天地之大乐。

苏轼《文与可琴铭》曰：“攫之幽然，如水赴谷。释之萧然，如叶脱木。按之噫然，应指而长言者似君。置之枵然，遗形而不言者似仆。”论者以为，苏轼虽未直接提出某种具体的琴乐审美观念，但是其论述所表明的，却正是琴乐审美范畴中“虚”与“实”、“动”与“静”之间的相互兼济、对立统一。所谓“攫之”与“释之”、“如水赴谷”与“如叶脱木”、有声与无声、“长言”与“不言”，都是由奏琴之指法谈及内心体验，以物喻之，以心验之。

琴学传统追求空灵清远之境和弦外之意，《琴况》：“其有得之弦外者，与山相映发，而巍巍影现；与水相涵濡，而洋洋徜恍。暑可变也，虚堂凝雪；寒可回也，草阁流春。其无尽藏，不可思议则音与意合，莫知其然而然矣。”

沈周作《蕉阴琴思图》诗云：“蕉下不生暑，坐生千古心。抱琴未须鼓，天地自知音。”明代文徵明弟子蒋乾，寓居苏州虹桥，画《抱琴独坐图》，画面上峰壁临湖，翠树葱郁，屋宇水亭，平坡堤坨，相映成趣。水亭中有人凭栏眺望，屋前平坡有人临流独坐，抱琴童子侍立，琴筑漱寒，绿意盈盈。想象中的琴声之美已经实现了心灵的超越，都是对“彭泽意在无弦”的形象诠释，也与“清涧之曲，碧松之阴。一客荷樵，一客听琴。情性所至，妙不自寻。遇之自天，泠然希音”[1] 诗境一致。

这正是苏州园林追求的景外情和物外韵，用美学家宗白华先生的经典语言来阐释：

> 艺术心灵的诞生，在人生忘我的一刹那，即美学上所谓‘静照’。静照的起点在于空诸一切，心无挂碍，和世务暂时绝缘。这时一点觉心，静观万象，万象如在镜中，光明莹洁，而各得其所，呈现着它们各自的充实的、内在的、自由的生命，所谓万物静观皆自得。[2]

这种空灵淡泊的审美心理，达到物我默契、神合而一、独立自足的精神境界，也即《庄子》“心斋”“坐忘”的自由审美境界。

（三）高山流水

“山水有清音”“流水当鸣琴”，在园林山水环境中听琴，或者松篁琴音相和，别具韵味。正如许浑《重游飞泉观题故梁道士宿龙池》诗云：“松叶正秋琴韵响，菱花初晓镜光寒。”[3] 又如朱德润《林下鸣琴图》中，天旷气清、群雁低徊之时，三位高士坐于长松下，一人抚琴，二人谈兴正浓，松风琴韵，更独具魅力。因此，古典园林在园景的规划布局中，每每便将游园览景和琴音欣赏很和谐地结合在一起。

苏州园林中最早设有“琴台”的是春秋时期吴王宫苑馆娃宫，宋代朱长文《吴郡图经续记》记之甚详：

> 山顶有三池，一曰月池，曰砚池，曰玩华池，虽旱不竭，其中有水葵（莼菜）甚美，盖吴时所凿也。山上旧传有琴台，又有响屧廊，或曰鸣屐廊……[4]

山巅凿平的台基，刻“琴台”二字，传为西施操琴处。此地为灵岩绝胜处，

---

① 何文焕辑：《历代诗话》，中华书局，1981年，第42—43页。
② 宗白华：《美学散步》，第21页。
③ 见彭定求等编：《全唐诗》，第6099页。
④ 朱长文：《吴郡图经续记》，《丛书集成初编》本，第29页。

“俯具区，瞰洞庭，烟涛浩渺，一目千里，而碧岩翠坞，点缀于沧波之间，诚绝景也”[1]。

宋代朱长文别业乐圃，位于今慕家花园附近，占地三十余亩，园内有邃经堂、琴台、墨池亭、钓渚、鹤室、蒙斋、见山冈、华严庵、草堂、西丘、笔溪、招隐、幽兴等景点。他在邃经堂中讲论六艺，也去琴台上弹琴。

有人说，音乐是化了妆的水，园林琴室，既要融琴音于水声，又要用假山景石营构出高山之趣，令人产生高山流水得知音的意境联想。

琴曲《高山流水》，位居中国古代十大名曲之首，典出《列子 · 汤问》：“伯牙鼓琴，志在登高山，钟子期曰：‘善哉，峨峨兮若泰山。’志在流水，钟子期曰：‘善哉，洋洋兮若江河。’”今汉阳龟山西麓、月湖东畔的古琴台，就是为纪念伯牙与子期“高山流水遇知音”而修建的。

俞伯牙琴技出神入化，也得益于高山和流水的“移情”。《水仙操》载：“伯牙学琴于成连，三年而成，至于精神寂寞、情志专一，尚未能成也。成连云：‘吾师方子春在东海中，能移人情。’乃与伯牙俱往，至蓬莱山。留宿伯牙，曰：‘子居习之，吾将迎师。’刺船而去，旬时不返。伯牙近望无人，但闻海水洞滑崩澌之声，山林窅寞，群鸟悲号，怆然而叹曰：‘先生将移我情。’乃援琴而歌。曲终，成连回，刺船迎之而还。伯牙遂为天下妙矣。”伯牙到了蓬莱仙岛，接受了自然的精神洗礼，移易俗情，琴艺才臻妙境，可与万物争神奇。

今存的苏州园林中，标明操琴的建筑场所，有象征高山流水的实景，如耦园的山水间、退思园琴室等。也有虚实相间的写意之景，如怡园琴馆和网师园琴室，但皆刻意营构高山流水的意境，无一例外。

被称为爱情园的苏州耦园山水间水阁为女主人操琴之处，卷棚歇山式，北半部凌驾于水上，三面临空，给人以溪流不尽之感。气势雄浑的黄石假山与山池组成了山水间的水阁自然野趣。在阁中凭槛北望，黄石假山矗立于池西，满目浓翠，一虹卧波。面对高山流水，园主沈秉成和严永华夫妇

① 朱长文：《吴郡图经续记》，《丛书集成初编》本，第29页。

伉俪情深，琴瑟相协，知己兼知音。北檐下，扬州女书法家李圣和撰书柱联畅发了此情此意："佳耦记当年，林下清风绝尘俗；名园添胜概，门前流水枕轩楹。"出句忆当年园主夫妇花前月下、水边林中优游唱和的伉俪深情及潇洒风姿，特别突出了女主人谢道蕴般神情散朗的林下超逸风致。

水阁的内外装饰也都围绕这一主题踵事增华。内置明代大型杞梓木"岁寒三友"落地罩，双面透雕松、竹、梅，构图浑厚，精美绝伦，规制之大为苏州众园之冠，图案内涵更深化了"佳偶"的内涵。小楼的外面，植竹、松、梅，摇曳生姿，内外呼应。水阁戗角堆塑着松鼠偷葡萄图案——鼠为十二生肖之一，配地支的"子"，繁殖能力强，民间以为"子神"，与多子葡萄一起，意为多子——伴以屋畔乔松，浑然得体，精思巧构。水阁西山墙山花堆塑柏鹿同春，东侧山花处堆塑的是松、双鹤和梅竹。鹤为纯情之鸟，据王韶之《神境记》记载：荥阳郡南郭山中有一石室，室后有一高千丈、荫覆半里的古松，其上常有双鹤飞栖，朝夕不离。相传汉时，曾有一对慕道夫妇，在此石室中修道隐居，年有数百岁，后化白鹤仙去。这对松枝上的白鹤则是他们所化。竹、梅容易使人联想到青梅竹马的爱情。松、竹、梅"岁寒三友"和双鹤象征友谊或爱情的永恒。人们在举目仰首之中，都似乎看到了知音佳偶的身影。

退思园琴室在山水园东首，南窗前流水潺潺，隔水对着湖石假山，假山之巅有眠云亭，象征高山，东侧墙下幽篁弄影。在此操琴，真有高山流水之趣。

有的园林琴室没有真正的水流，但亦能产生高山流水的意境。

网师园的琴室，由一飞角半亭和封闭式小院构成。亭额下悬一大理石"苍岩叠嶂"挂屏，屏上题诗咏苍岩叠嶂所具有的化工之妙，有"断壑崩滩古洞门，谁移石壁种云根""能与米颠为伯仲，抗衡倪迂胜痴翁"等句。屏面上，峻峰之间的空白处，似白云悠悠，又似飞瀑泻空，催人想象。

屏下置汉代古琴砖，琴砖中空，与古琴声产生共鸣。东侧院墙门宕上刻有"铁琴"二字额，意思即铁骨琴心。

院南堆砌二峰湖石峭壁山，伴以矮小紫竹、书带草，并配有树龄二百年的古枣树。树身似劈成半爿状，虽然下腹已成空心，但依然郁郁葱葱，充满生机。院内有三百五十年的石榴古桩大盆景，五月榴花红艳似火，象征丰饶多子。西面院墙上刻嵌有十块折扇形书条石。整个小院幽静古雅，绿意盎然，既富山林野趣，又充溢了儒雅气、书卷气。

"山前倚杖看云起，松下横琴待鹤归"，那山光、松影、飞鹤、白云，散发着温馨新鲜的山野气息，人在大自然中，任意停留观赏，清闲惬意，悠然自得。倚杖、横琴，风神超迈，表现出孤标不羁、卓然俊逸的风度气韵，意境淡远怡美。

古琴、古琴砖、琴几、挂屏，以南面两座大小峭壁山为对景，于此抚琴一曲，颇有令众山皆响的意境。怡园专为古琴构筑了坡仙琴馆、石听琴室、玉虹亭和听琴石等一组景。

同治八年（1869），吴云为坡仙琴馆题款曰："艮庵主人以哲嗣乐泉茂材工病，思有以陶养其性情，使之学习。乐泉颖悟，不数月指法精进。一日，客持古琴求售，试之声清越，审其款识，乃元祐四年东坡居士监制，一时吴中知音皆诧为奇遇。艮庵喜，名其斋曰'坡仙琴馆'，属予书之，并叙其缘起。"怡园主人顾文彬买到了一把宋代东坡居士监制的"玉涧流泉"古琴，喜出望外，筑斋曰"坡仙琴馆"，室中悬挂苏轼的"玉涧流泉"古琴，并供奉苏轼之像。顾文彬《哭三子承诗四十首》中有一首诗曰："筑屋藏琴宝大苏，峨冠博带像新摹。一僮手捧焦桐侍，窠臼全翻笠屐图。"悬联曰："素壁有琴藏太古；虚窗留月坐清宵。"让其儿子顾承于坡仙琴馆"抱素琴独向，绮窗学弄"。

琴馆西侧室北窗下有二峰石犹如抽象雕塑。一石直立似中年，一石伛偻若老人，似乎都在俯首听琴，横生灵石听琴的意境，因名"石听琴室"。顾氏有跋云："生公说法，顽石点头，少文抚琴，众山响应，琴固灵物，石亦非顽。儿子承于坡仙琴馆，操缦学弄，庭中石丈有如伛偻老人作俯首听琴状，殆不能言而能听者耶！潭溪学士（即翁方纲）此额情景宛合，先得我心者。急付手民以榜我庐。光绪二年，岁次丙子季冬之月，怡园主人识。"室内悬主人所集南宋辛弃疾词联曰："素壁写《归来》，画舫行斋，细雨斜风时候；瑶琴才听彻，钧天广乐，高山流水知音。”

北面为玉虹亭，亭上有陆氏题记云：“‘亭上玉虹腰冷’，吴梦窗（文英）词句也。此亭半倚廊腰，半临槛曲，怡园主人撷取‘玉虹’二字名之。属余记其缘起。”“亭上玉虹腰冷”，出吴梦窗《十二郎·垂虹桥，上有垂虹亭，属吴江》词，写的是吴江的垂虹桥，其中“暮雪飞花，几点黛愁山暝”也为山水之景。而“玉虹”是宋代陆游《故山》“落涧泉奔舞玉虹”中之词，此亭南对石听琴室，落涧奔泉正切高山流水意境。

这组以琴为中心的景区，营造的便是高山流水之意境：室内主人弹琴、室外二石倾听，面对落涧奔泉，暗喻高山流水得知音之意，给人以丰富的艺术感受。琴会便也成了怡园的传统节目。

明代江苏的太仓，万历首辅王锡爵在此置赏梅植菊的南园，恢复了大还阁琴馆，以纪念明代著名琴家徐上瀛。徐上瀛，又名徐谼，著有《大还阁琴谱》《琴况》《万峰阁指法秘笺》等琴学理论，提出了“和、静、清、远、古、澹、恬、逸、雅、丽、亮、采、洁、润、圆、坚、宏、细、溜、健、轻、重、迟、速”的二十四字要诀，在我国古代音乐美学史上有很高的地位。

（四）琴书自娱

琴和书籍，多为文人雅士清高生涯常伴之物。汉代刘歆《遂初赋》云：“玩琴书以条畅兮，考性命之变态。”元代王旭《离忧赋》亦云：“抱琴书以归来兮，愿终老而欣然。”

君子之座，必左琴而右书，琴为书斋重要陈设。楼辛壶《咏山川雨露图书室》：“室静琴樽古，窗明木叶疏。”琴室古代也称“琴堂”，南朝梁萧统《锦带书十二月启·太簇正月》：“足下神游书帐，性纵琴堂，谈丛发流水之源、笔阵引崩云之势。”“神游书帐，性纵琴堂”，便成为文人自娱自乐之常态。

唐代白居易庐山草堂陈设：“木榻四，素屏一，漆琴一张，儒、道、佛书各三两卷”。北宋欧阳修，晚年自号“六一居士”，作《六一居士传》曰：“吾家藏书一万卷，集录三代以来金石遗文一千卷，有琴一张，有棋一局，而常置酒一壶……以吾一翁，老于此五物之间，是岂不为‘六一’乎？”[1] 足见对于文人士大夫而言，琴是缺一不可的。

“琴清月当户，人寂风入室”，古人弹琴，要体认得静、远、澹、逸四字，有正始风，悉去俗情，也即臻于大雅了，故“虽不能操，亦须壁悬一床”。

“汲古得修绠，开琴弄清弦”，成为古代文人最为惬意而风雅之事。琴亦可聊以消忧，自娱自慰。王逸《九思 · 伤时》云：“且从容兮自慰，玩琴书兮游戏。”陶渊明隐归田园，“悦亲戚之情话，乐琴书以消忧”。

留园书房揖峰轩，轩南有奇峰、松、竹，北窗外见花木树石，西窗下置古琴一架，石峰迎窗而立。轩内挂有四季花鸟小挂屏，嵌有四十块大理石大挂屏一幅，中间一石中如一老者，题款“仁者寿”，二旁石上书联：“汉柏秦松骨气；商彝夏鼎精神。”下有写着陶渊明《归去来兮辞》全文的七块大理石，创造出深山抚琴、众山皆响的艺术氛围。揖峰轩南面的也常常可以见到鼓琴者的倩影。

拙政园书斋海棠春坞，室内亦置古琴一架。

事实上，园林中观戏听曲之处，也都是古琴演奏的佳妙之所，如网师园的濯缨水阁、拙政园卅十六鸳鸯馆，都是水周兮堂下，假山耸峙于侧，有高山流水之趣，是听古琴的绝妙场所。沧浪亭的瑶华境界，与明道堂隔天井南北相对，原为梅亭，有小轩三间；西侧看山楼，南拥翠竹，亦为当年的舞榭歌台。明道堂以及两廊可容客观戏听琴，林则徐等官绅文士常宴客观剧听琴于此。嘉庆年间潜庵《苏台竹枝词》云：“新筑沧浪亭子高，名园今日宴西曹。夜深传唱梨园进，十五倪郎赏锦袍。”

苏州怡园更是琴会、曲会不断，极一时之盛。

（五）古琴为饰

琴棋书画被称“四雅”，常用以表示个人的文化素养。以七弦琴为代表

① 欧阳修：《欧阳修全集》卷四四，第633—634页。

的古琴，是苏州园林中不可或缺的装饰，园林中有古琴雕刻造型、古人弹琴风采和琴曲雕塑等。

园林中古琴的漏窗雕塑，每每可见，营造了古雅宜人的氛围。狮子林有著名的琴棋书画“四雅”漏窗，位于九狮峰小院北墙，象征着山林野逸，其中“琴”处在冰梅之中，清雅、高洁。

古琴及操琴的造型也是铺地、裙板博古雕刻等的重要题材。琴也常和棋在一起组图。

严家花园有古琴图案铺设在鹅卵石的地面上，并有绶带捆扎着。宋代欧阳修《六一诗话》：“余家旧蓄琴一张……其声清越，如击金石，遂以此布（蛮布）更为琴囊。”苏州园林的裙板上雕刻的古琴一般都装在琴囊中。春在楼古琴从琴囊中升出，绶带飘然呈如意云头纹。古琴也常见于裙板的博古图案中。狮子林裙板博古图案中，琴和鸠杖、棋、石榴果盘、插着梅花的龟背纹宝瓶在一起。拙政园玉壶冰裙板上琴、棋分置于博古组图两侧。此皆寓风雅于福寿、富贵、多子、敬老等世俗信仰中。

此外，也有人物抚琴、抱琴造型。如狮子林真趣亭屏门上的雕刻，一老者扶杖在前，琴童抱琴随后，两人行走在山间小道上。留园裙板上雕刻着一人操琴、一人抱棋盘的图案。忠王府裙板上，一老者在圆形洞窗下弹琴。陈御史花园还雕刻着司马相如琴挑卓文君的戏剧故事。《史记·司马相如列传》：“是时，卓王孙有女文君新寡，好音，故相如缪与令相重，而以琴心挑之。”司马相如因爱慕蜀地富人卓王孙孀居的女儿文君，在琴台上弹《凤求凰》的琴曲以通意。文君为琴音所动，夜奔相如。

忠王府裙板上刻有高山流水遇知音的古琴故事。

流传了几百年的古琴名曲《渔樵问答》的泥塑造型，见于天平山逍遥楼山墙。一边山墙上塑摇着小船的渔夫，另侧山墙上是手持木柴的樵夫，两人对答：

> 第一段　一啸青峰
>
> 渔问樵曰：“子何求？”
>
> 樵答渔曰：“数椽茅屋，绿树青山，时出时还。生涯不在西

方，斧斤丁丁，云中之峦。”

第二段　培植春意

渔又诘之曰：“草木逢春，生意不然不可遏；伐之为薪，生长莫达！”

樵又答之曰：“木能生火，火能熟物，火与木，天下古今谁没？况山木之为性也，当生当牯；伐之而后更夭乔，取之而后枝叶愈茂。”

渔乃笑曰：“因木求财，心多嗜欲；因财发身，心必恒辱。”

第三段　上支古人

樵曰：“昔日朱买臣未遇富贵时，携书挟卷，登山落径行读之，一旦高车驷马驱驰，刍荛脱迹，于子岂有不知？我今执柯以伐柯，云龙风虎，终有会期；云龙风虎，终有会期。”

第四段　自得江山

樵曰：“子亦何为？”

渔顾而答曰：“一竿一钓一扁舟，五湖四海，任我自在遨游。得鱼贯柳而归，乐觥筹。”

第五段　体蓄鱼虾

樵曰：“人在世，行乐好太平，鱼在水，扬鳍鼓鬣受不惊；子垂陆具，过用许机心，伤生害命何深？！”

渔又曰：“不专取利抛纶饵，惟爱江山风景清。”

第六段　戒守仁心

樵曰：“志不在鱼垂直钓，心无贪利坐家吟。子今正是岩边獭，何道忘私弄月明？”

第七段　尚论公卿

渔乃喜曰：“吕望当年渭水滨，丝纶半卷海霞清。有朝得遇文王日，载上安车赍阙京。嘉言傥论为时法，大展鹰扬敦太平。”

第八段　渼山一趣

樵击担而对曰：“子在江兮我在山，计来两物一般般。息肩罢钓相逢话，莫把江山比等闲。我是子非休再辩，我非子是莫虚谈。

不如得个红鳞鲤，灼火新蒸共笑颜。”

第九段　适意全生

渔乃喜曰：“不惟萃老溪山，还期异日得志见龙颜，投却云峰烟水业，大旱施霖雨，巨川行舟楫，衣锦而还。叹人生能有几何。”

曲谱最早见于明萧鸾撰于1560年的《杏庄太音续谱》，中有：“古今兴废有若反掌，青山绿水则固无恙。千载得失是非，尽付之渔樵一话而已。”近代《琴学初津》说此曲：“曲意深长，神情洒脱，而山之巍巍、水之洋洋、斧伐之丁丁、橹声之欸乃，隐隐现于指下，迨至问答之段，令人有山林之想。”

兴亡得失这一千载厚重话题，被渔父、樵子的一席对话解构于无形，这才是乐曲的主旨所在。此中反映的是一种隐逸之士对渔樵生活的向往，希望摆脱俗尘凡事的羁绊，深层意象是出世问玄，充满了超脱的意味。

中国的古琴艺术早已在异国他乡开花结果。如伯牙“摔琴绝弦”酬知音的故事，成为异国园林一景。日本三大园林之一的金泽兼六园茶室夕颜亭外，就有伯牙断琴洗手石钵蹲踞，石上刻着抱琴而卧的清癯老汉，象征断琴的伯牙。

第四章　文脉传承创新

传统是我们民族的“根”和“魂”，如果抛弃传统、丢掉根本，就等于割断了自己的精神命脉。寻回民族智慧、重拾中华民族建筑话语，回归本土已经成为新的时代呼声。通过对当代版的苏州园林、苏式园林新经典的苏州桃花源、上海桃花源、西安揽月府及杭州西溪阿里巴巴会所等当今新的宅园营构案例，分析其新的时代特征：融合古今中外智慧，寓创新与传统之中，即以旷奥得宜的邻里空间组团、以曲径通幽的桃花源模式布局、以地域文脉的延续为宗旨，遵循内外通透的环境设置原则，吐故纳新，苟日新，日日新，又日新，是中华文化永葆青春的生命密码！

让传统文化“活”在当下，生活会更加五彩斑斓、旖旎多姿。

一、苏州园林的当代版

历史上的苏州因“漂亮得惊人”而使马可·波罗叹美，苏州的私家园林又使世界文化遗产委员会发出惊叹：“其艺术、自然与哲理的完美结合，创造出了惊人的美和宁静的和谐。”在改革开放后的当代苏州，又悄然出现了苏州园林的当代版，而且已呈燎原之势，庭园热改变了房地产商传统的开发理念，于是，一个个庭园小区出现了，苏州再次引来了世人艳羡的目光。

当代版的苏州私家园林，有宅园、山麓园、湖滨园。既有传统型的文人园，又有与商业文化接轨的私企业主园，也有居民的咫尺小庭园、规模化的私家园林小区。

被誉为“当代文人造园师”的蔡廷辉，是苏州国画院副院长、国家一级美术师。幼时，便从擅长金石篆刻的父亲那里学得一手金石篆刻绝活。近年来，他倾其所有，辛苦备尝，构筑私园，美美地过了一把园林瘾，圆了他的园林梦。位于古城区内的翠园，占地 400 平方米，小有亭台亦耐看，且小园也具有金石篆刻艺术家鲜明的个性特色。园中陈列着园主自己历年篆刻的山水画和书法碑刻，其中有吴门画派大师文徵明、唐寅、沈周和仇英的精品山水画作和书法碑刻，有《竹林七贤图》《兰亭雅集图》《达摩渡江图》等碑刻，飘溢着翰墨书香。园主有个宏愿，要将小园建成吴门画派的展览馆，为苏州古典园林填补空白。蔡廷辉的另一座园林名“醉石山庄”，位于苏州太湖东山，属于滨湖园，占地八亩，原是块背山临水的坡地，长年荒置，作为金石家的蔡廷辉中意的却正是那些嶙峋的山石和陡峭的石壁，这正是他创作大型摩崖石刻的天然材料。他准备在那里建个摩崖石刻园。经过数年努力，他的梦想已经初步成真：园内云墙逶迤，曲径通幽，亭台楼阁，小桥流水，花木扶疏，一应俱全。此外，还有他园所无的一片摩崖，第一块大石头上刻着著名画家华君武为他题写的“金石缘”三个大字，体现了该园的灵魂。蔡廷辉构园已经引起连锁反应，今天，苏州文人中已经或准备买地造园的已不乏其人。

海外华人叶落归根，在苏州郊外购地造园，构成另一种文化动向。旅美华人郑德明先生可谓捷足先登，这位 30 年代上海某大学新闻系毕业生，长年旅居美国，还是美国老布什的顾问，但作为炎黄子孙，郑老对中华传统文化情有所系，晚年执意要从事自己喜爱的事业，尽其所能，促进文化交流，同时要按自己的意愿，在苏州营构一座园林，以颐养天年。于是，郑老在苏州渔洋山下的太湖山庄中买了五亩别墅用地，靠山傍湖，全权委托富有构园经验的高级建筑师沈炳春规划设计，一座占地三亩、品位不俗的悦湖园落成了。悦湖园以渔洋山为背景，外有太湖的一碧万顷，园内碧池一泓，小桥卧波，爬山廊蜿蜒，石峰嶙峋，小亭翼然假山之巅，精雅多姿。郑先生收藏丰富，尤多国民党要人墨宝，其中于右任墨宝尤为丰富，他准备将于右任从早年至晚年的墨迹一并摹刻于廊壁，不啻为于右任书法艺术成就的展廊，亦为苏州诸园所无。悦湖园引来了一批海外名人，他们一致认为，在这样的环境里生活，品位高。

苏州吴江是明代造园理论家计成的故里，有一座静思园，占地七十余亩，堪称当代江南“第一私园”。园内山水植物、楼台亭阁、曲桥廊榭一应俱全，尤多奇石。园内一座灵璧石，有三四层楼房高，创吉尼斯世界纪录，耗资数百万元。园内建有大型展厅奇石馆，还另辟奇石山房，安置琳琅满目的奇石。

可人雅洁的私家园林，同样撩拨着苏州寻常百姓的心灵，有条件的市民们也纷纷在自家的片山斗室中，小筑卧游，修成咫尺小庭园。居住在居民楼底层的住户，将围墙内的小院子改造成小巧雅致的小庭园，在苏州形成一种时尚，使一楼房价高过了二楼。据《姑苏晚报》，十全街半岛小区的胡先生，拥有一个面积约 40 平方米的长方形院子，他在院中挖了一口 3 平方米大小的池塘，种了一缸荷花，养数尾锦鲤。两侧错落置两座太湖石峰，倚墙栽若干树木花卉，地坪铺鹅卵石，曲径通幽，颇为雅致。养蚕里新村的顾先生家，院子不足 20 平方米，也有池有石，花木扶疏，同样绰约有姿。居住在网师花园十六个院落里的居民，几乎家家都有建造庭园的打算，完工者已经过半。据苏州某园艺公司负责人估计，居民小区庭园的数量，面积在 50 平方米以上的，有 200 个以上。

2000 年，在姑苏城外，以古运河为界，与寒山寺隔水相望处，崛起了一座座粉墙黛瓦、飞檐翘角的私家园林，每座占地一至五亩不等，特聘园林设计师与建筑名家设计构建。以苏州古典园林为艺术蓝本，营造庭园环境。古朴典雅的亭台楼阁，逶迤的云墙，图案各异的花窗，假山峰石，飞虹曲桥，流水潺潺，游鱼穿梭，花木掩映。在此，既可聆听寒山寺的钟鸣、运河的桨声，又可安享现代生活的舒适。这是江枫园规模化的庭园小区，私家园林群又置于江枫园这一大园林之中，体现了当代开发商的文化观念："继承园林一脉，凝聚古典园林艺术和现代居住理念的精髓"。

今天，苏州已经出现了一批具有古典园林韵味的庭园小区。

园林兼有物态文化和心态文化的特征，属于中国文化的特殊范畴。纵观苏州园林的兴废治乱，有文酒高会的风雅，有铁蹄蹂躏的悲凄，有修葺换装的喜悦，也有石焚池湮的无奈，它承载着千年历史的酸甜苦辣，与中华文明一脉相承，成为历史发展的一面镜子。园林是富贵风雅的"长物"，大凡乱世毁园，盛世构园。沉寂了半个多世纪的中国园林，重又在吴中大地出现，无疑是改革开放带来的一种可喜的文化现象。以木构架建筑体系为主的园林，不可能出现与孔子同岁的巴特农神殿般的古建筑，诚如余秋雨所言，中国文化观念并不看重欧洲式的宗教意义上凝固的永恒，而更重视代代更新，追求生生不息。苏州园林的新版本，体现了园林文化精神的"生生不息"，继往开来，这是时代经济文化繁荣的标志。

造园热，固然是人们怀旧情结的流露，但是绝大多数的现代人不会再持有中国古代士大夫文人的心态，他们便到传统文化提供的人生模式中，去找寻精神退路，拘囿在一个狭小的格局中孤芳自赏，颂古、信古、好古、怀古。从文化意义上来说，即使是封建时代的士大夫所追怀的"遂古之初"，修筑了那么多的"遂初园"，这个"古"往往也是简朴、淳美的代名词，是对淳厚朴实民风的一种呼唤和向往，而非盲目追风。

当今的造园热，体现更多的乃是中国文明在当前发展情形中的一种"人的再度发现"，是人与自然关系不自觉地自我调整，是人精神世界的一种新的攀升。园林是高级文明的象征，"替精神创造一种环境，一种第二自然"[①]，英国的海登堡大学教授弗洛姆认为，"凡是健康的人，心中永远有一种发自天籁的冲动，耳边永远有一种回归自然的呼唤"，返璞归真，回归自然，这是人类的自然天性，是人性的回归。人类自进入工业文明以来，在社会生产力和科学突飞猛进的同时，自然环境的组织结构有所

① 黑格尔：《美学》（第三卷）上册，第103页。

改变，河道被填平，森林被砍伐，工业废气、废液、废料和噪声等污染加剧，使人类生态环境越来越退化、恶化。全球大气污染、酸雨频降、气候变暖、臭氧层遭到破坏、放射性尘埃积累、噪音分贝骤增、水土流失加剧、沙漠扩大、森林被伐、淡水资源匮乏、江河湖海遭到污染，加上人口爆炸、一些生物灭种、世界范围内流行的“城市病”等现象，整个人类生存环境令人担忧，为21世纪的人类带来严重的生存挑战。治疗都市现代的浮躁，为生命充氧，正是发自天籁的冲动和呼唤，人与自然和谐相处的宅园式中国园林，成为人们最理想的生活境域。喧闹迅疾的现代工业文明社会，时时刻刻需要获得审美抚慰，需要在绿色的、艺术的环境中休憩，需要调节，需要到自然中去谛听大自然生命的律动，去享受生活的恬静，去接受高雅艺术精神的吸引和陶冶。造园热，反映的正是人们对自然纯朴美的渴求。

苏州地处美丽富饶的长江金三角，自古就有“人间天堂”之誉，古雅文明，崇文重艺，文人自己构园有悠久的历史传统。早在魏晋南北朝时期，就有文人、艺术家顾辟疆和戴颙建造的私园。他们的小园，既无阿房宫里的脂粉气，也无金谷园中的富贵气，充溢着名士们的书卷气，从而开拓了士人园林的新领域。蔡廷辉等文人中出现的造园热，正是对苏州传统文脉的继承和延续。营构园林，是当代文人对风雅生活的一种选择，昭示了一种新的文化导向：“先富起来的”文化人，如何追求高品位的生活质量。

计成故乡出现的静思园，既是对传统古典园林艺术的继承，又昭示了另一种文化走向：园林既反映了业主的艺术追求，同时烙上了商业印记，具有鲜明的时代文化特征。

苏州大量出现的咫尺小庭园，既反映了苏州整体审美水平的提高，又反映了园林艺术走向寻常百姓家的文化趋势。追求家居环境的诗化和雅化，自古以来就是人文荟萃的苏州的雅尚。长期的文化熏陶，培养了苏州人高格调的审美习惯，才出现了一个“城里半园庭”的苏州。明代的张岱曾说，“使非苏州，焉讨识者？”城市整体审美水平和文明程度高，才可能出现造园之热。因此，我们也可以这样说：“使非苏州，焉来构园之热？”

历史上的中国私家园林，除了达官贵族或强权势力的奢靡之园外，大多数是素朴雅致的士人园林，如唐王维之辋川别业，诗画相融，野趣盎然；白居易之庐山草堂，朴实无华。寒素之士则以一勺水代池，一拳石代山，即使一株古树、一个路亭、一方小院，稍经整治便也可形成一处可人之园。园林既为放松心灵、释放个性而作，手法理应洒脱不拘，人异园别。由此可见，一门艺术只有走向大众，才能得到长足的发展。

江枫园规模化的庭园小区，是苏州古典园林文化与现代需求嫁接的产物，是古代文明展现的新的生机，是古典园林文化在今天获得的一种新的价值存在。它的出现，证明了中国古典园林作为优秀的历史文化，不仅没有被现代化“化”掉，反而成为一种可持续发展的文化资源，成为人类环境创作的可资借鉴的艺术范本，故中国古典园林的艺术价值已经超越了时代。

新版苏州园林，还证明了这样一个艺术规律，即一种伟大的文明想要不枯萎，必须既尊重传统，又能摆脱传统观念的束缚，保持自己内在的科学和人文精神之间的张力，大胆地吸收、加工和利用异质文化，从传统文化深层基础上去发掘和创新，便能够创造出新的文化产品，形成新的文化价值形式。中国古典园林艺术是时代的产物，它已经成为不可再生的文化遗产了。不过，作为一门艺术，如果长久地踌躇不前，再伟大的艺术也要枯萎。新版苏州园林，保持了苏州古典园林的建筑造型、风格、色彩，甚至对苏州古典园林景点直接模仿。在使用建筑材料方面，除了部分保持传统的木构架，或移建古建筑外，基本上都采用了新型的建筑材料，如防水涂料、乳胶漆、钢筋混凝土、塑钢玻璃窗，就是美人靠也往往用水泥钢筋浇铸，做成仿木质。水电、煤气、卫生设备等现代化设施一应俱全，凡此种种皆反映出了崭新的时代特征。

当前，酷爱苏州园林的人们也产生了一种担心，担心造园热造出一批劣质的现代版，亵渎了美丽而富有永久魅力的苏州园林的英名。笔者以为，园之雅俗，古已有之，俗谚曰“三分匠，七分主人”，“主人”者，能主之人也，造园艺术之雅俗，与“主人”文化艺术修养之雅俗成正比关系，所谓

“主人雅而取工，则工且雅者至矣；主人俗而容拙，则拙而俗者来矣……一花一石，位置得宜，主人神情已见乎此矣”[①]，新版苏州园林，工拙不一，雅俗有别，也在所难免，不妨也让其雅俗并存吧。

二、苏式园林新经典——苏州桃花源

优秀的园林作为特殊的文化载体，本身就是艺术品，将“江山昔游，敛之邱园之内”，李渔称构园者，“变城市为山林，招飞来峰使居平地，自是神仙妙术，假手于人以示奇者也，不得以小技目之”，此乃艺术创作活动。明代张鼐《题尔遐园居序》称园林可“观事理，涤志气，以大其蓄而施之于用，谁谓园居非事业耶？”清代袁枚为了日日享受园居之乐，“竟以一官易此园（随园）”[②]。

文化是一个民族的灵魂和血脉，一个国家、一个民族的强盛，总是以文化兴盛为支撑的。习近平总书记指出：“没有文明的继承和发展，没有文化的弘扬和繁荣，就没有中国梦的实现。”[③]

当地产市场竞以舶来品相尚、欧陆风几乎成为又一种新的千篇一律之时，当园林被异化为水泥林中的植物堆积和若干仿古建筑元素点缀之时，当灿烂的古典园林文化传统被西方“景观”意识狂潮湮没的危险之际，出现了基于破除西方中心主义模式与重建民族文化的自信和文化自觉的文化开发商。两千年以后，国内有文化情怀的开发商，把目光投向了以传承苏州园林文脉、以桃花源为意境的苏式园林别墅群，其中，苏州桃花源堪称新时代的居住文化经典。

任何一个民族、国家和时代，经典文化永远是生命的依托和精神的支

---

① 李渔：《闲情偶寄·居室部》，见《李渔全集》第三卷，第171页。

② 袁枚：《随园记》，见陈从周、蒋启霆选编：《园综》，第189页。

③ 习近平：《在联合国教科文组织总部的演讲》，载《人民日报》2014年3月28日3版。

撑，经典是民族得以延续的精神血脉。

成为中华民族文化经典的园林，带有中华文化范式意义，如颐和园、承德山庄，还有苏州园林，同时也是人类文化瑰宝，被列入世界文化遗产名录。

中国园林，作为物态文化，它们向西方人提供了人类“生活最高典型”的模式，这就是生活的艺术和艺术的生活，一种最富有生态意义的生存哲学，它蕴含了中国古代文人几千年积累的摄生智慧。

英国哲学家伯特兰·罗素在《中国问题》中说：“中国人摸索出的生活方式已沿袭数千年，若能被全世界采纳，地球上肯定会比现在有更多的欢乐祥和……若不借鉴一向被我们轻视的东方智慧，我们的文明就没有指望了！”[①]

以苏州园林为代表的中国园林，作为艺术品的经典，其内在的本质是非物质的，它展示的是儒、道、释为主干的中华民族的世界观、价值观、审美观。

习近平总书记指出：“不忘本来才能开辟未来，善于继承才能更好创新。”[②]中华传统文化是我们民族的“根”和“魂”，如果抛弃传统，丢掉根本，就等于割断了自己的精神命脉。

文化是人类创造活动的结晶，永远处于发展、变化的过程中，新园林必须在继承传统的基础上去创新，否则将成为断藤之瓜。

（一）取资天构，水周堂下

“相地合宜”，为造园艺术创作的基本原则。苏州六朝多庄园，宋元乃至明中期，多郊外山地园、滨湖园，那是自然中见人工，此后才多“城市山林”，但注重园林各组成元素之间以及各元素与周围环境关系，即人和宇宙的调和。

---

① 罗素：《中国问题》，学林出版社，1996年，第7—8页。

② 《习近平在中共中央政治局第十三次集体学习时强调：把培育和弘扬社会主义核心价值观作为凝魂聚气强基固本的基础工程》，载《人民日报》2014年2月26日第1版。

计成《园冶》主张，卜筑贵从水面，于“江干湖畔，深柳疏芦之际”[①]筑园，可借江湖的自然景色，澹澹云山、悠悠烟水、闲闲鸥鸟、泛泛渔舟，自有开朗、平远的水乡风光。

桃花源筑址于苏州城东 7.4 平方千米的金鸡湖和 11.52 平方千米的独墅湖双湖供奉、三面环水的半岛之上，南临独墅湖 1600 米长的水岸，收揽 11.52 平方千米浩瀚独墅湖，拥有 20 万平方米天然湖景，诸景隆然上浮，清涟湛人，远岫浮青，凡双湖之大，烟霞之变，皆为我所有矣！缘滨湖步道，桃柳芳菲，落英缤纷……

选址以四神兽模式为最佳，即左青龙（即东临流水）、右白虎（即西接大路）、前朱雀（即南有水池）、后玄武（即北靠山、楼）。当然，园林也离不开园子里水系、绿植的自然调和，桃花源采用水巷居中、两边为道路的设计，外有双湖的浸润滋养，宅园中有潺潺溪水，叠山植树，生机盎然，凡宅居滋润光泽阳气者吉，干燥无润泽者凶。桃花源浩渺的水面，在光合作用下，负氧离子含量极高，整座桃花源成为一座天然氧吧，“能使人移情。登斯亭者，见山之高，见水之清，植本洗垢，仁可益厚，知可益周”（李珥《栗谷全书》卷十三），足如汉董仲舒所说“取天地之美以养其身”！

（二）一座桃源，千年文脉

苏州古城的位置、规模，甚至城门的名称，历经两千五百余年而至今无大改变，在全国独一无二，历史学家遂有“苏州城之古为全国第一，尚是春秋物”说法。“古”成为苏州得天独厚的文化品牌！

苏州是典型的东方水城，“三江”即娄江、松江和东江，是均匀的排水干路，“五湖”成为苏州的蓄水库。

苏州从宋代开始就有“人间天堂”之誉，是鱼米之乡、丝绸之邦、状元故里，元朝时马可·波罗惊叹她“漂亮得惊人”！

---

① 计成原著，陈植注释：《园冶注释》，第2版，第69页。

龟形苏州和八座水陆城门，体现了中华城市均衡对称等礼制建筑文化的典型特征，与环形放射状平面构图的欧洲城市建筑特征迥然不同。

桃花源位于苏州“一体两翼”新格局中的东翼，连接着以古城为“体”的文化血脉，又象征着时代“新”气象。

桃花源整体规划以“呈现微缩之苏州”为使命，从宋代《平江图》中汲取灵感，以南北主轴为中心，东西水巷贯穿，二十五条街巷贯穿其间，千年姑苏城，融进一座桃花源！

桃花源中的泾路巷弄，均用姑苏古名。苏州街巷坊市之名，层累着历史厚度，有冠以官衔、姓氏名号者，有以寺观名者，有用“衙”“家”者、古坊等名者，不一而足。大致以德名乡为多，择其旧号，益以新称，因以彰善旌淑。

贯穿南北的主干道叫卧龙街。老苏州纵贯古城南北的主干道是老城龙脉。北寺塔代表龙的尾巴，前文庙代表龙头，因街道弯曲似龙，故名卧龙街。清代皇帝南巡至苏，改护龙街。

横贯东西的水路名锦帆泾。苏州子城西城濠，自古河两旁遍植桃柳，春日倒影水中如泛锦，春秋时期，传说吴王与宫女乘舟挂锦帆游乐于此，故称“锦帆泾”。

西南环湖路植桃花、柳树，名“碎锦路”。“桃者，五木之精也，故厌伏邪气者也。桃之精生在鬼门，制百鬼，故今作桃人梗著门以厌邪气。”桃入仙籍，是道教教花。苏州天庆观（今玄妙观）前街曾称“碎锦街”，因玄妙观里种有许多桃树，桃花盛开，飘落一地，像零碎的云锦一样美丽，因而得此名。

巷名亦多古名。第一，留存春秋吴国历史掌故的，如：临顿弄，吴王亲征东夷时，曾在此临时停顿憩息，宴赏军士，后来，在此置馆建桥均以“临顿”命名，路亦以此得名；消夏弄，因吴王避暑的消夏湾而名；夏驾弄，用苏州春秋吴古苑夏驾湖为名；五柳巷，因清朝状元石蕴玉在饮马桥畔筑五柳园而得名；水竹巷，明朝沈周家有父辈所筑园林有竹居，因此得名。

第二，彰显历史人物的，如：至德巷，因《论语》中孔子称赞泰伯的至德精神而名；濂溪巷，是为纪念北宋理学鼻祖周敦颐，周敦颐别号濂溪老人，晚年辞官居此，建濂溪书院讲解道学，坊名由布德坊改为濂溪坊。举案弄，取东汉高士梁鸿与妻子孟光举案齐眉之意；学士巷，为了纪念明代大学士王鏊园府第；六如巷，明朝著名的画家、诗人唐寅，字伯虎，又字子畏，号六如居士，故称；三瑞巷，苏州姚淳隐居行义孝且慈，先祖墓有甘露、灵芝、麦双穗之异，故名堂曰“三瑞”；九思弄，张士诚原为苏北泰州白驹盐坊的盐贩，小名九四，又名九思，弄以此名；郁林巷，三国时期，郁林太守陆绩为官刚正不阿，肃贪拒贿，两袖清风，巷因此得名……

除此之外，也有以古坊、名诗等而命名的，如黄鹂巷因古坊黄鹂坊而名，天香弄以唐宋之间“桂子月中落，天香云外飘”而得名。

由于桃花源遵循主街与小巷的结合，古香古色的街巷连接着宅与宅、宅与自然，形成了人与人交往的安逸空间，故而人们穿行其间，犹如进入姑苏历史隧道，随处可触摸到古城历史脉搏。

（三）诗意空间，岁月如歌

中国园林综合了哲学、文学、绘画、戏曲、雕刻、建筑、植物、山水等众多的艺术门类，构筑成一座座艺术殿堂，给人以生理的、精神上的全方位享受。寓美于日常的生活中，人们亦涵融在艺术美之中，此无疑是最美的生活空间。

桃花源总占地面积约为 22 万平方米，地上建筑面积只有 12 万平方米，一共只规划了 352 户的住宅面积。

四季组团、八园点缀，实现“大园之中有小园，小园之中有私园”的大格局，在咫尺之内再造乾坤。

组团题名典出五行四象方位、陶渊明诗文等，这里每一处景都有意境，所见皆为文化，所感皆为人生。

东皋园，位于桃花源东北角，取陶渊明《归去来兮辞》“登东皋以舒啸”意，表达旷达自由的心境。

金粟园，位于小区西部，五行属金。金粟是桂花别名，因其花蕊如金粟点缀枝头。

沿湖，盘湖园，位置东南环湖，四象属青龙，辰位。湖水东南环抱，象征青龙环绕，青龙是东方水神，龙以盘为稳，故用“盘”。

翔鸿园位于南面，四象属朱雀（南朱雀），五行属火，红色，翔舞，吉祥之兆。“盘湖、翔鸿”均动宾结构，有“龙凤呈祥”的吉祥含义。

中部根据方位分别以宋词词牌命名，每一词牌都可谱写四季歌词，意味着每一区又都可以是四季花园。不下厅堂，即享受四季山水之乐，即可一年无日不看花。

东，春天，五行属木。武陵春（春），源出陶渊明《桃花源记》中“晋太元中，武陵人捕鱼为业”语，云想衣裳花想容，清光解照人。

南，夏天，五行属火。满庭芳（夏），“满庭芳草易黄昏”“满庭芳草积”。

西，秋天，五行属金。醉花阴（秋），可“东篱把酒’，有“暗香盈袖”。

北，冬天，五行属水。沁园春（冬），“北国风光，千里冰封，万里雪飘……山舞银蛇，原驰蜡象，欲与天公试比高。须晴日，看红装素裹，分外妖娆。江山如此多娇，引无数英雄竞折腰……”（毛泽东《沁园春 · 雪》）

整个桃花源小区东西用诗文典故，东皋本属艮位，文昌星位，象征文气氤氲；东南和南方青龙围绕、朱雀翔舞，风水宝地，围护着中园四区，用词牌命名，象征四季如春，岁月如歌。

桃花源根据区位特色，还点缀八庭园。拜石园，迎宾庭院，用“米芾拜石”的典故；十锦园，中心大庭院，前临碧波，日涉成趣；好文园，用梅花雅号“好文木”名，晋武帝院中的梅花树，独爱好文之士，每当武帝好学务文之际，也是梅花盛开之时，反之则不开花；遐观园，用陶渊明《归去来兮辞》中“策扶老以流憩，时矫首而遐观”之意境；青漪园，青为东方之色，漪指水波纹，青漪绕屋，乔木环渚，满园青翠；寒碧园，“竹色清寒，波光澄碧”之谓；舒啸园，陶渊明“登东皋以舒啸，临清流而赋诗”；九滨园，“九”乃阳数最高，“九滨”，意为大海九曲之涯，气韵高远。

巡游每一组团小区的共享花园，别是一番境界：碧池居中，主体建筑或轩或榭或亭，或坐北朝南，或踞山巅，或临池岸，曲桥跨水，垂柳拂水，罗汉松临水斜照，登亭览眺，坐看云起，白石磷磷，瀑布漱云，晨光夕霏，缭绕无端，恍如梦中所游！

园中门宕、亭榭，均有文学品题，令人含英咀华，齿颊生香。各园墙还通过漏窗、月洞门、门廊，使被分隔的空间相互渗透，显现出空间的层次变化，形成一种极其深远和不可穷尽的视觉享受，让人举目入画。

身入桃花源，犹入蓬岛阆苑，琪花瑶草，使人应接不遑，诗情高韵，洋溢于桃花疏柳之上，流淌在溪流琮琤之中，几不知有尘境之隔。真能“令居之者忘老，寓之者忘归，游之者忘倦”。

（四）敦宗睦邻，里仁为美

今日建筑，多纳西方风尚，外国现代建筑大师曾说：“住宅，是居住的机器。”于是将住宅划分为起居室、卧室、书房、客厅、厨房、厕所等，纯为功能，按生物人的生理活动需求，求得舒适、合理。

中国传统文化是伦理型、道德型、审美型文化。传统住宅顾及人基本的群居习性，人与人之间相处的心理特性，是合院式的，是礼乐文化的形象载体，以人文教养为目标，体现了对理想人生境界的追求。

宅园是苏州园林大宗，前宅后园，双园傍宅，东园西宅或西宅东园，皆因地制宜，总之是利用宅边隙地为园。

宅内的堂榭廊庑，隔而不断，内外相通，秉天接地，熙熙家园，融融天地，诠释着中国人“天人合一”的哲理和人性，体现了儒家“依仁”的中心思想，达到中庸和谐之美，成为中国住宅之精粹。园林部分为杂式建筑，亭台楼阁，各呈风采。

桃花源设计，先建园林群落，围合志趣相投之人，创造大睦邻氛围，然后再有个体园林组织，在保证有公共的园林群落时，又保证私家院落的绝密性，园内内宅前后左右，聚奇石以为山，引清泉以为池。藏风纳气，清波聚景，诠释着中华先哲“天人合一”的智慧。

这类合院式中式庭院，六七座别墅的前庭向街开放，成组成群，还原了苏州老城坊里的居住形态。

人们出门可以漫步于林荫下的小街、小广场，这些区域成为邻里之间的公共活动场所和精神场所，正如陶渊明《移居》诗中所写，可以“邻曲时时往，抗言谈在昔。奇文共欣赏，疑义相与析”，常与邻居一起探讨诗文与人生，直率地阐述自己的见解，不仅有利于孕育完整的、充满亲情的、十分和谐的人际关系，而且还可恢复传统的良风美俗。

苏州桃花源环湖岛心大宅院，专为当代有血缘关系的中国大家族私家定制，父母和兄弟姐妹既有各家的私密活动空间，可“引壶觞以自酌，眄庭柯以怡颜”，又便于父母和兄弟姐妹之间相互联系，像陶渊明《归去来兮辞》所写的“悦亲戚之情话”。

在这样的大宅园中，父慈子孝，竹苞松茂，兄弟怡怡，其乐融融。孝悌是中华民族的传统美德，对加强家庭和谐、营造温馨的家庭气氛起到了重要作用。

桃花源合院式别墅，既保存了传统的居住礼仪的精髓，又结合当代人的生活观念进行了全新演绎。

（五）工匠绝技，非遗国宝

明计成《园冶》说，一般兴造“三分匠，七分主人”，而“第园筑之主，犹须什九，而用匠什一”。“主人”非园主，乃“能主之人也”，即负责设计的人。苏州园林的“能主之人”，除了能诗善画又能造园的文人士大夫，也包括实际操作的山匠梓人，因为“昔人绘图，经营位置，全重主观，谓之为园林，无宁称为山水画。抑园林妙处，亦决非一幅平面图所能详尽”。

文风鼎盛的苏州，乃“世界手工与民间艺术之都”。吴中土木之工，香山帮为最。香山又称南宫乡，此因吴王在此设立离宫“南宫”而得名，那里，“家家有匠人，户户有绣娘”。

香山帮是以木工（主要是大木作木匠）领衔，集木工、泥水匠（砖瓦匠）、漆匠、堆灰匠（堆塑）、雕塑匠（木雕、砖雕、石雕）、叠山匠（假山）等古典建筑工种于一体的建筑工匠群体。宋代元符三年（1100），李诫在两浙工匠喻皓《木经》的基础上编著的《营造法式》，由皇帝下诏颁行。南宋时期，《营造法式》在平江府（今苏州）重刊，并被苏州的工匠广泛采用。香山帮建筑技艺是对中国优秀的古典建筑技艺的核心与精华的直接继承，成为与皇家派和岭南派并行的三大古典建筑流派。他们创设了“苏式”建筑营造范式，修筑了故宫、苏州园林等人类瑰宝，又代表中国最优秀的古建技艺走向了世界！

苏州桃花源的假山幽亭、卍字挂落、美人靠、落地长窗、月洞门、瓦当滴水，鹅卵石花街铺地，黑、青石等花岗岩地面铺设，均为非物质文化遗产的传承。香山帮众多大师意匠经营，躬自规划，稍不当意，虽毁之重劳不惜，不苟如是，苏州桃花源成为香山帮匠师技艺的集萃，是中国古建艺术的博览馆。

香山大师们个个身手不凡。木作大师顾水根、马洪生、唐盘根、徐吉凡，油漆大师顾俊岗，瓦作大师张喜平、杨明海、陈春荣，假山大师袁荣富、张伟龙，工艺名家顾伟华……他们演绎着千年姑苏神韵。

香山大师也和其他设计团队人员一起，谒故宫御花园，探北京颐和园，访承德山庄，穷苏州园林，参与设计、谋划。大师们根据市场调查，在千百种古建大门中，仅仅选择了三类门：传统权贵家族的将军门、古时书香门第和文官清流的垂花门、象征着商贾世家富贵不露财的随墙门。这既是对古代园林住宅大门的继承，又有了当代的诠释和选择。

对太湖石的大小、长宽、高低，甚至是凹凸都因地制宜，各有不同要求，为了找到最适合的太湖石，艺匠们通过精细挑选，然后将石材以点、线、面的堆叠之法微缩造山，精心营造“只缘身在此山中”的中国意境感。换言之，每一块太湖石在来到桃花源之前，就已经“被设计”过了。

桃花源屋顶戗角的小青瓦铺砖也是专门开模定制的。每片小青瓦上都有自己的身份编号和桃花源的徽标（logo）。桃花源中近千盏玉兰灯，全属定制，造价昂贵。

他们坚持美观与实用结合的原则，如选择 2.5 米的长窗，克服了传统园林长窗的缺陷，具有气密性好、隔音、保暖、遮风挡雨等功能。不过，这类古型今用的长窗，需要厂商重新开模，并需熟练的工匠一刀一刀切割，手工精细打磨。

匠师们对每一细节的制作，都一丝不苟，精雕细作，少用机械，多用手工，体现了传统工匠精神，以至往往出现有人将桃花源的建造现场，称作“诗意的造园现场”。在一个场域内，数十位园林艺匠集体手作的局面，就像中国古代文人雅士在集体创作，集体迸发灵感一样。

桃花源中的花墙头即漏窗，“漏窗的功用，不在于空间的流通、视觉的流畅，而在于隔而不绝，遮而不蔽，在空间上起互相渗透的作用”[①]。透过漏窗，隔院楼台罅影，竹树迷离摇疏，使景色于隐显藏露之间，造成幽深的境界和朦胧的意趣。

漏窗通过窗芯的弯曲变化，形成了不同的图案，从大处区分，有硬景和软景之分。硬景是指其窗芯线条都为直线，把整宕花窗分成若干块有角的几何图形，线条棱角分明，顺直挺拔；软景是指窗芯呈弯曲状，由此组成的图形无明显的转达角，线条曲折迂回。桃花源的花窗讲究软硬景的搭配，相邻花窗造型绝不重复，不同的纹饰又有不同的寓意。根据花窗纹样的内容、东南西北的方位、四季的搭配，选择不同花窗。

花式繁多、做工精致的栏杆中有安装在半墙或坐槛上面，可让人憩坐、倚栏凭观的长条靠椅，这种伸向外侧（一般伸向水面）的靠背，其断面设计呈优美的流线型，宛如那弯弯的鹅项，古人称之为“鹅项靠”。吴语中“鹅项”与“吴王”发音相似，后来因口头传播而谐音为“吴王靠”，古代美女凭靠倚坐，故而又名“美人靠”。桃花源为了做到最适宜人体倚靠，以直求曲，传为五位艺匠方成一段“美人靠”的佳话。

花街铺地，纹饰多样，计成在《园冶》中列出了四式用砖仄砌等铺地图案，诸如人字、席纹、间方、斗纹、方胜、叠胜、步步胜、回文、冰裂、波纹、蜀锦等。铺地花纹营造出深永的意境。用破方砖磨斗成冰裂纹地面，老梅

---

① 张家骥：《中国园林艺术史》，山西人民出版社，2004年，第33页。

似傲寒于“冰裂纷纭”之中，营造出冷艳幽香的境界，给人以晶莹高洁之感；满庭卍字海棠、十字海棠地纹，令人如处海棠花丛之中，即使在凛冽的寒冬，也会唤起海棠花开烂漫的春意……

铺地全凭手工，由二至三位老匠人带队，将一粒粒卵石按照古法全手工蹲地铺设。每位匠人花一天时间，也仅能铺出两个多平方。

卍字挂落，以卍字四端，相互衔接，意为“富贵不断头”。先构图，再衔接，衔接以后，再小心翼翼组装，最后才上梁。整个过程中，若有一点接不上的地方，都得重新来过一遍……

为了达到复兴古典园林精髓的预期目的，桃花源对建材及花木的选择也十分严苛，不惜工本！如用材则选进口金丝柚木材、顶级核桃楸木，进口五金件、定制专业刀具，榉树、进口黑松、古桩紫薇，四季异景、五重垂直绿化体系，即使院子里一棵普通的石榴树都要百里挑一。东皋园内，池南的一座瀑布亭台，光基座的太湖石就两千吨，造价高达五百多万元，一棵造型优美的罗汉松价值两百万元……

新“桃花源”，荟萃了濒临消亡的中国传统手工工艺，担负着传承东方园林文化的社会责任，此乃香山帮传人的当代经典，亦是世界孤品！

桃花源所复兴的东方意境，让当代地产找到了文化的归属感，找到了精神支柱和心灵的维系，让东方园林再次影响全球，展现了中式别墅的最高水准，给后人留下了可参考的范本。

桃花源成功摘取了第二十一届“中华建筑金石奖”的“中式别墅顶尖居住奖”，获得中国乃至全球顶级买家的青睐！

三、桃花源与十里洋场

当光辉灿烂的中国园林传统湮没在西方主流意识形态的狂潮中，数典忘祖的理论一度甚嚣尘上的时候，浦江桃花源在年轻的国际性大都市上海前滩横空出世，无疑提供了一个民族文化的价值度坐标！

浦江苏式园林别墅群冠名“桃花源”，以东晋陶渊明《桃花源记》所描绘的人间仙境“桃花源”立意，代表了中华传统居住文化的经典符号，象征着中华传统居住文明复兴的旗帜插在了“十里洋场”。

鲁迅先生在《华盖集》中写道：“历史上都写着中国的灵魂，指示着将来的命运。”

习近平总书记指出：“不忘本来才能开辟未来，善于继承才能更好创新。”[①]中华传统文化是我们民族的“根”和“魂”，如果抛弃传统，丢掉根本，就等于割断了自己的精神命脉。

回顾历史，上海简称“沪”，源自古代吴淞江下游小渔村渔民捕鱼的器具“沪”。元朝至元二十八年（1291）建上海县，明末至1840年鸦片战争前夕，上海县城已为“东南名邑”，称为“江海之通津，东南之都会”。境内宅邸园林累达百余处，明代上海老城厢有豫园、渡鹤楼（也是园）、日涉园、露香园，嘉定秋霞圃、古猗园、檀园，松江秀甲园、濯锦园、熙园。清代还有松江醉白池、青浦曲水园、从桂园、湫溪园、奉贤一邱园等。

鸦片战争后，上海被迫开埠整整一个多世纪，帝国主义列强纷纷侵入上海，上海出现了色彩缤纷的洋式花园别墅，有英、法、德、西班牙、俄、日等式样，如古希腊和古罗马建筑柱式、拜占庭式、哥特式、文艺复兴式、巴洛克式、古典主义和新古典主义，包罗万象。如梁思成先生所说：“自清末季，外侮凌夷，民气沮丧，国人鄙视国粹，万事以洋式为尚，其影响遂立即反映于建筑。凡公私营造，莫不趋向洋式。”那些风云际会中的政界新贵、商界暴发户、买办资本家群起效尤。截至1949年，上海一共有老花园洋房5000多幢，300多万平方米。而上海传统古园与近代中国的苦难紧密联系在一起，覆巢之下，岂有完卵，唯豫园、秋霞圃、古猗园、曲水园、醉白池残存殆今。

号为万国建筑博览会的上海，却偏偏缺少了代表中华民族自己的居住

① 《习近平在中共中央政治局第十三次集体学习时强调：把培育和弘扬社会主义核心价值观作为凝魂聚气强基固本的基础工程》，载《人民日报》2014年2月26日第1版。

文化经典的身影，中华传统居住文化的话语权几乎丧失殆尽！

上海桃花源的出现，标志着我们找回了文化自信。

张岱年先生曾强调："一个独立的民族，必须具有民族的自尊心与自信心。而民族自尊心与自信心的基础是对于本民族文化的优秀传统有一定的认识。"我们的文化自信，既来自中华民族悠久的历史、灿烂的文明和丰厚的传统文化，也来自当今中国的文化成就。在从大汉帝国张骞出使西域到马戛尔尼出使中国的"世界走向中国"时代，荟萃凝聚了辉煌灿烂的五千年文明的中国园林，也曾大踏步地走向世界。上海桃花源的出现，是文化自强的体现。

诚然，园林作为传统士大夫文人生活方式已经消失，但中国园林作为彰显以儒、释、道为核心的哲学思想的载体永远不会消亡。相反，其蕴含的创建人类宜居环境的智慧、"天人合一"哲学的精髓、绿色发展理念和生态化的生活方式等，都将成为当代可持续发展的理念。

上海桃花源始终保持着本民族内在的科学和人文精神之间的张力，但没有故步自封，而是用理性的文化心态，大胆地吸收、加工和利用异质文化，采用当代先进的材料建筑。"光景常新"，是一切伟大作品的烙印。上海桃花源是在吸纳了各种异质性因素之后，创造出的新的文化产品，达到了更高层次上的融合，实现了文化愿景和文化目标，使中华传统居住文化在新时代绽放出更加灿烂的文化之花。

四、盛唐气象，时代风采——西安揽月府

揽月府坐落在古城西安。"秦中自古帝王州"，其流泽积厚，得天独厚：陇云秦树、周台汉园，隋大兴、唐长安，阅尽人间春色。

揽月府，择址于构成大唐长安骨架的《周易》六十四卦之首乾卦的少陵塬上，由六阳爻构成的乾卦，纯阳而刚健。

少陵塬地势高亢，古名鸿固。“鸿”者，本义为大雁，引申为大，鸿博强盛；“固”者，结实、牢靠、坚固、稳固。少陵塬南端尤为雄浑、壮丽，南枕秦岭，东瞰浐河，西俯黄河，仰天拂云，俯川呼峦，“江流天地外，山色有无中”……

少陵塬，虽然也见证过刀光剑影、金戈铁马，以及秦二世的覆灭、许皇后的不幸、“少陵野老”的血泪，但更多地彰显了汉风唐韵所化的粲然气象。

泱泱为泽的曲江芙蓉园，接天莲叶，映日荷花；紫云楼、芙蓉苑、杏园、乐游园、慈恩寺、青龙寺等，菰蒲葱翠，垂柳如烟，四季竞艳，亭楼殿阁隐现于花木之间，景色绮丽如画。

盛唐时期，“蓬莱宫阙对南山，承露金茎霄汉间”。唐玄宗六龙南下芙蓉苑，十里飘香入夹城，佳人拾翠，仙侣同舟，何其隆盛！曲江畔，樱桃宴、曲江流饮、杏园探花宴，新科进士“春风得意马蹄疾，一日看尽长安花”……

少陵塬曾有凤凰翔集于斯，遂又呼其凤栖塬。凤凰，至唐代乃集丹凤、朱雀、青鸾、白凤等凤鸟家族与百鸟华彩于一身，终成鸟中之王。唐代李峤《凤》诗“有鸟居丹穴，其名曰凤凰。九苞应灵瑞，五色成文章”，表达出绚丽、浪漫之情。唐人喜以凤凰喻人，“碧梧栖老凤凰枝”，公卿贵戚、将相显要在此竞修园池，位于少陵塬与神禾塬之间的樊川，因为汉将樊哙食邑而得名，更是名园荟萃，“韦杜二氏，轩冕相望，园池栉比”，韦曲城南锦绣堆，轻岚袅袅入樊川。都城南庄，曾有“人面桃花相映红”的艳遇……

揽月府以新时代别具一格的居住文化，展现出雄浑、超逸的盛唐气象和时代风采。

盛唐气象，本来是指唐诗多姿多彩的风格与内容，诸如飘逸、沉郁、清雅、精致、真率、声俊、悲壮、超凡，此盛唐之盛者也，既有大气磅礴的壮美，也有精雅飘逸的柔美。中华园林，体现着中华文化精英累积起来的生存智慧和生活艺术，是士人将胸中之“灵想”“移入于物中的感情”的外化，是“凝固的诗”“立体的画”。

揽月府，以李白的“俱怀逸兴壮思飞，欲上青天揽明月”立意，气度宏阔，立意高远。李白非凡的自负和自信、狂傲的独立人格、豪放洒脱的气度和自由创造的浪漫情怀，充分展示了盛唐士人的时代性格和精神风貌。

揽月府与航天基地比邻而居，古人尝期待着，“销魂何处盼仙槎？”而今东方红一号卫星、神舟五号载人飞船、嫦娥系列绕月探测卫星、长征系列火箭等相继问世，圆了古人乘“仙槎”去银海的美丽梦想，圆了“欲上青天揽明月”的壮怀逸兴。

揽月府为西北古都敬献了一座江南的苏州园林。苏州园林，乃是中华民族的文化经典、世界之瑰宝。

揽月府首次将北国的阳刚气质和南国的清虚情韵相交融，将秀美精巧的苏式园林，建在磅礴大气的大唐古都。廊厅天花椽子出现了南国特有的茶壶档轩、船篷轩，秀美而又高敞阔大；十字穿海棠、冰裂梅花纹，花街铺地精美绝伦；嫩戗发戗、海棠门、地穴门等苏州园林的精美小品装点着楼台亭阁……

唐太宗视华夷如一的恢宏的文化政策哺育铸就的地负海涵、星悬日揭的盛唐气象，最典型的特色就是包容、开放的国际胸襟。因为强盛而包容，基于自信而包容，铸就了“九天阊阖开宫殿，万国衣冠拜冕旒”的辉煌！

盛唐园林中，有许多出自西域的建筑样式和建筑材料。“骊山晚照光明显，雁塔晨钟在城南”，大雁塔是我国楼阁式方形砖塔的优秀典型，“十层突兀在虚空，四十门开面面风”“四角碍白日，七层摩苍穹”，气势何其雄伟。不过这一建筑形式却恰恰源于西域制度，方形象征的是释迦牟尼的方袍。有容乃大，大唐时期中华民族遂形成了独立而完整的建筑体系，并远播朝鲜、日本。

揽月府中花园洋房和苏式园林别墅毗邻而居，而花园洋房本身，亦是异族建筑文化的集美。这些建筑都洋溢着蓬勃朝气，体现出高度的文化自信。

踞地高爽的揽月府，宅园一体，“登楼送远目，伏槛观群峰”“槛外低秦岭，窗中小渭川”。终南之峻岭，青翠可掬；樊川之清流，逶迤如带……不下厅堂，却能享受山水之乐！

这正是盛唐文人普遍追求的审美趣味，优雅而高尚："自然成野趣，都使俗情忘"。于是，读书山林，寄宿寺观，仗剑名山大川……

大唐的贵族园林，"灵槎仙石，徘徊有造化之姿；苔阁茅轩，仿佛入神仙之境"，逸人别业也是"涧影见藤竹，潭香闻芰荷"。困踬如杜甫，依然"卜居必林泉"！一派太平气象，格调清雅，幽美闲逸，散朗飘逸。

揽月府所构亭榭，均以中华文化元典精神立意，灌注了"思想"，特别是融入了李白、杜甫、王维等人诗文铸成的盛唐诗韵，既有"鲸鱼碧海"的壮阔诗境，又有"冲淡闲逸"的气韵。

盛世读王维，无处不桃源。王维在辋川别业，气和容众，心静如空，和谐静穆，玲珑淡泊、无迹可寻。样板区公共园林水榭两柱联："行到水穷处；坐看云起时""白云回望合；青霭入看无"。两副楹联均出于王维之诗，那飘忽自在的云，无心以出岫！遥望终南山，刚刚还分开的白云，回头一看已经合上，被叶染绿的露珠待走近时已经不见了，何其悠闲！水榭南对终南山，因名"云在"，典出杜甫《江亭》"水流心不竞，云在意俱迟"，立意为水在潺潺地流，心里平静得激不起一点的浪花，云在天空自由飘移，和我的意识一样舒缓自得、闲适淡然。此与自然、简淡的大唐山水园林同一风尚。

样板区公共园林东侧假山上的濠濮亭，则用中华文化原典《庄子》思想立意，反映了庄周派们观赏事物的艺术心态，以及远避尘嚣、追求身心自由、悠然自得的生活态度和人生理想。此与中华士人"兴适清偏、怡情丘壑"的审美趣味相契合。

走进揽月府样板区巷道，进入阆苑，便觉"高山仰止疑无路，曲径通幽别有天"，犹如当年李白栖息碧山而心自闲，见到桃花流水窅然去，便觉得是别有天地，非人间一样，胸中无挂碍，心灵自陶醉。

行走在揽月府的公共空间，"绿竹入幽径，青萝拂行衣"，松涛，竹韵，"檀栾映空曲，青翠漾涟漪"，花香馥郁，感到体宁心恬，诗意氤氲。

揽月府中亭台轩榭门宕楹柱上，品题所书书体，有肥硕庄严的颜体、清劲遒美的柳体、欹侧稳健的欧体、自由纵恣张旭草圣书体……百花争艳、光耀千秋的大唐书法艺术苑囿，在此重现……

揽月府庭院中，有华贵富丽、雍客大气的牡丹，有“紫陌红尘拂面来，无人不道看花回”的绚丽桃花，有“紫薇花对紫薇郎”的华贵紫薇，有唐玄宗激赏的连根不疏、比喻兄弟之义的义竹，这一切都在装点着盛唐气象。

揽月府规模化邸宅园林别墅群，呈“七星布局，街巷相连，城郭格局”，是古长安的缩微，也是对传统园林象天法地构园手法的继承和诠释。

总之，揽月府无论是苏式合院，还是洋式居住别墅，在号为“仙都”“洞天之冠”“佛教圣地”的古都少陵塬上出现，无疑象征着盛唐气象在居住文化上的复兴和回归。

五、集萃东方智慧——阿里巴巴西溪园区

质朴、求实的儒家文化，飘逸、浪漫的道家文化，本土道教和中国式佛教禅宗文化，构成了中华文化主轴。可居、可游、可观、可赏的中国园林，正是全面承载中华文化的载体。它也是科学与艺术融合的结晶，既关注物质世界的科学，追求真实，又关注精神世界的艺术，发现美，创造美。不过诚如 19 世纪法国著名文学家福楼拜所说，科学与艺术总在山顶重逢，共同奔向人类向往的最崇高理想境界——真与美。

园林的相地选址，需要运用地理学、地貌学、土壤学、生态学等科学知识；园林木构架建筑如翚斯飞，是科学和力学的完美结合；“磊石成山，另是一种学问，别是一番智巧”，既符合形式美法则，又符合力学原理；理水要有源头活水，清洁水质等都要遵循生态学原则；植物涉及植物学、园艺学、土壤学、文化学诸学科……

构园就是将建筑、山水、植物等园林物质元素，因地制宜，按照艺术美的规律巧妙地融于一园，将“养移体”的养生和“居移气”的养心功能完美结合，创造出“外适内和”的和谐之美。

中国园林以诗文立意设景，追求“美好的、诗一般的境界”，设计者将

心中之“灵想”融进园景，使之“显现出一种内在的生气、情感、灵魂、风骨和精神”，成为寄寓坚定的理性人格意识及优雅自在的生命情韵的艺术品。

这座用于阿里巴巴董事局办公的园林，坐落在拥有千年历史的西溪地区，名“思过崖”(今名“淘宝城”)，引出《尚书·大禹谟》中“满招损，谦受益，时乃天道”的儒家道德自律教诲的联想。

景境设计需要赋予景以灵魂、情感。如在连接园中，接待区与会议区设佛门传说“虎溪三笑”为景境主题。虎溪在庐山东林寺前，苏轼有“溪声便是广长舌，山色岂非清净身”诗句，以草木山石代表清净之身，谷涧溪流，乃为佛说法的广长舌。相传晋僧慧远居东林寺时，送客不过溪。一日，陶渊明、道士陆静修来访，与语甚契，相送时不觉过溪，虎辄号鸣，三人大笑而别。此传说反映了中唐以后禅宗尤其是“直指人心，见性成佛”的顿悟教南禅已经遍布士林，儒、道、释三教融合。此景境借此表达广迎天下客的诚意。

“桃李成蹊”设在园中办公区与会议区的开阔地段，沿舒缓的勺状小丘而上，直至草坪的最高处，沿路樱花、桃树等花木点缀其间，寓意“桃李不言，下自成蹊”，突出杰出人物的感召力和凝聚力。

水为园林命脉，水珠与空气分子的撞击能产生大量的负氧离子——空气保健素。因此，白居易当年要“遂就无尘坊，仍求有水宅”。

“思过崖”外绕青龙，内以沧波渺然清风池居中，亭台楼阁依水而筑，流水周于舍下，水恰似空气的调节器。

“碧水有源”引人入园，小桥流水，一汪碧潭；门楼向左，又一缕“玉涧流泉”，落于檐间，潺潺蜿蜒，来去无踪。“屏山听瀑”中，小桥瀑布，恰似一帧水墨江山图，又能借天光云影、阴晴雨雪和季相的变化，雨添山气色，风借水精神，体现了人与自然的和谐共处。

厅堂馆轩，高低错落，主次分明，稳定和收拢了室内气场，使室内通透明亮，冬暖夏凉。屋之前后多设长窗、半窗，大量的阳气进入室内，并使室内浊气外流，达到人宅相扶、感通天地；辅之以各式空窗、洞门、漏窗等建筑小品，虚实相生，无画处皆成妙境。俯仰之间，黄山松柏、古梅、美竹，收之园窗，宛然镜游也。

小亭各抱地势，或设于山弯，或高踞山顶，或踞湖心。“常倚曲阑贪看水，不安四壁怕遮山”，悟宇宙之盈虚，体四时之变化。

园内建筑，有苏式亭轩、徽派马头墙、古建太极馆、格子窗、夯土墙面，堪称健康、环保的“有机建筑”，还有线条流畅简洁的明式家具乃至古井，更有粉墙黛瓦，黑白映画，简朴、素净、雅洁，诠释着东方智慧！

“石倚风前树，莲栽月下池”，桃溪、松径、柳陌……，建筑山水掩映于草木葱茏之间，引来飞禽走兽，带来鸟语花香。花卉是廉价的氧气“制造厂”“绿色的隔音板”，天然的“滤尘器”“药材厂”。“和于阴阳，调于四时”，展现的正是以农立国的中华农耕民族的元典性记忆。

“石令人古”，尤其是那千万年被湖水激荡的太湖石，千奇百怪，犹如一尊尊天然雕塑。石与花木相伴，构成刚柔相济、阴阳结合的画面。

庭园路径的地面上，用石板、石块、鹅卵石等石材铺设的石地坪、虎皮石铺地、弹街石铺地等，也有白沙、条石、波纹铺地，形成独具魅力的地面艺术，天巧与人巧浑融为一。

禅泉院的茶庭，园内的鞍马石、白沙、白墙，营造出静谧的意境。静是一种心理建构，“胸臆肺腑，不着纤毫烟火”“空诸一切，心无挂碍，和世务暂时绝缘”，茶道追求素朴，戒浮华，乐自然，以“和敬清寂”为宗旨，寂之本意，乃表示清静无垢之佛世界，而茶事则为“佛心之显露”。茶庭脱离世间尘劳垢染，一心清静无一底物，故又称“白露地”，而“露地唯尘世外之道，洗净心尘之地”，将外部世界的焦虑和烦扰抛至身后。蹲踞式的洗石钵手盆仿照涌泉之水，飞石路面、卵石、松叶暗示茂密的林木，石灯笼、石塔，表示通向深山草庵的山路，漫步其中，恍如置身山林幽径，或在荒芜、幽静的神路上一样，野趣盎然，古雅空寂。茶庭中的白沙、石头、苔藓等，都仅仅作为表现自然精神的一种符号，是观赏者参禅悟道的对象，直觉体认禅宗的“空境”。人们在茶庭品味清茶苦味之时，也即在品尝人生、领悟人生之真谛，融自己心灵与自然为一体，最终达到永恒的境界。

厅堂陈设的砚石茶桌等文房清玩、苏绣屏风，以及古化石、雅石、盆景、瓶花、供石等室内清供，涵蕴着太古历史风云，既积累着文化，又充实、滋养着自身的精神生活和人格内涵。

思过崖集萃了东方智慧，进行多层次的文化互融共生，又能光景常新，彰显中华文明，创造“令居之者忘老，寓之者忘归，游之者忘倦”的艺术空间。美学家朱光潜曾说，心理印着美的意象，常受美的意象浸润，自然也可以少存些浊念，一切美的事物都有不令人俗的功效。

第五章 异质文化之间

纵界世界，人类童年时代都曾有美好的天堂梦想，从中华先人的“乐乡”“乐郊”“乐国”到古西亚的“伊甸园”、天国乐园，但各国基于自然、经济、文化生态的不同，呈现出来的“天堂”形貌各异。虽然世界各国有着数百年的文化碰撞和文化交融，但由于各民族在吸收外来文化的时候，都会经过本国文化的过滤，因而其园林都能保持自己独特的个性。文明生态不同，使得中西园林风貌具有本源性差异。即使源于中国的日本园林，也与中国古典园林存在很大的差异：中国儒学传到日本成为“儒教”，在日本园林中有很多体现；日本自称“泰伯之后”，中国苏州文化在日本也留下了许多烙印，但日本园林无色彩的特点背后有着深层的民族文化原因。

一、世界园林纵横谈

在世界园林史上，特定地域的环境、气候、人种、习俗、文化和历史等构成的自然、经济、政治等文化生态，决定了世界各民族的审美方式，形成了风貌各异的园林艺术。

国学大师钱穆和英国著名学者李约瑟先生都认为，地理因素是造成中国与欧洲文化差异的重要因素，学者张正明也用“海中地”和“地中海”回答中西地理因素导致的早期文明形态的不同，[①]形成了中西园林不同的艺术风貌。同源异质的日本园林，和中国园林关系难分难解，但也保持着日本固有的民族文化特色。当然，文化似水，也会相互渗融。

以自然山水画意式园林为基本特征的中国园林，与以几何式园林形态为基本特征的西亚伊斯兰园林和欧洲园林并称为世界三大造园系统。同属于中国造园系统的日本园林，则呈现出同源异质的文化特征。

作为世界陆地面积较大的中国，当时以男耕女织的小农经济构成主体，形成了礼制法规齐备、温文尔雅的农耕文化。广袤的中华国土，具有丰富的山岳和水域风景资源、植物和动物资源，成为中国园林模山范水的无上蓝本。动植物作为原始图腾信仰和古代吉祥符号，广泛地成为园林建筑雕刻图案的主题，使其和以农牧结合为特点的园林形成了鲜明的对比。

自然秩序是重农主义经济思想体系的基础，中国园林是大自然的艺术，从大自然中摘取自然元素。园林构思从“象天”到“法地”，从对大自然的简单模拟到“虽由人作，宛自天开”的最高创作原则，都是将园林作为“艺术的宇宙图案”来构思的。

农耕文明不追求外在刺激，希望过恬淡、安闲、自在的农耕生活，在日涉成趣的园林中，采菊东篱下，悠然见南山，涵泳、品味人生。“日出而作，日入而息”，春耕夏耘秋收冬藏，对天地自然界有深厚感情，对家庭亦感情深厚。

中国园林中各式各样的建筑，满足着人们生理和心理的需要。诸如楼台、亭、阁、廊轩等单体建筑，满足的是读书、会友、吟眺、赏月等各种需求。

帝制在中国维系了数千年之久，充分体现了儒家“尊尊、亲亲”的宗法思想。效忠皇帝是帝制社会主要的道德标准。中国没有真正的宗教，皇权始终高于神权，所以，中国园林最美的建筑都是给人住的，中国的寺庙也只是具有园林化的特色。中国皇家园林都有宫区和苑区，是“家国同构”

① 张正明：《地中海与“海中地”——就早期文明中心答客问》，载《江汉论坛》1988年第3期。

观念的“物化”。

西亚和西方园林都可以上溯到古埃及。位于“热带大陆”的古埃及，90%以上是沙漠，唯有尼罗河像一条细细的绿色缎带，所以，古埃及人具有与生俱来的“绿洲情结”，古埃及人的园林即以“绿洲”作为模拟的对象。

阿拉伯人原是沙漠上的游牧民族，一方面逐水草而居的帐幕生涯、对“绿”和水的特殊感情在园林艺术上有着深刻的反映，另一方面又受到古埃及的影响而形成了阿拉伯园林的独特风格：或以水渠、草地、树林、花坛和花池为主体而呈对称均齐的布置，建筑居于次要地位；或突出建筑形象，中央为殿堂，围墙的四角有角楼，所有的水池、水渠、花木和道路均按几何对称的关系来排布。著名的泰姬陵即属后者的代表作。

古希腊多山，气候干燥温热，土地贫瘠，粮食匮乏，生存条件极差，主要种植的是橄榄树和葡萄。但是，古希腊三面临海，海岸线曲折，沿海有无数港湾，良港甚多，便于航行，从事海外贸易成为古希腊人的传统。

古希腊城邦国家是直接从氏族部落联盟演化而来的，实行的是集体剥削，城邦的事务大多是由一群出身高贵的所谓政治寡头控制。园林大体上分为源于体育竞赛场的公共游豫园林、柱廊式园林和寺庙园林三类。

为了遮阴而种植的大片树丛，笔直的林荫道，装饰性的水景，体育竞赛优胜者的大理石雕像，供政治家发表演说、哲学家进行辩论的宽阔的广场和大片的草地，构成古希腊公共游豫园林的主要特点。大面积草坪（图5-1）也成为欧洲园林的独特风格。

柱廊式园林是城市宅园，四周以柱廊围绕成庭院，庭院中散置水池和花木。寺庙园林即以神庙为主体的园林风景区。

“政教合一”的西亚和欧洲，神权往往高于皇权或制约着皇权。与中国古典园林不同的是，西方园林在各个不同的历史时期形式、风格迥然不同，古希腊的柱廊园林、古罗马的山庄园林、中世纪的教会园林或城堡园林、文艺复兴时期的意大利台地园林等，此起彼落，更迭变化，呈现出各个地区不同形式、不同风格的互相影响、融合变异。

图 5-1 大面积草坪（德国）

欧洲和伊斯兰世界最美的建筑都是宗教建筑，它们总是努力体现宗教的要求。中世纪的宗教建筑就是通过对宗教建筑外部形式与周围环境所营造的“意境”，以及外部形式的动势来表现天国的神圣和欢乐。如欧洲的哥特式建筑，其顶端都有锐利的、直刺苍穹的小尖顶，处处充满着向上升腾的态势，体现了基督教弃绝尘寰的宗教情绪。如中世纪欧洲最著名的法国哥特式建筑典范巴黎圣母院就是教堂。

“摩尔式的建筑使人觉得忧郁……摩尔式的教建筑风格像星光闪烁的黄昏”[①]。清真寺高高的圆顶之下，前面是饰有黄金的钟乳石状装饰的神龛，其上有从五彩窗户内投射下来的半明半暗的神秘光线，有着明显的宗教氛围。

尼罗河退水之后，伴随着丈量耕地、兴修水利以及计算仓廪容积等的需要，埃及人的数学和几何学知识也逐渐发展起来。于是，古埃及人也把几何的概念用于园林设计。水池和水渠的形状方整规则，房屋和树木亦按几何规矩加以排布，这样的园林是世界上最早的规整式园林。古希腊

① 恩格斯：《齐格弗里特的故乡》，见唐晓峰摘编：《马克思恩格斯列宁论宗教》，人民出版社，2010年，第344页。

继承了古埃及的几何学。哲学家柏拉图曾悬书门外："不通几何学弗入吾门。"[①] 与中国园林成为"宇宙图案"相反，西方园林呈现出的是刺绣花圃和绿色雕刻。西方园林的艺术渊源是希腊艺术，哲学思想正是上述数的几何观。

枯山水和露地园是最具日本园林的特色。四面环海的日本，对大海的感情是热爱与敬畏并存。仿造海景一直是日本园林的主题之一。白沙浜成为表现海景的基本要素。滴水全无的枯山水园林，直接用白沙象征茫茫大海，散点的山石，便成了汪洋大海中的岛屿，并在白沙地上用竹枝划出了表示水波的图案。

日本园林以寺庙化为重要特色。佛教在日本具有特殊的政治、经济及文化地位。日本的成文法中明确规定佛法即王法，王法即佛法。天皇本人在大佛前跪称"三宝之奴"，佛教完全发展成了政治性宗教。

自镰仓时代开始，天皇和贵族大权旁落到他们的保镖手中，日本从此变成一个由武士统治的社会。武士造园大多依靠僧侣，所以，园林中充满禅味与武士气息。僧侣是造园技艺的主要传承者。日本的造园著作《筑山庭造传前编》说："凡山水皆表示西方净土曼荼罗，故石悉为佛菩萨明王等御名。又，山岛、平沙皆是九品次第。"据其前后文，大意是说：真山水皆配以佛陀菩萨御名。在佛教中，真山水可代表西方净土九品之曼荼罗，庭中各石便代表佛、菩萨、明王等御名。其间山岛、平沙皆须按照九品之次序决定其位置，故山水庭园处处常如佛、菩萨影像之显身，每天都可拂去心境上的尘埃。[②] 于是日本出现过菩萨园（图 5–2）。

日本僧人梦窗疏石根据中国北宋僧人圆悟克勤著的佛教著作《碧岩录》和《宗门武库》中的故事，精心设计了西芳寺园林。

---

① 转引自钱穆：《中国文学论丛》，第135页。

② 此书无中译本，版本信息不明，仅标有"江户时代"字样，也未著录页码，今著录此处引文原文如下："真の山水に仏菩萨の御名を配当する事，凡山水ハ西方净土九品の曼荼罗を表す、故に石悉く仏菩萨明王等の御名り。又山岛、平沙皆是九品の次第なり、故に山水ある所へハ仏菩萨常に御影向ありといへり、每日尘埃を払ふべしと云う。"

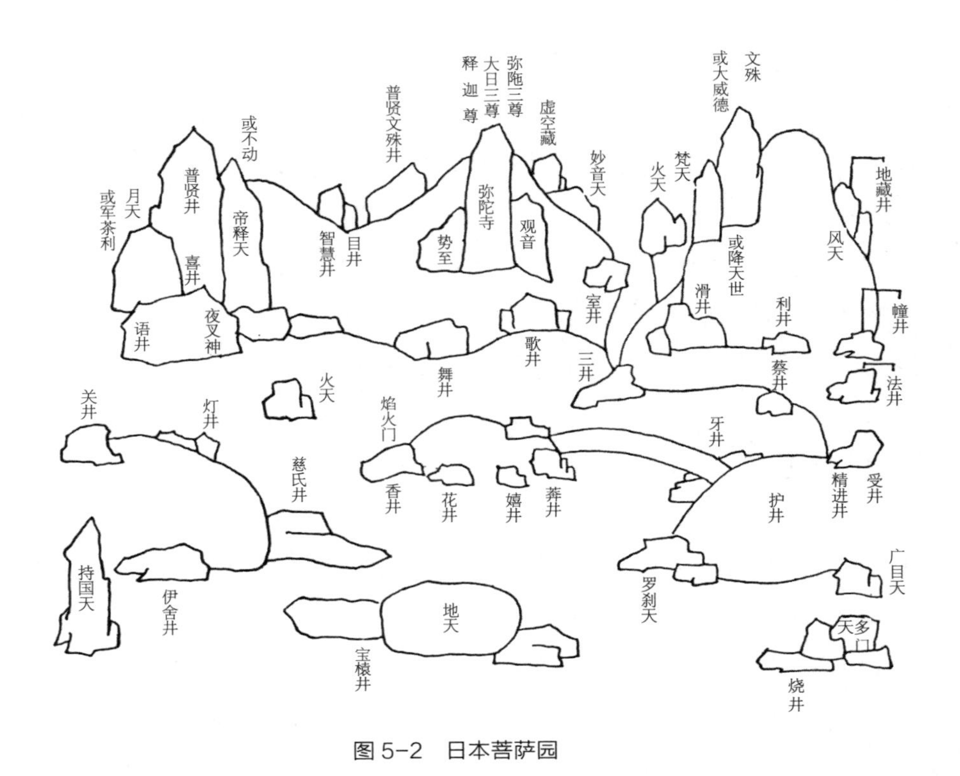

图 5-2　日本菩萨园

日本始终以世袭等级为依据，武士也是世袭制。靠征伐厮杀而诞生的历代武士政权所推崇的是武士文化，故日本园林呈现出尚武与杀伐气。日本石庭，面积狭窄，满庭白沙，一无生物，令置身其中的人始终绷紧神经，恰如武士身临疆场一般。

日本武士以对先辈之“孝”和对主人之“忠”而获得立足之地。他们恪守等级秩序，园林山石都各遵其道，如茶庭露地中的石块都各司其职，有刀挂石、额见石、主人石、乘越石等。

二、文明生态与中西古典园林风貌

世界不同的文明，都有自己的生态环境，而这种本源性的差异对东西方哲学思想、美学思想、思维特点和价值观等方面的影响都是根深蒂固的。世界古典园林的营造，也因世界各民族在驾驭地形、地貌，选择构园素材，经营山水、建筑，创造艺术意境等方面的不同，形成了具有鲜明民族特征的园林风貌。

（一）宗法制与六合营造心理

被列入世界文化遗产的苏州网师园的家堂上，至今还保留着供奉“天地君亲师”的精致砖龛。“天地君亲师”是中国宗法制最重要的精神信仰和象征符号，分别象征着神权、统治权、族权和思想统治。皇帝既是“口衔天宪”“驾驭万民”的天之骄子，又是天下最大的宗主和教主，集政权、族权和神权于一身。“中国的皇帝是高于一切的天子，他只遵从先祖、政体和孔教的遗训，不易为任何人控制。”[①]

效忠皇帝是帝制社会主要的道德标准。供职于朝廷的臣工，实际就是皇帝的家奴、家仆，是服役于皇帝一家一姓的仆役奴才。政府机构的设置也是家国不分，大量的朝中重臣多带有内侍的加官，兼任内廷服役。皇位是父子继承，子子孙孙，世代传袭。国家成了以帝王为家长的大家庭，所谓“王者居宸极之至尊，本奉上天之宝命，同二仪之覆载，作兆庶之父母。为子为臣，惟忠惟孝”，皇权被神圣化，所谓“奉天承运”“继天立极”，“忠”也就从逻辑上成为“孝”在政治上的延伸。这种强调个人对宗族和国家的义务的宗法集体主义人学，与以个性解放为旗帜的人文主义属于完全不同的范畴。

如果说，古希腊“使家庭变成一种与氏族对立的力量”[②]，而且这种力量最终冲破了旧的氏族血缘关系的束缚，建立起以个体家庭私有财产为基础的奴隶制民主共和国的话，那在中国还没有出现过个体家庭“以威胁的姿

① 费正清：《观察中国》，世界知识出版社，2001年，第116页。

② 中共中央马克思恩格斯列宁斯大林著作编译局编译：《马克思恩格斯选集》第4卷，人民出版社，1976年，第104页。

态与民族对抗”[①] 的情况。

中国频繁地改朝换代，台湾学者柏杨《中国帝王皇后亲王公主世系录》统计出中国古代共有 83 个王朝，有帝王 559 位。其中，真正意义上的帝王大概有 400 多人，但帝王专制制度始终没有多大的改变，中国社会也就在这样的模式中周而复始。改朝换代并没有触动、改变社会的基本经济结构，“家国同构” 始终成为中国古代社会稳定的政治机制。自秦皇汉武开始，皇家宫苑都是依循宇宙自然观或时空意识中的天地，去想象天界的神人建筑，又反过来 “体像天地”“经纬阴阳”，将天国搬到人间，达到人间帝王与天帝所居同一，并以此作为统一帝国和集权王朝的象征。

中国皇家园林的格局都为前宫后苑，故宫是前三殿为 “国”，后三殿为皇帝的 “家”，御花园是 “家” 的后花园。颐和园和承德山庄都有听政的宫区和游览的苑区，这正是 “家国同构” 观念的物化，也是物化的历史。我们从宫苑布局的内涵又可以读懂帝王 “家天下” 的含义，即 “六合皆入我囊中”。皇家园林中关于景点数目和题名字数这些抽象的数字所蕴含的时空含义，就将 “天地宇宙营造心态” 表露无遗。

（二）科举制与文人

与西方的世袭制不同，中国古代很早就废除了贵族的世袭制度，基本上以科举取士作为官僚机构选拔官员的制度，使大量文人进入了官僚阶层，深刻地影响了中国的历史和文化，也影响了中国园林的文化内涵。

清代担任过同治、光绪两朝帝师的翁同龢，官居军机大臣、总理各国事务大臣、协助大学士等要职，还兼户部尚书，他曾经写过一副对联：“门生天子，天子门生。” 中国的士大夫地位再高，也是皇帝的科举机器里制造出来的 “产品”，他们始终是皇帝的 “门生”。

---

① 中共中央马克思恩格斯列宁斯大林著作编译局编译：《马克思恩格斯选集》第4卷，第158页。

中国早在《尚书·舜典》中就有“三载考绩，三考黜陟幽明”的记载，似乎彼时已经有定时考核官吏的制度了。公元前3世纪的秦朝，秦始皇采用了李斯的建议——“不立尺土之封，分天下为郡县”[①]，废除了原来世袭的先秦的世卿世禄分封制，改为郡县制，出现了由中央政府任命和罢免的职业文官队伍。

汉承秦制，出现了汉代以举荐为主、考试为辅的察举制度。魏帝曹丕确立九品中正制，将由豪门名士评议品级士人的权力收归中央委派的专职官吏，这在一定程度上改变了东汉以来豪门名士操纵察举的局面。隋朝创制了科举制，采用公开考试的办法选拔官员。但严格意义上讲，以考试为主的科举制度盛于唐代。随着庶族地主的进一步兴起，又经过唐末五代战乱的荡涤，与重族望门为特征的门阀制度密切结合的中古宗族制度，同士族地主一起退出了历史舞台，彻底失去了因历史恩荫力量而一时得以保留的社会地位。

到北宋，弥封制、誊录制、回避制等科举制度全面完善，清除了举荐制残余，一切以考试为准，《通志·氏族略序》“取士不问家世，婚姻不问阀阅”，科举制度成熟定型，而“文官治国”体制也在北宋彻底地、稳定地建立起来，从此贵族政治、武人政治基本上退出了封建中国的历史舞台。北宋从中央到地方的一切要职，全由科举出身的文官担任，甚至掌握全国军权的枢密院正、副使，各地方州县的军队指挥，都委以文官。职业军人不仅不能干预行政、司法、钱粮等事，甚至在军队中也必须听命于文官，其俸禄、待遇也差得多。[②]

科举考试制度为庶族中小地主，乃至出身寒微的平民知识分子，开辟了一条升官之路，故深受中小地主和广大知识分子的拥护。自此以后，科举延续了一千三百多年。宋代以后，中国封建社会进入后期。中国的科举制度不论出身、财产、地位、名望等条件，唯凭个人学识进行平等的考试，竞争政府公职，与欧洲中世纪封建社会奉行的“贵族总是贵族，平民总是

---

① 班固：《汉书》，第1525页。

② 金诤：《科举制度与中国文化》，上海人民出版社，1990年，第98页。

平民”世袭制相比，显然是巨大的进步。欧洲文官政治的确立，还是近代议会政治发展的伴生物。

科举制度将选拔官员和学校教育、考试制度结合起来，扩大了选拔官员的阶级基础，也确实选拔出了一批具有真才实学的优秀人才，造就了一支有高度文史知识素养的文官队伍，同贵族、武人政治比较，是具有相对清明度的。[①]科举制度保证了上下阶层知识分子不断地合法对流，从而阻止了权力的世袭化。

由于科举制度将权力、财富、地位与学识结合起来，这就塑造了中华民族极为重视教育、刻苦勤奋读书的传统素质与观念。

德国社会学家马克斯·韦伯说："中国是一个非常重视文学教育，把它作为社会评价的标准的国家，这种重视远远超过了欧洲人文主义时期或者德国近期。早在战国时期，受过文学预备教育——最初仅指通晓文字的候补官员阶层，就作为向理性的行政管理进步的代表和一切'聪明才智'的代表，周游列国，并且像印度的婆罗门一样，构成了中国文化统一的决定性标志。"[②]

中国科举制度考试的内容，唐朝重诗赋，宋朝重经义，明清以《四书五经性理大全》为考试范本，并规定用八股文体作文章。"中国最低一级的考试（生员）出题的性质，大体相当于德国文科高中毕业班的作文题目的性质，确切地说，相当于德国高等女校尖子班的作文题目"[③]。

中国科举选官制度，使大批有才识的读书人走进了官场。因此，李约瑟认为，中国向来是士大夫中心政治，"不管什么人来统治中国，被找来管理行政的却始终是士大夫。只有他们精通书写文字、办公事的程序以及必不可少的技术，例如水利工程"[④]。

士大夫高雅文化是园林文化的主体，以"文"取士，使中国成为一个

---

① 金诤：《科举制度与中国文化》，第8页。

② 马克斯·韦伯：《儒教与道教》，王容芬译，商务印书馆，1995年，第159页。

③ 马克斯·韦伯：《儒教与道教》，第173页。

④ 李约瑟：《中国科学技术史》，科学出版社，1975年，第252—253页。

"诗"的国家，以士人山水园为代表的中国古典园林，具备"画境文心"，并容纳了完备的士大夫文化艺术体系。

科举出身的"天子门生"依靠的不是世袭地位、名望等家族背景，而仅仅是以皇帝名义召集的科举考试，他们的地位和权力的予夺都决定于皇帝。因此，他们对专制君权有着天然的依附与畏惧。显然，科举制度强化了帝王的专制性。中国没有贵族诸侯作为专制君权的制约，而在封建德国，"只要诸侯开始感到某皇帝的权力变得非常强大，就经常引起——尤其是在有决定意义的十五世纪——王朝的更替"[①]。

中国古代基本上以科举取士作为官僚机构选拔官员的方式，造就了知识型文官集团，"中国文化有与并世其他民族、其他社会绝对相异之一点，即为中国社会有士之一流品，而其他社会无之"[②]。"士"信守的是"道"，他们认为，道源于人的本性，"文以载道""道法自然"，这个"道"在"士"的眼里，是高于皇权的。"志士仁人"们信守的"道统"与专制政治之"政统"产生激烈碰撞，于是，贬退下野者有之，急流勇退者有之，"守拙归田园"者有之，他们将平生积攒起来的钱财，为自己构筑起"安乐窝"，"只看花开落，不问人是非"，逍遥人生。有人认为，中国文人园林是隐士文化的结晶，而隐士的形成与改朝换代密切相关。改朝换代之际，士人为逃避新政、顾全气节而避世，如耻食周粟而饿死在首阳山的伯夷、叔齐兄弟，被后人称为"高人"。隐士大批出现在汉末，《后汉书》专列《逸民传》，或为追求清高和自由的个人生活而隐，或为保持独立人格理想而隐，更多的是为避危图安、逃避乱世而隐，他们借助大自然以治疗现实的创伤，他们中的许多人将聪明才智引向文学和艺术的创作。"志士仁人"中涌现出来的这批前朝"遗民""逸民"，使中国园林史上多了一批"遗民""逸民"的园林，充溢着"不食周粟"的悲壮情怀和黍离之叹，深刻地影响了园林的思想内核。

---

① 中共中央马克思恩格斯列宁斯大林著作编译局编译：《马克思恩格斯全集》第18卷，第648页。

② 钱穆：《宋代理学三书随劄》，生活·读书·新知三联书店，2002年，第177页。

（三）皇权至上与寺观园林化

中国的宗教观是泛神论的，虽有些地方残留着人格神的要素，但更多的是道或理的形态（不定形或无形），认为神存在于世界万物之中，即“一草一木皆有神”“天入人间，住于人间”，住在人间的天即天性、人性，所谓人间的天性，就是进入人间的天。章太炎说，中国人自古以来就是泛神论者，而泛神论即无神论的逊词。中国没有国教，也没有发生像欧洲一样的宗教战争。

中华民族“天人合一”的传统思维方式，决定着人们不把天人、主客、此岸与彼岸、天堂与人间分为截然相反的两个世界，因而从根本上缺少形成宗教的思想基础。先秦时，实践理性精神的高扬，大大冲淡了宗教意识，因而中国没有真正意义上的宗教，皆趋重现世的物质的实利主义和利己主义，如中国本土的道教，“虽说神仙说怪异，而此神仙乃实在的神仙，非灵界之物，与印度教等之所谓神者不同，与耶稣教之所谓神者亦异。即道教亦非有深刻意味之宗教也。其后佛教传入，道教为与之对抗计，乃加整理而成一种宗教之形式”[①]。

中国历史上，势力最大的宗教佛、道，总是在专制皇权的控制之中，皇权对佛教、道教或垂青、推重，或打击、毁灭，都是成也君王、败也君王。宗教在中国政治机制中始终处于从属于皇权的地位。

在中国，宗教的作用是肯定皇权的合理性。商周君王借助原始宗教而取得“上天之子”的特权，又代表天帝行使臣服万民的职权。自此，皇帝就被称为“天子”,《诗经·大雅·江汉》有“明明天子，令闻不已”。

北魏太武帝统一北方后，为了取得入主中原的合法性，一方面对自己的先世进行汉化，另一方面请道士寇谦之宣传君权神授，“太上冥授帝以太平真君之号并冠服符箓”(《历世真仙体道通鉴》卷二十九）；周、隋禅代之际，道士张宾为隋文帝杨坚篡位制造符命与新历；唐李世民与道士吉善行共同

---

① 伊东忠太：《中国建筑史》，第41—42页。

导演了老子显圣的戏剧，为李氏“朕之祖先，出自老子”提供证据；武则天时代，华严宗的一代宗师法藏从劝进到参政，为武则天多方效力，被授予三品名誉官职，华严宗因得朝廷支持和关心而空前发展。篡之于孤儿寡母的赵宋江山，为了合法，赵匡胤与终南山道士共同杜撰了“翊圣”降显的神话。

至于佛教，统治者虽然无法杜撰“佛祖转世”的神话，但大量采用高僧“预言”的手段，取得不同凡响的身份，也就得到了君临天下的“神授”权力。公元 398 年，北魏的道武帝迁都平城（今大同），崇信佛教，大修寺庙。道人统法果带头礼拜皇帝，声称皇帝即“当今如来”，拜天子乃是礼佛。明代元帝常去武州山祈祷，武州山成为统治者顶礼膜拜的圣地。太武帝大力灭佛，佛教势力受到沉重的打击。《魏书 · 释老志》载文成帝复佛后，“诏有司为石像，令如帝身。既成，颜上足下，各有黑石，冥同帝体上下黑子”。大同云冈石窟有“昙曜五窟”，编号从十六号到二十号，每窟都铸有大释迦牟尼像一个，分别像文成帝、景穆帝、太武帝、明元帝和道武帝。

无独有偶，洛阳龙门奉先寺卢舍那大佛龛主像大卢舍那佛，也是以武则天形象雕凿的。武后曾以皇后身份，“助脂粉钱二万”，据造像铭文载，唐高宗咸亨三年（672），洛阳龙门山奉先寺大卢舍那佛龛，主像大卢舍那佛，头高 4 米，耳长 1.9 米，雕刻精湛细微，面容丰润饱满，长眉修目，嘴角微翘，呈微笑状，头部向下作俯视众生态，是一位睿智且慈祥的东方中年女性形象。大佛宽广的前额、丰满的面颊与史记载武后“方额广颐”正吻合。梵语“卢舍那”即“光明普照”之意，表明佛的智慧广大无边。武则天自己起名叫“曌”，即日月当空照的意思，也即智慧之光普照四方。自称是净光天女化身的武则天，在这里成为一尊“卢舍那”佛像，君神合一。

中国的寺观园林从诞生伊始就奠定了“寺园一体”的基本特色，没有形成鲜明个性，原因就在“当今如来”是皇帝。

（四）分封制与城堡花园

中世纪的欧洲，推行的是贵族和教会共同把持的政教合一体制。15 世纪前的英国，官员是贵族与教主；16 世纪以前的法国、17 世纪以前的德国，统治国家的仍是割据一方的封建诸侯。

加洛林王朝是最早采用领地和采邑制度的国家。查理曼一生南征北伐，但缺乏足够的资金来维持庞大的军队。于是他将征服的土地划成小块，连同上面的农民一起，赐给众多的追随者。这就是封建制度，拥有地产的人也拥有政权。

他们在自己的领地筑有防御性城堡，于是，产生了古老的城堡花园。一个大的城堡就像一座小城市。它有两道城墙，外面一道城墙，围着城堡前院和主城堡；里面一道城墙，用来保护主城堡。在城堡前院是仆人的住房，另外，还有铁匠铺、缝纫店以及饲养牲口的地方。骑士全副武装，效忠于国王或者上等贵族，他们自己也属于贵族。中世纪的法兰克人，战争是其体面的谋生手段，骑马打仗的骑士成为最崇高的职业。法兰克骑士有一套复杂的价格昂贵的装备，后来许多人负担不起这套装备，一些人成为负盾的人，而大多数人就慢慢变成专门务农的依附农民。只有大领主以及享用采邑的人才能成为骑士，这个骑士阶层就是法国贵族最早的来源。长子继承制形成后，贵族成为一个封闭的阶层，只有骑士的儿子才有资格成为骑士。在骑士阶层内部，大贵族都有世袭的爵位，像公爵、伯爵、子爵等。在中世纪，所有贵族包括国王在内都亲自冲锋陷阵，带兵作战。

“骑士道德”要求骑士必须忠诚，勇敢作战，信守诺言（特别是不能违背誓言），这关系到骑士的荣誉。而对于骑士来说，荣誉胜过生命。如果某骑士的名誉受到毁谤或侮辱，他必须通过决斗来维护自己。很显然，这种“骑士道德”适应了封建领主制发展的要求。法国贵族最初仅指那些有封地的骑士，随着社会的发展，贵族扩展到稍大一些的范围，包括负盾的人、贵族家族中没有体力或财力成为骑士的人、某些得到国王加封的市民上层人物。[①]

法国的维朗德里城堡花园，接近山地园，处于以教堂和城堡为主体的

① 董建萍：《西方政治制度史简编》，东方出版社，1995年，第73—75页。

中世纪建筑之间，按照地势的高低分成上、中、下三层。城堡的最高位置是水园，宽大的水池线条规整柔和，还有草坪、喷泉和精心排列的黄杨。水池实际上是一座蓄水池，为下面两层的花园提供生命的源泉。中层是一座装饰性花园，每一棵黄杨周围都种植了经过精心修剪的紫杉，并且有鲜花点缀其间，给人带来无限的遐想。最下层是一片宽阔的蔬菜种植园，新鲜美味的蔬菜和各种鲜嫩的水果可供食用，各种蔬菜随着季节的变化又呈现出不同的颜色，与整个花园色彩和谐完整。

据说，设计建造维朗德里城堡花园的灵感来自爱情，水园犹如人的头脑，中层花园比作人的心灵，下层植物园则如人的肚子。这座古老的城堡花园，宛如镶嵌在卢瓦尔河畔的一颗明珠，发出绚丽夺目的光彩。

地势平坦的地域，没有天然形成的山丘，建造城堡往往选择在水边。水域成为天然的护城河，起到防御攻势的作用。如坐落在德国明斯特市郊外的维尔金赫吉城堡（Schloss Wilkinghege），位于独特的威斯特伐利亚乡村，花园中有多条深远的视景线，如横跨护城河的白色小桥、教堂钟塔、深邃的后院。花园内移栽和种植的树种名目繁多，斑斓的色彩随着季节的变化而变幻多端，与周围环境融成一片，整个园林充满了大自然的野趣。

卢瓦尔河畔传承着法国厚重的文化。河畔城堡林立，风格各异，折射着法国文艺复兴史。2000 年 11 月，卢瓦尔河谷被联合国教科文组织列为世界遗产，与长城、金字塔、巴黎圣母院等享有同等声誉。在众多卢瓦尔河畔城堡杰作中，舍农索城堡以其典雅、高贵的魅力和浪漫情调，成为其中备受青睐的城堡之一。城堡主体建筑坐落在卢瓦尔河支流的一座桥上，绿水掩映。花园中各种花卉、小灌木林，还有柠檬树、橘树，以及意式喷泉、岩洞、作坊和石桥上的双层拱廊，令人称羡不已。横跨谢尔河的极具佛罗伦萨风格的华丽长廊，成为舍农索城堡的点睛之笔。

（五）政教合一与天国乐园

西亚和欧洲推行的是“政教合一”的政治和经济体制。中世纪的欧洲，神权往往高于皇权或制约着皇权。法国路易十四时代，天主教为法国唯一的宗教，天主教教会的势力也渗透到政治生活和社会生活的一切领域，王权的统治依赖于教会的支持。当法国路易十四要推行专制君主制的时候，必须控制教会，方能达到目的。

基督教教会是最有势力的机构。教会的首脑是教皇，即罗马主教。教会在行政管理方面具有重要的地位，后来还有了自己的法庭和法律体系。教会法庭不但审讯涉及教士的一切案件，而且审讯平民信徒的婚姻、遗嘱等方面的案件。作为封建宗主，许多主教和修道院院长统治着广大地区。在这些区域内，他们行使立法、铸币、征税等权力。教皇则为罗马城及周围的教皇国的统治者。在中世纪，教会是政府中的一大势力。主教和国王及皇帝的关系有时是友好的，有时是敌对的，宗教势力对皇帝具有牵制和制约作用。伊斯兰教的法律，其内容很多是直接取自宗教禁忌行为。

教皇为首的罗马教廷，不仅直接支配教皇国，而且通过各级主教、修道院院长干涉和控制各个天主教国家的政治。这些高级僧侣本身就是大贵族、大封建主，他们是各据一方，是拥有各种权力——征税、司法、警察的土皇帝。13 世纪，教皇权势极盛时，甚至可以废黜世俗君主。[①]

恩格斯论述教会在中世纪欧洲的统治地位时指出："政治和法律都掌握在僧侣手中……教会教条同时就是政治信条，圣经词句在各法庭中都有法律的效力。"[②]

欧洲中世纪的封建社会，是以贵族庄园经济为基础的小国寡民社会，不同国家、不同民族间战争频繁，不同文化相互替代，后来者可以给先在者以毁灭性的打击，整个欧洲在相当长的时间里都是"一条政治上杂乱拼缝的坐褥"，西方的文艺复兴只需要挣脱一个用中世纪的生铁铸成的上帝的锁链，即可实现其本性的回归。

欧洲中世纪的所有教堂，都参与了经济活动。在中古时期，天主教会

① 蒋国维、向群、唐同明：《世界史纲》（上），贵州人民出版社，1985年，第188页。
② 中共中央马克思恩格斯列宁斯大林著作编译局编译：《马克思恩格斯全集》第7卷，第400页。

占有西欧各国三分之一左右的土地，教皇、主教和修道院院长都是大封建主。他们剥削教会领地上的农奴，又向全体居民征收什一税。此外，他们不仅通过施行各种"圣事"剥削广大教徒，还出卖所谓"圣徒遗骸、遗物"和赎罪券来诈骗钱财，因而十分富有。

主教、神父和修道院长们搜刮来的钱财，一部分耗费于他们奢侈豪华的生活中，另一部分则转入教会首脑——罗马教皇手中。罗马教皇既是教皇国的君主，又是天主教会的世界领袖，故有庞大的财政收入……据估计，教皇每年的收入大大超过欧洲各国国王年收入的总和。[①] 在商品交换的活动中，欧洲中世纪的教堂，也扮演了相当重要的角色——中世纪城乡间的商品交流，通常在教堂以集市的方式举行。

西方人的意识形态受这种超国境的现世的宗教精神支配，他们宣扬在上帝面前人人平等。

欧洲和伊斯兰国家最美的建筑都是宗教建筑，如古希腊奥林比亚的宙斯神庙、雅典卫城的帕特农庙。宗教建筑随着宗教本身的发展而不断改变着自身的形式，它总是努力体现宗教的要求。中世纪的宗教建筑就是通过对宗教建筑外部形式与周围环境所营造的"意境"，以及外部形式的动势，来表现天国的神圣和欢乐。

如在中世纪持续了四百年的欧洲哥特式建筑，表现并证实了极大的精神苦闷。它号召所有的人超度、拯救灵魂。屋子特别大，有宏伟的正堂、侧堂、十字耳堂（正堂与耳堂的交叉，代表基督死难的十字架），顶上是巨大的穹隆，四边是巨大的支柱。走进教堂的人，好像突然进入了一个幽闭的空间，感到渺小恐惧而祈求上帝的保护。从彩色玻璃中透入的光线变为紫石英与黄玉的华彩，成为一团珠光宝气的神秘火焰；这奇异的光亮，使窗户好像变成通向天国的途径。玫瑰花窗连同它钻石形的花瓣，代表久恒的玫瑰，叶子代表一切得救的灵魂，各个部分的尺寸都与圣数有关。另一方面，形式的美丽、怪异、大胆、纤巧、庞大，正好迎合幻想所产生的夸张

---

① 马超群：《基督教二千年》，中国青年出版社，1988年，第73—84页。

的情绪与好奇心。它排斥圆柱、圆拱、平放的横梁。哥特式教堂的外部以轻灵的垂直线条统治全身，扶壁、路垣和塔，越往上装饰越多，且越玲珑轻巧，而且顶端都有锐利的、直刺苍穹的小尖顶（图 5-3）。宗教建筑的局部和细部的上端都是尖的，处处充满着向上升腾的动势，体现了基督教弃绝尘寰的宗教情绪。[①]

图 5-3　哥特式建筑教堂尖顶（德国）

拜占庭君士坦丁堡的圣索菲亚大教堂，墩和墙是用彩色大理石贴面，柱头用白色大理石贴面，柱身却是深绿或深红的，还用玻璃马赛克装饰拱顶。这样，当人们走进教堂时，就会“觉得自己好像来到了一个可爱的百花盛开的草地。可以欣赏紫色的花、绿色的花。有些是艳红的，有些闪着白光，大自然像画家一样把其余的染成斑驳的色彩。一个人到这里来祈祷的时候，立即会相信，并非人力，并非艺术，而只是上帝的恩泽才能使教堂成为这样，他的心飞向上帝飘飘荡荡，觉得离上帝不远……”[②]

综上所述，宗法制、科举制的中国，与封建制、政教合一的欧洲国家，具有本源性差异，这些差异深刻影响着园林的艺术风貌和含蓄其中的文化精神。

---

① 丹纳：《艺术哲学》，傅雷译，安徽文艺出版社，1991年，第86页。

② 转引自陈志华：《外国建筑史》，中国建筑工业出版社，2004年，第3版，第69页。

三、中国儒学与日本园林

日本学者冈仓天心认为：日本“古代文化的原动力，一是儒教，一是佛教”①。日本学者称儒学为“儒教”，并与佛教并提，说明日本人心中对儒学怀有宗教式的崇拜。作为古代文化原动力之一的儒教，对日本古代园林，尤其是儒学占统治地位的江户时代的园林产生了巨大影响。

儒学是中国文化的主体，在公元3世纪后期传入日本，圣德太子在制定律令制度时，大量吸收了儒家的政治理念和伦理观念，为此后不久的大化革新奠定了基础。中国儒家思想从此成为日本社会的政治原则和教育方针，不仅影响到日本宫廷贵族的人格修养，而且直接影响到了日本政治。大化革新后，天皇还在首都和地方建立传播儒学经典的学校，设明经、书、算三科，从体制上保证了中国儒学的传播，使日本形成了精通儒学的群体。随着日本贵族政治的衰落，武士阶级登上了政治舞台。日本的儒学思想随即打上了武士文化的烙印。15世纪后，朱子学在日本成为维持集权性封建体制的神学，受到幕府诸藩的格外青睐，各代将军都十分器重，并在17世纪将其发展成官方哲学，内容包括儒学人伦秩序观念在内的儒、道、释三教共存的精神，构建了江户时代有声有色的精神性舞台。

由于中日社会机能不同，日本在接受儒家思想的时候，摈弃了中国儒学的烦琐礼制，融入了日本的神道思想，实际上是神儒一致。尤其是在日本接受朱子学后，与固有的日本神道思想共存且融合。神道与新儒学的合一，其特点是轻视形而上学，重视主观性感情，对现实随机而处。日本学者称日本为“武治社会”，中国为“文治社会”，所以将日本的儒学称为“尚武”的儒学，以区别于中国“尚文”的儒学。

---

① 冈仓天心：《日本美术史》，平凡社，2001年，第30页。

“尚武”的儒学，自然要摈弃中国儒学中“有德者王”的重要思想，根据现实的需要，选取儒学内容，为我所用。中国在殷商时代就出现了“德”字，儒家所遵从的周文化，更强调“敬德”“明德”。《易·坤》：“地势坤，君子以厚德载物。”孟子推崇“以德服人”。天子受命于天是因为有德，皇帝失德就要改朝换代。日本天皇是“万世一系”，武士的身份也是世袭，自然就不会认同“有德者王”了。

“中国以农立国，对天地自然界有深厚感情，故对家庭亦感情深厚。西方国家如古希腊，以商立国，重功利，轻离别，家庭情感较淡。”①

中国是以血缘关系为纽带的宗法社会，早在甲骨文中，就有“孝”字，故有人称中国哲学为伦理哲学，中国文化为伦理文化。儒学把某些基本理由、理论建立在日常生活之上，即建立在家庭成员的情感心理的根基上，以此作为“人性”的根本、秩序的来源和社会的基础。同时，儒学把家庭价值置放在人性情感的层次上，从而作为教育的根本内容。反之，在日本，则把中国的以“孝”为中心的儒学变为以“忠”为中心的儒学。日本强化的尽“忠”对象，不是中国儒学所指的“皇帝”而是“大名”。日本的将军、大名热衷建孔庙拜孔子，将中国儒学精神与日本武士道精神结合，目的是利用儒学忠孝思想，培养忠孝一体的、绝对效忠于他们的“敢死队”。

萌芽于镰仓时代的武士道，推崇“弓马之道”，运用儒家思想中的忠义，要求武士对主人尽忠，与主人同生共死，对朋友重义如山，但只对主人和将军“忠”，不是忠君。所以，中日所用的“忠孝”二字，是“同字而异质”。

进入江户时代，武士高踞于农工商之上，成了高高在上的统治阶级。身为武士却尽文职，战刀成为装饰品。武士职位可以世袭，武士们几乎都是无功受禄，他们失去了独立的经济基础。德川幕府把儒家思想作为治理国家的根本思想，在武士的传统道德中，融入儒家思想和道德，正式形成了“武士道”，主要内容是忠孝、节义、廉耻、勇武、坚忍、守信、不屈服等。武士们成为遵守儒教的典范。“忠孝”成为他们一种维持世袭禄位的需要：

---

① 钱穆：《宋代理学三书随劄》，附录第146页。

靠祖先的地位和名誉，就要孝；靠幕府的俸禄，就要忠。所以，山鹿素行在《叶隐》中说："武士道，乃悟死之道。"

美国的中国学家费正清对此作过东西比较，他说："日本的武士阶层仍然热衷于纯粹的奉献，他们崇尚武力，并把自身置于诚实的平民之上，但又不容易在社会上找到用武之地。如果他们能在西方找到同行，那一定是中世纪的游侠骑士或好莱坞私人侦探。"[①]

11 世纪至 13 世纪是欧洲的封建制度最成熟的时期，那时欧洲的社会关系就是层层叠叠的封建领主和家臣，与日本的大名和武士相差无几。被称为"封建制度之花"的欧洲骑士，就是一种军事组织。骑士必须出身贵族，后来，骑士成为一种"功名"，骑士们必须"行侠"，有了成绩以后，才可以请求有势力的封建领主正式将其册封为骑士。那时，他要宣誓终身奉守骑士信条：护教、忠君、行侠。他们不仅要学会骑马、使槊，还要接受"上等人"的修养，诸如必须懂得伺候君主的礼节和伺候贵妇人的礼貌等，犹如日本的武士必须接受儒学思想教育一样。

儒家追求天道、天理，实质上是探求人的生命之道、生存之道，主张"以人合天"，用"礼"来规范人们回归"天道"。因此，儒家文化的三纲六纪，是抽象理想的最高之境。儒家将达到天道阴阳两极之"和"视为最完美的人格，这已经成为传统文人一种心理习惯和思维定式。儒家这一思想在日本寝殿造庭园中得到了表现。寝殿造的建筑形式是日本在飞鸟时代从中国大陆引进的一种建筑样式，在平安时代，逐渐成熟并流行开来，成为宫廷贵族所喜爱的主要建筑类型。依附于这种建筑而发展起来的寝殿造系园林，也成为平安时代园林发展的主流。据江户时代天保年间泽田名垂所著的《家屋杂考》记载，典型的寝殿造建筑及其园林的布局如下：以南向正屋为寝殿，以左右对称为基准造东西对屋，以回廊相连。再由东西对屋向南延以长廊，长廊尽头分别建钓殿、泉殿。寝殿之前部为广庭，亦称南庭，地面铺沙，前面有池，池中有岛，池南筑假山，池北架以拱桥连中岛，池南

---

① 费正清：《观察中国》，傅光明译，世界知识出版社，2001年，第58—59页。

则架以平桥与中岛联系。通常由东北部引水（遣水）入内，南流入池，即从寝殿东边往渡殿下的暗沟（潜池）引水入内。[1] 这种面南、对称的格局体现了儒家的中庸和谐思想。

古代日本人还用儒家的五伦五常来解释园林的空间构成。如《筑山庭造传》是这样来说明“五大配当之事”的。“山水（即园林）地水火风空五大配当之事……地为山岛，水为海，火为草木之花，风为令花开花落之风，空为诸草诸叶青如天色。……须知此又为仁义礼智信之五常。”这和中国汉代儒生将五行、五方、五色、五事等相配，在思维逻辑上完全一致。

尊孔读经的最好表现当然是建孔庙。日本古代的大学寮、中世纪足利学校中，早就有祭奠孔子像的殿堂。在室町时代，由于对正心、修身的进一步需求，大名将军园中的寝殿群变为书院群。尊孔重经，在园林中设孔子堂更为普遍。

江户初期，朱舜水抵日，在水户建孔庙，将我国孔庙的设计、建筑方法带到了日本，中国式的孔庙营造在日本流行开来。尊孔好儒的水户藩德川光圀，以儒教为规范，致力于弘扬君子之道，还投入巨大资财，编纂《大日本史》，他不仅在藩内大建孔庙，还将孔庙建到了东京的自家园林后乐园中。据史料记载，后乐园曾经有过孔子堂（即孔庙），儒学理论核心为“仁”，该堂后改称得仁堂，堂内又增设儒教圣人伯夷、叔齐之像。元禄年间改为释迦堂，其后享保年间成为赞州岩清尾的八幡，称八幡堂，今仍通称得仁堂，这一建筑至今仍保留在后乐园中。

效法中国的儒家名臣思想为园林立意是江户大名园林的一大特色。如中国北宋名臣范仲淹才兼文武，“兵甲富于胸中，一代功名高宋室”。宋帝赞其“忠烈”，清帝称他“学醇业广”，是“济时良相”。范仲淹受大乘佛教的菩萨行和老子《道德经》的启示，在《岳阳楼记》中提出了“先天下之忧而忧，后天下之乐而乐”的誓言。“先忧”，反映他痛切的忧国忧民意识；“后乐”，将个人的逸乐置于“天下乐”的前提下考虑，与民同乐，以精神上

---

① 转引自龙居松之助：《庭园与日本精神》，1936年，第10页。

的娱乐为主，鄙弃或轻视物质享受。

日本在江户时代所建的大名园林中，有两座园林都是以范仲淹的“先天下之忧而忧，后天下之乐而乐”这一千古绝唱立意，命名为后乐园。为使两园有所区别，在园名前各加上了地名，即东京的小石川后乐园和冈山后乐园。

冈山后乐园与兼六园、栗林公园一起，在日本号称“天下三名园”或“天下三公园”。该园1700年由藩主池田纲政所建，始称御后园。明治四年（1871）由皇室发布号令，改称后乐园，明确表示官员都要效法中国名臣范仲淹“先忧后乐”，希望四民先乐。因此，皇室在为园林改名的公告中表示，该园从此向四民公开开放，四民可以在闲暇之时随意来园休闲游乐。

范仲淹“先忧后乐”的思想，通过园林这一特殊的文化实体物化了，并作为历史的“记忆”流芳千古。

司马光（1019—1086），北宋名臣，历知谏院、翰林学士。以反对王安石新法，出知永兴军，后退居洛阳多年。于宋神宗熙宁六年（1073），在洛阳尊贤坊北关建园名“独乐”，自为之记：“孟子曰‘独乐乐，不如与人乐乐；乐与少乐乐，不如与众乐乐’，此王公大人之乐，非贫贱者所及也。孔子曰‘饭蔬食饮水，曲肱而枕之，乐亦在其中矣’，颜子‘一箪食，一瓢饮，在陋巷，人不堪忧，回也不改其乐’，此圣贤之乐，非愚者所及也。若夫鷦鹩巢林，不过一枝，鼹鼠饮河，不过满腹，各尽其分而安之，此乃迂叟之所乐也。”司马光自号迂叟，以“独乐乐”为宗旨，区别“王公大人”的“与众乐乐”，他清贫淡泊，此园为其私人读书著述休憩的退隐之地，李格非在《李氏独乐园记》中说“（独乐）园卑小，不可与它园班”，但因为“温公自为之序，诸亭台诗，颇行于世。所以为人所慕者，不在于园耳”，园小而名大，主要在于仰慕司马温公的人品和诗文，园属于真正的私家园林，故景徐周麟才说他“乐与众殊”。司马光在日本颇受推崇，影响很大，室町时代五山禅僧诗文中就有对他独乐园的歌咏。例如景徐周麟就曾赋诗赞独乐园云：“乐与众殊司马公，满园花竹倚春风。一朝蝉冕忧天下，坐锁深衣皮箧中。”松江藩主松平不昧公，精通儒学，独创“不昧流”茶道。不昧公引退时，建大崎园入居，终日坐禅习儒研茶。园内有多处茶室，其中一室名独乐庵，效法司马光的“乐与众殊”。司马光儿时曾有破缸救小伙伴的故事，在日本庭园中有一种水手钵，缸边做成似乎残缺破损的样子，命名为“温公形水手钵”。

日本石庭也有以宣化儒家仁政思想的景点构思。建于15世纪的京都龙安寺中的庭院布景（图5-4），是日本枯山水的典型代表作之一。平庭呈横长方形，长28米，宽12米，占地约165平方米，一面临厅堂，其余三面围以古老的低矮的土墙，庭园地面上全部铺白沙，内无一树一草，十五块大小各异的假山石，按不同的距离、比例、向背，以二、三或五为一组，共分五组，零星错落安置在耙成东西向水纹状的白沙中，白沙、绿苔、褐石，构成了一幅鲜活的自然美景，但三者均非纯色，从此物的色系深浅变化中可找到与彼物的交相调谐之处。一望无垠、波涛汹涌的大海中，分布着星星点点的岛屿山峦，岛屿山峦上生长着茂密的森林，咫尺之地幻化出千岩万壑的气势……

图5-4　龙安寺石庭

龙安寺石庭中的十五块石头，有的解释为十六罗汉涉水，不管这个解释是否确切，龙安寺第四十六世道眼昙裔的解释是：据《后汉书·刘昆传》记载，刘昆，字桓公，陈留东昏人，梁孝王之胤也。少习容礼。能弹雅琴，知清角之操。光武帝闻其贤，除为江陵令，时，县连年火灾，昆辄向火叩头，多能降雨止风，征拜议郎，稍迁侍中、弘农太守。先是，崤、黾驿道多虎灾，行旅不通。昆为政三年，于郡中大布仁政，民大和，郡中虎皆负子渡海而避。帝闻而异之，二十二年征代杜林为光禄勋。诏问昆曰："前在江陵，反风灭火，后守弘农，虎北度河，行何德政而致是事？"昆对曰："偶然耳！"左右皆笑其质讷，帝叹曰："此乃长者之言也！"在这里，作庭家相阿弥将细川胜元比作刘昆，认为细川胜元建清净伽蓝实属美事，故建此庭意欲赞其德。有"虎子渡"之称的还有南禅寺本坊庭，另有从虎子渡演绎而来的狮子渡的景点。

如正传寺庭（枯山水，京都）采撷儒学经典中的名句命名园中景点的更是不胜枚举。儒家是以山水作为道德精神比拟、象征来加以欣赏的，它和儒家诗论所讲的比兴密切相关。孔子所说的"仁者乐山，智者乐水"，成为园林欣赏的重要美学命题，追求山林仁德，主张将"情""志"融入山水之间，将山水作为道德精神的比拟、象征，室町幕府第一代将军足利尊氏，特别喜爱《论语·雍也》中"仁者乐山，智者乐水"，并自号仁山。东山殿建立者足利义政不仅号喜山，更取"仁者乐山"之意，将园内东求堂北向书院冠名为同仁斋。

进入江户时代，在儒学占主流的社会中，人们造园置景时，更刻意从中国儒学经典中去寻找依据。高松藩主建造的栗林御庭（现称栗林公园）为著名的大名园林之一。藩主当初为给园内六十个景点品题，从全国各地邀请精通中国古典的儒者来藩。如鹿鸣原，取自《诗经·鹿鸣》篇，是宴请群臣嘉宾之诗，表示君王以礼使臣，所谓"食之以礼，乐之以乐，将之以实，求之以诚，此所以得其心也"。

偕乐园建于 1837 年，1839 年由齐昭题名，齐昭取《孟子·梁惠王上》"古之人与民偕乐，故能乐也"之意，以继承先祖遗义。

育德园是外样大名加贺藩第五代藩主前田纲纪（1648 年任藩主）在江户宅第所建的园林。据《育德园记》载："境之胜者八，景之美者八，合而名之曰育德之园。取《周易·蒙》所谓君子育德之象也。"

六义园，"六义"之名出自中国第一部诗歌总集《诗经》的《毛诗序》：一曰风，二曰赋，三曰比，四曰兴，五曰雅，六曰颂。"六义"也称"六诗"，见《周礼·春官·大师》，"风雅颂"为《诗经》的分类，而"赋比兴"是指

《诗经》的三种基本的艺术表现手法。柳泽虽然建的是“和歌”园，但园中却仍然飘溢着中国诗文的馨香。如园内的建筑有六义馆，入园不远处所立之门，门额上书“游艺门”，柳泽在《六义园记》中说，他的题咏，源于《论语》，孔子说：“志于道，据于德，依于仁，游于艺……”朱子亦说，道为当然之理，艺为道之所寓，道与艺非两物不可分者。游于此园者，皆应游于道。意思是说道与艺无异。入此园进此门者皆在“游道”，应该充分享受太平盛世之乐。

儒家讲究君君臣臣父父子子的等级秩序，在日本园林中表现得十分突出。日本是个好“道”的民族，他们在吸收、消化外来文化的过程中，将外来文化根据本民族的行为方式，纳入他们的“规矩方圆”，即制定出各种各样的“道”，例如茶道、香道、花道、歌道……“道”就是等级秩序。武士文化恪守等级秩序，园林中展现了秩序严格、精神至上和思维极端等具有武士色彩的特点。

如日本茶道有一大套近乎刻板的烦琐的礼仪规范，欲行茶道，一举一动、一招一式均需要恪守程序、规章，不得逾越。茶庭中的石块也各司其职。茶室门口有刀挂石，便于武士入室前踏步其上，将身上佩刀，悬吊于挂架上。内茶室的水钵边上，常常有一块额见石，客人净体后迎入茶室前，可站立其上，浏览茶室外貌。

《作庭记》在“遣水”一章论述置石在造园上的作用时说：“或曰：作山水而立石意义深刻。以土为帝王，以水为臣下，故水在土允许时而流，在土堵塞时而止。又云：以山为帝王，以水为臣下，以石为辅佐之臣，是故水以山为依靠，依山而畅流，但山弱时，必崩塌于水中，是则表示臣侵帝王。山弱是由于无石支撑，帝弱则是无辅佐之臣时。故山靠石而能全，帝依臣而得保。是故，作山水时必立石。”室町时代或更早出现的《园池秘抄》抄引中也有同样思想：“《园池秘抄》一卷大抵记园池造筑之法……如其谓以山为君，以石为辅佐。山无石则为水所冲击，君无辅佐则为臣所侮慢。君得辅佐以保天位者也。故筑山水必先立石为务者，亦是有味之言也。”抄引中首先提出此问题，说明这一思想在当时多么受到重视。

《山水并野图》除认为园内必置君臣之石外，还对这两种石头的置法作了说明。所谓“君石”，“由岛岬或住宅右面，向戌亥所立之石也”。所谓“臣石”，指“立于君石两肋之石也，若仅一石，则立于君石之右，作上仰向君石言语姿态之石也”。臣石的高度必须低于君石。平安时代以来，置君臣石成为造园置景的常用手法。现存古代园林，如桃山时代所建的泷谷寺园林、江户时代而成的乐乐园中都有君臣两石。

日本园林中也表现出鲜明的劝耕重农思想。皇家的修学院离宫的周围都是农田，而且与农田之间的分隔只是一人高的低矮生垣，表达了天皇与民同乐的儒家思想。修学院离宫和桂离宫内，以前都辟有农田。我国自宋代以后，宫内屏风上常绘有农耕稼穑图，描绘农民耕作之苦，以训诫皇族子弟。这种做法也传到了日本。公元 864 年，清和天皇率公卿大臣赴田间观看农民耕作，亲身体验农耕之不易。从此，皇室在宫中也辟地作田。每逢插秧时，天皇、上皇便率百官扈从前往观看。这一做法一直延续到江户时代。在大名园林中，冈山后乐园与小石川后乐园是其中的代表。小石川后乐园中的农田至今犹存，其风景与邻近的以茅草盖顶的九八屋相呼应，构成了一幅田园风光画卷。德川家第二代藩主光，为教育第三代藩主纲条的正室、出身于名门的季姬重视农事，就在大黑山东北处辟水田一块，种植了水稻，训诫其不可忘本。

四、苏州文化在日本

人类文明被大致区分为东方文明与西方文明，以及两者之外更具局部特色的区域文明。“东方”本是个地理概念，“东方”内部可划分为中东、远东、近东三大部分。东方文化中，有以伊斯兰文化为主的西亚北非国家，也包括阿拉伯半岛；有以印度为中心的南亚文明，此后的伊斯兰文化在这一地区也有一定的影响；有以东亚与东南亚国家为主的亚东文明，以儒家文化为主体，兼有其他多种文明等。

真正体现东方审美追求和思维特色的，是在中国保存下来的儒、道、禅传统及其融会生成的新学。因此，美学家黑格尔说："中国是特别东方的。"日本与中国在地理位置上，都属于东方，且一衣带水、毗邻而居。然而，日本建国，远比中国落后。其文明伊始，一切文明制度都曾受到中国的深刻影响，成为儒学文化圈中濡染最明显的国家。

散文家曹聚仁先生说："苏州才是古老东方的典型。"[①]苏州位于长江三角洲的太湖地区，与日本距离很近，古代苏州文化对日本的影响巨大。

日本占地仅为中国的二十六分之一。地质勘测发现，洪积世时东亚大陆和日本是连在一起的。在人类产生的洪积世之初，经过漫长的冰河时代，日本列岛都是与亚洲大陆连在一起的。2003 年 6 月，日本考古协会宣布，日本国内迄今出土的最古老的石器是八九万年前的遗物，日本这些旧石器时代的物品与东亚古人和中国大陆古人的物品在形状和加工技术上都有相似性。[②]

距今约一万年前，随着温暖的冲积世的来临，伴随着冰河的消融和剧烈的地质运动，日本列岛遂成为孤悬于西太平洋上的弓形列岛。

漫长的海岸线，给日本人民带来了渔业之利，但海洋瞬息万变的气候和台风造成的海啸，又造成了巨大的灾难，在生产力极度低下的古代，人类无法战胜海洋，大海长期成为日本先民与他国隔离的天然屏障，在被日本称为"渡来人"的中国和朝鲜半岛等地的渡来人未到来以前，日本本土居民在几乎与世隔绝的孤岛上生活。为了生存，他们与恶劣的气候、环境做顽强拼搏，在贫瘠的土地上辛勤劳作，长期处于以渔耕采集为经济基础的绳纹时代。日本绳纹文化，指的是制陶者用绳子将黏土泥坯固定后，放到火上烧制而成绳纹陶的时期，这种粗陶器一般产生于陶器生产之初。

① 曹聚仁：《吴侬软语说苏州》，载《文化月刊》2008年第1期。

② 《日本出土石器最多不过八九万年》，见光明网：http://www.gmw.cn/olgmrb/2003-07/08/03/6D62OC10661945248256D5D0000B89F.htm，访问日期：2003年7月8日。

日本列岛地处印度洋季节风区域。“生活在季节风区域内的日本人的生存方式也是特殊的‘季风式’的”，台风季节列岛遭受暴雨猛烈的袭击，冬天列岛又是世界上降雪量最大的地区之一，“这种大雨、大雪的双重自然现象可称为‘热带’‘寒带’的双重性格”，“台风那种季节性的、突发性的双重性，形成日本人生活的双重性”[1]。

日本使者最初看到中华文明是在中国隋朝时期，他们惊讶得如在梦中一般。日本一位哲学家想象他们的祖先，一向看惯了山野和低矮的房屋，一旦站在做梦都未曾见过的宏伟的伽蓝前时，会产生极度惊奇的心情：“伽蓝不仅宏大，还有像火焰一般直指苍穹的高塔”，“重重叠叠的屋顶线条舒缓地流动着，在大地之力与对苍穹的憧憬之间，显示出轻快”。

恶劣的自然条件使其长期处在世界落后国地位，资源匮乏、文化极度贫乏的日本，与具有强大灿烂文化的中国毗邻，由此产生了强烈的民族自卑心理，同时他们也表现出极度的文化饥渴。

对中国传播过来的先进文化，日本持积极态度，“因为他们无须劳心费力，就可以获取丰硕的文化成果。也正缘于此，接受一方会尽力保持先进文化的原状，使其没有太大的变化”[2]，许多在中国早已成为历史的古代习俗，如席地而坐，至今仍成为日本的习俗。中国早在隋、唐、五代时期，垂足而坐的休憩方式逐渐成为普遍现象，直到宋代垂足而坐的生活方式完全替代了席地而坐的方式。因此，有人认为，日本文化是中国文化的稀释。

朝鲜半岛与中国接壤，而朝鲜半岛与日本仅一水之隔，朝鲜半岛成为中国文化传到日本的桥梁。朝鲜半岛与中国接壤，又日本德川光圀撰《大日本史》卷三百五十八《阴阳志·历条》也承认称：“上古民物淳朴，机智未开，是以历数占测之术，未闻其有之，逮至三韩内属，汉土律历之说，与夫天文五行之术，盖始流传于皇朝矣。”

中国的道教、儒学、文学及包括作为一种特殊的文化体系的园林文化，

---

① 范作申编著：《日本传统文化》，生活·读书·新知三联书店，1992年，第9页。

② 冲本克己：《中国禅宗在日本》，载《文史知识》1996年第5期。

也是通过朝鲜半岛传到日本。换言之，中国文化经过了朝鲜半岛文化的过滤，传到日本，又经过日本民族的文化再过滤和文化再“误读”，最后才在日本生根发芽、开花结果。

明治维新后，日本虽然宣称“脱亚入欧”，但日本文化受到中国文化的长期熏染，中国文化因子已大量渗入日本国的文化风土中，经过日本长期的历史过滤和消化，遂逐步形成了具有日本文化性格特征的艺术。因此，日本文化中有着中国文化鲜明的烙印。

（一）渡来人与泰伯后裔说

日本考古学家已经证明，早在石器时代，日本列岛上已经有人类居住。日本岛上原住民为阿努伊人（亦称为“虾夷”），此外还有一个已经消亡的部落熊袭人。

关于日本民族的来源有两种主要说法：第一种，北方民族说，从大陆经过库页岛与千岛群岛进入日本，属于蒙古人种（或曰亚利安人）；第二种，东南亚说，取道菲律宾和琉球群岛。考古资料显示，日本港川人与旧石器时代中国北京周口店山顶洞人和广西柳江人相近。种种迹象表明，中日两国人有共同的祖先。

渡来人[①]专指上古时代从东亚大陆或南洋诸岛移居日本列岛的居民，他们是日本人的祖先之一。

根据日本发现的上古金属器具遗物推断，从公元前3世纪起，中国汉魏文化多渠道向东辐射，日本已有汉族渡来人，他们带去了中国技术，包括青铜和铁器的铸造、编织和陶轮的使用。他们给日本文化肌体中注入了中国先进的文化血液，才促使日本社会跃入了以农耕为主的弥生时代（前300年—300年），使日本整个社会更趋向于定居式，而且形成了社会等级，

---

① “渡来人”在日本后来典籍中被称为“归化人”，“归化”是归服而受教化的意思。而实际上，在日本历史上日本本土人是归化并且受从东亚大陆或南洋诸岛移居日本的居民教化的，故准确的称呼应该是“渡来人”。

并受到新生的神道宗教的严格约束，其遗址位于东京都弥生町。

日本文献中将不同时期到日本的渡来人分为两部分：战国后期秦至汉代期间迁徙日本吴越的秦汉渡来人；公元3世纪至7世纪迁徙日本的新汉人。

中国西南地区的若干民族，逐渐南迁而与南洋原住民相混杂。一部分南洋居民又北上迁徙日本列岛，成为今日日本人的另一始祖。他们把南洋文化带到了日本，其中就包含着中国西南地区的文化。[①]

渡来人成为上古中国文化传入日本的主要媒介。根据日本的考古资料，弥生时代的日本，已经有受中国影响的宫殿建筑模式，在奈良县田原本町唐古健遗址出土的陶片上，刻有中国式的楼阁建筑图案。[②]后来，中国建筑的影响占了主导地位，日本木构架建筑基本上采取的也是中国式的梁柱结构，甚至也有斗拱。它们平行排架，因此空间布局便也以“间”为基本单元，几个间并肩联排，构成横向的长方形。它们具备了中国建筑的一切特点，包括曲面屋顶、飞檐翼角和各种细节，如鸱吻、槅扇等。因此，大致可以说日本古代建筑隶属于中国建筑体系。[③]

弥生文化是继绳纹文化后突然兴起的文化，根据日本学者考证，弥生人可能是原绳纹人与移民的结合，弥生人身材明显要比绳纹人高，移民血统甚至高达50%以上，这是人种发生变化的原因。[④]

中日学术界有相当多的学者认为，日本古代移民可能来自中国吴越地区，这次大移民约发生在战国后期和秦初，属秦汉渡来人。

日本西海岸岛根县古出云地区，出土了一系列弥生时期的文物，其中有精湛的青铜武器和祭器，其周边地区，尚处在石器时代。这些资料都证实了日本在弥生时期确实存在过出云王国，那是公元前200年左右的大批

① 严绍璗：《中日古代文学关系史稿》，湖南文艺出版社，1987年，第33页。

② 唐月梅：《日本空间艺术之美》，载《日本学刊》1993年第5期。

③ 陈志华：《外国古建筑二十讲（插图珍藏本）》，生活·读书·新知三联书店，2001年，第321页。

④ 埴原和郎编：《日本人的起源》，朝日新闻社，1984年，第190页。

中国江南移民定居地。当时，中国正处在战国末期，秦始皇吞并六国，“大批越人利用舟师之利，亡于海上，分布于各大岛屿。由此推测，部分武装精良的越人沿海流北上东渡，很可能到了日本出云一带”[①]。

虽然秦汉渡来人已经带去了铁器、纺织及先进的耕作方法，但是日本似乎还处在刀耕火种的阶段。中国的青铜文化，主要通过朝鲜半岛影响了日本。将明刀、镜鉴等自战国至两汉的器物，以及与近代日本列岛上相继出土的遗物、遗迹相对照可知，上述记载绝大部分是正确的。

“吴人善舟习水”，“视巨海为平道”。河姆渡遗址第三、第四层出土物品中，有木桨、陶舟以及除了淡水鱼以外海洋鱼（如鲻、鲷、鲨鱼等）的鱼骨，还有鲸鱼的脊椎骨等。这说明河姆渡人的渔猎活动范围不仅在内河，也有近海。

故有人猜测，最早的航海人是河姆渡人，他们至少在距今七千年前的古老年代就开始了漂洋过海的实践，并将石器制作、人工种稻及海洋捕捞等远古文明传播到海外。

自中国战国后期至汉代，中国大陆居民陆续向日本列岛迁徙，史书盛传的徐福东渡说并非空穴来风。

秦始皇笃信仙话，以《庄子·齐物论》中那位“乘云气，骑日月，而游乎四海之外”的自由之神“仙真人”自居，亲去会稽等地望祭海神。公元前215年，秦始皇东巡碣石，拜海求仙。他先后派卢生、侯公、韩终等方士携带童男童女入海求仙，寻求长生不老之药，碣石因名“秦皇岛”。秦始皇还派遣山东滨海商人方士徐福等带领童男童女数千人，到海上去寻找神话中的神山，采长生不老之药，这成为徐福去了日本传说之本源。

事实上，当中国秦皇汉武醉心在他们的人间仙境之时，日本尚处在刻木结绳、以渔猎为主、初知稻作的时代。当时，中国文化是由居住在乐浪、带方的汉人或三三五五移住日本的韩人传去的，是处于无组织状态的。

关于秦人徐福入海求仙的故事，最早见于西汉司马迁的《史记》，但

---

① 刘伟文：《出云王国：东瀛考古新发现》，载《文史知识》1999年第10期。

徐福所至之地,《史记》却语焉不详,只说是“平原广泽”。陈寿《三国志》称“亶洲”。五代后周时的济州开元寺僧义楚,在他撰写的《义楚六帖·城郭·日本》中明确记载说,徐福最后到的是日本,那里的“人物一如长安”,又曰“东北千余里,有山名‘富士’,亦名‘蓬莱’。其山峻,三面是海,一朵上耸,顶有火烟;日中,上有诸宝流下,夜则却上,常闻音乐。徐福止此,谓‘蓬莱’。至今,子孙皆曰‘秦氏’”,显然带有传说成分,但也折射出秦人东渡日本的某些历史信息。

徐福,先祖是周徐堰王,徐为其二十九代孙。日本《宫下文书》(亦称《富士文书》)其中的《徐福文献》记载,徐福携童男童女于公元前 217 年到达日本岛,从此定居于日本,因海上交通断绝,无法回国复命,以后与日本人通婚。徐福的曾孙徐佃娶了御身弥男命的女儿种子女,玄孙徐泰与镰徐之女王手比女结婚,重孙徐京与胜木良的女儿都直手比女结婚,第七代孙徐泰娶加古坂三之女加目根比女。[①]至今,日本和歌山县新宫市仍有徐福祠和徐福墓。

出京都盆地,沿着几条平行的铁路或公路干线南行,即可进入纪伊半岛。传说徐福携童男童女,带五谷杂粮种子与农具,渡过大海到了日本,在纪伊半岛的熊野浦登陆,开荒种地,从事农耕。新宫市附近有一座“蓬莱山”,传说即是徐福当年所要寻找的,连生长在这里的天台乌药,也被人们想象为传说中的“长生不老药”。

日本弥生时代,依然处于极端蒙昧和落后的状态,《三国志·魏书·倭人传》描述了 3 世纪以前,即日本弥生时代后期,日本列岛上的一些情况:

> 倭人在带方东南大海之中……所居绝岛,方可四百余里,土地山险,多深林,道路如禽鹿径。有千余户,无良田,食海物自活,乘船南北市籴。又南渡一海千余里,名曰瀚海,至一大国……多竹木丛林,有三千许家,差有田地,耕田犹不足食……男子无大小,皆黥面文身……其衣横幅,但结束相连,略无缝。妇人被发屈纷,

① 饭野考孝宥:《弥生的日轮》,俞宜国等译,光明日报出版社,1994年,第112页。

作衣如单被，穿其中央，贯头衣之……其地无牛马虎豹羊鹊。兵用矛、楯、木弓……冬夏食生菜，皆徒跣……食饮用笾豆，手食……[①]

3世纪末至7世纪末，日本进入古坟时期，地方统治家族势力扩大，日本岛国的大部分地区政治走向一体化，古代日本国家开始形成。

公元5世纪，正处日本的古坟时期，随着汉籍的输入，日本开始使用汉字汉文，标志着日本已经跨入了文明社会的门槛。[②]据成书于公元720年的日本最古的敕撰史书《日本书纪》记载，公元446年，百济国派往日本的文化使节王仁贡上《论语》十卷、《千字文》一卷。公元447年，王仁成为日本太子菟道稚郎子之师，《日本书纪》载，其“习诸典籍于王仁，莫不通达”。

除了渡来人之外，有人支持一观点，即日本为泰伯后裔。《通鉴纲目前编》等典籍认为，公元前473年勾践灭吴后，吴太伯“子孙支庶，入海为倭”。

日本古无文字，史书《古事记》《日本书纪》等较早的六种史书，成书都在汉字输入三四百年之后，其中关于神武开国、东征的传说毫无事实根据，是汉学输入后日人所虚构的，即《晋书》之后，日本史书所记日本开国传说有明显的抄袭中国传说的痕迹，而且这些史书都未记载泰伯后裔的传说。至室町时代，中岩圆月私撰的史书中，始明确记载日本人为泰伯子孙，结果，“朝议谓，除天神、地神所以开此国，漫称出自异方之人，其书不可行于世，乃焚其草”[③]，书被焚毁，本人受到处罚，民族狭隘心理和迷信愚昧制造了日本历史上著名的一桩文字狱。

江户时代的儒学大师林罗山，明确主张吴泰伯后裔说，并作了合乎逻辑的推测：

东山僧圆月，尝修《日本记》，朝议不协而不果，遂火其书，余窃惟圆月之意，按诸书，以日本为吴泰伯之后，夫泰伯逃荆蛮，断发文身，与蛟龙共居，其子孙来于筑紫，想必时人以为神，是天

---

① 陈寿撰：《三国志》，陈乃乾校点，中华书局，1959年，第854—855页。

② 托马斯·亨特·摩尔根《古代社会》认为，文字的使用是文明社会最重要的标志之一。

③ 《本朝通鉴续编·历应三年》注，明治三十年和刻本。

孙降于日向高千穗峰之谓乎？当时国人疑而拒之者，或有之欤？是大己贵神不顺服之谓乎？以其与蛟龙杂居，故有海神交会之说乎？其所赍持而来者，或有坟典索丘蝌蚪文字欤？故有天书神书龙书之说乎？以其三以天下让故，遂以三让两字揭于伊势皇太神宫乎？其牵合附会虽如此，而似有其理。夫天孙城若为所谓天神之子者，何不降畿邦而来于西鄙蕞尔之僻地耶？何不早都中州善国，而琼杵、彦火、鹧草三世居于日向而没耶？①

近年来，日本学者将日本最早的天皇神武天皇的身世与中国相联系，有学者认为神武天皇即徐福；也有人提出泰伯之后从琉球到日本后，与当地原住民玉依姬结婚，生下了神武天皇。

（二）同风同俗

断发文身此其一。

由魏人鱼豢的《魏略》编成的《晋书·倭人传》："男子无大小，悉黥面文身。自谓太伯之后，又言上古使诣中国，皆自称大夫。"

《梁书》记载："倭者，自云太伯之后，俗皆文身。"这与春秋吴地风俗同。

文身，即在身体上刺画有色的花纹或图案。《礼记·王制》："东方曰夷，被发文身，有不火食者矣。"孔颖达疏："越俗断发文身，以辟蛟龙之害，故刻其肌，以丹青湼之。"

曹魏时期，中国与倭国通使频繁，《册府元龟·种族》中记载说，"倭人在带方东南大海之中，自谓太伯之后。昔夏少康之子，封于会稽，断发文身"。《三国志·魏书·倭人传》载："今倭水人好沉没捕鱼蛤，文身亦以厌大鱼水禽，后稍以为饰。"这里说"太伯之后"指吴人，"少康之子"谓越人，吴越先人也是有断发文身之俗，说明带方倭人与吴越的血缘关系，透

① 林罗山：《林罗山文集·神武天皇论》卷二五。

露了吴越先人从海路迁徙日本的信息。

清代洪颐煊《读书丛录》卷十八："断发谓剪其发，文身谓文饰其身。"

蔡元培《民族学上之进化观》："例如未开化的民族，最初都有文身的习惯，有人说文身是一种图腾的标记，有人说文身是纯为装饰……文身之法，或在身体各部涂上颜色，或先用针刺然后用色。"

文身断发，是中国古代荆楚、南越一带的习俗。身刺花纹，截短头发，以为可避水中蛟龙的伤害。

《史记·周本纪》："（古公亶父）长子太伯、虞仲知古公欲立季历以传昌，乃二人亡如荆蛮，文身断发，以让季历。"裴骃集解引应劭曰："常在水中，故断其发，文其身，以象龙子，故不见伤害。"文身断发，亦作"文身翦发""文身剪发"。

《韩诗外传》卷八："夫越亦周室之列封也……文身翦发而后处焉。"汉刘向《说苑·善说》："越文身剪发，范蠡、大夫种出焉。"

南宋周密《武林旧事》关于"观潮"的记载：

> 吴儿善泅者数百，皆披发文身，手持十幅大彩旗，争先鼓勇，溯迎而上，出没于鲸波万仞中，腾身百变，而旗尾略不沾湿，以此夸能。[1]

日本称生鱼片为刺身，一般都是用新鲜海鱼、海贝制作，蘸以酱油、山葵等，是日本菜中接近清淡的菜式，也是日本具有代表性的菜式之一。

日本人自称为"彻底的食鱼民族"。一年人均吃鱼一百多斤，超过大米消耗量。国宴或平民请客招待以生鱼片为最高礼节。

日本人称生鱼片为"沙西米"。一般的生鱼片，以鲣鱼、鲷鱼、鲈鱼配制，最高档的生鱼片是金枪鱼生鱼片。

生鱼片又称"鱼生"，古称"鱼脍""脍"或"鲙"，是以新鲜的鱼贝类生切成片，蘸调味料食用的食物总称。此起源于中国，后传至日本、朝鲜半岛等地。

先秦时代，"脍"最初的意思是指切细的生肉，《汉书·东方朔传》："生

---

① 见周密：《周密集》，杨瑞点校，浙江古籍出版社，2015年，第60页。

肉为脍。”《礼记 · 内则》：“肉腥，细者为脍。”有的肉在蒸煮烹饪以后就丧失了原味，不够鲜嫩，鲜鱼就是其中一种。

中国早于周朝就已有吃生鱼片（鱼脍）的记载，最早可追溯至周宣王五年（前 823）。出土的青铜器兮甲盘的铭文记载，当年周师于彭衙（今陕西白水县之内）迎击猃狁，凯旋。大将尹吉甫私宴张仲及其他友人，主菜是烧甲鱼加生鲤鱼片。《诗经 · 小雅 · 六月》记载了这件事：“饮御诸友，炰鳖脍鲤”，“脍鲤”就是生鲤鱼。《礼记》又有“脍，春用葱，秋用芥”，《论语》中又有对脍等食品“不得其酱不食”的记述，故先秦之时的生鱼脍，用加葱、芥的酱来调味。

关于中国南方食用生鱼片的记载，最早可追溯至东汉赵晔的《吴越春秋》，其佚文记载，吴军攻破楚郢都后，吴王阖闾设鱼脍席慰劳伍子胥，吴地才有了鱼脍，当时是公元前 505 年。虽然《吴越春秋》的内容，许多来自民间传说，不可全信，但在没有其他资料的情况下，亦可作为参考。

“脍”通常都是“鱼脍”，又衍生出一个“鲙”字专指生鱼片。“脍”和“鲙”经常混用，但不可与表示用火加工食物的“烩”字混淆。《论语 · 乡党》：“食不厌精，脍不厌细。”宋代高承《事物纪原 · 虫鱼禽兽 · 脍残》：“越王勾践之保会稽也，方斫鱼为脍，闻有吴兵，弃其余于江，化而为鱼，犹作脍形，故名脍残，亦曰王余鱼。”清代吴伟业有《脍残》诗。所谓“脍残”，实际上就是太湖三白之一的银鱼。

鱼脍在古代是很普遍的食品，不食生鱼则是奇风异俗。

南北朝时，出现金齑玉脍，是中国古代生鱼片菜色中最著名的，此名称出现在北魏贾思勰所著《齐民要术》书中。该书在“八和齑”一节里详细地介绍了金齑的做法。八和齑是一种调味品，是用蒜、姜、橘、白梅、熟栗黄、粳米饭、盐、酢八种料制成的，用来蘸鱼脍。

晋惠帝太安元年（302）秋天，正是司马冏权势高涨、独揽朝政的时候，吴郡（治所在今苏州市）人张翰，忽然想起现在正是家乡鲈鱼收获的季节，禁不住高歌一曲：“秋风起兮木叶飞，吴江水兮鲈正肥。三千里兮家未归，恨难禁兮仰天悲。”唱罢，随即辞官回乡吃鲈脍去了。不久，司马冏在皇族内斗中被杀，下属受到株连，张翰侥幸逃过一劫。秋风鲈脍自此成为一个典故，当有人思念故乡时，或憧憬自由自在的江湖生活时，或感觉仕途风波险恶有意急流勇退时，无论老家产不产鲈鱼，都使用这个典故。

隋朝时，隋炀帝到江都，吴郡松江献鲈鱼，炀帝说："所谓金齑玉鲙，东南佳味也。"这种食法还很讲究色彩和造型上的视觉美感。

唐代是食用生鱼片的高峰期，唐敬宗宝历二年（826）秋天，白居易在苏州刺史任上写下《松江亭携乐观渔宴宿》："朝盘鲙红鲤，夜烛舞青娥。"

宋朝时，食用鱼脍依然很普遍，苏轼的《将之湖州戏赠莘老》列举了湖州的美味，其中一句是"吴儿脍缕薄欲飞"，就是指湖州的生鱼片。

金朝女真人亦有食用生鱼片的习惯，元朝时宫廷也有生鱼片菜肴，蒙古太医忽思慧的《饮膳正要·聚珍异馔》篇记录了几代元朝皇帝的菜谱，其中一道菜就是鱼脍，是以生鲤鱼片，加入芥末爆炒过的姜丝、葱丝、萝卜丝和香菜丝，经胭脂着色，用盐、醋提味。同时，《食物相反》《食物中毒》《鱼品》诸篇亦论及鱼脍。

明朝，刘伯温把鱼脍的制作方法写进《多能鄙事》一文中："鱼不拘大小，以鲜活为上，去头尾，肚皮。薄切，摊白纸上晾片时，细切为丝。以萝卜细剁，姜丝少许，拌鱼入碟，杂以生菜、芥辣、醋浇。"

李时珍的《本草纲目》仍记载有鱼脍："刽切而成，故谓之脍，凡诸鱼鲜活者，薄切洗净血腥，沃以蒜齑姜醋五味食之。"

生鱼片味道鲜美，但防疫专家提醒，生鱼片寄生有华支睾吸虫等多种鱼源性寄生虫，感染华支睾吸虫会导致肝细胞坏死，诱发肝硬化和肝癌。食用生鱼片和未煮熟的鱼，还会感染颚口线虫病。

东汉时，广陵太守陈登很爱吃生鱼脍，因为过量食用而得肠道传染病及寄生虫一类的重病，后经名医华佗医治才康复，不过，他康复后仍然继续吃生鱼片，终因为贪吃生鱼片而死。

约在明清之交，禽、兽肉脍已经消失了。

（三）吴音、吴织、吴服、吴染

吴音为日本汉字音读一种，此其二。

中村新太郎在《日中两千年》中说："文字的使用来源于渡来人。他们首先把文字带到日本，教给日本人使用"，"这样，就使日本语言开始进入了能够记录和书写的发展阶段"。古代日本人将汉字叫"本字"，依靠汉字新造的、用以书写的语言叫"假名"，即假字，与汉字真名相对。

日语音读较古的音就是"吴音"，是日本汉字音（音读）的一种，是南北朝时期南朝的标准音，一般认为这批汉字读音，在公元5世纪至6世纪的南北朝时期，从南朝直接或者经朝鲜半岛（百济）传入日本，而南朝的大致统治区域便是如今中国的长江以南地区，国都和统治中心便在长三角地区，也就是吴地。由于吴音融入日语程度较深（常用于基本词汇中），古代称为"和音"。

日本吴音同中国现代吴语有很多相似性，如：日母在吴音与吴语白读中皆为鼻音声母n；吴音中匣母的脱落现象与吴语类似，如"和"吴音ワ，吴语wu（或前加/ɦ/）；山删韵，吴音多读エン韵，吴语多读e韵，有共同的主要元音。如数目词，除了算很小的数目时，可能用日语本有的数词，其他用的一定都是吴音的数词。

次古的音是遣隋史带回去的"汉音"，是北方音，还有"唐音""宋音"等。平安时代之后，归国的日本留学生以长安秦音为正统，称其他地区特别是长江以南江东地区的音为"吴音"，故从日本吴音中也可对南北朝时期的古吴语探究一番。

据《三国志·魏书·倭人传》所载，当时的日本衣服极为粗劣。宋明帝时，日本求得汉织、吴织及缝衣女，始有进步。

最初的日本服装是被称为"贯头衣"的女装和被称为"横幅"的男装。所谓"贯头衣"，就是在布上挖一个洞，从头上套下来，然后用带子系住垂在两腋下的布，再配上类似于裙子的下装，其做法相当原始，但相当实用。所谓"横幅"，就是将未经裁剪的布围在身上，露出右肩，如同和尚披的袈裟。

日本的丝织品有“吴织”之称，吴是南朝刘宋之意，织是织匠之意。吴织也指日本5世纪时期中国南朝刘宋支援倭国的纺织技术女工。

据《日本书纪》载，雄略帝即倭王武，曾派使臣身狭村主青等赴南朝刘宋请求支援纺织技术工人，刘宋赠送吴织、汉织、兄媛、弟媛四名女织工，并派使臣送至倭国。雄略帝极为高兴，宴饮宋使，并命兄媛、弟媛掌管汉衣缝部，吴织掌管伊势衣缝部，汉织管理飞鸟衣缝部。技工赴日，带去先进技术和工具织机等，使倭国纺织技术进一步提高。在部民制形成过程中，日本逐渐形成了生产锦的锦部、生产绫的吴服部、生产平织绢的服部、生产麻织品的倭文部等。

这些部中的技工多为汉族移民，留下姓名者很少。日本古史书中的吴织，一般指从南朝赴日的技术工匠。汉织系指先于吴织去日本者，或指汉族移民经过朝鲜半岛去日本者。这种区别反映出中国技术工匠赴日本的时间跨度很长，赴日本的途径各异，两国之间的技术交流昌盛。

吴服，语出《古事记》《日本书纪》《松窗梦语》。吴服者，三国魏蜀吴的吴国之服装也。远自战国吴越争霸的时候，吴人便已穿着这种衣服。汉末这种衣服传入日本。日本人称这绢布为“吴机织”。

明治时代前，和服泛指所有服装，而与这个词相对的是洋服(ようふく)，后者指来自西洋的衣饰。后来和服一词的词意逐渐单一化，通常单指具有日本特色的民族服装。洋服这个称谓源于我国三国时期，东吴在与日本的商贸活动中，将纺织品及衣服缝制方法传入日本。

在更加精确的层面上，日本的吴服一词是专指以蚕绢为面料的高级和服，而用麻布棉布做的和服会用“太物”来称呼。

《松窗梦语·百工纪》载：“至于民间风俗，大都江南侈于江北，而江南之侈尤莫过于三吴。自昔吴俗习奢华、乐奇异，人情皆观赴焉。吴制服而华，以为非是弗文也；吴制器而美，以为非是弗珍也。四方重吴服，而吴益工于服；四方贵吴器，而吴益工于器。是吴俗之侈者愈侈，而四方之观赴于吴者，又安能挽而之俭也。”

《古事记》中卷曰：“又科赐百济国，若有贤人者贡上，故受命以贡上人，名和迩吉师，即《论语》十卷、《千字文》一卷，并十一卷，付是人即贡进。又贡上手人韩锻，名卓素，亦吴服西素二人也，又秦造之祖、汉直之祖。”即说百济给应神天皇的贡品里有《论语》《千字文》、锻造工以及两个从吴国来的缝织女。这件事与兵库县的吴服神社祭祀的织姬和东汉渡来的阿知使主（刘阿知）有关。“三十七年，帝遣阿知使主于吴，求缝工，得吴织、穴织等四女归。会帝崩，因献仁德帝。”也就是说，当时从中国渡来两个织姬带去了中国的纺织技术，吴织死后，被当作吴服大神在吴服神社里被祭祀。

《日本书纪·雄略纪》则称：“十四年正月戊寅，身狭村主青等共吴国使，将吴所献手末才伎汉织、吴织及衣缝兄媛、弟媛等，泊于住吉津。”

《日本书纪·应神纪》载：“三十七年春二月，戊午朔，遣阿知使主、都加使主于吴，令求缝工女。爰阿知使主等渡高丽国，欲达于吴。”

《日本国志》亦曰：“应神帝之初，得《论语》《千文》于百济王仁。四十一年庚午，复遣阿知使主、都贺使主于吴，二人，汉孝灵皇帝之后也，魏受禅后，辟乱至倭。考庚午即西晋永嘉四年，其曰吴者，意当时就吴地求之也。此事载日本《应神本纪》。求织缝女，抵高丽，高丽乃副久礼波、久礼志二人为乡导，及得工女还。”

由此可见，和服的纺织和缝制技术，最初是从中国吴地传入的。

此外，京都大酒神社也祭祀着吴织女和汉织女。神社石标上书“太秦明神吴织神汉织神，蚕养机织管弦乐舞之祖神”。另外，日本西宫市喜多向稻荷神社祭祀了汉织女吴织女的织姬大明神。

应神天皇三十七年，派阿知使主往吴求缝工女，得兄媛、弟媛、吴织、穴织四工女而归。雄略天皇十四年，又派身狭青、桧隈博德往吴招聘“手末才伎”，得汉织、吴织及衣缝兄媛、弟媛而归，于是将吴人安置于桧隈野，名其地为“吴原”。今大阪府摄津风能郡池田町，仍有称为“秦下社”奉祀吴织师的吴服神社，吴人即指南方华人，与秦上社（吴服神社北面的伊居太神社）相对应，都以奉祀织姬为主，伊居太神社奉祀穴织姬，吴服神社则奉祀吴织姬及仁德天皇。

吴服神社的主殿，与伊居太神社同样是在庆长九年（1604）由丰臣秀赖重建的。当时整个江户时代，吴服神社有着各种各样的称呼，至明治以后始定名吴服神社。江户时代发行的《摄津名所图会》亦收有此地。

明治后期，因阪急电车开通，古迹遭到破坏。

相传，梅室是吴织姬之墓，姬室是穴织姬之墓，考古发掘出土了大、中、小不同的和镜与土器，其后姬室的出土文物被送往伊居太神社，梅室的出土文物被送往吴服神社保存。吴服神社的起源，与服饰方面的信仰有关。每年一月九日，举行戎祭。

今天，日本有羽田、秦等姓，读音“哈搭”等，即“织布的人”。

昔日，吴服与和服两种概念是分别的，因贵族所穿的和服样式大多不是源自东吴而是源于唐朝，而该类服装以前亦被称为“唐服”。隋唐时期，大量的日本留学生以遣隋使、遣唐使的名义来长安，带回去长官的官服制度，中国隋唐时期服装传入日本，对日本的和服产生了很大影响。当时和服的名称，有唐草、唐花、唐锦等。唐衣是盛装（礼服）的一种，以紫、绯为贵，金碧辉煌，美丽异常。礼服中最华丽的是十二单，十二单实际是一种穿着方式，是在单衣上叠十二层被称为“圭”的服装，圭轻薄透明，多层圭叠起时，仍然能隐约看见单衣或表着的颜色，倍添朦胧恍惚的美感。从这里也可略窥日本人的审美观，既喜欢抽象化的美，又喜欢真实细致地反映自然世界的美感。

然而，江南服装继续在日本民间发展为绚烂华丽的和服。从镰仓时代起，贵族和武士逐渐开始在家里穿着吴服。从室町时代开始，上层贵族也开始穿着吴服。江户时代起，吴服的样式和今天的和服已相差无几。

今天，日本平民在节日、庆典上多穿着吴服，即一般意义上的和服，而皇族礼服仍以唐服为主，偶尔穿着吴服。不过，今天这两种概念已几乎重叠。现在很多卖和服的商店，招牌上会写着吴服屋，可见两词已经基本上同义化。

这种服装与和式房屋、屏风、障子（纸门）及跪坐在榻榻米上的生活相结合，造成了日本女人那娴静优雅的步行举动以及娇滴滴的说话姿态。

江南服装在孤悬海外的日本，完整保存，改良演进，和服可以说是中国衣饰的精华与日本纤细文化的结晶。

红色染料称“吴染”，吴人织绢的新技术，受到更广泛的欢迎，故日本将一切精美的丝织品都称为“吴织”，吴人同时传入了染术，所以，染料的“红”日语读作“吴蓝”。[①]

（四）计成《园冶》与日本后乐园

苏州吴江人计成的《园冶》很早就传到日本，日本造园界名之为《夺天工》，对此书十分推崇，尊之为世界造园学最古的名著。此书后来成为东京帝国大学的构园教科书。

范仲淹是苏州人的骄傲，也是全国人民念念不忘的先贤。日本在江户时代所建的大名园林中，东京的小石川后乐园和冈山后乐园都是以范仲淹的“先天下之忧而忧，后天下之乐而乐”命名的。

东京的小石川后乐园由明遗臣朱舜水受水户藩主德川光圀之邀主持建造。德川光圀为江户幕府开创者德川家康之孙，好儒学。朱舜水渡日讲学，被光圀邀请作为政治、经济顾问，深受光圀敬重，尊为“国师”。朱舜水是和计成同时代的造园学家，他在水户十八年，主持建造了后乐园，向日本传授了明代造园风格和技艺，使日本产生了类似苏州园林的文人庭园。

据《后乐园记事》载：“命明遗民舜水选择御园名称时，取宋范文正公‘士当先天下之忧而忧，后天下之乐而乐’命名为后乐园，由公馆至御园的唐门上亦书以上三字作为匾额。”

朱舜水去日本前，曾定时游历吴江、苏州等地。因此，后乐园内采纳了苏州宝带桥以及桥上或桥旁布置凉亭的布局和风格。圆月桥为富于江南情调的单孔石拱桥，这是将中国拱桥的营造技术首次用于日本园林的例证。园

① 参见曹林娣、沈岚：《苏州文化在日本》，载《苏州教育学院学报》2011年第5期。

中有中国人喜爱的太湖石、竹、芭蕉树、梧桐树，有唐门、西湖堤、八卦堂、得仁堂、福禄堂等，都是中国式建筑。醉月堂的意境，源于大诗人李白的《桃李园之序》，十分优美。1784 年，狂言大师、剧作家大田南亩游园后说："右为狭长石堤，伸入池中，架有石桥。观西湖堤，不由令人联想起唐国。"

该园的中国风情，对武士大名吸引力很强，江户时期一时该成为日本造园的模仿对象，如西湖堤、拱桥圆月桥都被照样搬进了不少私家园林，成为营造中国式园林不可缺少的景物。同时利用中国典故为园林或景点冠名、为建筑物题额之风气，也由此而兴盛。

后乐园的价值还在于，它把日本室町时代发展而来的坐观式园林，重新发展到了游人可以身临其境的回游式庭园，更靠近中国园林尤其是苏州园林的意趣。

综上所述，从 16 世纪中叶开始进行明治维新后的短短百年时间里，日本以中国儒学为媒介吸收欧洲近代文化，使其民族文化再次获得了新鲜血液，从而走完了数千年的历程，一跃而成为世界经济大国。

日本吮吸着中国的"乳汁"而逐渐强大，但日本军国主义者随着国力的逐步强盛，越来越觊觎物产丰富的中国。有明一代，中国沿海地区（包括苏州）就屡受倭寇侵袭、骚扰和蹂躏，至 19 世纪 30 年代，日本大规模侵华，给中华民族带来了极大的灾难。

日本人长期生活在四面环海的多山的小岛上，视野比较狭窄，使日本一些人在无意中养成了"令人讨厌的岛国根性"。从自卑自强，然后膨胀为狂妄自大，这就是他们所说的"岛国根性"。

当然，以上只代表日本军国主义的行为，日本人民与中国人民始终保持着友好关系。苏州寒山寺的钟声随着佛教典仪和张继的诗歌传到了日本，以至于到了妇孺皆知的程度。日本的寺庙里挂着寒山拾得（和合二仙）的图片，象征着幸福友好。日本在侵华期间劫掠了寒山寺的古钟，现在日本友人又赠送了一口大钟。每年的年终，日本友人组成"寒山钟声团"，成批来到苏州寒山寺，聆听除夕钟声，消灾祈福，这就是明证。

五、日本古典园林色彩的民族文化基因

色彩是视觉获取的全部信息，色彩牵涉到诸多学科，包含美学、光学、心理学和民俗学等。色彩一般可以分无彩色与有彩色两类，前者指白色、灰色、黑色等单调色彩，后者指红色、黄色、蓝色等鲜艳色彩。色谱由主色调、辅色调和点缀色组成。

对色彩这一重要的视觉信息，不同文化体系下的世界各国有着不同的偏爱，色彩的象征含义也千差万别。如具有海洋文明背景的古希腊人把意味着深海色彩的紫色视为无上高贵和神圣的色彩，并把产于腓尼基的一种紫色看得特别贵重。[①]具有内陆文明背景的中国，则视象征土地颜色的黄色作为神圣高贵之色。

弗洛伊德在其著作中引用了勒帮对集团心理的描述："我们的有意识行为是某种无意识的基质引起的。这种无意识的基质主要是由遗传影响在心理中形成的，它由无数代代相传的共同特征所组成。这些特征便形成了一个种族的天赋。在我们的行为背后有我们承认的原因，在这些原因后面无疑还有着我们不承认的隐秘的原因，而在这些隐秘的原因后面依然还有许多我们自己也不清楚的更隐秘的原因。我们绝大部分的日常行为，都是由我们尚未观察到的某些隐藏着的动机所造成的。"[②]法国著名色彩学家郎科罗教授提出了"色彩地理学"的概念，认为色彩意识是由特定地域的环境、气候、人种、习俗、文化和历史等人文历史积淀的产物。

---

① 温克尔曼：《论希腊人的艺术》，载《世界艺术与美学》第2辑，文化艺术出版社，1983年，第359页。按：希腊这种紫色是从大海中的骨螺中提取出来，给贵人染衣服之用。中国道教象征超生出世的紫色，乃是指道观所在的山岭间的紫气的颜色。

② 转引自西格蒙德·弗洛伊德：《弗洛伊德后期著作选》，林尘、张唤民、陈伟奇译，上海译文出版社，1986年，第78页。

日本古典园林最基本构园材料是低矮的常绿树、块石、砾石、藓苔和水体，色彩一般为绿色、灰色、褐色和斑驳的浅色，这样，无彩色成为日本园林的主色调，并形成一种超稳定的风格。

笔者尝试着从日本固有的文化“古层”（日本学者丸山真男语），去发掘日本园林无彩色这一“无意识的基质”，从而揭示其“隐秘的原因”。

（一）自然色与神道教

日本园林崇尚自然色，与基于原始自然崇拜的神道教有着千丝万缕的联系，而神道教能够长期成为日本国教，又缘于日本恶劣的自然环境。

日本“依山岛为国邑，旧百余国”[①]，这个弓形的千岛之国，孤悬于西太平洋上，碧波粼粼的大海，瞬间海啸怒涛，吞噬人畜。境内群山叠嶂，山地和丘陵占全国面积的85%，日本却集中了世界上活火山的十分之一，有“火山国”之称；“地灾”即地震频仍，平均每天有四次地震，故又有“地震国”之称。

对自然的不可制服，使日本人感到恐惧和神秘，他们感到人生的渺小和无常，似乎冥冥之中，人都被自然神灵所支配，从而本能地产生一种解脱和超越的渴望。于是，自然力被人格化，遂产生了有着浓厚自然本位的神道教。神祇镇守山岳、村庄，给人们赐福，神道的目的就是表达对所谓“八百万神”这些自然灵迹的尊崇。

本来，“万物有灵观念、自然精灵、自然神，是大多数自然神形成过程的模式”[②]，但原始落后的神道教直到二十世纪的二三十年代，才成为日本的国教，自称为神道教主神儿子的日本天皇，居然可以不靠权力，而光靠来自神道的权威统治日本。直到1946年，联合国军进驻日本后，作为活生生的人的日本天皇，才发表了《人的宣言》，承认他不是“活神”，而是普通的人，这一文化现象在世界上却是绝无仅有的。

日本神道教的主神、日本高天原的统治女神是太阳女神，据说她出生

① 陈寿撰：《三国志》，第854页。

② 何星亮：《中国自然神与自然崇拜》，上海三联书店，1992年，第17页。

时光辉耀天照地，开天辟地的配偶神男神依邪那岐甚喜，遂将其命名为天照大神。天照大神的圣光被比喻为太阳，在太阳的照耀下，众神的脸上反射出白光，表现出生机勃勃，快乐有趣味。日语中的“面白”(あもしろい)，汉语的意思是“有趣”。

据成书于公元712年的《古事记》记载，男神依邪那岐与女神依邪那美，将其第四子筑紫岛一分为四，其中筑前和筑后两国统称为“白日别”，即明亮的太阳，“白日别”的“白”字是《古事记》中首次出现的关于色彩的词语。

成书于公元720年的《日本书纪》中出现了作为国名的“日本”，以太阳为国名，用日章旗为国旗。据《隋书 · 东夷传》记载，日本曾在一份致隋炀帝的国书中，自称“日出处天子”。又《旧唐书》卷一百九十九载：“日本国者，倭国之别种也。以其国在日边，故以日本为名。或曰：倭国自恶其名不雅，改为日本。”中国正史之用日本名称，以此为始。汉代古籍《淮南子》中有“日朝发扶桑，入于落棠”之语，中国人也常以“扶桑”来指称日本。

源于原始的太阳崇拜，日本民族尊崇白色，偏爱本色，虽然日本先人并不知道“白光是所有色光的复合”[①]。

伊势神宫，是日本神道教最重要的神社，也是天照大神的主要祭祀地。神宫中，日本式的建筑原型是中国西南地区的干栏式建筑，日本称高床式建筑。牌坊式建筑的鸟居也源于中国。

伊势神宫建筑(图5-5)使用杉、松、柏等软白木材料，保留了原木清晰的纹理，不涂任何油漆，甚至不剥树皮。木造部件与部件的接合不用金属材料，而用原木造的榫，芭茅葺屋顶，屋檐无起翘，室内无天花，自然古朴，毫无人工修饰和人工技巧，排除一切违背纯粹性原则的装饰。基本构成要素省去一切虚饰，简洁、朴素、自然、明快，以体现自然素材感和自然质地感。伊势神宫努力与自然融为一体，神宫背负着幽深的森林，面临清流，与大自然融合。

① 科学家牛顿曾将阳光引进漆黑的室内，发现白色的阳光穿过三棱镜后白色的纸上映出七色彩虹——红、橙、黄、绿、蓝、靛、紫，因而得出此结论。

崇尚自然的日本人同时也崇尚自然色，他们惯以花命名色彩，如将粉红色命名为厂桃色，用色泽娇艳、粉红迷人的桃花命名，淡红色称今彩言，用日本国花樱花命名。

自弥生时代发展而来的神社建筑，使用木料的原色，这样，自然、单纯、质朴的色彩，成为日本建筑固有的传统特色，始终保持至今，成为日本人审美意识和日本文化形态的特质。

图 5-5　伊势神宫建筑

中国明代时日本人的居室是：

> 房屋低小，罕有楼阁门台。覆不用瓦，俱以板盖上，加油灰抿抹，则无渗漏。年久板朽，再倍其板，以板压板，以屋板盖高垒者，则为故旧之家。装修墙壁，皆以木板为心，外以泥灰粉之；贫者以草结苫为壁。……虽皇宫殿室，上不盖瓦，下不砌砖，盖本国泥土不膠，是以无砖瓦匠之故也。①

贵族皇宫也不例外。位于京都西南郊桂川的桂离宫，是日本现存面积最大的回游式庭园。

桂离宫内是竹编的御幸门，其他建筑物也矮小、精巧，清一色的白木结构、草葺或树皮葺“人”字形屋顶，加上白墙、素色的格子门窗，排除一切人工装饰、设色和多余之物。鸟居简化到只剩两根立柱，柱上架横木，省去了一切装饰。建筑布局依山就势，呈不对称格局，古书院、中书院、御幸

① 李言恭、郝杰编撰：《日本考》，汪向荣、严大中校注，中华书局，1983年，第89—90页。

殿、月波楼等多栋建筑主要集中在西侧，没有中轴线，各建筑物彼此相辅相成，使整个建筑群自由地融会结合，又与自然地势浑然一体，一切顺其自然，各部分建筑又具不同样式，保持各自的艺术独立性。简素、纯雅的纯日本式的皇家建筑模式，完整地体现了日本建筑追求的纯粹、朴素、简单、调和的自然性格（图 5-6）。

图 5-6　桂离宫建筑

桂离宫最完美地继承了伊势神宫的古建筑文化传统。它的出现，被认为是日本建筑艺术继伊势神宫之后发展达到的第二个高峰，是“日本独一无二的天才建筑”。

（二）白色与神域

日本庭园钟情象征着太阳神圣之色的白色，于是白沙成为园林重要的构景材料。白沙，俗称“金米糖”，为白川地区所产。这是一种风化的花岗岩白沙，颗粒较大，有棱角，适宜在沙石面上造型且不易变形。白沙铺满之地代表着神圣之域。

古代日本天皇集政治、军事权力于一身，天皇也是具有宗教权威的祭司，故宫廷内往往铺满代表圣洁的白沙，以表示宫廷为神佛所在的庄严之地。此俗流传下来，至平安时代，仍受到重视。

《源氏物语》描写平安时代宫廷贵族庭院中，普遍流行白沙造景。如《源氏物语·柏木》："但见庭中一片嫩草，正在青青发芽。铺沙较少的荫处，蓬蒿也正欣欣向荣。"[①]《源氏物语·紫儿》："但见宫殿的构造和装饰无限富丽，连庭中的铺石都象宝玉一般，使她目眩神移。"[②]

寝殿造的建筑形式是日本在飞鸟时代从中国大陆引进的一种建筑样式，至平安时代逐渐成熟并流行起来，依附于这种建筑而发展起来的寝殿造式园林也成为平安时代园林发展的主流。

据江户时代天保年间泽田名垂所著的《家屋杂考》载，寝殿之前部为广庭，亦称"南庭"，地面铺沙，前面有池，池中有岛，池南筑假山，池北架拱桥以连中岛，池南则架平桥以与中岛联系。铺满白沙的南庭成为平安时代寝殿造式园林景观上的特征之一。

日本京都御所花园在内里，内里是天皇及家人居住和办公的地方，位于整个地块的中心偏北，以土木墙围合，东有建春门，南有建礼门，北有朔平门，西有皇后门、清所门、宜秋门。内里以建筑为主，最重要的紫宸殿区，是天皇即位、接受朝贺的地方。紫宸殿前面的南庭全部铺以白沙，建筑前面对植两种植物，东面是樱花，西面是橘子，前者春花烂漫，后者秋实累累。紫宸殿西北部建清凉殿，为天皇起居处。殿坐西朝东，东、北两面为回廊。庭院铺以白沙，建筑前植两棵竹子，一名吴竹，一名汉竹。

天皇常在院内祭祀皇祖天神，白沙之庭成了天皇祭祀活动的神圣之地。

神社为日本祭祀祖先神的场所，伊势神宫、热田神宫、出云大社及各地大小神社主建筑周围总是铺满白沙。佛寺为俗外世界、佛之圣域，庭院中也是大面积铺设白沙，以示寺内为圣洁之域。

---

① 紫式部：《源氏物语》，丰子恺译，人民文学出版社，1980年，第789页。

② 紫式部：《源氏物语》，第125页。

白色也是连接人与神的纽带，通神的神官们穿戴着白色衣服，以象征神圣性。参加祭典仪式者，为表达人们的敬畏心情，也要穿白色衣服。

古代日本用白色礼服象征清纯洁净的心灵，白色光辉也是生命焕发的象征。然而，日本新娘穿白色婚礼服，却与神灵有关，白色的神圣性使其与人产生了距离，新娘穿白色婚礼服，象征她在父母心中已经远去，与中国古代所说的“嫁出去的女儿，泼出去的水”具有同样意义，寄托着父母希望女儿永不离开丈夫之家的祝福。因此，日本古代在女儿出嫁时，要进行扫除并熏烟，采用的是移走尸体后的净化仪式。与此心理相关的是，日本新娘的婚礼忌服紫色，因紫色波是波长最短的可见光，而且紫色最易褪掉，故新娘穿了紫色婚礼服就意味着新婚夫妇的婚姻好景不长。

黑色与白色是对色彩的最后抽象，都属于无色彩，代表色彩世界的阴极和阳极，极端对立，但两色之间却有着共性。黑白两色都可以表达对死亡的恐惧和悲哀，都具有不可超越的虚幻和无限的精神，在中国也都可以作为丧服。在日本，黑色还象征庄重，日本已婚妇女在参加重大庆典时，才穿黑色和服。中世纪以前，日本列岛上，九州沿海人民还有染黑牙的习俗，其土官本身宗族子侄并首领头目，皆染黑牙，“与民间人以黑白分其贵贱。女子年及十五已上，不分良贱，亦染黑牙始嫁”[①]。纯色是从罪恶与污秽中升华出来的洁净神圣之色，被视为高贵等级的象征。“妇人衣纯色裙，长腰襦，束发于后，佩银花，长八寸，左右各数枝，以明贵贱等级”[②]。一种颜色通常不只含有一个象征意义，对同一种颜色的密码，在日本也会作出截然不同的诠释，如黑色还有肮脏、邪恶、死亡及黄泉下的黑暗等象征意义。

日本古人对色彩“似乎感到莫名其妙，尤其面对大自然展现的色彩的戏剧性变幻，更感到无比惊愕、惶恐”[③]。因此，穿着五颜六色衣服的妇女，则为神灵附体的妇女标志，穿满身大团花锦和服的女人，一定是装神弄鬼的巫婆。

---

① 李言恭、郝杰编撰：《日本考》，第69页。

② 刘昫等撰：《旧唐书》，中华书局，1975年，第5340页。

③ 滝本孝雄、藤沢英昭：《色彩心理学》，成同社译，科学技术文献出版社，1989年，第2页。

（三）无色与日本禅

出于“石立僧”之手的日本庭园，充满了禅味和涩味，无彩色营造并渲染着这一氛围，这也是因资源匮乏而强调精神第一的日本园林特有风貌。

日本的禅渊源于中国禅宗，但日本禅却是一种发展、一种文化态势和延伸[①]。查尔斯·艾略特在《日本佛教》中说：“禅对于东方的艺术、知识及政治生活来说具有伟大的力量。禅也是日本式性格的表现。其他所有的佛教都没有禅宗那样‘日本式’。”日本禅是中国禅宗和日本神道教嫁接的产物，禅“以一片草作六大金身”[②]“以小见大”的思维方式，正好与因资源匮乏而一贯重视精神的日本审美观、道德观相契合，成为日本人的精神象征。

日本先民在汉和朝鲜半岛的渡来人没有到来以前，几乎与世隔绝，不会耕织，不懂冶炼，没有文字，长期处于以渔耕采集为经济基础的绳纹时代。直到公元前 3 世纪至 3 世纪，中国文化多渠道向东辐射，才使他们进入了弥生农耕社会，但依然处于极端蒙昧和落后的状态。

日本矿藏资源匮乏，仅有少量的铜、煤、铁矿。日本人从摇篮到墓场都一直依赖外国资源[③]，这种说法虽然有点夸张，但作为资源小国，日本一贯崇尚精神而轻视物质，强调精神就是一切。“他们说，精神是永存的。物质当然是不可缺少的，但那却是次要的，瞬间的。日本的广播电台经常叫嚷说：‘物质资源是有限的，没有千年不灭的物质，这是永恒的真理。’”二战期间，“甚至说在战斗中，精神可以战胜死亡这种生理上的现实”[④]。

物质资源匮乏、自然条件恶劣、意识形态落后的日本，明治维新以后，从蛮荒时代一跃而起，便匆匆走上了近代化道路。在“爆发”起来的日本

① 赵巍：《禅意识对日本民族性格之影响》，载《探索与争鸣》2006年第5期。

② 铃木大拙等：《禅与艺术》，北方文艺出版社，1988年，第23页。

③ 见1979年10月29日《东京新闻·“资源小国”日本衣、食、住全靠外国》。

④ 鲁思·本尼迪克特：《菊与刀》，吕万和、熊达云、王智新译，商务印书馆，1992年，第17—18页。

人心里，祖先的奋斗历史还记忆犹新，生存的危机感时时还在撞击着他们的心头，原色、白色依然那么美丽，白屋茅舍依然那么亲切。

以禅意为原点的枯山水庭院，即《作庭记》所谓的“于无池无水处立石之庭园”。枯山水庭园是镰仓以后新型造园方式，庭园内原来仅象征海滩的白沙，直接代表了茫茫大海。用大片白沙代水铺满庭院，耙制成水波纹，再在白沙上以形状各异、大小不等的石头代山，散点式群置，点缀些许松针苔藓。没有碧水细流，只有白沙与石头的各种组合，从中人们可以感受到海、岛屿、孤峰、小桥、流水、偏僻的山庄、缓慢起伏的山峦，都充满了禅意的枯寂美与幽玄美。

日本室町时代的京都大德寺的大仙院书院庭院，是枯山水庭院的扛鼎之作，此时正值禅宗在日本最发达的时期。大仙院在不足 66 平方米的空间，东北部相对而立两块丈高青石，表示断崖绝壁，为庭景之焦点。两石顶部尖耸，高度不同，其后部为高出地面 80 厘米多的土山，山上筑有枯瀑布石组，土山上部覆盖着修剪成圆形的灌木丛。以上述两青石为中景，青石背后的土山、瀑布则表示深山远岭和远山中的瀑布，在庭的稍近处，则置有石桥，更近处则有表示宝船的巨大的长船石。

银阁寺的原名慈照寺，寺内的银沙滩代表日本海，向月台代表富士山，组成沙石枯山水（图 5–7），它们只可远观而不可亵玩。

图 5–7　银阁寺银沙滩和向月台

这类枯山水庭园纯属观赏的庭园，仅以石头组合就创造了由深山幽涧的复杂景观，也是佛教在一粒微尘之中，发现全宇宙生命的泛神论哲学的艺术表现。游人只能坐在庭园边的深色走廊上观望，静思默想布道者深沉的哲理，这种“可观可望”而不可“游”的园林，无异于一种“精神园林”。

（四）白沙与洁癖

充斥着日本庭园的白沙，从圣域象征到海滨、海景象征，体现了日本人的崇海心理。日本为岛国，四面环海，海是日本人生活中不可缺少的一部分，故他们对海有着特殊的感情。

《古事记》和《日本书纪》中称，大海是一开始就有的，开天辟地的男神依邪那岐和女神依邪那美在高天原的浮桥上，用矛搅拌着青海原，后来矛尖上滴下的海水，滴成日本的一个岛屿。二神到了岛上，结为夫妻，又生下四国、九州、本州等八个岛，后来又生了海神、山神、树神、田野神等自然诸神。

首代天皇神武的母亲及其祖母，都为海神之女。天皇是海神之子，即位的第二年，总要派女官前往难波津，使天皇的御衣（亦即新天皇的象征）附有“大八洲之灵”，象征性地赴海边进行一次获取神圣统治者资格的加冕仪式。[①]仿造海景一直为日本园林所热衷。中国蓬莱神话传到日本后，飞鸟时代的苏我马子，就在院子里挖地造岛，以象征蓬莱仙岛。到7世纪末，天武天皇之子草壁皇子的庭园里增加瀑布和海滨。奈良时代后期，庭园池中放入水鸟，并伴以小桥，池中采用岩石，仿造海景容姿，使不易见到海的山间地带的人可以欣赏到大海风景。橘诸兄的庭园、中臣清麻吕的庭园，都属这种类型。

日本园林这种追求海景的强烈意识，进入江户时代后，又有了更大的

---

① 大林太良：《东亚有关海的民间信仰》，见贾蕙萱、沈仁安主编：《中日民俗的异同和交流：中日民俗比较研究学术讨论会论文集》，北京大学出版社，第154—157页。

发展。日本庭园中出现了以低矮灌木为主景的修剪式枯山水，如滋贺县的大池寺庭园将杜鹃灌木丛修剪为几何形体，象征一艘船在波浪中航行，从而展现了一幅禅宗海景图。不少大名还把园林直接建在了海边，以大海为借景，引海水入园池，建造了所谓潮入式园林，如蓬莱园（江户初期建，今废）、乐寿园（江户中期建，旧称芝离宫）、浜离宫（江户初期建，德川永别墅），均为这种园林。在这里，海池边大面积的白沙又由抽象回到了具体，成为名副其实的海滩。

《作庭记》在“立石手法”一节列举了大海式的置、掇石方法。由于仅造掇石无法表现出（大海式），又特别强调了“应该在所见之处铺造沙洲和白沙浜，种植松树等”。在说明构筑各种岛屿的手法时，也要求所有的岛屿造型，均需要配以白沙浜，显然，白沙浜在表现海景时，有画龙点睛之效。

爱大海的情结与海水的涤污作用紧密相连。据日本《古事记》记载，日本土生土长的原始宗教神道教诸神，是男神依邪那岐洗刷污秽时生出来的。依邪那岐到黄泉国找到了因生产火神时被烧死的妻子依邪那美，却因发现了妻子的秘密反被女神追杀，他在逃离黄泉国的归途中，跳入阿波岐原的大海洗涤在阴间沾染上的污垢，这是日本民俗中“祓”的起源，他脱掉的衣物与洗涤的部位顿时生出二十多位神祇。最后在洗左眼时，生出一美丽女神天照大神，男神送她八坂琼曲玉，并命其司理高天原（诸神所居之处）。洗右眼时，生出掌管月亮的月亮见尊（月读神）。洗鼻孔时，生出素盏鸣尊（《古事记》里称为须佐之男）。

在日本最古老的神话中，日本祖先神之间的危机，首先就是因脏污而发生的。神为了去除身上的污浊，最先采取的行动是洗澡。污秽不洁象征着荣誉的丧失，视“精神就是一切”的日本人，丧失了荣誉，就成了一具行尸走肉。因此，一个人越是为了“名誉”牺牲其财产、家庭及自己的生命，就越被认为是道德高尚的人。

因此，日本的祖先神可以容忍一切，却对脏污十分恐惧、嫌恶，日本人爱清洁的原因，正是来自羞耻感，对于这一点，冈仓由三郎是这样说的：

所谓日本人的心理特异性，很多来自喜爱洁净及与之相联系

> 的厌恶污秽。否则无法解释这种现象。我们被训练成（实际情况如此）遇到侮蔑家庭名誉或者国家荣誉，就视若污秽或疤疥，必须通过申辩洗刷干净，否则就犹如不能恢复清洁或健康。对日本公私生活中常见的报仇事例，不妨看作是一个喜爱洁净成癖的民族所进行的晨浴。[①]

冈仓由三郎接着说，日本人最理想的是过“清净无尘的生活”，晨浴就是用来洗净别人向你投来的污泥，只要你身上沾一点，就不贞洁。

在日本人的意识里，污秽即为罪恶，而生命洁净即为良心存在，基于这一心理特异性，憎恶脏污、爱洁成癖自然就成为日本的国民性之一。

日语中的“きれい”一词，既表示洁净、干净之意，也表示美丽、漂亮，因此，洁净与美丽在日本人意识中是同等的，洁净就是美丽。

日本人崇尚以清明为美的境界。清明本来是指水的清澈如明镜，是一种美的含义，如言水光波影之妙、朝霞娇月之丽，清澈透明的溪水和普照大地的阳光，其间的亮丽色调具体化即为白色。“官宅门壁……地以白砂铺之，乃为洁丽。”[②]

日本也成为世界上最爱洗澡的民族。洁癖的审美意识，同样深深影响了日本人的造园活动。例如，作为市中山居的茶庭，尽管表现出的是山野之趣，同时在如何根据山野特点表现出洁净这一点上也下足了功夫。最典型的是“三露”。所谓“三露”，是在茶客来临之前对茶庭进行的三次洒水清洁工作。第一次洒水称“一露”，以洗去石上植物上的尘埃为主。等水差不多要干时，再洒第二遍水，称“二露”，目的是使石、地苔、植物保持湿润。待客人快到时，再洒上一遍“化妆水”，使庭内景物微带水迹。通过“三露”，当茶客迈入茶庭时，仿佛进入了雨后初霁的山径野道，树绿，石润，苔鲜，草翠，满目清新，心旷神怡，尘世中的琐事自然也就忘在了身后。[③]

---

① 冈仓由三郎：《日本的生活与思想》，1913年，第17页。

② 李言恭、郝杰编撰：《日本考》，第89页。

③ 曹林娣、许金生：《中日古典园林文化比较》，中国建筑工业出版社，2004年，第238页。

园林白沙，也象征着用海水荡涤污秽。寝殿式园林的南庭和其他泉池式园林池边水际的白沙，覆盖了一切污物，使园林中出现一块洁白明净世界，给人以洁美的享受。茶庭内的“厕所”地面铺满白沙，似白雪覆地一般，故称“雪隐”，象征被海水洗涤过的洁净之地。

寺庙和茶庭中，都少不了洗手净口的清水和洗手钵，在通向茶室的路上会发现一两个石水钵，它通常被置于茶庭的隐蔽一角，用以饮茶前的漱口或净体仪式。水钵前方通常有钵请木（如南天竹），其枝条垂挂于水钵上方，当其叶片落入水钵中时，可以为水消毒、杀虫。些许个石灯笼照亮庭园小径，冬季，灯笼顶部覆盖上一层装饰性的白雪，衬出庭园仪态大方。

接触、处理污秽的人，在古代日本是贱民中的秽多，即污秽的贱民。日本有四个世袭等级，依次是士（武士）、农（农民）、工（工人）、商（商人），其下是贱民，而秽多是贱民中的最下等，他们主要从事各种被人们所忌讳的职业，包括清道夫、掩埋死囚者、剥取死兽皮及制革等。在日本社会中，“他们是不可接触的人，或者更为准确地说，他们根本不被当作人看。甚至连通过他们居住村庄的道路的里程也不被计算，似乎这些地方和居民都不存在”[①]。他们用过的碗也要被砸掉。秽多部落民只存在于西日本。

总之，羞耻感使日本国民严以律己，追求完美，并塑造出独特的以成功为导向的价值观。[②]不过，日本封建时代，被视为武士高尚道德的名誉感，并没有被认为是内在的自觉品格，而是外在的“社会的好评”，即把他人和社会的评价作为衡量的标准，是“面子意识”，即是以外在品格为中心的意识。正如日本人洗净的是“别人向你投来的污泥”，罪恶及污秽是由外界巧合而附于身上的不幸，只要像古日本诸国神祇官至大河处祓罪，利用风力将罪恶放逐到大海深处，天下便成清净之地了。清除罪恶只需要借助外在的力量，而不是通过内在的反省，诚如今道友信所说，罪恶的净化是在良心之外进行的，而一些日本人，对良心的存在及作用的意识几乎等于零。“这种放任的、缺乏执着追究的习惯，仍存在于今天的日本，如对事件不进

① 鲁思·本尼迪克特：《菊与刀》，第43页。

② 《日本无罪恶感就无法反省》，载《亚洲周刊》2003年7月20日。

行充分的内心反省，不去追究犯罪的责任，而一味地‘流之于水’‘任其发展’‘凭借风向’”[①]。

R.H. 沙夫（Robert H.Sharf）在讨论日本现代禅与民族主义关系的文章中也指出，20 世纪 30 年代所“制造”出的日本禅学，以一种日本文化优越论和独一性的方式，成为“残酷和非正义的”民族主义。[②] 这些，也许正是日本民族文化基因中的“优劣二重唱”吧。

当然，“在战后二三十年的一段时期内，一些正直的有良心的知识分子从日本战败这一冲击中吸取教训，对日本的民族精神作出了认真的自省。在痛定思痛之后，奋起对残存的封建主义作了不妥协的斗争。川岛武宜、丸山真男、桑原武夫、加藤周一等学者便是代表”[③]。

---

① 今道友信：《日本人的审美意识》，见牛枝慧编：《东方艺术美学》，国际文化出版公司，1990年，第116—128页。

② 龚隽：《“反抗的现代性”：二十世纪的日本禅、京都学派与民族主义》，载《世界哲学》2004年第2期。

③ 陈敦秀：《不成熟的日本文化论》，载《读书》1987年第11期。

参考文献

[1] 朱熹.诗集传[M].赵长征，点校.北京：中华书局，2017.

[2] 杨伯峻.论语译注[M].北京：中华书局，2009.

[3] 陈直.三辅黄图校证.[M].北京：中华书局，2021.

[4] 司马迁.史记.[M].北京：中华书局，1959.

[5] 王先谦.汉书补注.[M].北京：商务印书馆，1941.

[6] 范晔.后汉书.[M].李贤，等注.北京：中华书局，1965.

[7] 萧统.文选[M].李善，注.北京：中华书局，1977.

[8] 杨衒之，范祥雍.洛阳伽蓝记校注[M].北京：中华书局，1958.

[9] 陶渊明.陶渊明集[M].逯钦立，校注.北京：中华书局，1979.

[10] 计成，陈植.园冶注释[M].2版.北京：中国建筑工业出版社，1988.

[11] 文震亨.长物志[M].陈剑，点校.杭州：浙江人民美术出版社，2019

[12] 李渔.闲情偶寄[M]//李渔全集：第3册.杭州：浙江古籍出版社，2014.

[13] 田汝成.西湖游览志[M].上海：上海古籍出版社，1958.

[14] 沈复.浮生六记[M].苗怀明，译注.北京：中华书局，2018.

[15] 钱泳.履园丛话[M].张伟，点校.北京：中华书局，1979.

[16] 刘敦桢.中国古代建筑史[M].北京：中国建筑工业出版社，1980.

[17] 梁思成.中国建筑史[M].天津：百花文艺出版社，1998.

[18] 陈志华.外国古建筑二十讲：插图珍藏本[M].北京：生活·读书·新知三联书店，2001.

[19] 张驭寰. 中国古代建筑欣赏[M]. 北京：北京出版社，1988.
[20] 龙庆忠. 中国建筑与中华民族[M]. 广州：华南理工大学出版社，1990.
[21] 杨天在. 避暑山庄碑文释译[M]. 北京：紫禁城出版社，1985.
[22] 孟兆祯. 避暑山庄园林艺术[M]. 北京：紫禁城出版社，1985.
[23] 童寯. 江南园林志[M]. 北京：中国建筑工业出版社，1963.
[24] 陈从周. 中国园林[M]. 广州：广东旅游出版社，1996.
[25] 陈淏子. 花镜[M]. 伊钦恒，校注. 北京：农业出版社，1962.
[26] 曹林娣. 姑苏园林：凝固的诗[M]. 北京：中国建筑工业出版社，2012.
[27] 曹林娣. 中国园林艺术论[M]. 太原：山西教育出版社，2001.
[28] 曹林娣. 中国园林文化[M]. 北京：中国建筑工业出版社，2005.
[29] 宗白华. 美学散步[M]. 上海：上海人民出版社，1981.
[30] 李泽厚，刘纲纪. 中国美学史[M]. 北京：中国社会科学出版社，1987.
[31] 李泽厚. 美的历程[M]. 北京：文物出版社，1981.
[32] 宗白华，等. 中国园林艺术概观[M]. 南京：江苏人民出版社，1987.
[33] 张岱年. 文化论[M]. 石家庄：河北教育出版社，1996.
[34] 张岱年，方克立. 中国文化概论[M]. 北京：北京师范大学出版社，1995.
[35] 袁行霈. 中国文学史[M]. 北京：北京高等教育出版社，1999.
[36] 钱穆. 中国文学论丛[M]. 北京：生活·读书·新知三联书店，2002.
[37] 牟宗三. 中西哲学之会通十四讲[M]. 上海：上海古籍出版社，1997.
[38] 葛承雍. 中国书法与传统文化[M]. 北京：中国广播电视出版社，1992.
[39] 唐大潮. 中国道教简史[M]. 北京：宗教文化出版社，2001.
[40] 南怀瑾. 禅宗与道家[M]. 上海：复旦大学出版社，1991.
[41] 陈兆复，邢琏. 原始艺术史[M]. 上海：上海人民出版社，1998.
[42] 朱立元，王振复. 天人合一：中华审美文化之魂[M]. 上海：上海文艺出版社，1998.
[43] 潘天寿. 中国绘画史[M]. 上海：上海人民美术出版社，1983.
[44] 朱光潜. 谈美书简二种[M]. 上海：上海文艺出版社，1999.
[45] 徐复观. 中国艺术精神[M]. 桂林：广西师范大学出版社，2007.

[46] 牛枝慧. 东方艺术美学[M]. 北京：国际文化出版公司，1990.
[47] 严绍璗，刘渤. 中国与东北亚文化交流史[M]. 北京：北京大学出版社，2016.
[48] 阴法鲁，许树安. 中国古代文化史[M]. 北京：北京大学出版社，1989.
[49] 黄仁宇. 中国大历史[M]. 北京：生活 • 读书 • 新知三联书店，2002.
[50] 余英时. 士与中国文化[M]. 上海：上海人民出版社，1987.
[51] 汤一介. 佛教与中国文化[M]. 北京：宗教文化出版社，1999.
[52] 吴为山，王月清. 中国佛教文化艺术[M]. 北京：宗教出版社，2002.
[53] 董建萍. 西方政治制度史简编[M]. 北京：东方出版社，1995.
[54] 王立新. 早商文化研究[M]. 北京：高等教育出版社，1998.
[55] 丹纳. 艺术哲学[M]. 傅雷，译. 合肥：安徽文艺出版社，1991.
[56] 李约瑟. 中国科学技术史[M]. 中国科学技术史翻译小组，译. 北京：科学出版社，1975.
[57] 巴赞. 艺术史[M]. 刘明毅，译. 上海：上海人民美术出版社，1994.
[58] 纽金斯. 世界建筑艺术史[M]. 顾孟潮，张百平，译. 合肥：安徽科技出版社，1990.
[59] 梅森 S F. 自然科学史[M]. 周煦良，金增嘏，傅季重，等译. 上海：上海人民出版社，1977.
[60] 里德 H. 艺术的真谛[M]. 王柯平，译. 沈阳：辽宁人民出版社，1987.
[61] 潼本孝雄，藤泽英昭. 色彩心理学[M]. 成同社，译. 区和坚，校. 北京：科学技术文献出版社，1989.
[62] 家勇三郎等. 日本佛教史[M]. 京都：京都法藏馆. 1967.
[63] 海斯 J H，穆恩 P T，韦兰 J W. 世界史[M]. 中央民族学院研究室，译. 北京：生活 • 读书 • 新知三联书店. 1974.
[64] 本尼迪克特. 菊与刀[M]. 吕万和，熊达云，王智新，译. 北京：商务印书馆，1992.
[65] 布罗斯. 发现中国[M]. 耿昇，译. 济南：山东画报出版社，2002.
[66] 黑格尔. 美学：第三卷[M]. 朱光潜，译. 北京：商务印书馆，1979.

后　记

园林是民族文化的综合载体，从来就不是单纯的土木工程。党的二十大报告明确指出，新时代新征程中国共产党的中心任务是“团结带领全国各族人民全面建成社会主义现代化强国、实现第二个百年奋斗目标，以中国式现代化全面推进中华民族伟大复兴”，许多房产企业出于复兴中华园林文化的自觉，做起了“中式”宅园，设计师们纷纷打出“为中国设计”的旗帜，令人振奋！

但什么才是“中国的”园林文化呢？这依然值得我们深入探讨。

就拿中国诗文与园林的关系来说，在世界上，“惟我国园林，大都出乎文人、画家与匠工之合作”①！清张潮《幽梦影·论山水》：“有地上之山水，有画上之山水，有梦中之山水，有胸中之山水。”并说：“文章是案头之山水，山水是地上之文章。”

园林当然属于“地上之文章”，即“运文学绘画音乐诸境，能以山水花木，池馆亭台组合出之，人临其境，有诗有画，各臻其妙……中国园林，能在世界上独树一帜者，实以诗文造园也”②。

可惜的是，像刘敦桢、童寯先生等前辈，皆能“以建筑师而娴六法，好吟咏”的人才已日渐凋零。

陈从周先生早就忧心忡忡地指出：“近来有许多人错误地理解园林的诗

---

① 童寯：《江南园林志》，中国建筑工业出版社，1984年，第2版，第1页。

② 陈从周：《品园》，江苏凤凰文艺出版社，2016年，第49页。

情画意，认为这并不是设计者的构思，而是建造完毕后加上一些古人的题词、书画，就有诗情画意了，那真是贻笑大方。设计者对中国传统国画、诗文一无知晓，如何能有一点雅味呢？有一点传统味呢？各尽所能，忽视理论，往往形成了不古不今、不中不西的大杂烩园林”[①]。

如今，“大杂烩园林”随处可见，“贻笑大方”之事几乎成为常态，实在令人唏嘘！

中国古代园林植根于农耕文明的土壤，进入工业文明的今天是否都“过时”了？“中西混血儿”辜鸿铭早就认定：日本从明治维新后迅速崛起，不是因为放弃了传统文化，恰恰相反，是因为坚持了日本文化中的根本；如果日本人丢弃了东方文明的宝贵的神髓，那么，日本就成不了强国！日本枯山水大师枡野俊明在北大演讲时曾这么说：

> 我是一个日本人，关注日本的美和日本的美的传承。你们是中国人，希望你们找到中国的美，创造属于现代的新的美，才能传承你们的文化。不要一味学外国的。希望你们一定要自信，呵护你们的文化，西方才会来学你们的东西。

现代化不等于西方化！只有树立起自己的园林文化主体意识，建立起新时代中华园林文化理论体系，才能更好地跟世界交流、吸纳优秀的异质文化。

“一个民族立足于世界，必须具有民族的自尊心与自信心，才能具有独立的意识。而民族的自尊心与自信心的基础是对于本民族文化的优秀传统有一定的了解。”[②]

深入了解民族优秀传统才能不“扭曲”。台湾大学中文系周志文教授在谈他写《论语讲析》时说：

> 对当今中国的忧虑不是传统消亡，而是扭曲。扭曲有时是无意，有时是有意。扭曲的祸害，比一点不剩的消亡更甚。
>
> 完全消亡了传统的人，成了另一种人，也可以简单地活着，而

---

① 陈从周：《品园》，第47页。

② 张岱年：《晚思集：张岱年自选集》，新世界出版社，2002年，第147页。

> 扭曲的人就成了不断自毁自残的人，结局可能就更为可怕了……当我们不再扭曲我们的祖先与我们自己，我们便能更自信而且毫无愧怍地面对当今的世界。

当前出现了一些对苏州园林“标新立异”的“解读”，依然有意无意地在与西方理论“接轨”，令人忧虑。

笔者从古代文学之门走进园林之门，徜徉在传统园林百花苑三十余年，深感中国园林文化之博大精深，它是中国文学史、中国哲学史、中国美学史、中国绘画史，是一部中国文化史！要窥其堂奥，路漫漫其修远兮！

中国园林通过形下之“器”，承载形上之“道”，可居、可游、可行、可赏，生态、实用、寓善于美，依然是当代环境创作的范本。

笔者在学习阐扬中华园林文化的同时，也尝试着设计园林，希望为复兴中华园林文化做点实事。本书所写，大抵为情而发，缘事而作，不当之处，望方家不吝指教。

曹林娣

辛丑年夏于苏州南林苑